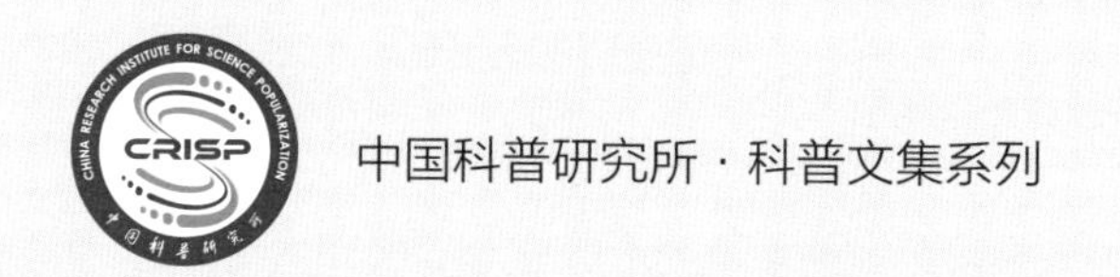

构建大科普新格局

2022年科普中国智库论坛暨第二十九届全国科普理论研讨会论文集

ESTABLISHING A NEW PARADIGM FOR HIGH-QUALITY SCIENCE POPULARIZATION

PROCEEDINGS OF 2022 CHINA SCIENCE POPULARIZATION THINK TANK FORUM & THE 29TH NATIONAL CONFERENCE ON THEORETICAL STUDY OF SCIENCE POPULARIZATION

郑　念　主　编
付文婷　副主编

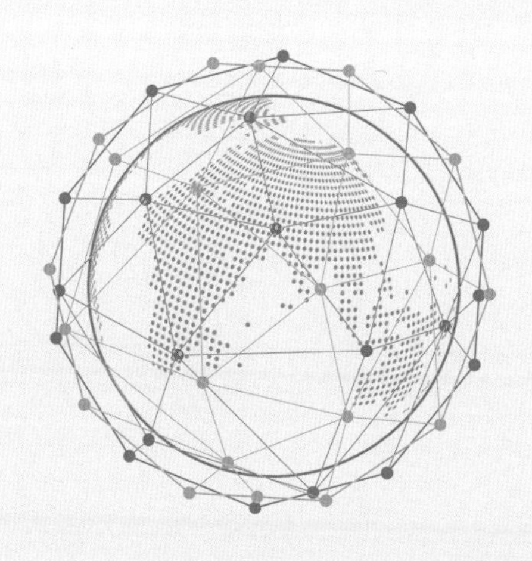

社会科学文献出版社
SOCIAL SCIENCES ACADEMIC PRESS (CHINA)

2022年科普中国智库论坛暨第二十九届全国科普理论研讨会组织委员会

主　　任　王　挺

副 主 任　王京春　张利洁　郑　念（执行主任）

委　　员　（按姓氏笔画排序）

王志芳　王丽慧　付文婷　朱洪启　许祖迸
李红林　李秀菊　何　薇　张志敏　张　超
陈　玲　胡俊平　钟　琦　高宏斌　谢小军

秘书处

秘 书 长　郑　念（兼）

常务秘书长　付文婷　胡俊平

论文集编委会

序

党的十八大以来，以习近平同志为核心的党中央高度重视科普工作，习近平总书记对科普工作和科学素质建设做出一系列重要批示指示，特别是开创性提出科技创新、科学普及“两翼同等重要”的重大论断，为新时代科普工作指明了发展方向，提供了根本遵循。2021 年国务院印发《全民科学素质行动规划纲要（2021—2035 年）》，2022 年中办、国办发布《关于新时代进一步加强科学技术普及工作的意见》，强调科普是实现创新发展的重要基础性工作，新时代科普工作要坚持党的领导，强化价值引领，坚持服务大局，聚焦“四个面向”和高水平科技自立自强，全面提高全民科学素质，厚植科技创新沃土，以科普高质量发展更好服务党和国家中心工作，服务中国式现代化建设新征程。

2021 年，为深入贯彻习近平总书记关于加强中国特色新型智库建设的重要指示精神，集智汇力深化科普理论和实践研究，为我国科普决策建言献策，中国科协成立了“科普中国智库”。科普中国智库依托中国科普研究所，致力于打造开放平台，建构连接型、合作型柔性科普智库网络体系，推动科普高质量发展，助力全民科学素质提升。科普中国智库论坛是科普中国智库的重要学术交流平台，论坛旨在发挥高端科普智库的引领作用，推动科普与经济社会各领域各方面的协同融合和创新发展，促进形成全社会共同参与的大科普格局。

“2022 年科普中国智库论坛暨第二十九届全国科普理论研讨会”于

2022年9月29日在北京举办，论坛主题为“融合赋能·变革转型　构建大科普新格局”。中国科学院院士、中国科协名誉主席韩启德，中国工程院院士、北京协和医院妇产科名誉主任郎景和，中国科学院院士、中国科普作家协会理事长周忠和，中国工程院院士、华中科技大学原校长李培根，中国科协专职副主席、书记处书记孟庆海出席论坛。

中国科学院院士、中国科协名誉主席韩启德教授在大会致辞中指出，构建社会化协同、数字化传播、标准化建设和国际化合作的新时代科普生态已成为科普领域的共识；根植于生动而丰富的科普实践，科普理论研究不断夯实基础理论功底，加速“智库”功能转型，应时代之变时代之需为党和政府制定科普政策提供决策依据是使命所在、职责所系。同时他强调，科普创作是科普工作的源头活水，是公众获取科技知识、涵养科学精神、丰富精神文化食粮的重要源泉，对于提升全民科学素质、夯实社会文明进步基础具有重要意义。

郎景和院士在大会报告中提出，医学科普是医生的必行职责和必备能力，要把科普视为医生的责任和工作的一部分，加强人文关怀，增强自身科普能力。李培根院士在报告中表示，面对数字化社会，我们既要“拥抱数字化”，也要实现人的存在与数字存在的融合，构建安全、有意义的安身之所。中国科普研究所所长、中国科普作家协会常务副理事长王挺在报告中对《关于新时代进一步加强科学技术普及工作的意见》进行解读，表示高质量科普是新时代走好中国式现代化道路的基础性、战略性支撑，要把握发展大势，提高政治站位，深刻理解意见的深远重大意义。国家减灾委专家委员会原副主任闪淳昌，中国地质博物馆二级研究员刘树臣，山西大学马克思主义学院教授任定成，中国科普作家协会常务理事李成才等专家学者结合自身研究领域及工作实践，围绕科普在应急管理领域、生态文明建设、影视传播方面发挥的重要作用等主题，深入探讨新时代新形势下的科普形式手段的创新举措。

论坛期间发布了《国家科普能力发展报告（2022）》、《科学教育研究手册》和《融媒体科技传播实践研究》等科普中国智库2022年度重要智库成果及科普中国智库 2022 年 6 个专题活动的成果总结。科普中国智库自成立以来，围绕新时代科普工作和科学素质建设的一系列重大课题，形成了一批高质量研究成果，为推动高端科普智库在科学决策、科普高质量发展、强化舆论引导等方面的核心引领和服务支撑提供理论参考。

论坛的召开吸引了众多媒体的关注，新华网、人民网、光明网、中国经济网、中国新闻社、北京电视台、科技日报、中青报等 20 余家主流媒体对会议盛况进行了宣传报道，全媒体平台浏览量超过 4000 万人次，现场活动直播回放观看量达到 829 万人次。

本次论坛筹备期间获得了社会各界专家学者、科普工作者的广泛关注和支持。主办方收到会议论文 149 篇，经大会学术委员会评审推荐、经作者同意，精心择选了 45 篇优秀论文结集出版。入选论文围绕新时代科普理论与传播、科学素质、科普教育、科学文化等相关问题，进行了深入理论研究与实践探索。希望通过论文集的出版，进一步发挥科普中国智库在服务科学决策、强化价值引领、加强舆论引导等方面的积极作用。中国科普研究所将不断深化科普智库建设、提升研究水平，以高质量的科普理论成果服务加强国家科普能力建设，促进科普高质量发展，助力实现高水平科技自立自强，为强国建设、民族复兴做出新的更大贡献。

中国科普研究所党委书记、所长、研究员

王挺

2023 年 6 月

目　录

科普理论与传播研究

科学素质研究

科普教育研究

科技文化研究

科普理论与传播研究

国内高校科幻人才培养现状及对策研究*

李 珂　张 柳　赵文杰　许艺琳**

摘　要： 作为国家科学技术进步、文化繁荣昌盛的重要指标，科幻文化已成为最具有文创价值的文化类型之一。随着“科幻热”的不断发酵，国内科幻文化的发展呈现一派欣欣向荣的景象，但高校科幻人才培养体系却有待完备，这是当下中国科幻事业内生力不足、创新效应不强、影响力有限等问题的主要根源。通过确认高校科幻人才培育的现实意义，借助访谈对话、问卷调查、文献梳理等方法，对国内高校科幻人才培养中的正规教育与非正规教育现状展开调研，旨在探寻高校科幻人才扶植过程中遇到的困境及其原因，并提出对策与建议。

关键词： 高校科幻人才　正规教育　非正规教育

中国科幻事业与产业正处于飞速发展的阶段，“科幻热”不断发酵，中国科幻开始摆脱“边缘化”“小众化”的标签，逐渐进入大众和国际的视野。然而，当前中国科幻发展存在杰出青年科幻人才极其紧缺的问题。我国

---

* 该论文被评为2022年科普中国智库论坛暨第二十九届全国科普理论研讨会最佳论文。

** 李珂，常州大学周有光文学院讲师；张柳，北京理工大学硕士研究生；赵文杰，武汉大学硕士研究生；许艺琳，就职于中国科普研究所。

高校科幻教育起步较晚，在国际上，美国山姆·莫斯考维奇（Sam Moskowitz）于1953年首创了科幻课程，而首次产生较大影响力的为1962年美国科尔盖特大学推出的科幻课。此后，美国福特汉姆大学、美国明尼苏达大学等均开设了不同形式的科幻课程。助力我国科幻人才培养体系趋于完善和成熟，造就一批具有社会影响力和国际声誉的优秀人才，进而引领与推动我国科幻事业蓬勃发展是当务之急。

为深入了解高校科幻教育的现状，本文借助文献研究、问卷调查和访谈等方法，对高校科幻课程以及涉及高校的非正规科幻人才培养模式做了较全面的调查与分析，旨在对高校科幻人才培养的层次和水平做深入辨析，同时以此为基础为中国高校科幻教育与科幻事业、科幻产业的发展提供对策与建议。

一 高校科幻人才培养的现实意义

（一）高校科幻人才是中国科幻事业的主力军之一

高校科幻人才指对科幻抱有较高兴趣，且具备一定科幻素养及科幻创作、组织、策划、宣传等相关能力的大学生。纵观我国科幻事业的发展历程，高校科幻人才一直发挥着举足轻重的作用。韩松、潘海天、江波、宝树、郝景芳、王瑶、程婧波、阿缺、修新羽、段子期等当代科幻创作主力作家均是在大学时期崭露头角。知名学者吴岩、李广益、姜振宇、贾立元、王侃瑜、范轶伦、杨琼、任冬梅、肖汉等都是在大学期间对科幻产生浓厚兴趣，并随之开启了科幻研究的学术生涯。北京大学科幻协会原会长陈楸帆、四川大学科幻协会原会长孙悦、华中师范大学科幻协会原会长华文等人，在科幻领域的IP开发、科技与文化艺术跨界合作、科幻文化传播、科幻衍生品等领域积极进行创业就业。在科幻活动的组织与运营方面：清华大学研究生刘瀚诚创办了目前国内规模最大、内容最全面的综合科幻出版物数据库——“中文科幻数据库”；武汉大学研究生赵文杰通过搭建“高校科幻平台”，与40余位来自不同高校的学生共同策划运营了“星火杯”全国高校科幻联合征文大赛等具有辨识度和影响力的大型活动，旨在发掘新星科幻作家。可见，高校科幻人才为中国科幻事业增添了巨大活力，是推动中国科幻事业发展的主力军之一。

（二）加强高校科幻人才培养是对国家发展战略的积极响应

习近平总书记指出，科技创新、科学普及是实现创新发展的两翼，要把科学普及放在与科技创新同等重要的位置。这是关于当下我国科幻文化探索、实践、发展和完善的重要精神指示，也是对科幻人才的迫切呼吁。2020年国家电影局、中国科协印发的《关于促进科幻电影发展的若干意见》中强调，要加强科幻电影人才培养，鼓励高校结合自身优势，加强科幻电影相关人才培养。2021年国务院办公厅印发的《全民科学素质行动规划纲要（2021—2035年）》明确提出要“实施科幻产业发展扶持计划”。可以看出，国家在资源调度方面正在全面贯彻落实习近平总书记关于科普和科学素质建设的精神指示。加强高校科幻人才培养，是打造科技强国、创新强国的必然要求，也是践行社会主义核心价值观、弘扬科学精神的体现。

（三）加强高校科幻人才培养是科幻产业发展的客观需求

近年来，中国科幻产业展现出以文本出版为基石、IP开发为动力、活动组织为凝聚力、场景构建为吸引力等特征，科幻影视、游戏、衍生品、剧本杀等各类科幻产品形态层出不穷，科幻产业总产值连年增长，地方政府也纷纷出台多项科幻产业扶持政策，如北京市石景山区政府推出的“科幻16条”政策，聚焦于科幻产业关键技术、原创人才、场景建设三大关键要素，明确提出对科幻原创作品创作与转化等方面给予专项资金支持。

然而科幻人才储备不足的问题仍然较为明显。这一现象从“八光分文化”“未来事务管理局”“微像文化”“三体宇宙”“科学与幻想成长基金”等主力科幻产业机构高频发布招募工作人员的信息上得以反映。《2019年度中国科幻产业报告》也指出："在投资、产业丰富化的过程中，从业人数将稳步提升。目前，科幻影视和游戏开发吸纳了大量人员。但人才不足的现象仍然十分明显。"刘慈欣也公开呼吁要加强高校科幻人才培养，"我国搞科幻创作、科幻编剧的人还比较缺乏，希望能有更多的大学、科研机构设立这样的专业，加大这方面人才的培养力度。"

作为科幻人才的重要组成部分——高校科幻人才无疑将成为各项政策的主要着力点、科幻产业经济增长的重要推动力、市场需求的积极响应者以及重要科幻活动的发起人。因此，重视高校科幻人才的培养，不仅符合国家发展战略的要求，也是我国科幻事业发展的客观需求。

二　国内高校科幻人才培养现状

目前高校科幻人才培养初步形成了正规教育和非正规教育异轨同奔的培养模式。正规教育（Formal Education）指在国家颁布的学制系统中具有明确地位的，由规定的教育组织举办的有目的、有计划，由专职教学人员对学生进行系统文化科学知识和思想品德训练与培养的教育，一般特指学校教育中的学历教育。非正规教育（Non-formal Education）是美国学者菲利普·H. 库姆斯（Philip H. Coombs，1915~2006）在其著作《世界教育危机：系统分析》（*The World Educational Crisis*：*A Systems Analysis*，1985）中提出的概念，主要与正规教育相对，指"在已建立的正规系统之外的任何有组织的教育活动——无论是独立进行的或是作为一些更大的活动的一个重要特征——目的在于服务于明确的对象和学习目标"。对于高校科幻人才的培养来说：正规教育发展水平与质量关乎国家整体发展大计，可以直观反映出科幻人才培养的层次和水平；非正规教育虽不是一个专门而系统的教育领域，但作为"一种实实在在的终身教育的过程"，个体可以"从日常的经验、教育的影响或从他所处的环境中潜移默化地形成一定的态度、价值观念、知识和技能"。这种培养方式在高校科幻人才的成长过程中发挥着重要的作用。

（一）正规教育中科幻人才培养现状及存在问题

1. 正规教育高校科幻人才培养现状

从1991年吴岩在北京师范大学首次开设中文科幻课程起，国内高校的科幻教育一直处于缓步发展的阶段，目前初步形成“学历教育逐步起色、科幻课程日趋丰富”的发展格局。

《中国科幻发展报告（2015—2020）》显示，截至2021年6月，国内共有南方科技大学、清华大学、南京工业大学等18所高校的21位老师开设了28门科幻课程。据问卷调查结果课程内容主要涵盖科幻文学（86.14%）、科幻影视欣赏与评论（58.05%）、科学哲学（18.23%）和科普（14.36%）等（见图1），授课对象以本科生和硕士生为主。在所开科幻课程的性质方面，面向全校的通识公选课占总数量的比例约为71.4%，中文、外语等文科专业的专业选修课占比约为28.6%。另外，开课主力为人文社会科学的教师，自然科学领域的教师较少开设科幻课程。

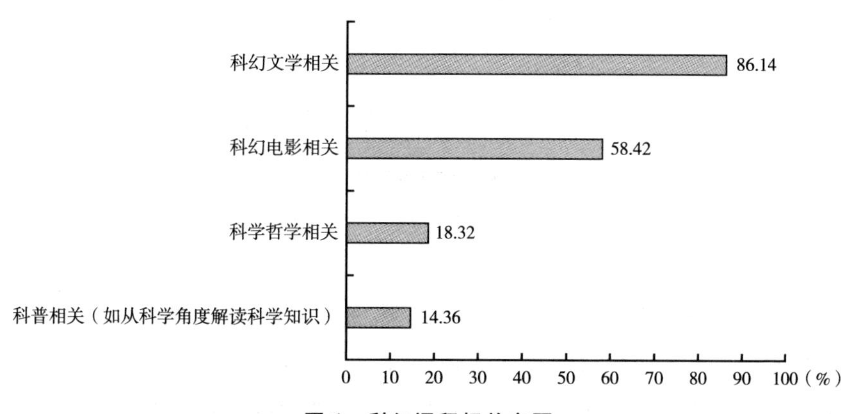

图1　科幻课程相关主题

资料来源：关于学生对科幻课程的体验与收获的问卷调查。

（1）高校学生参与科幻课程的现状

为进一步了解高校学生参与科幻课程的现状，本研究面向华侨大学（郭琦）、北华大学（郭伟）、南方科技大学（吴岩、三丰）、南京工业大学

（付昌义）4 所高校曾修习科幻课程的 202 名学生（包括 181 名本科生、21 名硕士研究生）进行了问卷调查。结果显示：在选课动机上，学生主要希望能够提升对科幻的兴趣（81.2%），其次是增加科幻前沿理论知识（75.25%）、获得学分和好成绩（55.45%）和提升科幻作品创作能力（54.46%）；修完课后，82.67%的同学认为课程对提升科幻兴趣有所帮助，76.24%的同学表示在科幻作品鉴赏与评论能力方面也获得了提高，63.37%的人表示增加了科幻前沿理论知识，但仅有 39.6%的学生认为该课程会提升自己科幻创作能力（见图 2）。总体来说，高校学生对所修科幻相关课程的满意度较高，67.82%的人表示非常满意，28.71%的人表示比较满意（见图 3）。

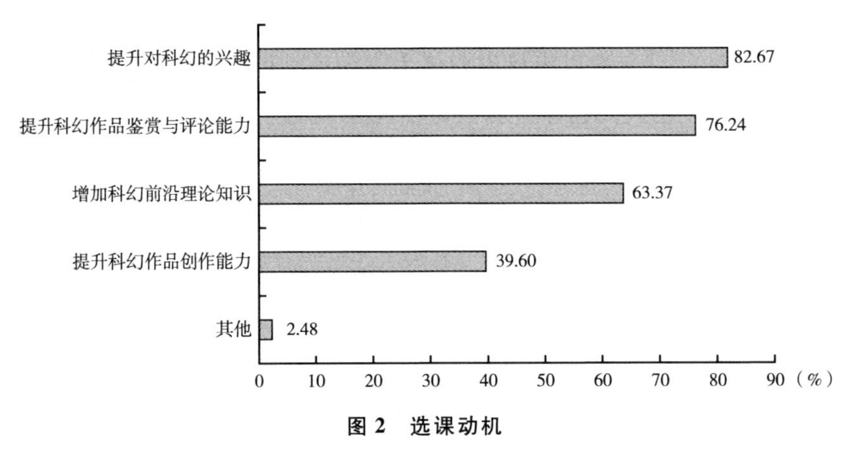

图 2 选课动机

资料来源：关于学生对科幻课程的体验与收获的问卷调查。

（2）高校教师对开设科幻课程的评估

通过对 5 位开设科幻课程的老师（吴岩、郭琦、郭伟、三丰、付昌义）的访谈得知，目前他们所在学校对于开设科幻课程持鼓励和支持态度，并提供经费资助，优秀的科幻课程还被打造为“精品课”，在慕课等平台上进行更大范围的普及。但也存在校际差异，比如有的学校经费审批有周期性（比如两年），若后续想长期继续进行科幻课程的建设与开发，在经费保障和课程审批上具有不确定性。

在教学方式上，多数教师采用“集中教授+学生自主参与（如小组合作

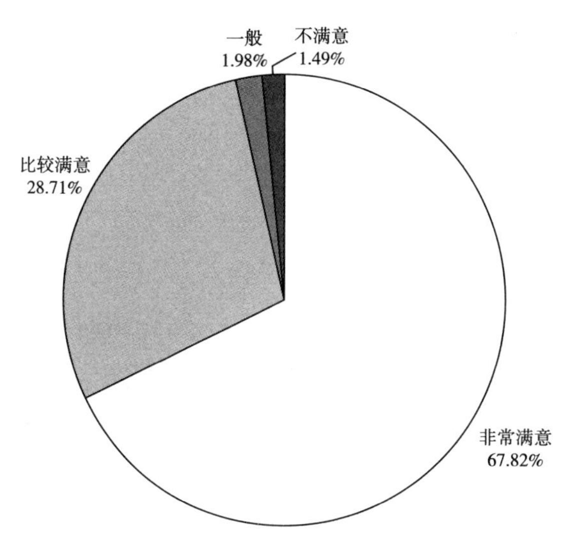

图 3　对科幻课程的满意度

资料来源：关于学生对科幻课程的体验与收获的问卷调查。

与讨论等）”的形式（62.64%），以教师讲授为主导的课堂也占一定比例（30.46%），完全是学生自主参与为主的教学方式较少见（6.90%）（见图 4）。期末考核时，有 39.11%的课堂选择闭卷或开卷考试的形式，56.93%的课堂需要提交学术论文；也有教师结合科幻课程特点采用了创新型评价方式，比如创作科幻文学作品、科幻短视频等（见图 5）。

整体来看，科幻课程在学校的教学体系中仍然处于相对“边缘”的状态。郭琦（华侨大学）表示，“多数开设科幻课程的高校教师都是资深的科幻爱好者，能够对科幻主题进行深刻的研究和阐释，但与之相比，高校之间在科幻课程教学方面的校际合作则相对较弱”。在尝试了申请科幻课程的“校际虚拟教研室”校级项目未果后，郭老师表示不会放弃，“后面还会再继续申请”。

2. 高校科幻人才正规教育中存在的问题

在正规教育层面，我国高校的科幻人才培养主要存在以下几方面的问题。

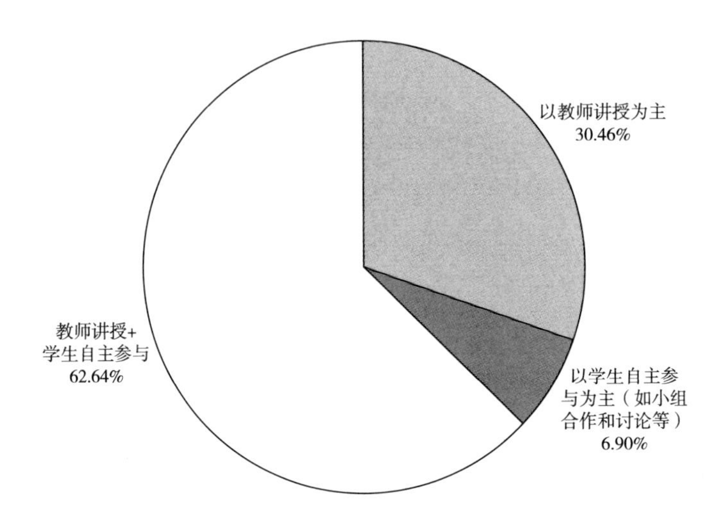

图 4　科幻相关课程的上课方式

资料来源：关于学生对科幻课程的体验与收获的问卷调查。

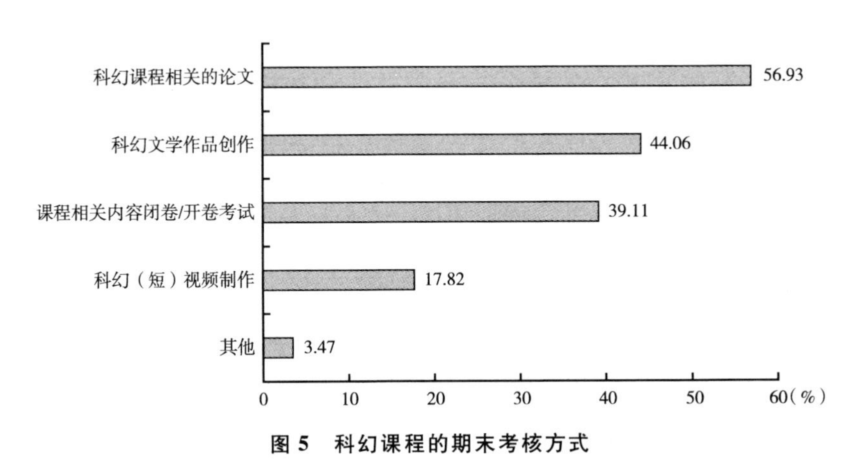

图 5　科幻课程的期末考核方式

资料来源：关于学生对科幻课程的体验与收获的问卷调查。

（1）高校科幻教育规模尚小，培养体系有待完善。国内开设科幻课程的高校和高校中开设的科幻课程数量都相对有限，科幻方向的学历教育规模较小甚至有停滞趋向，科幻课程多以全校的通识选修课或者个别专业的选修课的形式存在。同时，科幻课程多由科幻相关专业或者对科幻具有浓厚兴趣的高校教师自发地组织和开设，虽然任课教师在教育教学过程中有较大的自主权，但他们之间缺乏校际教学交流平台。另外，目前高校科幻课程内容较为单一，以科幻文学、科幻电影主题居多，辅之以科学哲学和科普类课程，缺乏针对科幻实践创作的课程。

（2）科幻人才培养质量需进一步提升。现阶段高校科幻课程的开设目标主要是培养学生对科幻的兴趣，增加科幻相关知识的储备，对于科幻作品创作等实践创作能力的培养较匮乏。此外，学生在课堂上能接触到的资源有限、课后的主动性不强、实践参与机会有限等问题都会进一步阻碍科幻人才与市场的衔接。同时，当学生不全是科幻爱好者时，“课程要求多了学生也不容易跟上”。这说明高校科幻教育的培养目标过于泛化，未能尊重学生的个性差异，这也是大班教学本身的弊病。高校科幻教育需在尊重不同专业背景和不同发展水平的学生的基础上，进一步提升学生的科幻素养，包括科幻兴趣爱好、科幻创作能力、相关就业能力等方面的提升。

（3）师资力量薄弱，职业发展体系待完善。高校科幻教育的师资在数量上存在较大缺口，在地域上也存在分布不均衡的现象。科幻教育方面的领衔师资主要分布在较发达城市，偏远地区师资数量较少。由师资力量薄弱引发的高校科幻教师的培养体系问题，也亟待纳入考虑范畴。在教师的职前培养方面，即科幻及其相关方向的学历教育仍处于发展期。在教师的职后培养方面，对新手教师的试炼和引导，也是一个亟待加强的工作，需要较完善的科幻人才职业体系提供保障。

（二）高校科幻人才非正规教育培养现状及存在问题

1. 高校科幻人才非正规教育培养现状

高校科幻人才培养的非正规教育大致有以下几种形式。

第一，针对科幻创作培训的非正式课程体系，例如由中国科普作家协会连续承担的中国科协科普信息化建设工程“科普文创”项目，以此为平台实施“科普文创—科普科幻青年之星计划”，其在培训模式与遴选方式上都根据初高阶基础的不同开展报名、征文，为人才的遴选设置了一定门槛。除此之外，科幻世界杂志社和中国数字科技馆联合举办的“科幻精品写作班”、吴岩在北京师范大学创办的“科幻创意与写作培训班”和“科幻写作提高班”、高校科幻创作者中心（星火学院）的公益创作培训工程，都属于这类培训。这些培训通过组织专家和设置专题的方式突出专业性和主题性，实质上也是对正规教育的一种补充和提升，在非正规高校科幻人才教育中占据重要位置，具有针对性和效果性。

第二，高校学生自发组织的科幻社团，通常采用观影、讲座的方式来加强科幻团体之间的联系，以及科幻迷与作家之间的交流。参与高校科幻组织是高校科幻人才从科幻迷成长为专业科幻研究者和科幻创作者的一条重要启蒙之路。

第三，网络科普科幻教育平台，包括微信公众号、远程网课等，与线下正规教育的目标一致，主要是要增强学生对科幻知识的掌握程度，同时又能使学生在课余时间有专业的资料进行复习，从而起到辅助课堂教学、对于复杂的知识点反复观看的效果。例如由中国科普研究所、中国科普作家协会、中国科幻研究中心等单位联合举办的“第一届高校青年教师/研究生科幻学术研习营”，虽然最初迫于疫情而采取了线上研习方式，但是其实时讨论和随时共享课件学习包等，也为师生交流带来了意想不到的效果。

第四，对科幻创作能力进行拔高的竞赛征文等激励赛制，在巩固现有育人成效，强化人才的写作技能与职业技能方面予以引导，也使得参加征文赛的学员在这个过程中体验到科幻创作的成就感，坚定对科幻创作的信念和兴趣。

2. 非正规高校科幻人才教育的优势与特征

根据2020年《关于科幻迷推动中国科幻发展的调查问卷》[①] 的相关数据，科幻迷早期（大学及之前）接触科幻的方式基本为非正式学习方式（见图6），包括电视剧、杂志、动漫、游戏等，后来他们参与科幻学习的形式也基本以公益或半公益性质的非正规教育与培训（见图7）为主。值得注

① 本次调查问卷填写人数为1154人，其中大专及以上学历填写人数为1047人，占总人数90.73%，数据具有代表性。

意的是，虽然大多数科幻迷接触科幻、参与科幻活动的目的是“维持兴趣”（见图8），但是有相当比重的群体进行了原创型科幻创作（见图9），这可以说是非正规教育方式对高校科幻人才输出的可观贡献。

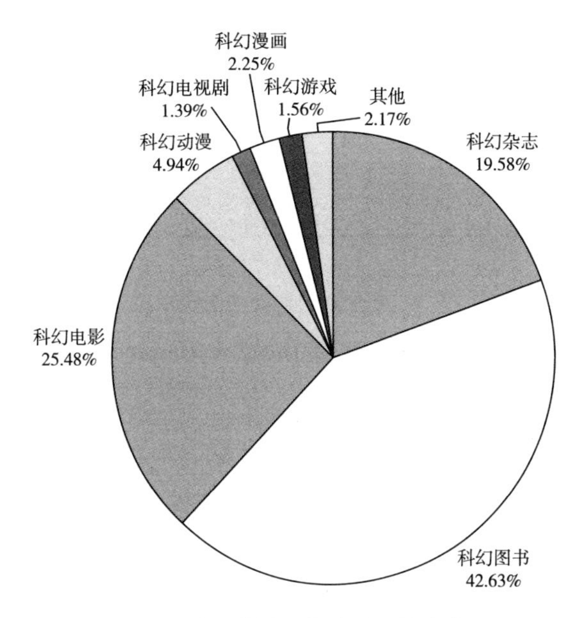

图6　科幻迷最早接触科幻的方式

资料来源：关于学生对科幻课程的体验与收获的问卷调查。

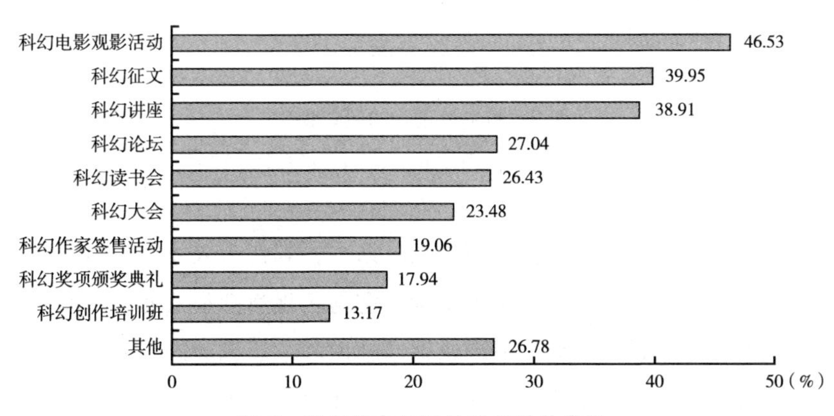

图7　科幻迷参加过的科幻活动类型

资料来源：关于学生对科幻课程的体验与收获的问卷调查。

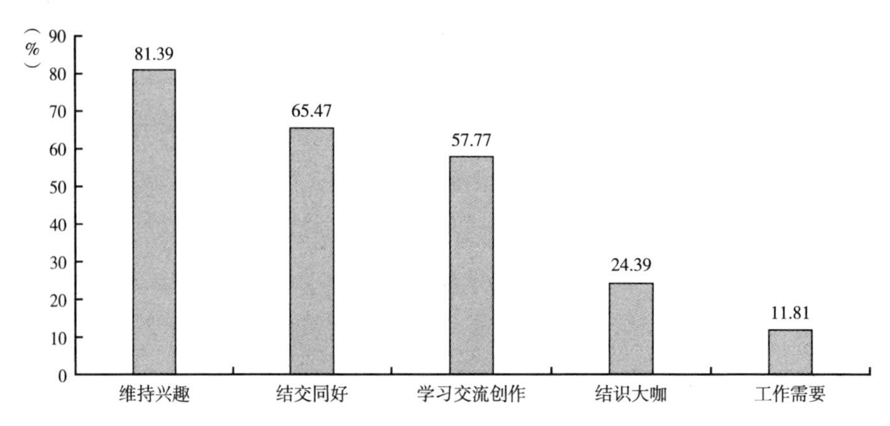

图 8　参加科幻活动的主要目的

资料来源：关于学生对科幻课程的体验与收获的问卷调查。

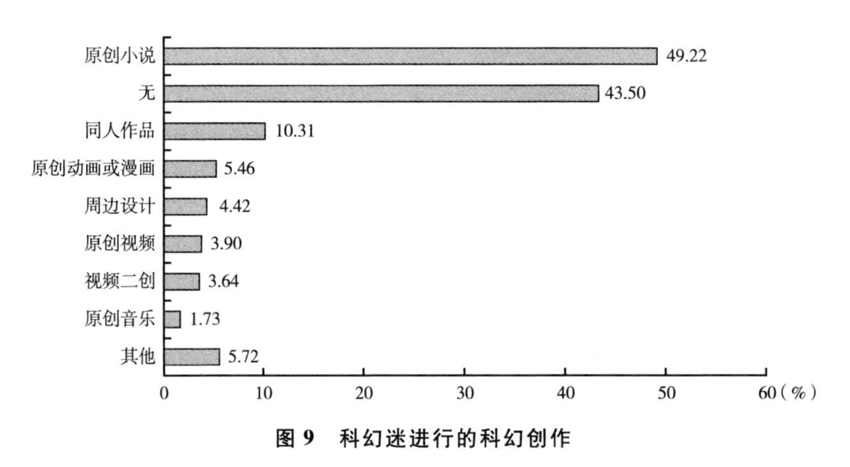

图 9　科幻迷进行的科幻创作

资料来源：关于学生对科幻课程的体验与收获的问卷调查。

非正规教育的特点和优势显而易见。第一，其作为人才早期培养激活的主要形式，为高校人才培养奠定了基础，它与正规教育是互通的，既是学前能力的积累，也起到为正规学习提供课堂辅助和学后巩固的作用。第二，方式灵活和自愿参与，可以促进学习方法的多样化以及提升实践性。对于科幻迷而言，即使无法通过科幻教育获得就业优势，科幻本身的趣味性也会使其乐于参与灵活的非正式培训活动，在情绪价值的生产方面，这是正规教育难以企及的。第三，以集体行动为主导的学习课程，通常可以实现双赢，而从以高校学生为主的读书会、高校科幻社团内部日常交流活动、科幻创作训练营等来看，个体能力的提高可以直接促进科幻人才的群体发展。第四，从组织方式来看，非正规高校科幻培训活动基本不受限于城市经济规模（见图 10），这为中西部及欠发达地区的科幻人才培养提供了范式。另外，由于自主性强，个人在学习过程中的主观能动性和责任意识得到重视，自主化的学习方式使其既是学习者，又是教育资源的提供者，这也让许多资深高校科幻迷在参与这类培训的过程中进行科幻作品创作，对学习营本身产生反哺作用。

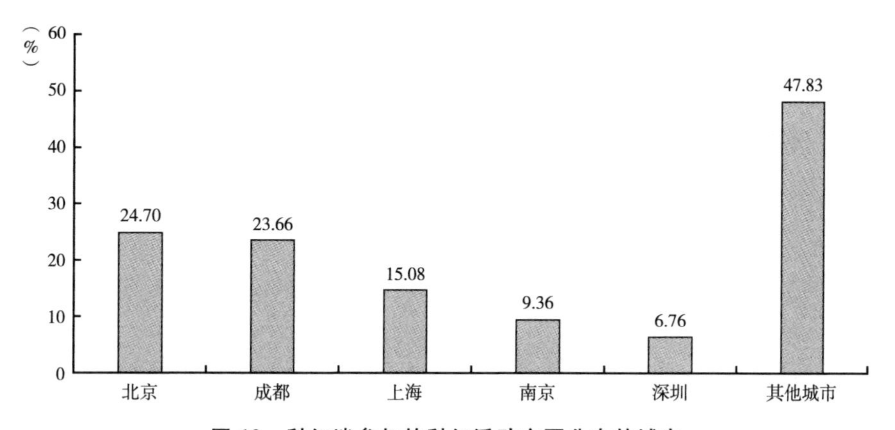

图 10　科幻迷参加的科幻活动主要分布的城市

资料来源：关于学生对科幻课程的体验与收获的问卷调查。

3. 非正规高校科幻人才教育的缺憾

非正规教育也存在以下显著问题。第一，虽然组织方式多样，但是优势的线下教育资源主要集中于一线城市，欠发达地区高校科幻人才主要还是依赖于传统正规教育和网络教育平台。第二，培养内容集中于科幻文学创作，对科幻影视、动漫、游戏等人才的培训不足，这主要与中国科幻电影等市场刚刚崛起有关。第三，高校学生在非正规教育中受重视程度不高，虽然像“科普文创—科普科幻青年之星计划”这类项目通过“初阶”与“高阶”的培训模式筛选和细化了人才，但其依据是现有成果和产出，而高校人才多数仍处于待创作阶段，活动的影响力并没有在高校中形成大规模辐射。第四，与正规教育之间的互通联系欠缺，通常来说，可以通过非正规教育所获取的证书免修正规学习的相关课程，比如“同等学力教育”的补充作用，而这在目前的高校科幻教育中显然任重道远。第五，关于高校科幻人才的非正规教育培养方式需要进一步得到权威的肯定与认证，如鲁迅文学院等研究性的专业培训机构的影响力还有待提升。第六，许多非正规教育培训，并不能完全保证有连续的经费支持，其寿命不仅取决于它们的生存能力，还需要多方面的协调，尤其是在当前大环境下，科幻与科普之间界限并不十分明晰，科幻与科普人才教育资源共享的同时，科幻资源有被“压缩”的危险。

三　构建高校科幻人才培养的有效途径——促进正规教育与非正规教育的有益结合

（一）丰富科幻课程的内容与形式

目前国内已有部分高校和教师正在进行各类课程实践，构成了多元共生、丰富多彩的高校科幻教育教学生态。对开设课程的教师和单位而言，高校科幻课程可以是多种多样的，不必局限于某种模式，要打开思路、因地制宜，设计符合校情、学情的科幻课程。另外，科幻课程还应考虑市场上科幻产业的发展要素，在课堂外充分拓展学生与相关科幻企业、机构等进行交流与合作的机会，促进人才培养与市场需求的有效衔接。

（二）建立“高校科幻教学研究共同体”，将科幻课程渗透进各阶段教育

在横向高校课程发展策略上，校际可以建立“高校科幻课程教学研究共同体”，组成全国范围内的教育团队，对优秀的课程资源、教师资源进行互通和共享。在纵向人才培养策略上，鼓励将科幻课程渗透进各级各类学历

教育当中，并加强基础教育和高等教育阶段的科幻教育联系。鼓励大学与各级各类学校间畅通渠道，促进学历教育的推行。比如可以考虑向中学、小学等学校进行纵深发展，推进科幻课程群的层次化与梯队化。另外，要继续大力支持大学后教育，重视发展硕博层次的科幻相关学历教育，保证科幻课程教学与人才培养的长足发展。

（三）细化设置高校科幻人才奖项与赛事

对于高校科幻人才培养和科幻文化传播来说，奖项的激励十分重要，不仅有助于获奖者自身的发展，还有助于吸引更多有识之士投身于科幻事业，并提高公众对于科幻的认识和重视等。通过鼓励官方及民间组织设立科幻奖项及赛事，评选出创作界、公益界、创业界、活动界等各领域优秀的高校科幻人才，是支持高校科幻爱好者在擅长的领域发挥才能的重要方式。各高校应结合自身条件和优势，在科幻创新创业、科幻作品创作和科幻志愿服务等方面设置各类高校科幻人才奖项和赛事，促进高校科幻的繁荣和发展。

（四）设立“大学生科幻研究能力提升类项目”

《中国科协科普人才发展规划纲要（2010—2020年）》指出，要“培养科普研究与开发人才。实施科普研究项目资助计划，加大科普研究项目资助力度，鼓励和支持高等院校、科研院所的科普研究团队开展科普理论研究”。科普研究资助项目的设立对加快推进科普人才培养有巨大的推动作用，然而针对科幻研究项目的资助却相对有限，针对这种现象，可以联合相关单位专门设立“大学生科幻研究能力提升类项目”，鼓励和支持致力于科幻创作、科幻文化传播、科幻产业发展、科幻人才培养、科幻奖项、科幻活动等领域开展研究的大学生群体，培养一批具备理论素养的新时代科幻人才。

（五）以“互联网+”理念推动科幻教育活动的多样化

由于具备不受时空限制、培训成本较低、互动快捷等优势，线上教育大大提升了培训到达率和传播速度。由“高校科幻”平台创办的“星火学院科幻人才培训工程”初步尝试了两期（每期半年）线上学员培训，取得了良好的效果：目前有 80 多位学员的科幻作品发表在《科幻世界》《作品》《中国青年报》《中国青年作家报》《长路》等媒体平台；同时国内各大科幻征文大赛如冷湖奖、晨星奖、水滴奖等，各大科幻活动策划、志愿者中已开始出现这些学子的身影。可以看出，互联网模式作为未来主要的学习提升形式之一，有利于进一步壮大高校科幻作家队伍，为科幻发展提供更多的新鲜血液。

（六）设立出版高校科幻作品的专项资金

目前，科幻创作的数量和质量均不足以支撑市场对科幻作品的需求，出版内容同质化、科幻作品“供给侧”不平衡问题突出。通过设立出版高校科幻作品的专项资金，启动“高校科幻图书出版工程”项目，既改善了优质的高校科幻作品无出版渠道的现状，又可以吸引到更多高校学生从事科幻创作。

（七）举办“高校科幻人才培养高峰论坛”，扩大高校科幻人才的影响力

自 2015 年至 2019 年，中国的科幻活动整体呈现井喷式状态，而这些活动的主要嘉宾均为科幻明星，高校科幻创作者和研究者的参与感并不强。通过举办“高校科幻人才培养高峰论坛”这类活动，对繁荣科幻创作、发展科幻事业、激发当代大学生创新创造活力和提升全民科学素质意义重大。对于高校科幻人才来说，参与以他们为主的论坛活动无疑是维持自身的兴趣、结交同好的重要方式，同时也能激发创新创作灵感。此外，论坛活动还有助于帮他们明确自身的定位，为其在科幻之路上的成长提供更多可能性。

（八）加强高校科幻与社区、企业的跨界合作

针对高校科幻组织代际传承困难、影响力有限的问题，可加强官方在社会资源方面的聚合作用，为科幻组织的运作提供顶层设计指导与技术性支

持，同时推动科幻元素进社区。通过加强高校科幻社团与社区合作，可以帮社区儿童进行科幻启蒙，培养他们在科学领域的探索兴趣，激发其好奇心和想象力，为将来成为高校科幻人才奠定基础；同时也可以利用科幻内容与活动传播科学精神。因此，如果高校科幻社团与社区的合作能够被鼓励和引导，使其在社区举办文化活动中发挥稳定作用，对于锻炼高校科幻组织与推动社区治理而言，是双赢举措。

另外，应鼓励企业参与高校科幻人才培养，形成跨界协作。例如由中央网信办网评局、国务院国资委宣传局指导，国务院国资委新闻中心联合环球网、果壳等共同发起的“科幻作家走进新国企”项目，通过把“科幻热”融入国企舆论引导工作之中，实现了网上正能量传播理念、内容、形式等方面的创新，这对于弘扬科技创新精神、推动实施创新驱动发展战略，提升国资国企社会美誉度，培育社会公众科学素养，具有极其重要的意义，也是高校科幻教育与企业跨界协同的一个良好范例。

参考文献

[1] 姜男：《欧美当代科幻教育价值探究》，《清华大学教育研究》2015 年第 1 期。

[2] 赵文杰、许艺琳、王大鹏、姚利芬、陈玲：《中国科幻发展动态（2015—2020）——高校科幻人才的成长困境与扶持对策建议》，《中国科普研究》，2021 年 4 月 23 日，https：//www. crsp. org. cn/plus/view. php? aid = 3270。

[3] 习近平：《把科技创新摆在更加重要位置》，央广网，2016 年 5 月 30 日，http：//news. cnr. cn/native/gd/20160530/t20160530_ 522275675. shtml。

[4]《国家电影局、中国科协印发〈关于促进科幻电影发展的若干意见〉》，中国政府网，2020 年 8 月 7 日，http：//www. gov. cn/xinwen/2020 - 08/07/content_ 5533216. htm。

[5]《国务院关于印发全民科学素质行动规划纲要（2021—2035 年）的通知》，中国政府网，2021 年 6 月 3 日，http：//www. gov. cn/zhengce/content/2021 - 06/25/content_ 5620813. htm。

[6]《北京首个支持科幻产业政策发布——石景山区科幻 16 条》，北京市石景山区人民政府网站，2020 年 11 月 2 日，http：//www. bjsjs. gov. cn/ywdt/sjsdt/

20201102/15085055. shtml。

[7] 南科大科学与人类想象力研究中心:《2019 年度中国科幻产业报告》, 中国作家网, 2019 年 11 月 5 日, http: //www. chinawriter. com. cn/n1/2019/1105/c404079-31437873. html。

[8] 刘慈欣:《呼吁高校加强科幻人才培养》,《北京晚报》, 2019 年 11 月 4 日, https: //baijiahao. baidu. com/s? id=1649227166075832250。

[9] 吴遵民主编《终身教育研究手册》, 上海教育出版社, 2019。

[10] 〔瑞典〕T. 胡森、〔德〕T. N. 波斯尔斯韦特主编《国际教育百科全书》, 贵州教育出版社, 1996。

[11] 王挺、王大鹏主编《中国科幻发展报告(2015—2020)》, 中国科学技术出版社, 2021。

[12] 邹贞、张志敏、陈玲:《青年科普科幻创作人才培养的探索与实践——以"科普文创—科普科幻青年之星计划"项目为例》,《今日科苑》2021 年第 7 期。

[13] 《〈高校科幻〉2021 年度编委会成员招募! 立即加入我们, 进入幻想的宇宙!》, 高校科幻, 2021 年 10 月 27 日, https: //mp. weixin. qq. com/s/JFLYfgSmuVp5tMcXraAlWg。

[14] 《第一届高校青年教师/研究生科幻学术研习营成功举办》, 中国科普作家协会, 2021 年 8 月 9 日, https: //mp. weixin. qq. com/s/67_ DoTzWNoePwdKw_eianQ。

[15] 张天慧:《我国科技类人物评奖的现状及对科普创作人才培养的启示》, 载中国科普研究所、广东省科学技术协会编《中国科普理论与实践探索——第二十四届全国科普理论研讨会暨第九届馆校结合科学教育论坛论文集》, 2017。

[16] 《中国科协科普人才发展规划纲要(2010—2020 年)》, 中国科学技术协会网站, 2010 年 8 月 18 日, http: //www. bjkx. gov. cn/index. php? ie = 2 - 207 - 8251-1。

[17] 《快来! 星火学院第二期公益创作培训工程正式启动!》, 高校科幻, 2021 年 1 月 20 日, https: //mp. weixin. qq. com/s/HpATUkDMJSvweezd GbUHMQ。

[18] 《科幻作家走进新国企》,《科技日报数字报》, 2019 年 4 月 9 日, http: //digitalpaper. stdaily. com/http_ www. kjrb. com/kjrb/paperindex. htm。

“科普”一词的诞生与流变*

石春让　肖佳丽**

摘　要： 本文基于历史语义学理论，通过检索 BCC 语料库与爱如生数据库，从历史的角度考察“科普”一词的诞生和流变。研究发现，“科普”一词有三个来源，一是“科学知识普及”或“科学技术普及”的缩略，二是指机构名简称，三是源于术语翻译。“科普”一词的诞生与流变表征了中国科普事业的发展与繁荣。

关键词： 科学　科普　科学普及

一　引言

“科普”一词是人们较常使用的一个词，但是，人们对该词的使用不尽

* 该论文被评为 2022 年科普中国智库论坛暨第二十九届全国科普理论研讨会优秀论文。
本文为全国科技名词委科研项目“中国术语翻译理论史稿”（项目编号：YB20200014）、广东外语外贸大学翻译学研究中心 2018 年度招标项目“周作人的儿童文学译事和译绩研究”（项目编号：CTS201818）和西安外国语大学研究生教改项目“翻译硕士研究生信息素养的锻造：理论与实践研究”（项目编号：20XWYJGB02）的阶段性成果。

** 石春让，西安外国语大学英文学院教授，博士，博士生导师；肖佳丽，西安外国语大学中文学院硕士研究生。

相同。有的人把它当名词使用，如“开展各种积极向上、生动活泼的科普”，有的人把它当动词使用，如“这是一项新技术，我给你科普一下”，还有的人把它当形容词使用，如“尝试写作有关性问题的小说和科普的基本思想”。如果我们询问这个词的诞生、演变时，许多人表示知之甚少。

以“科普”为关键词在中国知网（CNKI）上进行检索，我们能搜索到1360篇与之相关的期刊论文，涉及图书情报、戏剧、化学、生物学等多个学科。这些研究可分为两类。其一，一些研究者探讨开展科普工作的经验和方法，如周晋安、陈艳红讲述医院宣传科学知识的经验与做法；王梦琛、林青青等向普通大众讲述古玩做旧的化学原理和鉴别古玩的具体步骤；石刚、马增军等为普通大众详细介绍了狂犬病的防控措施。这类研究本身是高质量科普作品，也为高质量科普作品的诞生提供了写作范例。其二，一些研究者探讨开展不同类型科普工作的策略和方法。如陈海琳、袁裕辉以金融科技科普活动为例，分析“移动互联网+”科普整合模式的具体实现路径；周荣庭、李爽对当前世界文化遗产科普现状进行调研，提出世界文化遗产科学价值与其他价值深度融合的科普路径；李红香、骆金亚等对公众的生态环境保护科普现状参与度进行调研，对当前环保科普工作提出思考与建议。这些研究为科普工作的展开提供了理论支撑。

以“科普文本”为关键词在中国知网（CNKI）上进行检索，我们能搜索到27篇与之相关的期刊论文，涉及外国语言文学、生物学、中医学等多个学科。这些研究大致也可以分为两类。其一，一些研究者从翻译的角度探讨科普文本的翻译方法或翻译策略，如郎雅雯用奈达的功能对等理论谈科普文本中“非科技”元素的翻译方法；郭晓晨探究科普文本中词语翻译的难点和策略；王依以《未完成的进化》为研究对象，探讨科普文本中定语从句的翻译策略。其二，一些研究者从语言学的角度分析科普文本的写作方法，如宗棕，刘兵探究高士其科普作品中的隐喻。

上述研究是我国科普工作在实践和理论两方面的探索，对科普工作的实践和研究大有裨益。当前，科学技术日新月异，我们需要深入开展科普工作，并从新视角开展科普研究。近年来，语料库的发展为语言学研究提供了新方法，国内外许多研究者基于特定文本语料库，研究某些特定文本的语言学特征和历史发展规律。从语言学视角来看，“科普”一词是科普事业的重要表征。这给我们一些启示，我们可以借助“概念史”的研究理论，对“科普”一词本身做细致的探索，以期探讨我国科普事业发展特征和规律。

概念史又称历史语义学，旨在探索语言表述的内涵及其变化的历史性，作为史学方法，其研究关注概念的原始词义及历史流变。本文以历史语义学为理论支撑，以含有“科普”一词的语料库为基本，历时考察“科普”一词，希望对我国科普文本的创作、科普工作的展开发挥一些作用。

二　语料库的选择及应用

《康熙字典》诞生于清朝鼎盛的康熙时期，故得名。该字典系官方编纂，因而具有较高的权威性，该字典是汉字研究的主要参考文献之一，共收录汉字47035个，常被称为中国收录汉字最多的古代字典。通过检索《康熙字典》，我们发现“科普”一词没有出现在该辞书。我们初步猜测，“科普”一词可能是近代以后才出现。

为了了解“科普”一词的诞生，我们选用北京语言大学语料库中心（BLCU Corpus Center，BCC）和爱如生数据库（Erudition），来检索该词。这两个语料库均为动态的历时语料库，从历时的语料库中进行检索，能够对“科普”一词的诞生及历时的变化提供语料支撑。

BCC语料库具有领域广、数据量大和检索便捷等优点。它涵盖报刊、文学、微博、科技、综合和古汉语等多个领域，是可以全面反映当今社会语言生活的大规模语料库。语料库收录总字数约150亿个字，我们只需要在搜索栏中输入“科普”或与之相关的关键词，点击“搜索”，就能进行查询。

爱如生数据库收录海量的古代典籍和近代文献等，以专门子库（如中国基本古籍库、中国近代报刊库、晚清民国大报库、明清实录等子库）形态收录文献，便于用户快速搜询所需文献。其中“中国近代报刊库”和“晚清民国大报库”两个子库可能为我们搜索与“科普”相关的语料提供帮助。“晚清民国大报库”收录1872~1949年70余年间的20种知名度高、影响力大的报纸，如在上海、北京等地知名的《申报》《大公报》《晨报》《京报》《时报》，中国共产党办的《新华日报》《红色中华》，国民党办的《民国日报》《中央日报》等，这些大报刊载了晚清民国70余年间的重要新闻，保存了当时中国社会生活的珍贵史料。“中国近代报刊库”收录清道光十三年（1833）至民国38年（1949）间5万余种报刊类出版物，包括各种报纸和杂志，报纸有日报、周报、月报等，杂志有周刊、半月刊、月刊、双月刊、季刊、半年刊、年刊、不定期刊等。这个子库的特征是收录语料内容广、数量多。

为了从不同侧面考察“科普”一词，我们拟分别从爱如生数据库相关专门子库与BCC语料库中检索“科普”一词，同时检索与之相关的“科学”“科学普及”“普及科学”三个词（词组），然后对这些词（词组）的文献数量和书证进行分析。我们对内容重复者只统计出现时间最早者，对年代不详者则全部统计。

经检索，BCC语料库中未检索出“科普”“科学普及”“普及科学”，检索出“科学”的书证为1162条，表1列出BCC语料库中的“科学”书证。爱如生数据库中共检索出“科普”书证3条，“科学”书证754条，“科学普及”书证4条，“普及科学”书证23条，分别见表2、表3、表4、表5。

表1　BCC语料库中的“科学”书证

单位：篇，条

数据库类型	文献类型	文献数量	“科学”书证数量	文献举例
BCC	古籍	277	1162	《奏定学堂章程学务纲要》《印光法师文钞三编》

表2　爱如生数据库中的“科普”书证

单位：篇，条

文献类型	文献数量	“科普”书证数量	文献举例
报刊	2	3	《新华日报》《大公报》

表 3　爱如生数据库中的“科学”书证

单位：篇，条

数据库类型	文献类型	文献数量	“科学”书证数量	文献举例
爱如生	报刊	12	754	《申报》《大公报》《顺天时报》

表 4　爱如生数据库“科学普及”书证

单位：篇，条

文献类型	文献数量	“科学普及”书证数量	文献举例
报刊	4	4	《少年中国》《晨报副镌》《东方杂志》

表 5　爱如生数据库“普及科学”书证

单位：篇，条

文献类型	文献数量	“普及科学”书证数量	文献举例
报刊	9	23	《新潮》《少年中国》《晨报副镌》《少年世界》《建设》《东方杂志》《解放》《申报》《中央日报》

三　语料库检索结果分析

（一）“科学”与“科学普及”的关联

“科学”在古代文献中早已出现，但古代文献中的“科学”多指“分科之学”等含义，比如《朱子语类》中记载的“祖宗时有三礼科学究是也”（见图 1）。这里的“科学”指的是就是分科之学。

从清晚期开始，“科学”一词渐渐具有了现代意义。据《辞海》，“科学”是指运用范畴、定理、定律等思维形式反映现实世界各种现象的本质和规律的知识体系。显然，“科学”一词的现代意义与古代文献中的“科学”的意义存在差异。“科学”的现代意义对应的是英文“science”，狭义是指自然科学，广义则指自然科学和社会科学。发现、积累并公认的普遍真

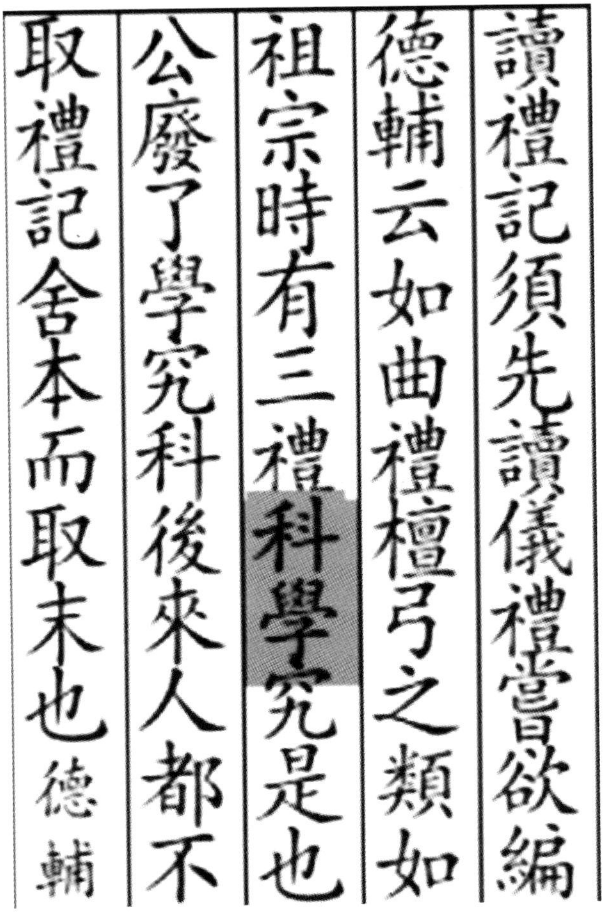

讀禮記須先讀儀禮嘗欲編
德輔云如曲禮檀弓之類如
祖宗時有三禮科學究是也
公廢了學究科後來人都不
取禮記舍本而取末也德輔

图 1 《朱子语类》截图

理或普遍定理的运用，已系统化和公式化了的知识。科学是对已知世界通过大众可理解的数据计算、文字解释、语言说明、形象展示的一种总结、归纳和认证；科学不是认识世界的唯一渠道，可其具有公允性与一致性，其为探索客观世界最可靠的实践方法。

近代中国对“science”的翻译大致有三种方法——音译、意译、采用日语借词，相应的译名分别是“赛因思”“格致”“科学”。在现代汉语中广泛使用的“科学”一词是日语借词。19 世纪下半叶，一些有识之士开始向西方国家或日本学习，“科学”一词的现代意义显然指称一个全新的概念，这个概念是中国近代在学习日本文化过程中从日本输入的。中国科技史学家樊洪业先生考证，中国最早引入“科学”二字的学者是康有为。1897年，康有为在《日本书目志》中列出了《科学入门》和《科学之原理》两书，这是中国最早出现“科学”一词的文献。樊洪业先生指出，“虽然中日两国的‘科学’在写法上没有差别，但中文从前无此词，康有为的书目意味着把日本中‘科学’译为中文，是中文第一次出现‘科学’，在中国近代科学史上有其特殊意义。[①] 后来，“科学”一词渐渐在一些地方志中出现，比如（光绪）《绥远志（卷六）》中提到了“科学”（见图 2）。

其实，中国古代也有专门表述“科学”现代意义（概念）的固有词语，就是“格致”。“格致”指的是格物致知，是中国古代哲学命题，出自《礼记·大学》：“致知在格物，物格而后知至”，明末清初时期，用来指称传教士带来的一些西方技术或指声光化电等自然科学的统称，基本上与“科学”相当，例如意大利传教士高一志编著《空际格致》一书，介绍希腊的四元素学说。严复在《救亡决论》中提到：“而造铁道用机器，又非明西学格致必不可。”鲁迅在《呐喊》自序中也写道：“我才知道在这世上，还有所谓格致、算学、地理、历史、绘图和体操”。

新文化运动中，“德先生”“赛先生”成为最热门的两个词，两词分别指代英文词汇 democracy 和 science，也就是汉语中的“民主”和“科学”。从此，中国人对“科学”一词有了全新的认识，也对“科学”的内涵意义有了全新认识。相应的，新文化运动时期，人们使用“科学”一词的频率逐渐增多，出现了“科学”与“格致”两词并存的局面，后来，“科学”一词的使用频率渐渐超越了“格致”。

“科学”最终取代“格致”在很大程度上归因于中国科学社的成立及他们从事的科学传播活动。1915 年，一群中国留学生以美国科学促进会（AAAS）及其科学杂志为范例，在美国康乃尔大学创办了一个学会——科

---

① 樊洪业：《从“格致”到“科学”》，《自然辩证法通讯》1988 年第 3 期，第 39~50、80 页。

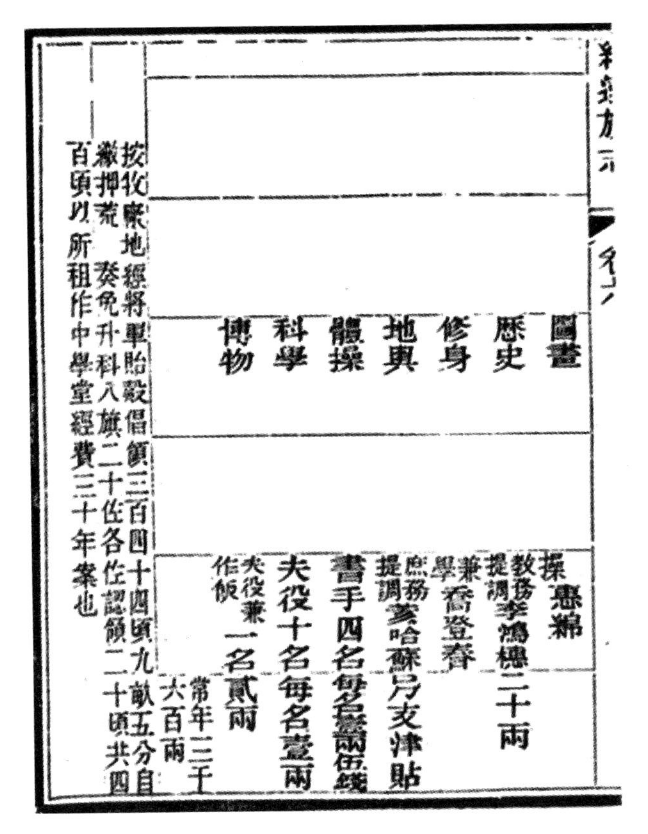

圖畫
歷史
修身
地輿
體操
科學
博物

操 惠綿
教務提調李鴻標 二十兩
兼學 喬登春
庶務提調蔘哈蘇 另支津貼
書手四名每名壹兩伍錢
夫役十名每名壹兩
夫役兼作飯 一名貳兩
常年三千六百兩

按牧廠地經將軍貽穀倡領三百四十四頃九畝五分自
繳押荒奏免升科八旗二十佐各佐認領二十頃共四
百頃以所租作中學堂經費三十年案也

图 2　《绥远志（卷六）》截图

学社（后称中国科学社），并创办了学会杂志《科学》。1915 年 1 月第一期《科学》杂志在上海出版。《科学》杂志在发刊词中强调，因考虑到“吾国科学程度方在萌芽”，科学社确立办刊主旨定位为“传播世界最新科学知识为帜志”，“不敢过求高深，致解人难索。每一题目皆源本卑近，详细解释”，以达到使读者“由浅入深，渐得科学上智识”，同时使得“具有高等专门以上智识者亦得取材他山，以资参考”，以此达到更好地传播世界最新科学知识，通过“专述科学，归以效实”以达到“求真致用两方面当同时并重”目的，取材上对于“科学原理之作必取；工械之小亦载”。《科学》杂志发表的论文涵盖算、理、化、农、医、工、矿、电、天、地、生物、航空等自然科学，也海量涉猎心理学、哲学、教育学等人文科学，还发表科学史、科幻故事、外国科学家人物传记、演说词、外国科学家撰写的报告、科技论文及音乐美术作品等。

我们有理由相信，“科学普及”一词很可能是伴随着“科学”应运而生的。“科学”一词被赋有现代意义后，就变成整个社会关注的一个流行词，并推动和引领着近代科学思潮的飞速发展。近代科学思潮肇始于19世纪60年代，至20世纪30年代式微。19世纪60年代，中国掀起了洋务运动，试图通过向西方学习器物来救亡图存，实现国家的富强。洋务运动的失败进一步激起了一些有识之士的救亡图存的决心，于是广大仁人志士开始更大范围地学习西方，彻底废除旧制度、旧思潮。1915~1923年，觉醒知识分子掀起的新文化运动沉重打击了统治中国2000多年的传统礼教，启发了人们的民主觉悟，推动了现代科学在中国的发展，为马克思主义在中国的传播和五四爱国运动的爆发奠定了思想基础。20世纪30年代，“九一八”事变、“一·二八”事变后国难当头，以陶行知先生为首的教育家为解除国难，救国救民，先后开展了“科学下嫁”运动，努力向普通民众传播科学知识。可以看出，近代科学思潮是觉醒了的知识分子主导，以挽救民族危机，寻找富国强民之路为目的，通过报刊、图书、集会讲学等方式开启民智，向民众宣传科学知识与科学技能，开展有关传播科学的活动。近代科学思潮的重要目标就是宣传科学、唤醒民众。这些知识分子把活动称为“科学普及”，具体而言，是指“向大众普及科学”。在近代报刊中，我们能常见到“科学普及”“普及科学”等词组，爱如生数据库检索显示，含有“普及科学”这个词组的文献书证有23例（见表5），这足以说明当时科学普及的理念和活动已引发人们的认知和关注。

（二）从“科学普及”到“科普”

“科普”是一个缩略词，一般来说，人们会自然地推测它源自“科学普及”或“科学技术普及”。如上所述，中国近代科学思潮的表征可从近代报刊流行词中看见些许端倪。因此，我们可以从爱如生数据库近代报刊子库查找“科普”一词的缩略过程。在爱如生数据库近代报刊中，我们未检索到“科学技术普及”，但是检索到了“科学普及”“科学知识普及”。“科学普及”“科学知识普及”的占比情况如表6所示。在BCC语料库中，我们检索到了“科学普及”“科学技术普及”“科学知识普及”，占比如表7所示。

表6　“科学普及”和“科学知识普及”在爱如生数据库中的近代报刊使用占比具体分布

	爱如生数据库中近代报刊的语料数量(篇)	占比(%)
科学普及	3	42.86
科学知识普及	4	57.14

表7　“科普”、“科学普及”、“科学技术普及”和“科学知识普及”在BCC语料库中现代使用占比具体分布

	BCC语料库中语料数量(篇)	占比(%)
科普	18265	94.91
科学普及	629	3.27
科学技术普及	289	1.50
科学知识普及	61	0.317

(三)“科普”演化的三个源泉

1. 主谓词组“科学普及”演化为“科普”

经检索发现，“科学普及”的首例书证为《晨报副镌》五周年增刊，如例①、例②，随后，《东方杂志》等近代报刊中也出现过，如例③。

例①我以为要使科学普及，用本国语文广译述科学上底书文很是要紧的。(《晨报副镌》晨报五周年增刊，1923年)

例②读者底范围既已有限，总不能把科学普及一般国人，所以在那时候，科学底发达还是有限。(《晨报副镌》晨报五周年增刊，1923年)

例③盖彼百余年来科学普及之基础。(《东方杂志》第三十七卷第十四号，1940年)

“科普”的首例书证为1926年的《中华教育文化基金董事会第一报告》，报告中提到：“各种计划建议于董事会以供讨论及采择。谨撮要叙述如左，（甲）科普教学，（子）科学教席。”[①] 从《现代汉语词典》早期版本中也可以看出，“科普”是缩略语，为科学普及的简称，如，第一版（1978年），第二版（1983年），第三版（1996年）。

2. “科普”脱胎于机构名简称

在近代科学思潮的奔流进程中，一些社团相继成立，一些集会相继组成，许多有识之士利用一些报刊宣扬新的科学观点，在学术界展开激烈的讨论，较好地向普通民众宣传了科学知识与科学技术。经爱如生数据库检索发现，作为机构名的“科学普及”的最早书证为1921年《顺天时报》，如例④中的“科学普及会”。1921年后又出现一些社团，如例⑤和例⑥中的“民众科学普及委员会”“科学普及委员会”，全民对科学普及的重视程度不断加深。

例④设立科学普及会。（《顺天时报》1921年3月31日第6159号第三版）

例⑤总社消息：本社将筹办民众科学普及委员会：民众科学普及委员会办法草案（《中华学艺社报》1931年第2卷第3期第4~5页）

例⑥总社消息：本社将筹办民众科学普及委员会：“民众科学”杂志编辑办法草案。（《中华学艺社报》1931年第2卷第3期第5~6页）

新中国成立为科普工作提供了良好的政治环境，1949年《中国人民政治协商会议共同纲领》第四十三条规定：“努力发展自然科学，以服务工业、农业和国防的建设，奖励科学的发现和发明，普及科学知识。”随后设立了“科学普及局”（简称科普局），如例⑦，“中华全国科学技术普及协会”（简称全国科普[②]，人民日报曾报道为“科普”，如例⑧），“中国科普研究所”等机构。

---

① 高文达主编《近代汉语词典》，知识出版社，1992。

② 《中国科学技术协会简介》，https：//www. cast. org. cn/col/col12/index. html#1。

例⑦师范大学及专科以上学校今后应与科学普及局密切联系，以便进行有组织的科学普及工作，并准备编辑科学手册、读物、电教稿本等。

例⑧新中国成立前夕，他在吴玉章同志领导下担任“科代会”筹委会秘书长，为后来成立“科联”、“科普”和中国科协奠定了基础（《人民日报》1996 年 11 月 16 日）。

上述检索文献表明，在近代，有识之士为展开科学普及活动建立“科学普及会”等组织和社团，“科学普及”用于机构名称后，“科普”渐渐有了机构名简称的义项，机构名的演化过程加速了新词“科普”的产生。

3. “科普”可能源于术语翻译

“科普”可能是 Popular Science 的译文。在英文中，有多个术语可以表达“科普”一词，如“popular science”、“science popularization”和“popularized science”等，最常用的是“popular science”，中文的“科普”一词大概从该词转化而来。“popular”一词意味着“民众”“公众”。“popular”与“populace”、“public”、“people”等词同源，都来源于拉丁语“populus”。据考证，这些词在 15~16 世纪进入英语。1866 年，加拿大魁北克地区出版了法文刊物《科普画报》（*La Science populaire illustrée*）。该刊存世时间不长，却留下了法文“科普”（science popularie）字样的记录。英文科普“popular science”一词显然是由法语翻译而来，因为 1872 年尤曼斯创办了《科普月刊》（*Popular Science*）。此外，君实在 1919 年《东方杂志》第十六卷第二号发表了翻译文章《世界的中国问题与其解决法》，文中提到了八个具体解决中国问题的方法，如“三、普及科学之应用——科学之应用。普及于国内。开发其无线之富源……则求移住于海外者自稀”，其中的第三个方法“普及科学之应用”中含有词组“普及科学”，在小标题后的论述中也阐述了“普及”与“科学”的相关性，显然这里“普及科学”可能是术语 Popular Science 的译文。任鸿隽 1919 年刊登在《建设》杂志第二卷第一号上的文章《科学基本概念之应用》中提到了“吾人观于当世迷妄之多，而愈信普及科学教育之不容已也”。这句话引用自卡尔·皮尔逊（Karl Pearson）的《科学的法则》(*the Grammar of Scienee*),由此可见,这里的“普及科学”可能是术语 Popular Science 的译文。

四 “科普”词化的原因

(一)语言的经济原则和人们求简的心理

现代汉语双音节词占优势,无论是主谓词组“科学普及”还是主谓词组“科学技术普及”“科学知识普及”,抑或是动宾词组“普及科学”,原词组字数多且结构松散,而缩略后的“科普”字数少,结构紧凑,并且在使用过程中又不影响意义的表达,所以,在语言的经济性原则和人们求简心理的驱使下,人们在使用过程中会将主谓词组“科学普及”、“科学技术普及”、“科学知识普及”和动宾词组“普及科学”反复缩略为二字格“科普”。BCC 语料库是可以全面反映当今社会语言生活的大规模语料库,如“科普”、“科学普及”、“科学技术普及”和“科学知识普及”在 BCC 语料库中现代使用占比具体分布,通过 BCC 语料库检索,我们可以发现,“科普”的检索条目数量远远大于“科学普及”、“科学技术普及”和“科学知识普及”,这正反映出“科普”的使用频率大大高于词组“科学普及”、“科学技术普及”和“科学知识普及”,甚至已经有取代这些词组直接进入社会交际,凝固为词的趋向。

图 3 所示为 BCC 语料库中检索式“科普”与“科学普及”频次历时对比,BCC 语料库中统计了 1946~2014 年“科普”与“科学普及”的检索频次,由图 3 可知,早期的使用以主谓词组“科学普及”为主,后期逐渐转变,形成以“科普”为主的态势。新中国成立之初,社会主义科学文化事业蓬勃发展,科学普及工作繁荣,这使“科学普及”一词的出现达到第一个峰值。改革开放以来,我国的科技事业蓬勃发展,科技实力持续增强,使科普工作进入繁荣阶段,“科普”一词就频频出现于大众视野。

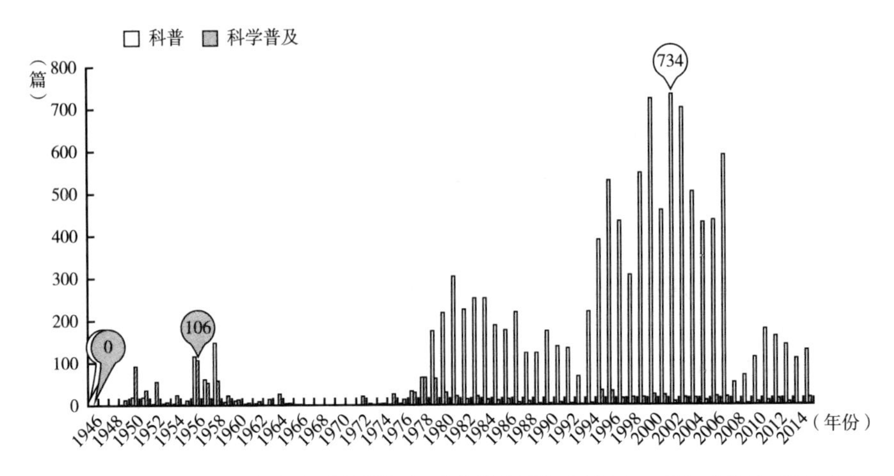

图 3　BCC 语料库中检索式“科普”与“科学普及”频次历时对比（1946~2014 年）

（二）社会发展的客观要求

语言要随着社会交际的需要而变化。科学传入成为中国的科普史的滥觞，中华人民共和国成立，为中国科普事业提供了政治支撑，使科普历史开启了新篇章，科普事业受到更多的关注，科普事业稳步前行。国家为提高公民素质、提升公民科学文化水平，以立法的手段确定了科普的地位。在这样的社会背景下，“科普”也因高频使用渐渐流行开来，逐渐词化。

五　“科普”演化的几个重要时间节点

图 4 是现代意义“科普”形成的几个重要时间节点。从概念史来看，“科学”一词的引入与“科普”一词的产生有着间接联系。1897 年，康有为列出了《科学入门》和《科学之原理》两书，这是中国最早出现“科学”一词的文献。洋务运动到新文化运动，仁人志士救亡之路由向西方学习器物逐渐转向为学习西方新思想，广大仁人志士不仅开始注重发展教育，同时也开展科学普及工作，因此，在这期间的近代报刊出现词组“普及科

学”和“科学普及”。如傅斯年 1919 年刊登在《新潮》第一卷第三号上的文章《评书感言》提到了“普及科学”。1921 年出现了一些有关科学普及的社团，“科普”又作为机构名的简称。“科学普及”的首例书证是 1923 年周建侯刊登在《晨报副镌》上的文章《近代底科学文明》。1926 年“科普”一词在《中华教育文化基金董事会第一报告》中首次出现。新中国成立以前，开展科普事业条件有限，“科学普及”也多指在知识层面。新中国成立后，科普事业的开展有了政治支撑，科普事业蓬勃发展，中央政府通过法律手段为科普事业提供了保障，新中国成立以后，“科学普及”多指科学技术普及。可以说，“科普”一词的诞生与流变表征了中国科普事业的发展与繁荣。

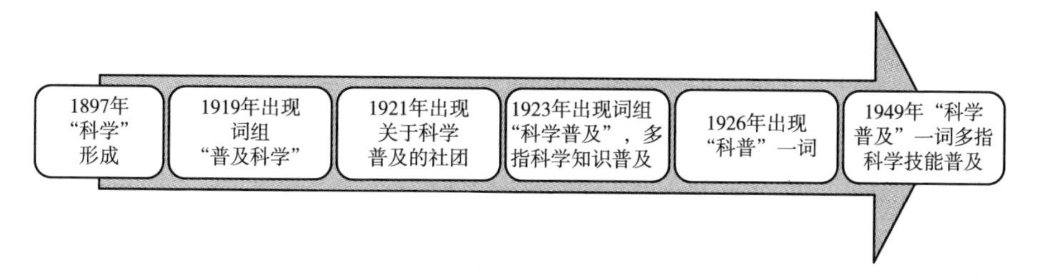

图 4　“科普”演化的几个重要时间节点

结　语

基于历史语义学的相关理论，以含有“科普”一词的 BCC 语料库和爱如生语料库为基本，历时考察“科普”一词，可以看出，“科普”一词在近代产生，随着“科学”一词的传入和科学普及活动的开展，形成了主谓词组“科学普及”和动宾词组“普及科学”，后这两个词组又常用于机构名称，后经频繁使用逐渐演变为缩略词“科普”。“科普”是一个新词，是政治、科技、文化、社会环境相互作用的结果。“科普”一词的诞生和流变体现出中国人认识科学、普及科学的艰辛历程和执着精神以及对科学的重视，也表征了中国科普事业的诞生和发展。

参考文献

[1] 中国社会科学院语言研究所词典编辑室编《现代汉语词典（第1版）》，商务印书馆，1978。

[2] 中国社会科学院语言研究所词典编辑室编《现代汉语词典（第2版）》，商务印书馆，1983。

[3] 樊洪业：《从“格致”到“科学”》，《自然辩证法通讯》1988年第3期。

[4] 高文达主编《近代汉语词典》，知识出版社，1992。

[5] 中国社会科学院语言研究所词典编辑室编《现代汉语词典修订本（第3版）》，商务印书馆，1996。

[6] 冯天瑜、余来明：《历史文化语义学：从概念史到文化史》，《中华读书报》2007年3月14日。

[7] 荀恩东、饶高琦、谢佳莉等：《现代汉语词汇历时检索系统的建设与应用》，《中文信息学报》2015年第3期。

[8] 荀恩东、饶高琦、肖晓悦、臧娇娇：《大数据背景下BCC语料库的研制》，《语料库语言学》2016年第1期。

[9] 中国社会科学院语言研究所词典编辑室编《现代汉语词典（第7版）》，商务印书馆，2016。

[10] 方维规：《什么是概念史》，生活·读书·新知三联书店，2020。

[11] 爱如生数据库，http://www.er07.com/。

[12] 石顺科：《英文“科普”称谓探识》，《科普研究》2007年第2期。

[13] 周晋安、陈艳红：《互联网时代医院新闻报道传播路径研究》，《北华航天工业学院学报》2021年第6期。

[14] 王梦琛、林青青、王萌、张伟、赵军龙：《“现代”古董——浅谈做旧工艺中的化学原理》，《大学化学》2021年第10期。

[15] 石刚、马增军、赵涛、赵悦、王玉杰：《狂犬病及防控》，《中国动物保健》2022年第1期。

[16] 陈海琳、袁裕辉：《“移动互联网+”科普整合模式创新研究——以金融科技科普活动为例》，《科技管理研究》2020年第5期。

[17] 周荣庭、李爽：《世界文化遗产科普的融合路径探究》，《科普研究》2020年第6期。

[18] 李红香、骆金亚、张剑兰、邓永龙、容自远：《生态环境保护科普现状与创新模式研究》，《环境科学与管理》2022年第1期。

[19] 郎雅雯：《浅析奈达的功能对等理论下科普文本中“非科技”元素的翻译方

法》,《汉字文化》2020 年第 2 期。
[20] 郭晓晨:《科普文本英译汉中词语翻译的难点及策略》,《湖北第二师范学院学报》2019 年第 7 期。
[21] 王依:《从〈未完成的进化〉谈科普文本中定语从句的翻译策略》,《佳木斯职业学院学报》2018 年第 9 期。
[22] 宗棕、刘兵:《高士其科普作品中的隐喻分析》,《科普研究》2012 年第 6 期。
[23] 田希波、石春让:《中国科学社〈科学〉杂志译介文本简评》,《中国科技翻译》2018 年第 4 期。
[24] 科学社:《例言》,《科学》1915 年第 1 期。
[25] 夏征农、陈至立主编《辞海》,上海辞书出版社,2009。

抖音大学生传播国家形象意愿的实证分析[*]

——以北京冬奥会开幕式为例

孙　瑞[**]

摘　要： 短视频平台是媒介深度融合下传播文化内涵、塑造国家形象的新兴载体。本文基于TAM模型，运用定量研究的方法，探析以抖音为典型代表的短视频平台的特征是否会影响用户对北京冬奥会开幕式的传播态度和用户传播国家形象的行为意愿。研究结果表明，抖音的社交互动性、话题时效性、形式多样性和操作易用性对用户的认知态度、行为态度皆产生显著正向影响，除社交互动性以外，情感态度也受其他三种特征的显著影响；三种态度对传播意愿会产生正向显著效果；在探究直接效果时，除"形式多样性"以外，其余三个特性对用户传播国家形象行为意愿产生正向显著影响。本次研究希望能为短视频平台未来发展、国家形象未来研究、国民文化自信心的提升提供思路。

关键词： 使用与满足理论　TAM模型　抖音　北京冬奥会开幕式　国家形象传播意愿

---

[*] 该论文被评为2022年科普中国智库论坛暨第二十九届全国科普理论研讨会优秀论文。

[**] 孙瑞，西北大学新闻传播学院硕士研究生。

一 绪论

（一）研究背景

当前，我国在国际宣传方面存在信息流动的逆差、国家真实形象与外媒报道的反差。因而，调整国际传播方式，重塑中国形象势在必行。抖音作为短视频平台的典型代表，凭借其短、平、快等特点汇聚各个阶层不同人群，成为传播中国形象、加快构建中国话语和叙事体系的重要一环。目前，学界对国家形象的研究大多基于异国居民的视角，将国家形象与产品形象、旅游目的地形象相结合，很少有学者关注传播国家形象的行为意愿。一个国家传播其形象的枢纽是其国内形象，衡量国内形象的好坏要看国内民众是否满意，只有国内形象足够乐观，在他国的形象才会向积极方向改变。因此，从本国居民视角入手，研究对内传播国家形象是塑造国际形象的关键。

此次研究从北京冬奥会开幕式小切口入手，以国内外近年来火热的抖音短视频平台作为传播载体，研究青年大学生群体对北京冬奥会开幕式抖音小视频的传播态度，以及未来传播国家形象的行为意愿。

（二）文献回顾与研究假设

Rubin 和 Step 发现观众收听谈话性电台时产生的社会互动感越强，对新闻话题的态度越佳，进一步会影响观众的收听行为。Li 探究出网站社交性在用户感知享乐中介作用影响下，会显著影响用户在线使用意愿。Zhang 等指出微信社交功能对用户情感具有正向影响。Seongcheol 等提出感知易用性显著正向影响用户感知轻松度和参与意愿。Saokosal 等提出感知有用性和感知易用性会直接对用户行为意愿产生正向影响。Zhao D. 和 Rosson M. B. 指出 Twitter 平台的实时信息获取越容易对用户参与的吸引力越强。Gu 和 Kim 探究出感知有用性会持续影响用户对 Facebook 的使用意愿。Dholakia 等在研究虚拟社交平台中指出“信息获取是影响用户参与虚拟社区的主要原因”。

Alden 等在广告研究中提到信息的有趣性增加用户易读感，从而触动用户对信息的接受，并引起转发行为。冯宇乐提到微博的形式多样性对用户传播国家形象的行为意愿产生正向显著影响。基于以上研究，提出假设，见表 1。

表 1 研究假设

序号	研究假设
H1	抖音特征会显著影响用户对北京冬奥会开幕式的传播态度
H1-1-1	抖音的社交互动性会对北京冬奥会开幕式传播的认知态度产生正向影响
H1-1-2	抖音的社交互动性会对北京冬奥会开幕式传播的情感态度产生正向影响
H1-1-3	抖音的社交互动性会对北京冬奥会开幕式传播的行为态度产生正向影响
H1-2-1	抖音的操作易用性会对北京冬奥会开幕式传播的认知态度产生正向影响
H1-2-2	抖音的操作易用性会对北京冬奥会开幕式传播的情感态度产生正向影响
H1-2-3	抖音的操作易用性会对北京冬奥会开幕式传播的行为态度产生正向影响
H1-3-1	抖音的话题时效性会对北京冬奥会开幕式传播的认知态度产生正向影响
H1-3-2	抖音的话题时效性会对北京冬奥会开幕式传播的情感态度产生正向影响
H1-3-3	抖音的话题时效性会对北京冬奥会开幕式传播的行为态度产生正向影响
H1-4-1	抖音的形式多样性会对北京冬奥会开幕式传播的认知态度产生正向影响
H1-4-2	抖音的形式多样性会对北京冬奥会开幕式传播的情感态度产生正向影响
H1-4-3	抖音的形式多样性会对北京冬奥会开幕式传播的行为态度产生正向影响
H2	北京冬奥会开幕式的传播态度会对传播国家形象的行为意愿产生显著正向影响
H2-1	北京冬奥会开幕式的认知态度会对传播国家形象的行为意愿产生显著正向影响
H2-2	北京冬奥会开幕式的情感态度会对传播国家形象的行为意愿产生显著正向影响
H2-3	北京冬奥会开幕式的行为态度会对传播国家形象的行为意愿产生显著正向影响
H3	抖音特征会对用户传播国家形象的行为意愿产生显著正向影响
H3-1	抖音的社交互动性对用户传播国家形象的行为意愿产生正向显著影响
H3-2	抖音的操作易用性对用户传播国家形象的行为意愿产生正向显著影响
H3-3	抖音的话题时效性对用户传播国家形象的行为意愿产生正向显著影响
H3-4	抖音的形式多样性对用户传播国家形象的行为意愿产生正向显著影响

二 研究方法

（一）变量操作化定义以及问卷设计

设计抖音传播特征维度时，借鉴冯宇乐在测量微博特征时量表分类，将5个维度调整为以下4个维度。用户态度的量表是基于Rosenberg等人①的态度三要素理论模型，设计为3个维度（见图1）。

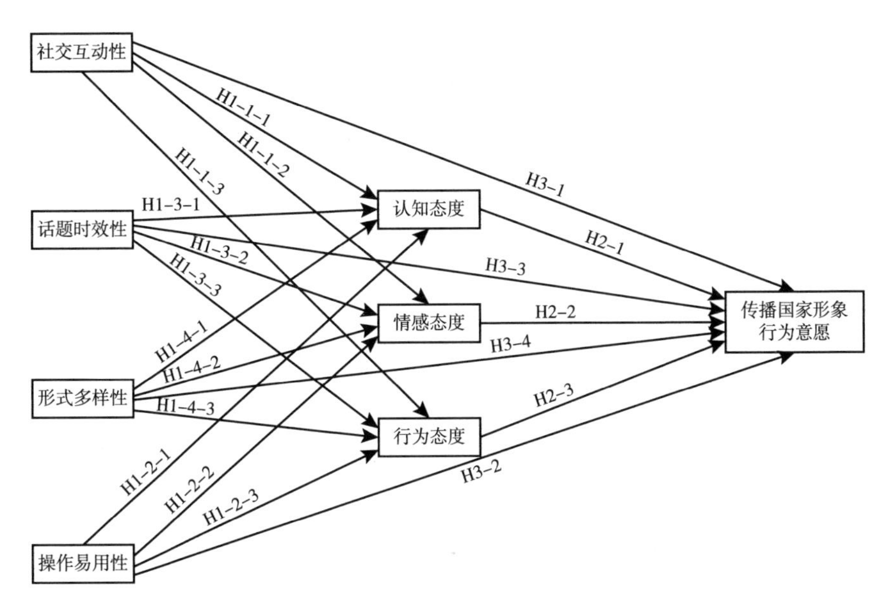

图1 结构性检验模型与假设

1. 社交互动性

抖音的社交互动性是指用户基于一定的关系网络使用抖音平台在虚拟空间进行社会交往行为。本文基于上文Rubin和Step、Li、Zhang等的问卷，结合抖音特征进行调整为4个题项。

① 〔美〕德尔·L. 霍金斯、戴维·L. 马瑟斯博、罗格·J. 贝斯特：《消费者行为学》，付国群等译，机械工业出版社，2007，第338页。

2. 话题时效性

抖音的话题时效性是指平台传递信息时，在接收速度和信息传达的层面上具有高速率和广泛性。借鉴上文 Zhao D. 和 Rosson M. B. 、Gu 和 Kim、Dholakia 等的研究成果，在原有问卷基础上，设计 3 个题项。

3. 形式多样性

形式多样性是指在抖音平台上内容呈现的方式和信息来源具有多样性。在上文 Alden 等、冯宇乐研究的基础上，根据抖音的特性设计为 4 个题项。

4. 操作易用性

操作易用性是指用户使用的便利程度，包含用户使用平台的一系列操作功能。冯宇乐将微博的“操作易用性”与“感知有用性”结合起来展开研究，用 3 个题项衡量微博的操作易用性。本文基于以上提到的 Seongcheol 等、Saokosal 等、冯宇乐的研究量表，调整问卷题项。

5. 认知态度

认知态度是指用户对某一时间或者现象的认识、理解和评价。在认知态度维度，陈志贤和叶明义在研究广告效果时，将认知测量分为“复述”和“产生积极认识”两个维度。本文在此基础上，加上“立体认知”维度，设计 3 个题项。

6. 情感态度

情感态度是指用户对抖音平台上传播北京冬奥会开幕式内容的情绪态度，包括喜爱、厌恶、热情、冷漠。Mitehell 等人在研究情感态度时将其划分为“有必要制作”、“喜欢”和“能够引起共鸣”等维度。根据现有量表，调整为 3 个题项。

7. 行为态度

行为态度包含显性和隐性两个方面。Hagger 等和 Lee 等在探究微博用户的行为意愿时将其分为“继续浏览”和“与他人讨论”两个维度。同为社交媒体的抖音具有和微博类似功能，可以引用其量表，调整为 4 个题项。

8. 传播意愿

传播意愿是指用户在传播某种活动之前的心理预期。李玮从总体态度、政治、经济、文化等方面分析俄罗斯眼中真实中国形象。本文根据实际情况，借用上文的 Hagger 等和 Lee 等的意愿划分方式，将问卷调整为 8 个题项，从科技、文化、外交、社会治理 4 个层面来衡量。

（二）样本选取

本次研究对象是通过抖音平台观看过北京冬奥会开幕式的大学生。大学生群体思维活跃，对新事物拥有较强的接受能力，并且高学历让他们分析事物更加客观，这部分人是网上冲浪的典型代表，他们对北京冬奥会的关注度更高，调查配合度较好。

（三）数据收集

此次数据收集分为两大阶段。在预调查阶段，发放对象主要是河南在校大学生，有效答卷率达到 83%。正式发放问卷的调查对象扩展到全国在校大学生，问卷主要分为 5 个部分，分别是用户使用习惯的调查、对抖音特征的评估、用户对抖音平台传播北京冬奥会开幕式的态度评价、对用户在抖音平台上观看完北京冬奥会开幕式后传播国家形象意愿的测量、用户个人情况。通过问卷星发放，最后收集问卷 445 份，有效问卷 397 份，问卷有效率为 89%。

（四）分析方法

本文采用内容分析和数理统计法。首先使用内容分析法分析问卷人口统计学属性、抖音使用基本情况以及对北京冬奥会开幕式关注基本情况。然后进行信度分析、探索性因子分析、验证性因子分析和结构方程模型建构。信度分析主要是为了检验问卷数据的一致性、稳定性和可靠性。在进行探索性因子分析之后，采用 AMOS 对问卷进行验证性因子分析，确定划分好维度。最后借助 AMOS 建立结构模型，并用极大似然估计法进行模型估计，验证模型结构是否合理。

三　假设验证

（一）抖音大学生用户的基本特征

1. 抖音大学生用户的人口统计学属性分析

本次有效样本回收总共397份，有效率为89%。其中男生人数占比达到38.79%，女生人数占比为61.21%。总体上，女生使用抖音平台的人数高于男生。

在年级分布上，大一、大二、大三、大四以及硕士研究生及以上占比分别为19.40%、25.94%、25.94%、18.39%、10.33%。显然，大二、大三年级人数最多，硕士研究生及以上占比最少。究其原因，无论在自由支配时间上，还是在网络冲浪热情上，低年级学生都更具优势。我国在校研究生数量少于本科生，因此，这个比例不会给此次研究结果带来明显误差。

在学科类型上，文史经管类、理工类、农医类、艺体类和其他类占比分别为38.29%、22.17%、20.91%、10.08%、8.56%。从数据中可以看出，文史经管类占比最多，北京冬奥会开幕式作为一项文化表演节目，与文史经管类学生的学习研究关注点更具相关性（见表2）。

表2　数据样本的描述性统计

变量名称	具体指标	样本数(个)	百分比(%)
性别	男	154	38.79
	女	243	61.21
年级	大一	77	19.40
	大二	103	25.94
	大三	103	25.94
	大四	73	18.39
	硕士研究生及以上	41	10.33
专业类型	文史经管类	152	38.29
	理工类	88	22.17
	农医类	83	20.91
	艺体类	40	10.08
	其他	34	8.56

2. 抖音大学生用户使用情况分析

在调查抖音用户开通时长时，整体样本分布较均匀，各选项差别不明显，样本选取较合理。选择一到两年以内和两到三年以内的人数居多，占比分别为29.19%和27.41%（见图2），和表2中大二、大三学生占比较多相呼应，说明问卷数据符合实际情况。

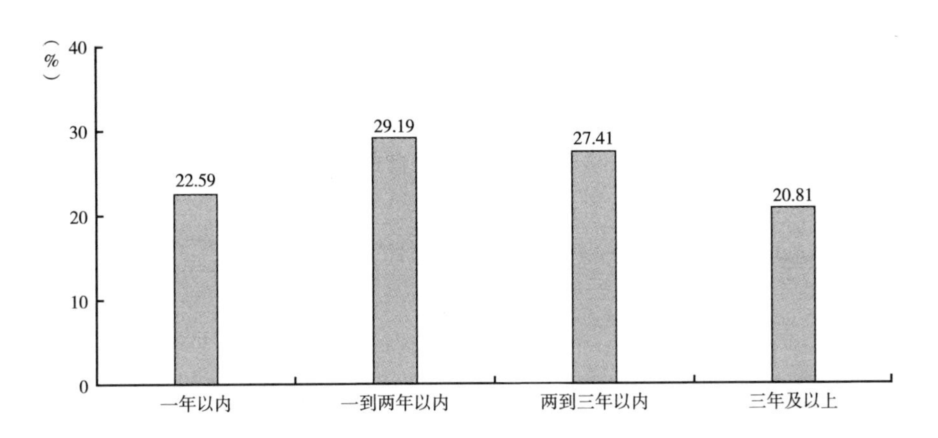

图2　抖音使用情况

3. 抖音大学生对北京冬奥会开幕式关注情况分析

从抖音用户浏览相关视频时间中发现，浏览1小时以内和1~2小时以内的人数最多，3小时及以上的人数占比最少（见图3）。究其原因，短视频平台如雨后春笋般崛起，用户接收渠道多样化，对单一媒体使用黏度降低。除此之外，用户兴趣点不同，同质化内容会增添使用疲劳，故抖音用户对北京冬奥会相关内容的关注大多在2小时以内。

通过数据发现，文化传承类短视频更受欢迎（见图4）。此次北京冬奥出现很多中国元素，比如开幕式中的“二十四节气”、引导员的“虎头帽”、“冰雪五环”、“雪花引导牌”、“冰墩墩、雪容融”等展示了中国文化。而且，近年来随着国潮的出圈，“90后”和“00后”大学生拥有更强的文化自信心。

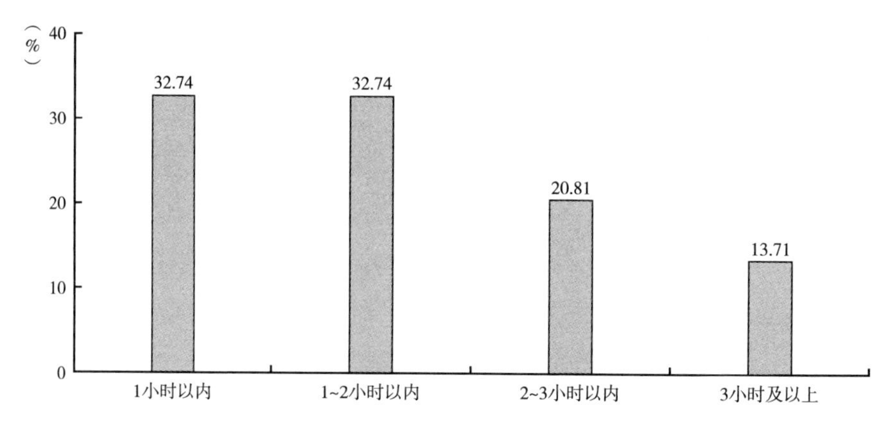

图3 抖音浏览时长

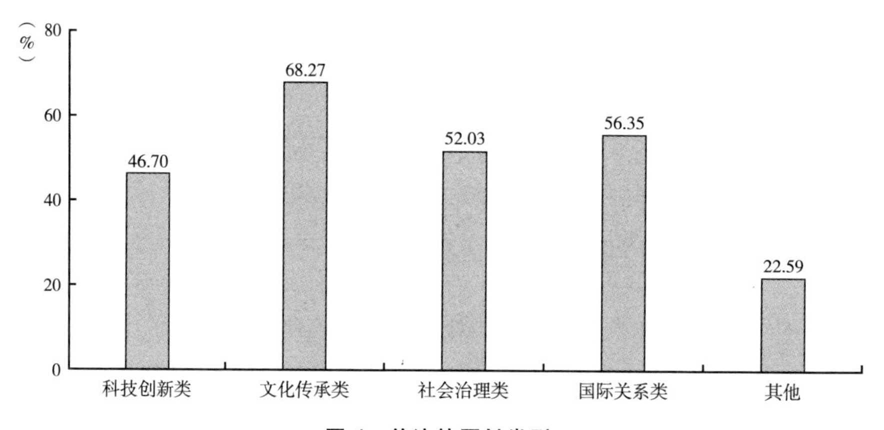

图4 关注的题材类型

（二）整体信度检验

表3 整体信度检验

变量名称	Cronbach's a	N of Items
抖音特征	0.832	14
用户对北京冬奥会开幕式传播态度	0.843	10
用户传播国家形象行为意愿	0.787	8
问卷总体信度	0.903	32

在判定上，本次研究，使用 SPSS 对 397 份问卷进行探索性因子分析，最后得出问卷量表项总体信度值为 0.903（见表 3）。根据定量论文撰写要求 Cronbach's a 值大于 0.8 表示信度良好，问卷可以被接受。这说明本研究的问卷总体信度颇佳，问卷具有可靠性。

其中抖音特征的 14 个题项信度值为 0.832，用户对抖音平台传播北京冬奥会开幕式态度的 10 个题项信度值为 0.843，用户传播国家形象的行为意愿的 8 个题项信度值为 0.787。各个量表 Cronbach's a 值都大于 0.75，问卷信度均良好，可用于进一步数据分析。

（三）因子分析和效度检验

1. 抖音特征因子分析和效度检验

对抖音特征量表进行 Bartlett's 球形检验，最终得出 X^2 卡方值为 3046.778，（df=91），显著性竖水平为 .000，KMO 值为 0.803，说明变量之间的相关性较好，存在共同因素，变量适合做因子分析。接着采用主成分分析法对初始矩阵进行方差极大正交旋转（Varimax），并根据特征值大于 1 的原则提取因子，最终得到 4 个因子，累计方差贡献率为 76.379%，因子载荷都大于 0.75，因此，抖音特征的各题项具有较高的构建信度。

从表 4 可见，抖音特征的构成要素分为四个维度，对应四个因子，其中因子 1“形式多样性”包含 4 个题项，因子 2“社交互动性”包含 4 个题项，因子 3“操作易用性”包含 3 个题项，因子 4“话题时效性”包含 3 个题项。因子 1、因子 2、因子 3 和因子 4 的 Cronbach's a 值分别为 0.877、0.861、0.903、0.865。可见 Cronbach's a 值都大于 0.8，信度值颇佳，因子之间具有良好的内部一致性。

通过表 4 分析得出，对量表中的 14 个题项进行因子分析，旋转后的 4 个因素初始特征值分别为 4.419、2.221、2.092 和 1.962，4 个因素分别能够解释的变量为 31.565%、15.863%、14.939% 和 14.011%，4 个因素共同解释的总变量为 76.379%。

从表 4 中数据可知，模型适配度良好。测量模型的组合信度都大于 0.85，AVE 值都大于 0.6，这说明模型的收敛效度很好，可以进行下一步分析。

表 4　抖音特征因子分析和效度检验

区分	项目	因子分析结果							Cronbach's a 值	组合信度	AVE
		因子 1	因子 2	因子 3	因子 4	特征值	方差比率(%)	累计方差比率(%)			
形式多样性	V11	0.867				4.419	31.565	31.565	0.877	0.8645	0.6162
	V12	0.844									
	V14	0.831									
	V13	0.823									
社交互动性	V1		0.863			2.221	15.863	47.428	0.861	0.8721	0.6306
	V2		0.818								
	V4		0.816								
	V3		0.799								
操作易用性	V5			0.909		2.092	14.939	62.368	0.903	0.9034	0.7571
	V6			0.903							
	V7			0.903							
话题时效性	V9				0.895	1.962	14.011	76.379	0.865	0.8668	0.6846
	V8				0.876						
	V10				0.853						
KMO:0.803,Bartlett 的检验:0.000,Chi-Square:3046.778,df:91											
X^2=81.365,df=63,p=0.063,RMR=0.049,GFI=0.972,AGFI=0.953,NFI=0.974,CFI=0.994,											

2. 用户对北京冬奥会开幕式态度的因子分析和效度检验

对第二个态度量表进行 Bartlett's 球形检验，最终得出 X^2 卡方值为 2401.377，(df=45)，显著性竖水平为 0.000，KMO 值为 0.821，说明变量之间的相关性较好，变量适合做因子分析。接着采用主成分分析法对初始矩阵进行方差极大正交旋转（Varimax），并根据特征值大于 1 的原则提取因子，最终得到 3 个因子，累计方差贡献率为 79.611%，因子载荷都大于 0.80（见表 5），因此，抖音特征的各题项具有较高的构建信度。

从表 5 可见，用户对抖音传播北京冬奥会开幕式的态度构成要素分为 3 个维度，对应 3 个因子，其中因子 1 包含 4 个题项命名为“行为态度”，因子 2 包含 3 个题项命名为“情感态度”，因子 3 包含 3 个题项命名为“认知态度”。因子 1、因子 2 和因子 3 的 Cronbach's a 值分别为 0.902、0.897 和

0.861，可见 Cronbach's a 值都大于 0.85，信度值颇佳，因子之间具有良好的内部一致性。

表 5 态度因子分析和效度检验

区分	项目	因子分析结果						Cronbach's a 值	组合信度	AVE
		因子 1	因子 2	因子 3	特征值	方差比率(%)	累计方差比率(%)			
行为态度	Y10	0.893			4.198	41.982	41.982	0.902	0.895	0.6811
	Y8	0.856								
	Y7	0.853								
	Y9	0.846								
情感态度	Y5		0.903		2.025	20.246	62.228	0.897	0.8982	0.7464
	Y4		0.902							
	Y6		0.866							
认知态度	Y1			0.894	1.738	17.384	79.611	0.861	0.8632	0.6788
	Y2			0.882						
	Y3			0.846						
KMO:0.821,Bartlett 的检验:0.000,Chi-Square:2401.377,df:45										
X^2=41.334,df=31,p=0.102,RMR=0.049,GFI=0.980,AGFI=0.964,NFI=0.983,CFI=0.996,										

从表 5 中数据可知，模型适配度良好。测量模型的组合信度都大于 0.85，AVE 值都大于 0.65，这说明模型的收敛效度很好，可以进行下一步分析。

（四）假设检验

根据前文提出的研究假设，构建抖音大学生传播国家形象行为意愿的影响因素模型（见表 6），由表 6 中数据可知，结构模型适配度良好。其中，假设 H1-1-2 和假设 H3-4 不成立，其余假设全部成立。在假设 H1 中，除社交互动性对情感态度不产生显著影响以外，话题时效性、形式多样性、操作易用性都对抖音用户认知态度、情感态度、行为态度产生显著正向影响。其中，操作易用性（β=0.146）对认知态度的影响最大，形式多样性（$\beta=0.202$）对用户情感态度影响最大。在抖音特征四个提取因子中，形式多样性（$\beta=0.288$）对用户行为态度的影响最大，操作易用性（$\beta=0.179$）、社交互动性（$\beta=0.150$）影响力大于话题时效性（$\beta=0.108$）（见图5）。总的来看，抖音的形式多样性对态度层面的影响最大，而对社交互动性影响最小。在假设H2中，认知态度、情感态度和行为态度三者对用户传播国家形象行为意愿都产生显著的正向影响。其中，行为态度（$\beta=0.204$）产生的影响最大。在假设H3中，话题时效性（$\beta=0.185$）对传播国家形象行为意愿产生的影响最显著。

表6　假设检验

序号	路径	Estimate	S. E.	C. R.	P	假设是否成立
H1-1-1	认知态度←社交互动性	0.123	0.050	2.448	0.014	是
H1-1-2	情感态度←社交互动性				0.994	否
H1-1-3	行为态度←社交互动性	0.166	0.051	3.262	***	是
H1-2-1	认知态度←操作易用性	0.138	0.047	2.946	0.003	是
H1-2-2	情感态度←操作易用性	0.153	0.048	3.210	***	是
H1-2-3	行为态度←操作易用性	0.190	0.049	3.907	***	是
H1-3-1	认知态度←话题时效性	0.107	0.050	2.141	0.032	是
H1-3-2	情感态度←话题时效性	0.185	0.051	3.661	***	是
H1-3-3	行为态度←话题时效性	0.121	0.052	2.336	0.019	是
H1-4-1	认知态度←形式多样性	0.113	0.047	2.424	0.015	是
H1-4-2	情感态度←形式多样性	0.195	0.047	4.180	***	是
H1-4-3	行为态度←形式多样性	0.298	0.048	6.175	***	是
H2-1	传播国家形象行为意愿←认知态度	0.131	0.030	4.318	***	是
H2-2	传播国家形象行为意愿←情感态度	0.113	0.030	3.726	***	是
H2-3	传播国家形象行为意愿←行为态度	0.130	0.029	4.453	***	是
H3-1	传播国家形象行为意愿←社交互动性	0.097	0.031	3.159	0.002	是
H3-2	传播国家形象行为意愿←操作易用性	0.075	0.029	2.586	0.010	是
H3-3	传播国家形象行为意愿←话题时效性	0.132	0.031	4.294	***	是
H3-4	传播国家形象行为意愿←形式多样性				0.178	否

适配度指数：$X^2=1.810$，df=2，p=0.404，RMR=0.006，GFI=0.999，AGFI=0.979，NFI=0.996，CFI=1.000，*** $P<0.001$

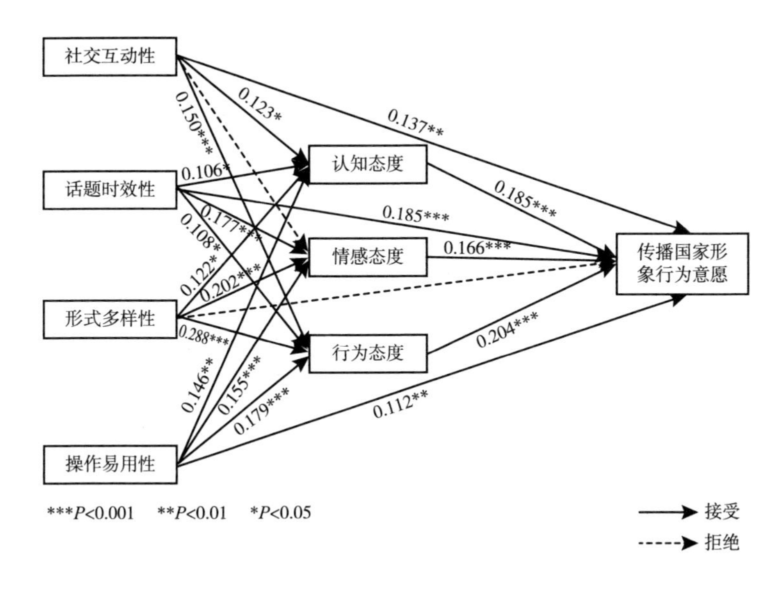

图 5　修改后的模型

（五）直接效果和间接效果

通过以上模型，对自变量和因变量进行直接效果与间接效果分析，从表7中数据可知：操作易用性对传播意愿产生显著的直接效果（β= 0.112），也通过态度层面产生间接效果（β= 0.089）；形式多样性通过态度层面对传播意愿有显著的间接效果（β= 0.115）；话题时效性对传播意愿产生显著的直接效果（β= 0.185），也通过态度层面产生间接效果（β= 0.071）；社交互动性对传播意愿有显著直接效果（β= 0.137），也通过态度层面产生间接效果（β= 0.053）；话题时效性（β= 0.255）对传播国家形象行为意愿的总效果最大，而形式多样性最小（β= 115）。

由此可知，自变量抖音特征对因变量用户传播国家形象行为意愿的影响受到用户对北京冬奥会传播态度的中介变量影响。

表 7 直接效果和间接效果

路径	直接效果	间接效果	总效果	p
传播国家形象行为意愿←操作易用性	0.112	0.089	0.201	**
传播国家形象行为意愿←形式多样性		0.115	0.115	
传播国家形象行为意愿←话题时效性	0.185	0.071	0.255	***
传播国家形象行为意愿←社交互动性	0.137	0.053	0.191	**

四 总结与建议

（一）研究总结

通过研究假设和构建研究模型进行检验得出：抖音用户对北京冬奥会开幕式的认知态度在抖音特征（社交互动性、操作易用性、话题时效性、形式多样性）对用户传播国家形象的行为意愿中起到中介作用；抖音用户对北京冬奥会开幕式的情感态度在话题时效性、形式多样性、操作易用性对用户传播国家形象的行为意愿中起到中介作用；抖音用户对北京冬奥会开幕式的行为态度在抖音特征对用户传播国家形象的行为意愿中起到中介作用。除了中介变量态度层面对用户传播国家形象行为意愿产生直接影响外，抖音的社交互动性、话题时效性、操作易用性对它也产生直接影响，而形式多样性则通过态度层面产生间接影响。

（二）研究建议

1. 精简操作过程，提高用户选择意愿

随着抖音功能的全面发展，其复杂性也递增，许多大学生认为视频剪辑过于烦琐，因此不愿意主动生成内容或传播内容。抖音可以从精简流程、保障安全两方面入手提高用户认知态度。一方面，精简平台操作流程，吸引用户主动参与内容生产；另一方面，抖音的评论、分享、私信等功能也不断将用户隐私暴露于外，在数据裸奔之下，很多用户选择作为一个“观望者”，这在一定程度上违背了抖音设计的初衷，使用户丧失交流与机遇，更不利于提高用户传播意愿。因此，抖音平台在保证操作顺利的同时完善隐私保护机制。

2. 制造算法奇遇，破除用户认知壁垒

相比于微博、微信等社交媒体，抖音将简短的文字糅合进视频中，精彩的特效搭配口语化的表达方式，突破了传统媒体的枯燥无味，减少认知壁垒，抖音的算法推荐技术虽然能强化用户对某一事件的立体认识，但同时也阻碍了用户视野。在提高用户认知态度上：一方面，可以简化内容输出方式，比如对涉及北京冬奥会开幕式外交方面的内容，考虑到不同学生学科背景，可以进一步解释说明；另一方面，抖音平台应该优化算法程序，在同质化信息中寻找新鲜感，丰富用户认知，比如在喜欢关注相关文化类短视频的用户空间中推送科技类内容，从而帮助未完整观看北京冬奥会开幕式的用户形成全面认识。

3. 发掘内容角度，满足用户情感需求

抖音作为一个展现民族实力的窗口，以不同角度呈现北京冬奥会开幕式下 5G、8K 等一系列高新技术和创意的完美融合，打造一个科技感十足而又空灵浪漫的视听盛宴，唤起用户强烈的民族自豪感和文化自信心，满足用户情感需求。在提高用户情感态度上：一方面，挖掘更加新颖的角度，创新视频剪辑的风格，提高用户体验感，比如在简单的视频搬运过程中加入内容二次创作和旁白解释，用“精品”打动观众；另一方面，注意视频素材来源，在画质清晰、内容正能量的前提下，更要注重视频剪辑的逻辑关系，避免误导用户。

4. 革新互动模式，带给用户脱域化体验

相比于传统传播方式，抖音的社交互动性能够打破时空上的藩篱，带给用户实时陪伴感，尤其是直播功能容易引发用户共情。其社交互动性能够在拥有共同兴趣的用户间建立联系，助长用户的分享欲和点赞欲。在提高用户行为态度上：一方面，创新数字媒体技术，紧跟时代发展潮流，未来报道相关体育赛事时，可以向此次北京冬奥会开幕式学习，在转播过程中运用 5G+8K 超高清视频技术，带给用户信息满足，增强沉浸感体验，促进用户分享；

另一方面，创新互动方式，巧用直播模式，为用户与用户、用户与主播之间的分享与互动提供便利。

5. 追踪话题热点，增强用户参与程度

抖音直播将信息传递由及时变成全时。互联网中青年群体拥有强烈的群体归属感，大学生用户期望通过获取热门信息，增添在群体中的谈资，北京冬奥会期间，具有时效性的短视频能引发大学生用户继续浏览和与他人讨论的欲望。在提高用户传播意愿上：一方面，要扩大宣传，提升话题的关注度，抖音平台在宣传北京冬奥会相关内容时，可以发起“上热门”活动，鼓励用户参与，体验北京冬奥会所蕴含的文化魅力；另一方面，组建专业团队，提高团队人员新闻敏感度，紧跟信息迭代速度，同时也要利用大数据观测用户兴趣，满足用户需求。

（三）研究不足

在问卷调查上，各省份问卷来源分布不够均匀，可能会给问卷结果带来一定误差。所以，在论文后续跟进研究中，会持续通过线上线下不同渠道收集不同地区的问卷，以此来均匀问卷来源分布，从而使研究结论的适用性得以加强。除此之外，本次研究的变量虽然有依据但仍然不够周全，在后续研究中将继续深入挖掘研究角度，多方位权衡设计问卷，从而更精准地解释研究影响因素。

参考文献

[1] Rubin, A. M., &Step M. M. Impact of motivation, attraction, and parasocial interaction on talk radio listening [J]. Journal of Broadcasting & Electronic Media, 2000, 44 (4).

[2] Li D. C. Online Social Network Acceptance: A Social Perspective [J]. Internet Research, 2011, 21 (5).

[3] Zhang H., Lu Y., Gupt S., et al. Understanding Group-Buying Websites

Continuance: An Extension of Expectation Confirmation Model [J] . Internet Research, 2015, 25 (5) .

[4] Seongcheol Kim, Eun-Kyung Na, Min-Ho Ryu. Factors Affecting User Participation in Video UCC (User-Created Contents) Services [M] . Springer London, Communities and Technologies, 2007.

[5] Saokosal O. , Dong W. H. An empirical study of the determinants of the intention to participated user-created contents (UCC) services [J] . Expert Systems with Applications, 2011, 38 (12) .

[6] Zhao D. , Rosson M. B. How and Why People Twitter: The Role That Micr oblogging: Proceedings of the ACM 2009 International Conference on Supporting Group Work, Sanbel Island, Florida, USA, 2009.

[7] Gu S. , Kim H. What Drives Customers to Use Retailers' Facebook Pages? Predicting Consumers' Motivations and Continuance Usage Intention [J] . Journal of Global Fashion Marketing, 2016, 7 (1) .

[8] Dholakia, U. M. , Bagozzi, R. P. &Pearo, L. K. A Social Influence Model of Consumer Participation in Network and Small-group-bsed Virtual Communicates [J]. International Journal of Research in Marketing, 2004, 21.

[9] Alden D. L. , Mukher A. , Hoyer W. D. The Effects of Incongruity: Surprise and Positive Moderators on Perceived Humor in Television Advertising [J]. Journal ofAdvertising, 2000, 29 (2) .

[10] 冯宇乐:《微博对国家形象传播的影响研究》，电子科技大学硕士学位论文，2014。

[11] 陈志贤、叶明义:《以广告态度中介模式验证比较性广告效果》，《管理学报》(中国台湾) 1999 年第 1 期。

[12] Mitehell, Andrew A. Olson, Jerry C. Are Product Attribute Beliefs the Only Mediator of dvertising Effects on Brand Attitude [J] . Journal of Marketing Research, 1982, (18) .

[13] Hagger M. S. , Chatzisarantis N. L. D. , Barkoukis V. , et al. Cross-cultural generalizability of the theory of planned behavior among young people in a physical activity context [J] . Journal of Sport and Exercise Psychology, 2007, 29 (1).

[14] Lee C. S. , Goh D. H. L. , Chua A. Y. K. , et al. Indagator: Investigating perceived gratifications of an application that blends mobile content sharing with gamcplay [J]. Journal of the American Society for Information Science and Technology, 2010, 61 (6) .

[15] 李玮:《俄罗斯眼中的中国——影响在俄中国形象的文化因素分析》，《国外社会科学》2011 年第 1 期。

融媒体视域下健康类科普动画在乡村用户中的传播效果研究*

——以抖音平台为例

孙 瑞 胡锦坤**

摘 要： 媒体融合视域下，科普动画作为新型传播形式，与健康类知识相融合，借助短视频平台成为健康传播的“新兴之秀”。本文基于农村用户感知视角，在TAM模型、态度三要素理论和5W理论的基础上，构建影响健康类科普动画传播效果的模型，运用SPSS25.0和AMOS25.0进行数据分析，以此来探究传播效果影响因素。结果表明：信源专业性、信源可信性、信息通俗性和参与水平对公众理解科学产生正向显著影响；信源专业性、信息通俗性、信息针对性和受众动机对公众认同科学产生正向显著影响；除信息趣味性和信息通俗性之外，其余因变量都对公众参与科学产生正向显著影响。期望该研究结论能够对短视频以及科普动画未来发展提供借鉴，为乡村健康传播提供新思路。

关键词： 健康传播 TAM模型 科普效果 科普动画 抖音

---

* 该论文被评为2022年科普中国智库论坛暨第二十九届全国科普理论研讨会优秀论文。

** 孙瑞，西北大学新闻传播学院硕士研究生；胡锦坤，河南中医药大学管理学院学生。

一 研究背景

当前，在媒体融合的语境之下，传统媒体与新媒体纷纷加入科普传播的浪潮中，创新科普传播模式，提高科普质量，共奏健康科普传播“交响曲”。抖音短视频凭借其便捷性、互动性和趣味性成为健康传播的重要载体。截至 2021 年 12 月，我国短视频用户规模为 9.34 亿户，占网民整体的 90.5%。随着抖音普通版和火山版的普及，农村用户成为抖音活跃用户的庞大支流。

动画拥有着图文并茂、幽默风趣的特点，深受广大年轻群体喜爱，而健康知识与动画形式的碰撞，在保留其趣味性和娱乐性的同时，也具备了通俗易懂、化繁为简的优越性，更容易满足不同受教育程度群体的需求。因此，在众多科普形式中，别具一格的动画表达脱颖而出，在众多短视频社交媒体上广泛进行二次创作与传播。

当前在融媒体视域下，之前学者对健康类科普动画传播效果的研究仍然不足，本文基于 TAM 模型和 5W 理论，以抖音平台为载体，河南农村地区用户为对象，运用量化思维，探究抖音平台健康类科普动画在农村用户中的传播效果，分析其影响因素。基于客观数据分析，为健康类科普动画的发展提出建议，也为提高农村健康水平和群众健康意识建言献策。

二 研究假设与模型

（一）健康类科普动画传播效果的测量维度

传播效果是指传播者发出的信息经过媒介传达至受众从而影响受众思想观念、行为方式上的变化。目前，国内外的学者一般将效果研究测量分为认知效果、情感效果和行为倾向效果（Freedman，1985 年），这些影响在受众身上呈现沙漏形递进层次，达到从隐性到显性的过渡。传统科普对话形式下，科普信息对公众情感影响并不明显，但在短视频社交互动下，科普动画更容易引起受众情感波动，表现出喜爱、认同或厌恶。黄楠楠和周庆山在分析网络热点事件中应急科普传播网络用户利用效果时便从认知效果、态度效果和行为效果三个维度进行衡量。

因此，本文借鉴前人研究，结合抖音平台和动画形式自身的特征，从公众理解科学（认知角度）、公众认同科学（情感角度）和公众参与科学（行为倾向角度）来测量融媒体语境下短视频平台传播健康类科普动画的影响效果。

（二）健康类科普动画传播效果的影响因素

本文借鉴 Hovland 的传播说服理论和拉斯韦尔的 5W 理论，从科普传播者（信源）、科普内容（信息）、科普媒介（信道）和科普受众（信宿）来衡量健康类科普动画传播效果影响因素。

1. 科普传播者

（1）信源专业性

信源专业性是指受众对信息传播者的认可度。Ohanian 曾开发可靠性量表为专业性、可信性和吸引力。赖胜强提出受众会通过信息内容的正确性以及深度来判断传播者的专业程度。抖音平台上，受众对科普传播者专业性的认可也是受众是否采纳科普信息的重要衡量标准。因此提出假设：

H1-1：健康类科普动画的信源越专业，公众理解科学的效果越好。

H1-2：健康类科普动画的信源越专业，公众认同科学的效果越好。

H1-3：健康类科普动画的信源越专业，公众参与科学的效果越好。

（2）信源可信性

信源可信性是用户对信息来源的信任程度。J. Boehmer 等人认为消息来源是否出名与用户的信任程度有很大关系，受众的接受倾向会受消息来源的影响。本文的信源可信性是指乡村用户对不同抖音账号的信任程度。基于之前研究提出假设：

H2-1：健康类科普动画的信源越可信，公众理解科学的效果越好。

H2-2：健康类科普动画的信源越可信，公众认同科学的效果越好。

H2-3：健康类科普动画的信源越可信，公众参与科学的效果越好。

2. 科普内容

（3）信息趣味性

信息趣味性是指信息具有娱乐他人的效果，能够使人在情感或心理上得到满足。Chen 等人在探讨网络信息传播的过程中，提出组织性、智能性和趣味性三个特征，其中趣味性是最主要的特征。本文所提到的信息趣味性是指用户在浏览科普动画时所获得的情感愉悦。基于以上研究提出假设：

H3-1：健康类科普动画的信息越有趣，公众理解科学的效果越好。

H3-2：健康类科普动画的信息越有趣，公众认同科学的效果越好。

H3-3：健康类科普动画的信息越有趣，公众参与科学的效果越好。

（4）信息通俗性

信息通俗性是指信息内容能否被受众理解，以及理解的难度。刘晓春等人认为医学科普视频有科学实用、通俗易懂，表达口语化的特点。本文的信息通俗性是指抖音平台健康类科普动画在理解上的难易程度，并提出假设：

H4-1：健康类科普动画的信息越通俗，公众理解科学的效果越好。

H4-2：健康类科普动画的信息越通俗，公众认同科学的效果越好。

H4-3：健康类科普动画的信息越通俗，公众参与科学的效果越好。

（5）信息针对性

信息针对性是指传递的信息是否针对具体人群解决具体问题。何晓定等人认为健康科普的针对性越强，受众需求越高。本文的信息针对性是指科普动画拥有受众定位和功能定位，所传递的信息能够帮助用户解决某方面的健康难题。基于之前的研究，提出假设：

H5-1：健康类科普动画的信息越具有针对性，公众理解科学的效果越好。

H5-2：健康类科普动画的信息越具有针对性，公众认同科学的效果越好。

H5-3：健康类科普动画的信息越具有针对性，公众参与科学的效果越好。

3. 科普媒介

（6）媒介感知有用性

Davis 对感知有用性的界定是个体用户预期感觉到组织内容中使用具体的应用系统，可以提高他人的工作业绩的程度。Saokosal 等人通过研究视频、音乐等对用户生成内容的影响，发现感知有用性、感知易用性、感知趣味性等因素直接影响用户意愿。本文中的媒介感知有用性是指用户对健康类科普动画利用价值的评价程度。基于前人研究提出假设：

H6-1：媒介感知有用性越高，公众理解科学的效果越好。

H6-2：媒介感知有用性越高，公众认同科学的效果越好。

H6-3：媒介感知有用性越高，公众参与科学的效果越好。

（7）媒介感知易用性

Davis 将感知易用性界定为个体在使用目标系统过程中的容易程度。Seongcheol 等人在研究用户生成内容及行为意愿的影响因素模型时提出用户内在动机、外在动机、感知易用性和感知信任都显著影响用户感知轻松度和参与意愿。本文的媒介感知易用性是指用户通过抖音平台获取健康类科普动画的容易程度，基于前人基础提出假设：

H7-1：媒介感知易用性越高，公众理解科学的效果越好。

H7-2：媒介感知易用性越高，公众认同科学的效果越好。

H7-3：媒介感知易用性越高，公众参与科学的效果越好。

4. 科普受众

（8）受众动机

受众动机是指受众接触信息的初衷。研究表明，主动型用户更容易被科普信息说服，达到正向传播效果。因此提出假设：

H8-1：受众动机越明显，公众理解科学的效果越好。

H8-2：受众动机越明显，公众认同科学的效果越好。

H8-3：受众动机越明显，公众参与科学的效果越好。

（9）参与水平

参与水平是指受众对信息的关注度以及处理信息的能力。随着乡村振兴的推进，乡村科普知识建设愈加成熟。Hagel 等人在探究虚拟社区时按照参与水平将社区成员分成四类。之后国内外学者也证实了参与水平的不同会影响用户的积极性。本文提出假设：

H9-1：受众参与水平越高，公众理解科学的效果越好。

H9-2：受众参与水平越高，公众认同科学的效果越好。

H9-3：受众参与水平越高，公众参与科学的效果越好。

（三）研究模型

本文借助 TAM 模型，结合以上影响健康类科普动画传播效果因素的选取，构建模型如下（见图 1）。

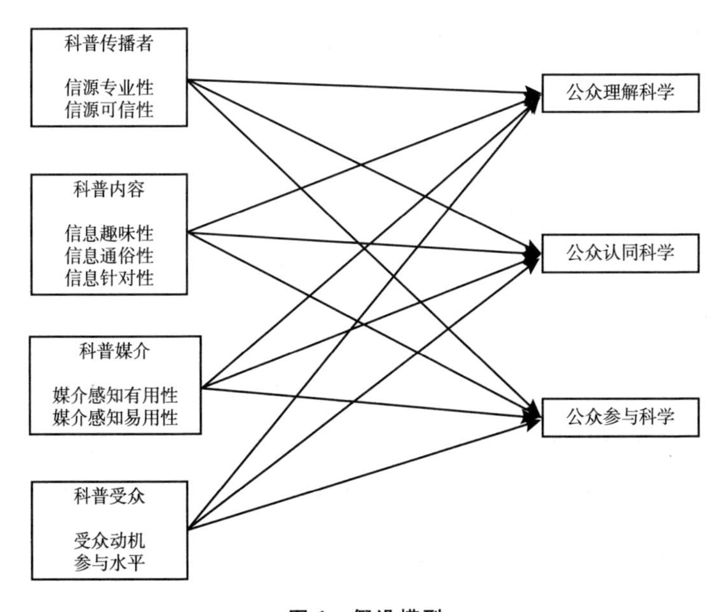

图 1　假设模型

三　研究方法

（一）变量的测量与量表

1. 自变量的测量

本文的信源专业性和信息可信性都引用 Hovland，Janis & Kelley[①]、Ohanian 的问卷，结合抖音科普动画自身的特征加以调整，最终各项分别包含 3 个题项，采用 Likert 5 点量表进行测量。信息趣味性引用 Hovland ，Janis & Kelley、Chen 等人的问卷，将问卷中的题项加以调整，最终包含 3 个题项。信息通俗性在 Hovland，Janis & Kelley 问卷的基础上，结合科普动画自身特点加以调整，最终包含 3 个题项。信息针对性在吴昊问卷的基础上加以调整，最终包含 3 个选项。媒介感知有用性引用 Davis 量表加以调整，最终包含 3 个题项。媒介感知易用性在 Davis 和 Seongcheol 等人的问卷上进行调整，包含 3 个题项。受众参与水平则是引用张艺、Pak S. J.，Yoo J. H. 量表加以调整最终包含 3 个题项。受众动机在 Hovland，Janis & Kelley 问卷的基础上进行调整，最终包含 3 个题项。

2. 因变量的测量

基于态度三要素模型，因变量划分为公众理解科学、公众认同科学、公众参与科学 3 个维度。本文借鉴钱佳玥问卷和 Lee 等人的问卷进行调整，最终每个变量包含 3 个题项。

（二）选择样本

本文以在抖音平台上浏览过健康类科普动画内容的农村用户为研究对象。首先，使用过抖音的用户更了解平台特性，更能把握动画科普的独特之处，数据收集更有价值。其次，乡村用户科普意识逐渐提高，基于乡村用户的科普视角展开更具研究价值。

① 〔美〕卡尔·霍夫兰、欧文·贾尼斯、哈罗德·凯利：《传播与劝服》，张建中等译，中国人民大学出版社，2009。

（三）数据收集

本次问卷收集主要采用线上和线下调查的方法。线上主要是针对中青年农村用户，线下主要针对中老年用户，这部分人群在抖音用户范围之内，但是由于知识水平的限制需要借助人工解释和引导来完成问卷调查。

本次调查分为两个阶段。预调查阶段总共发放 60 份问卷，对象为河南周口市农村地区，最终问卷有效率为 75%。正式发放问卷时对象扩展到全国农村地区，通过线上调查方式，总共收集有效问卷 434 份，有效率达 98%。问卷主要包含用户使用习惯调查、科普动画传播效果影响因素调查、用户对健康类科普动画效果评价、用户个人基本信息 4 个部分。

（四）分析方法

本文采用信度分析、探索性因子分析、验证性因子分析和结构方程模型进行检验。在进行探索性因子分析之后，采用 AMOS25.0 对问卷进行验证性因子分析，确定维度。最后借助 AMOS25.0 建立结构方程模型，并用极大似然估计法进行模型估计，验证模型结构是否合理。

四　假设验证

（一）基本情况描述统计

1. 人口基本特征

有效问卷中男生占比为 51.4%，女生占比为 48.6%，男女比例基本符合我国人口总体比例。在年龄上，18～24 岁占比最多，45 岁及以上总体占比为 13.8%，由于本次问卷的发放渠道主要集中在线上，中老年群体总体上网比例较小，因此填写问卷的大多集中在 18～34 岁，样本基本合理，为了弥补老年群体调查的空缺，同时采取线下调查和访谈。从受教育程度上来看，问卷大多集中在高中、大专和本科上，这与前面年龄聚集在青年和中年群体相呼应，样本基本合理。在行业上，学生居多，其次是自由职业者/个体户，这与农村人口比例基本吻合。总体来看，此次问卷具有可使用性（见表1）。

表1 人口基本特征描述统计

项目	具体指标	样本量(个)	百分比(%)
性别	男	223	51.4
	女	211	48.6
年龄	18~24岁	150	34.6
	25~34岁	140	32.3
	35~44岁	84	19.35
	45~54岁	43	9.9
	55岁及以上	17	3.9
受教育程度	初中及以下	31	7.1
	高中	109	25.1
	大专及本科	287	66.1
	硕士研究生及以上	7	1.6
行业	学生	130	30
	生产人员	76	17.5
	政府/事业单位工作人员	43	9.9
	教师/科研人员	43	9.9
	企业工作人员	48	11.1
	自由职业者/个体户	94	21.7

2. 健康类科普动画浏览情况

乡村用户在抖音上浏览健康类科普动画的频率大多集中在“每天都看”和“隔几天看”，这说明乡村用户对科普动画并不排斥。从每次浏览时长上可以看出，大多用户基本保持在15分钟之内，5分钟以内的人数占39.2%，说明这部分科普动画的用户黏性不高，与大多数用户使用抖音平台娱乐的初衷相符合。除了抖音平台之外，在微博和健康类App上浏览相关视频的比例分别达到24.9%和30.6%（见表2）。微博是相对成熟的平台，用户留存率较高，而健康类App相比其他平台更具专业性和针对性，信息内容更加全面和真实。

表 2　健康类科普动画浏览情况

项目	具体指标	样本量(个)	百分比(%)
浏览频率	每天都看	175	40.3
	隔几天看	123	28.3
	隔几周看	76	17.5
	隔几个月看	60	13.8
每次浏览时长	5 分钟以内	170	39.2
	5 分钟到 15 分钟	153	35.3
	15 分钟到 30 分钟	63	14.5
	30 分钟及以上	48	11.1
浏览渠道(除抖音以外)	微博	108	24.9
	微信公众号	92	21.2
	健康类 App	133	30.6
	B 站	99	22.8
	其他	2	0.005

(二) 信度检验

本文采用 SPSS25.0 对问卷进行检验，测量问卷的可靠性与一致性。对 434 份有效问卷进行探索性因子分析，得出问卷总体信度值为 0.788，大于 0.7，问卷总体信度良好，问卷具有可靠性。对自变量进行信度检验，27 个题项的 Cronbach's a 值为 0.790，对因变量 9 个题项进行测量，Cronbach's a 值为 0.769，都大于 0.7，说明问卷信度良好，可以进入下一步分析（见表 3）。

表 3　整体信度检验

变量名称	Cronbach's a 值	N of Items
传播效果影响因素(自变量)	0.790	27
传播效果(因变量)	0.769	9
问卷总体信度	0.788	36

（三）因子分析和效度检验

1. 自变量的因子分析和效度检验

（1）科普传播者的因子分析和效度检验

对科普传播者量表进行 Bartlett's 球形检验，结果得出 X^2 卡方值为 1475.516，df 为 15，显著性竖水平为 0.000，KMO 值为 0.914，这说明各个变量之间的相关性较好，存在共同因素，变量适合做因子分析。接着采用主成分分析法对初始矩阵进行方差极大正交旋转（Varimax），通过固定值提取 2 个因子，两个因子的累计方差贡献率为 75.740%，因子载荷都大于 0.6，因此，可以判断信源特征各题项之间具有较高的构建信度。

通过 SPSS25.0 进行探索性因子分析，从科普传播者量表中固定值提取两个因子，将 X2、X1、X3 归为因子 1 并命名为“信源专业性”，将 X5、X6、X4 归为因子 2 并命名为“信源可信性”。因子 1 和因子 2 的 Cronbach's a 值分别为 0.847、0.803，均大于 0.8，信度值颇佳，因子之间具有良好的内部一致性。

通过 AMOS 建构测量模型，进行验证性因子分析。RMR 值接近 0，GFI、NFI、CFI、AGFI 各项判断值均大于 0.9，p 值达到显著水平，说明测量模型适配度良好。模型组合信度都大于 0.8，AVE 值都大于 0.5，表明测量模型收敛效度很好，可以做进一步分析（见表 4）。

表 4　科普传播者的因子分析和效度检验

区分	项目	因子分析结果					Cronbach's a 值	组合信度	AVE
		因子 1	因子 2	特征值	方差比率(%)	累计方差比率(%)			
值源专业性	X2	0.845		4.057	67.622	67.622	0.847	0.8493	0.6537
	X1	0.706							
	X3	0.618							
信源可信性	X5		0.891	0.487	8.118	75.740	0.803	0.8028	0.5758
	X6		0.775						
	X4		0.693						
KMO:0.914,Bartlett 的检验:0.000,Chi-Square: 1475.516, df:15									
X^2=7.006,df=7,p=0.428,RMR=0.018,GFI=0.995,AGFI=0.984,NFI=0.995,CFI=1.000									

（2）科普内容的因子分析和效度检验

同理可得，科普内容量表可以提取三个因子：将X9、X8、X7归为因子3，命名为“信息趣味性”；将X12、X11、X10归为因子4，命名为“信息通俗性”；将X13、X14、X15归为因子5，命名为“信息针对性”。该划分与原问卷划分保持一致（见表5）。

表5 科普内容的因子分析和效度检验

区分	项目	因子分析结果						Cronbach's a值	组合信度	AVE
		因子1	因子2	因子3	特征值	方差比率(%)	累计方差比率(%)			
信息趣味性	X9	0.792			5.630	62.557	62.557	0.821	0.8237	0.61
	X8	0.771								
	X7	0.581								
信息通俗性	X12		0.806		0.538	5.978	68.535	0.790	0.7911	0.5584
	X11		0.739							
	X10		0.699							
信息针对性	X13			0.687	0.518	5.756	74.290	0.792	0.7919	0.5596
	X14			0.653						
	X15			0.601						
KMO:0.953,Bartlett的检验:0.000,Chi-Square:2301.849,df:36										
X^2=23.371,df=22,p=0.381,RMR=0.022,GFI=0.988,AGFI=0.976,NFI=0.990,CFI=0.999										

（3）科普媒介的因子分析和效度检验

同理可得，科普媒介量表可以提取两个因子：将X17、X16、X18归为因子6，命名为“媒介感知有用性”；将X21、X20、X19归为因子7，命名为“媒介感知易用性”。该划分与原问卷划分保持一致（见表6）。

表6 科普媒介的因子分析和效度检验

区分	项目	因子分析结果					Cronbach's a值	组合信度	AVE
		因子1	因子2	特征值	方差比率(%)	累计方差比率(%)			
媒介感知有用性	X17	0.768		4.001	66.690	66.690	0.829	0.8294	0.6194
	X16	0.632							
	X18	0.589							

续表

区分	项目	因子分析结果					Cronbach's a 值	组合信度	AVE
		因子1	因子2	特征值	方差比率(%)	累计方差比率(%)			
媒介感知易用性	X21		0.922	0.525	8.744	75.434	0.774	0.7743	0.5336
	X20		0.826						
	X19		0.759						
KMO:0.899,Bartlett 的检验:0.000,Chi-Square:1440.131,df:15									
X^2=9.967,df=8,p=0.267,RMR=0.022,GFI=0.992,AGFI=0.979,NFI=0.993,CFI=0.999									

（4）科普受众的因子分析和效度检验

同理可得，科普受众量表可以提取两个因子：将 X23、X24、X22 归为因子 8，命名为“参与水平”；将 X26、X25、X27 归为因子 9，命名为“受众动机”。该划分与原问卷划分保持一致（见表 7）。

表 7　科普受众的因子分析和效度检验

区分	项目	因子分析结果					Cronbach's a 值	组合信度	AVE
		因子1	因子2	特征值	方差比率(%)	累计方差比率(%)			
参与水平	X23	0.818		4.040	67.342	67.342	0.831	0.8378	0.634
	X24	0.765							
	X22	0.647							
受众动机	X26		0.859	0.508	8.467	75.809	0.797	0.7813	0.5438
	X25		0.828						
	X27		0.644						
KMO:0.906,Bartlett 的检验:0.000,Chi-Square:1471.919,df:15									
X^2=7.973,df=6,p=0.240,RMR=0.017,GFI=0.994,AGFI=0.979,NFI=0.995,CFI=0.999									

2. 因变量的因子分析和效度检验

运用提取自变量相同的方法进行提取因变量因子，通过探索性因子分析，Y1 与三个因子的相关性都低于 0.4，予以删除，最终将 Y3、Y2 归为因子 1，命名为“公众理解科学”；将 Y4、Y5、Y6 归为因子 2，命名为“公众认同科学”；将 Y7、Y8、Y9 归为因子 3，命名为“公众参与科学”。三个因子的组合信度都大于 0.7，AVE 值大于 0.5，说明测量模型收敛效度良好，可进一步分析（见表 8）。

表 8 传播效果的因子分析和效度检验

区分	项目	因子分析结果						Cronbach's a 值	组合信度	AVE
		因子 1	因子 2	因子 3	特征值	方差比率(%)	累计方差比率(%)			
公众理解科学	Y3	0.794			3.126	39.073	39.073	0.712	0.7124	0.5013
	Y2	0.755								
公众认同科学	Y4		0.870		1.646	20.580	59.653	0.849	0.8493	0.6531
	Y5		0.859							
	Y6		0.852							
公众参与科学	Y7			0.877	1.060	13.254	72.906	0.840	0.8421	0.6405
	Y8			0.865						
	Y9			0.833						
KMO:0.771，Bartlett 的检验:0.000，Chi-Square:1201.856，df:28										
$X^2=17.485$，df=17，p=0.422，RMR=0.037，GFI=0.990，AGFI=0.979，NFI=0.986，CFI=1.000										

（四）假设检验

根据研究假设，构建健康类科普动画传播效果影响因素模型。由表 9 中的数据可知，结构模型适配度良好。从修正后的模型（见图 2）可以看出，在科普传播者方面，除信源可信性对公众认同科学不产生显著正向影响以外，信源专业性对公众理解科学、公众认同科学和公众参与科学都产生正向显著影响，信源可信性对公众理解科学和公众参与科学产生显著影响。其中，信源专业性（$\beta=0.234$）和信源可信性（$\beta=0.205$）对公众理解科学的影响最大。

在科普内容方面，信息趣味性对因变量都不产生显著影响，信息通俗性对公众理解科学的影响（$\beta=0.172$）比公众认同科学的影响大（$\beta=0.150$），信息针对性对公众认同科学（$\beta=0.170$）的影响大于公众参与科学（$\beta=0.148$）的影响。

表 9 假设检验

序号	路径	Estimate	S. E.	C. R.	P	假设是否成立
H1-1	公众理解科学←信源专业性	0. 221	0. 077	2. 884	0. 004	是
H1-2	公众认同科学←信源专业性	0. 168	0. 082	2. 050	0. 040	是
H1-3	公众参与科学←信源专业性	0. 166	0. 078	2. 124	0. 034	是
H2-1	公众理解科学←信源可信性	0. 212	0. 083	2. 566	0. 010	是
H2-2	公众认同科学←信源可信性	0. 051	0. 088	0. 574	0. 566	否
H2-3	公众参与科学←信源可信性	0. 184	0. 084	2. 183	0. 029	是
H3-1	公众理解科学←信息趣味性	0. 020	0. 089	0. 220	0. 826	否
H3-2	公众认同科学←信息趣味性	0. 023	0. 095	0. 244	0. 807	否
H3-3	公众参与科学←信息趣味性	0. 012	0. 090	0. 135	0. 893	否
H4-1	公众理解科学←信息通俗性	0. 180	0. 194	2. 612	0. 028	是
H4-2	公众认同科学←信息通俗性	0. 167	0. 100	2. 166	0. 047	是
H4-3	公众参与科学←信息通俗性	0. 080	0. 096	0. 836	0. 403	否
H5-1	公众理解科学←信息针对性	0. 062	0. 097	0. 642	0. 521	否
H5-2	公众认同科学←信息针对性	0. 199	0. 104	2. 189	0. 035	是
H5-3	公众参与科学←信息针对性	0. 182	0. 099	2. 128	0. 045	是
H6-1	公众理解科学←媒介感知有用性	0. 060	0. 087	1. 695	0. 487	否
H6-2	公众认同科学←媒介感知有用性	0. 051	0. 093	1. 122	0. 503	否
H6-3	公众参与科学←媒介感知有用性	0. 216	0. 088	2. 648	0. 012	是
H7-1	公众理解科学←媒介感知易用性	0. 039	0. 094	0. 412	0. 680	否
H7-2	公众认同科学←媒介感知易用性	0. 059	0. 100	0. 589	0. 556	否
H7-3	公众参与科学←媒介感知易用性	0. 187	0. 095	2. 179	0. 049	是
H8-1	公众理解科学←参与水平	0. 232	0. 119	2. 386	0. 007	是
H8-2	公众认同科学←参与水平	0. 060	0. 089	0. 669	0. 503	否
H8-3	公众参与科学←参与水平	0. 194	0. 085	2. 290	0. 022	是
H9-1	公众理解科学←受众动机	0. 030	0. 088	0. 337	0. 736	否
H9-2	公众认同科学←受众动机	0. 185	0. 094	2. 039	0. 036	是
H9-3	公众参与科学←受众动机	0. 172	0. 090	2. 196	0. 045	是

适配指数：$X^2 = 76.896$，df = 36，p = 0.060，RMR = 0.047，GFI = 0.982，AGFI = 0.967，NFI = 0.958，CFI = 0.977

在科普媒介方面，媒介感知有用性和媒介感知易用性对公众理解科学和公众认同科学皆不产生正向显著影响，媒介感知有用性（$\beta = 0.201$）比媒

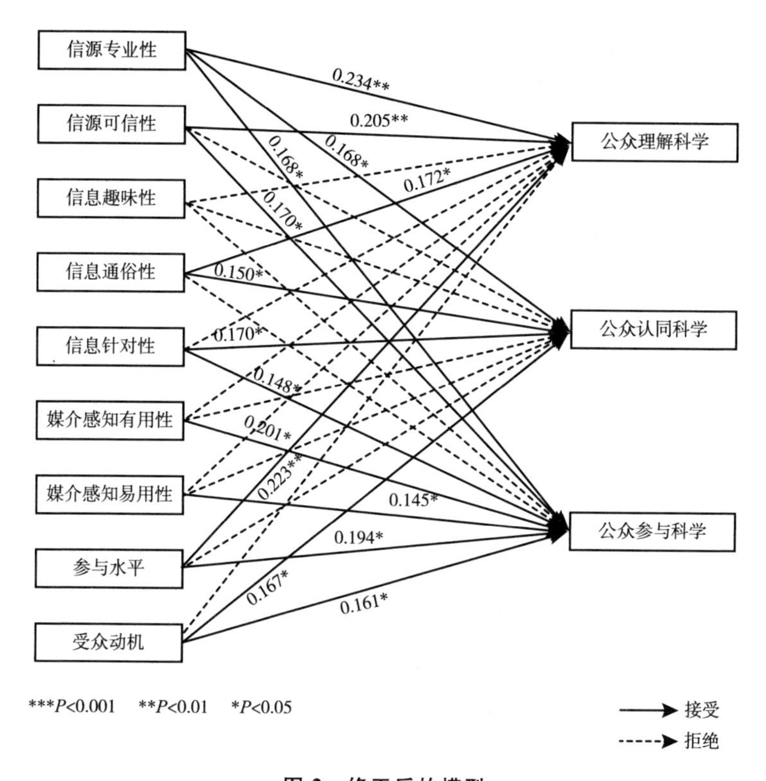

图 2 修正后的模型

介感知易用性（β=0.145）对公众参与科学的影响大。

在科普受众方面，受众参与水平（β=0.223）对公众理解科学的影响最显著，但其对公众认同科学不产生显著影响。受众动机对公众理解科学不产生正向显著影响，但是对公众认同科学（β=0.167）和公众参与科学（β=0.161）产生显著影响。

五 结论与建议

（一）结论

通过研究假设和构建研究模型，最后得出：信源专业性对因变量都产生正向显著影响，其中对公众理解科学的影响最大；信源可信性对公众认同科学不产生显著影响，但对公众理解科学和公众认同科学都产生显著影响；信息趣味性对因变量都不产生显著影响；信息通俗性除了对公众参与科学不产生显著影响，对其他两个因变量都产生显著影响；信息针对性除了对公众理解科学不产生显著影响，但是对另两个都产生正向显著影响；媒介感知有用性和媒介感知易用性都只对公众参与科学产生显著影响，对另两个影响不显著；受众参与水平对公众理解科学和公众参与科学产生正向显著影响，对公众认同科学影响不显著；受众动机对公众理解科学不产生显著影响，对另两个影响显著。

（二）建议

1. IP 化传播+数据可视化，增强用户关注科普动画的注意力

通过后期对部分被试者访谈发现，大多数访谈者更加关注科普内容的理解难度，在很多乡村地区，被试者受认知水平限制，选择快速浏览科普视频。因此，想要提高乡村用户的科学素养，要让相关科普视频能够留住用户。未来，健康类科普动画短视频优化的方向：一是以内容和用户兴趣为核心，增强科普动画 IP 形象的传播力度，拓展系列短视频科普动画的记忆点；二是善用数据，将复杂的健康类医学内容用可视化手段呈现，配以通俗易懂的文字解说，唤起用户对科普知识的关注。

2. 信息溯源+官方背书，提高用户科普理解和认同能力

在信息爆炸式增长的时代，各种科普内容参差不齐，相比个体抖音账号发布的信息，被试者更愿意相信主流媒体和官方认证的抖音号，想要提高农村用户对科普动画短视频的认同和理解能力，可以从两个方面着手。第一，平台增强把关能力，构建完整把关流程。做到事前审核、事中实时监测，事后溯源，保证信息的真实性和完整性。对于知识类创作要增强版权维护，规范原创视频的搬运和二次创作，从而提高创作者的动力。第二，鼓励主流媒体加入科普动画的创作队伍以外，对于官方认可的个体或组织账号可以申请官方认证标识，提高用户对健康类科普动画的认同能力。

3. 精准传播+交互性创作，提高用户科普动画参与能力

数据分析发现，影响抖音农村用户参与科普动画传播的影响因素聚焦于媒介和受众两个方面。因此，想要提高农村用户对科普动画视频的参与能力，可以从两个方面入手。第一，优化抖音平台算法推荐机制，根据用户需求和兴趣，将不同类型的健康类科普动画精准触达用户。制造算法奇遇，打破算法黑箱限制，让更多农村用户都能接触到科普动画短视频。第二，分众化传播与交互性创作相融合，比如对于农村青少年群体，可以发起“全员”创作活动，让更多农村青少年参与到动画叙事，增强用户情感能量，提高用户对作品的理解和认同能力，从而提高传播意愿。

（三）研究不足

在研究样本上，问卷数据大多集中在 45 岁以下，学生群体居多，老年群体调查有限，接下来将会扩大调查范围，使数据更加均匀。在变量划分上，不同学者有不同的划分标准，本文参考部分学者的划分标准，接下来将会多方衡量，探究出更合适的问卷量表。

参考文献

［1］中国互联网信息中心：第 49 次《中国互联网络发展状况统计报告》，中国互联网络信息中心，2021。

［2］胡正荣：《传播学总论》，北京广播学院出版社，1997。

［3］黄楠楠、周庆山：《网络热点事件应急科普传播用户利用效果实证分析》，《出版广角》2020 年第 14 期。

［4］Ohanian R. Construction and Validation of a Scale to Measure Celebrity Endorsers' Perceived Expertise, Trustworthiness, and Attractiveness［J］. Journal of Advertising. 1990，19（3）.

［5］赖胜强：《搜寻者对用户生成信息的信任度研究》，《情报杂志》2013 年第 2 期。

［6］Boehmer J.，Tandoc E. C. Why We Retweet：Factors Influencing Intentions to Share

Sport News on Twitter [J] . International Journal of Sport Communication, 2015, 8 (2): in press.

[7] Chen, Q. &Rodgers, S. Development of an instrument to measure web site personality [J] . Journal of Interactive Advertising, 2006, 7 (1) .

[8] 刘晓春、冯天敏:《医学科普微视频的特征与创作策略》,《青年记者》2017年第17期。

[9] 何晓定、张展、庄建林:《区县疾病预防控制机构微信公众号健康科普的传播效果和运营策略分析》,《健康教育与健康促进》2020年第3期。

[10] Davis, F. D. A technology acceptance model for empirically testing new end-user information systems: Theory and results [D] . Sloan School of Management, Massachusetts Institute of Technology, 1986.

[11] Saokosal O. , Dong W. H. An empirical study of the determinants of the intention to participated user-created contents (UCC) services [J] . Expert Systems with Applications, 2011, 38 (12) .

[12] Seongcheol Kim, Eun-Kyung Na, Min-Ho Ryu. Factors Affecting User Participation in Video UCC (User-Created Contents) Services [M] . Springer London, Communities and Technologies, 2007.

[13] Hagel, John, Armstrong, Arthu8r. Net gain: Expanding markets through virtual communities [M] . Harvard Business School Press, 1997.

[14] 吴昊:《基于传播视角的网络广告效果影响因素研究》,中北大学硕士学位论文,2013。

[15] 张艺:《基于说服传播理论的微博用户转发意愿研究》,华南理工大学硕士学位论文,2014。

[16] Pak S. J. , Yoo J. H. Influence of the Salience of the Formal Science Education on the Attitude toward Science Communication Through the Mass Media [J] . Journal of the Korean Association For Research in Science Education, 1999.

[17] 钱佳玥:《社群问答平台中科学专家的传播效果之研究——以知乎为例》,台湾政治大学博士学位论文,2018。

[18] Lee C. S. , Goh D. H. L. , Chua A . Y. K. , et al. Investigating perceived gratifications of an application that blends mobile content sharing with gamcplay [J]. Journal of the American Society for Information Science and Technology, 2010, 61 (6) .

科学传播范式变迁下专家信任危机的重新审视*

张勇军　陈海涛**

摘　要： 专家系统是现代社会从人际信任转向系统信任的重要基础，然而专家信任却日益面临深刻的危机。面对专家信任危机，国内外有不少学者从社会学、传播学、心理学等不同理论视角进行分析，但存在一些不足。本文从科学传播范式变迁的视角切入，结合科学社会学、新闻传播学等理论进行跨学科的探讨。一是本体论层面，对专家信任进行三个维度的细分：认知层面的专业信任、伦理层面的道德信任、沟通层面的情感信任；二是认识论层面，本文认为，专家信任危机有其危害的一面，但也有其合理的一面，接受公众“非专家知识”的质疑和监督，有利于专家保持谨慎、开放的态度，并在重大科学决策中能倾听公众的声音；三是方法论层面，研究专家信任危机变单一归因为多元化剖析，它与专家自身的专业素养、道德修养、沟通技巧有关，也与后现代社会思潮、后真相时代“情感米姆”建构的媒介文化景观、后学院的科研体制等外部因素有关。本

* 该论文被评为2022年科普中国智库论坛暨第二十九届全国科普理论研讨会优秀论文。

** 张勇军，华中师范大学新闻传播学院及科学传播产业研究院教授、院长；陈海涛，武汉市科技馆馆长。

文多视角逐一分析上述三种不同类型的专家信任危机根源，并对如何重塑专家信任提出了相应的建议。

关键词： 科学传播　范式变迁　专家信任危机

信任是现代社会良性运行的润滑剂，可以降低社会管理成本和市场交易成本。随着现代社会从传统的乡土熟人社会向陌生人社会转变，信任也从过去的人际信任转向现代的系统信任。吉登斯（Giddens）认为，系统信任包括象征符号系统和专家系统：前者是以可交换的价值符号为媒介，比如货币等；后者指的是由技术成就和专业队伍组成的体系，代表社会分工各领域的专业知识权威，比如人们出门放心坐地铁，是因为相信地铁是按照专家的专业知识指导来设计和建造的。

从传播学视角来看，专家信任是在专家与公众互动协商过程中建立的，因此科学传播的过程是一个动态变化的过程。然而，随着科学传播范式的不断变迁，人们对专家系统的信任却不升反降。从过去“科普范式”下的“专家”意味着“科学”“正确”的神话，到“理解范式”下的“怀疑”，再到“参与范式”下的“否定”甚至“污名化”，“砖家”成了“专家”的代名词。从国外的核电站、疯牛病，到国内的转基因食品、雾霾、PX 化工厂等，舆论场上对专家的质疑之声不绝于耳。有学者通过问卷调查发现：对作为整体的专家具有中等以上信任的公众，累计占比仅有略高于半数的56.27%。这表明：作为“社会良心”的“专家信任”现状堪忧，已处于“信任危机”边缘。公众并不信任专家，但陷入了不信任却又不得不信任的“豪猪困境”，专家则面临着“无论说什么、无论怎么说，公众都不信”的“专家塔西佗陷阱”。专家信任的危机，动摇了现代社会建立在专家系统和象征符号所代表的系统性信任，最终危及社会的正常运行秩序。

专家信任危机在当前的社会语境下，不仅是一种系统信任问题，由于专家通过社交媒体能够直接与公众进行沟通，某种程度还存在一种人格信任的问题。因此本文在分析专家信任危机时，跳脱出将专家信任危机视为单纯系统信任的问题进行抽象化分析的窠臼，从多学科、多元化的理论视角，重点围绕两个方面的问题展开：不同类型专家信任危机的根源是什么？如何重塑专家系统的信任？

一 文献综述

专家信任危机，其主体看似是专家，但不言自明的潜在主体是公众，是公众对专家的信任产生了危机。而公众对专家的信任危机，是公众对专家形象的一种建构，这种建构更多的是建立在科学传播中对有关专家的信息"拟态环境"解码基础上。因此，专家的信任危机，与不同的科学传播范式所营造的不同"拟态环境"有关。这就有必要从科学传播与专家信任两个方面，去梳理相关的研究成果。

（一）专家信任及信任危机的相关研究

人类社会从野蛮走向文明以来，信任问题一直是普遍关注的问题，中外学者从不同视角进行了多层次、全方位的研究。亚里士多德（Aristotle）在《修辞学》中就讲到了通过逻辑、真诚、情感化的修辞来说服人，取得别人的信任。孔子从道德层面对信任做了不少论述，比如"与人谋而不忠乎？与朋友交而不信乎？""民无信不立""人而无信不知其可也"等。但对于信任问题的系统研究最早始于20世纪初。西美尔（Georg Simmel）认为："信任是社会中最重要的综合力量之一，没有人们相互间享有的普遍信任，社会本身将瓦解。现代生活远比通常了解的更大程度上建立在对他人诚实的信任之上"。卢曼（Niklas Luman）认为，信任本质上是简化复杂性的机制之一，他用"二分建构"的方法将信任分为人际信任和制度信任。其中学术影响较大的是吉登斯对现代社会的信任机制的论述，即由人际信任转向由象征符号系统和专家系统组成的系统信任。而系统信任则是由"脱域机制"（人们之间的社会关系和信任关系从原初的地域性关联中不断脱离出来）和"再嵌入”（货币等符号系统和专家系统嵌入人们的生活中，并通过跨越时空的伸延，提供预期的保障、规避风险，成为不在场的、中介化的系统信任）形成的。

国内学者直到20世纪80年代，才真正开始从“诚信”层面对信任问题展开研究。20世纪90年代以后，随着市场经济推进，信任的问题日益引起社会广泛关注，对信任的研究呈现多学科推进局面。其中郑也夫的专著《信任论》影响较大。在书中，他提出信任是从亲属、熟人转向陌生人的，并从结构上将前者间的信任称为“人格信任”，而陌生人间的信任是由货币系统和专家系统组成的“系统信任”。

研究信任必然会延伸到信任危机。不少学者从社会学、传播学、心理学、伦理学、经济学、管理学、科技哲学等不同理论视角，对专家信任危机的概念、特征、原因等进行较多分析。所谓信任危机就是指社会成员在人际交往、集体活动以及公共生活等方面，因缺乏共同的信任基础或信任维持机制发生动摇、失效，产生普遍怀疑与不信任的困境状态。在分析专家信任危机背后原因时：有的学者认为是后现代社会的反权威思潮带来的反智、反科学；有的认为是现代网络媒体带来的话语赋权，善于沟通的草根意见领袖对傲慢的专家权威的冲击；有的认为是后学院制的科研经费体制，让专家走上了行政研究、商业研究之路，脱离了中立客观的价值标准等。

通过上面分析可以看出，有关专家信任、信任危机研究虽然较为丰富，但存在三个方面不足。一是本体论层面，对专家信任本身的概念内涵挖掘不够，笼统定义的较多，缺乏细分。本文在前人研究的基础上，并结合知名学者徐贲有关“批判性思维是认知、情感、伦理的结合”的观点，提出“信任三维”的概念：认知层面的专业信任、伦理层面的道德信任、沟通层面的情感信任。二是认识论层面，学界对当前专家信任危机总体持否定态度，本文认为，专家信任危机有其危害的一面，但也有其合理的一面，接受公众“非专家知识”的质疑和监督，有利于专家保持谨慎、开放的态度，并在重大科学决策中能听到公众的声音。三是方法论层面，分析专家信任危机应变单一归因为多元剖析，它与专家自身的专业素养、道德修养、沟通技巧有关，也与后现代社会思潮、后真相时代“情感米姆”建构的媒介文化景观、后学院科研体制转变等外部因素有关。

（二）有关“科学传播”的研究

关于科学传播的研究，西方发达国家起步较早，尤其是英国较为领先。国内改革开放后确定“科学技术是第一生产力”，有关的科学传播研究也在科协、科普研究机构、大学的科学传播、科技哲学专业等形成一些较小的科学共同体。

概括起来，科学传播研究主要分两个方面。一是宏观层面，主要从科学传播的概念、特点、理念、作用与意义、传播模式、传播途径和科技政策等视角进行讨论，常用的方法是定性研究。其中最早提出科学传播观点的是20世纪30年代英国学者贝尔纳（Bernard），他在《科学的社会功能》一书中表述：“科学交流的全盘问题，不仅包括科学家之间交流的问题，而且包括向公众交流的问题”。关于科学传播的理念变迁，英国研究机构和学者提出的三阶段论影响较大：公众接受科学（Public Acceptance of Science）、公众理解科学（Public Understanding of Science，以1985年英国皇家学会发布《公众理解科学》报告为标志）、公众参与科学（Public Participation of Science，以2000年英国国会上议院发布《科学与社会》报告为标志）。这两部报告先后引入中国，对国内的科学传播界起到了一定的启蒙作用。吴国盛认为，20世纪的科学传播包括三个不同阶段：传统科普、公众理解科学以及科学传播，他将科学传播视为狭义的对话、参与式传播。其他学者从不同视角提出了不同的科学传播范式、模型等，如缺失模型、对话模型、民主模型、参与模型等。影响较大的是刘华杰的“三模型说”：中心广播模型（科学普及）、缺失模型（公众理解科学）、对话模型（公众参与科学）。这个分类比较符合国内实际，因此本文也采纳其观点。

科学传播研究的另一条线是微观层面，就传播的关键主体、媒介使用和信息编排方式等因素或其组合，从某一个不同的科学议题社会化传播的运用等视角展开一系列实证研究。国内的微观实证研究围绕舆论热点展开较多，比如转基因争议性知识对科技态度的影响、不同媒体对雾霾的议题呈现差异、科学传播困境背后的技治主义——以黄金大米的科学传播为例等。

梳理科学传播的相关研究，可发现科学传播在理论和实践层面发生较大的变化：传统“中心广播模式”下的公众接受科学即科普阶段，是从政府的立场出发，需要大力普及科学知识，让公众接受科学知识，实现科技强国，侧重认知层面；“缺失模式”下的公众理解科学阶段，则是从科学共同体立场出发，不再是单纯的居高临下的灌输，而要通过平等的、多样化的方式，让公众理解科学，侧重情感沟通层面；“民主模式”下的公众参与科学阶段，则是从公众立场出发，强调公众参与到科学知识的讨论、科学决策的监督的作用，避免政府、资本与科学家成为一个封闭的利益共同体，侧重伦理道德层面。这种理念与实践层面背后的变化，完成了公众从被动到互动再到参与科学传播的过程，形成了从“知”科学到“会”科学再到“用”科学的整体上升和前行的轨迹，反映了专家与公众之间关系与地位的变化，也成了本文研究专家信任危机的三个关键面向：认知层面，专家的专业信任危机是如何形成的；伦理层面，专家的道德信任危机背后的原因是什么？沟通层面，专家的情感信任危机为何难以扭转？当然，这三种信任危机在不同的科学传播范式或阶段下，可能不同程度地存在，本文为便于研究对其分别展开论述。那么，最终如何缓解专家的信任危机，形成良性的科学传播环境？

二　认知层面：专业信任危机

专家的信任，首先是因其拥有某个领域的专业知识和判断，帮助公众理解科学，因此建立在认知层面的专业信任是专家信任的基础。道德信任、情感信任则又建立在专业信任基础上，是更高层面的信任要求。那么，当前专家的专业信任为什么会产生危机呢？从科学传播不同范式下的历时性视角，可以分析专家与公众在认知层面的互动变化。

（一）“科学至上”的神话破灭与“非专家知识”的凸显

“科学至上”作为一种迷思（myth）使得公众产生对“科学”的绝对信任。18、19世纪启蒙运动就是高举科学、理性的旗帜，不仅将科学从“神学的女佣”下面解脱出来，而且成为人们认识社会的最高法则，连一些社会科学、人文科学也走向科学实证主义的道路，以此来证实学科的科学性、合理性。

20世纪初《天演论》的译介推动了“所谓适者生存的核心是借助科技迅速强大”的认识。新文化运动高举“科学”与“民主”两面大旗，胡适曾对科学主义的社会思潮做此描述：“这三十年来，有一个名词在国内几乎做到了无上尊严的地位：无论懂与不懂的人，无论守旧和维新的人，都不敢公然对它表示轻视或戏侮的态度。那个名词就是科学。”改革开放后，“科学技术是第一生产力”的表述成为深入人心的强国口号，科学的地位与重要性就被迅速拔高了：凡科学即进步，凡科学即真理，凡科学即正确。

在罗兰·巴特（Roland Barthes）看来：迷思实际上是一个在特定的历史中获得了主导地位的社会阶级的产物；但是迷思将其意义展示为一种自然的而非历史的或社会的意义，从而神化或者掩盖其政治性和社会性。因此，从“科学至上”这一迷思的发展历程可以看出，这是一个从专家话语建构进而成为全社会共识的神话过程。而当其从“科学知识”“科学精神”走向“科学至上”“科学万能”后，就将科学推向自己的对立面——迷信。在现实中，当公众发现很多问题还是科学无法解决的时候，比如核泄漏、癌症、新冠病毒溯源，科学就会从神坛跌落，专家的专业信任也会受到怀疑。Wynne和Irwin对英国大众在核电厂、疯牛病的实证研究中找出“信任危机”产生的根源后得出结论：由于事实证明公众的“非专家知识”往往更能表现真实情况（公众认为核电厂有泄漏风险、疯牛病可以传染人），专家知识却一再出现错误但是“非专家知识”却总是被排除在解决问题的体制之外，大众感觉被欺骗和愚弄，因此产生了信任危机。

Wynne等人提出的“非专家知识”，是在“科学知识社会学”的理论框架下，强调大众所处的社会、文化、经济和政治背景对他们的相关（科学）知识的塑造，以及他们在日常生活中所总结的非专家知识的重要性，“非专家知识”并不等于谬误，与“专家知识”是平等的。这个理论从认知的层面，讨论导致大众对专家体系的“信任危机”的背后重要因素之一，正是“非专家知识”一直被忽略和被排除在风险决策的体系之外，引起了“非专家知识”和“专家知识”的对立。

（二）风险社会中的科学不确定性与公众的确定性执念偏差

人类社会进入信息社会以来，科学技术发展正在以加速度形式，越来越深刻地嵌入人们的日常生活中。电子技术、人工智能技术、生物技术、医学技术的井喷式发展，一方面在改善人们的生活品质，另一方面由于技术本身的成熟度不足，也给人们带来许多风险。德国社会学家贝克（Ulrich Beck）提出，现代社会是一个风险社会，人们不仅在乎财富、事业的成功，更在乎风险的规避。于是，专家能否成为消除、规避风险的系统性因素，成为科学传播中专家与公众在互动中建立专业信任的关键。

风险就是可能带来伤害的某种不确定性。在传统“中心广播”的科普范式下，科学家是以科学权威的身份出现，他们的观点就是专业的、客观的、确定的，公众是不容也不会去质疑的。但进入“公众理解科学范式”后，专家与公众是平等的，专家不再是居高临下地向公众灌输知识，而是强调及时了解公众的反馈，增强公众的科学思维，包括科学知识本身的不确定性、不完善性。于是，专家与公众在风险认知中的确定性与不确定性层面产生对抗式冲突。在专家看来，科学就是一个不断探索、完善的过程，后面的研究会补充、完善甚至推翻前面的研究，不确定性是科学的基本特征，这也正是科学的魅力所在。但在过去的科普传播范式下，形成了公众对科学的“确定性”认知偏差，也进而对专家的专业能力产生不信任和对抗意识，并认为“科学的不确定性风险不应由公众来承担”。

在当前社交媒体营造的民主参与式科学传播范式中，专家知识的谬误更是无法逃避公众的质疑，专家在面对技术不确定性时的掩饰，更让公众反思专家的权威性和信任度。在新冠疫情的传播中，不确定性成为公众不信任专家的依据，比如初期专家关于病毒“没证据表明人传人”和“可防可控”等言论，以及病毒溯源方面从蝙蝠到穿山甲的不断变化，导致公众在不确定性中惶恐不安。

基于专家与公众对科学的确定性与不确定性理解的差异，加之传播过程中的信息衰减或变形，旨在消除风险的专家系统有时反而成为扩大风险的源头。因此，《科学》主编 2022 年 6 月就在其社论中呼吁“让科学少做承诺，多出成果”。美国社会学家查尔斯·培罗（Charles Perrow）也认为：“科学技术曾被认为是社会发展的决定因素和根本动力，但现在却日益成为当代社会最大的风险源。”①

三 伦理层面：道德信任危机

专家信任不仅是一种专业判断，还是一种伦理价值判断，专业判断更多建立在对专家知识的客观性、真实性、有用性等工具理性基础上，而伦理价值判断主要表现在价值理性层面的道德判断。而专家道德层面的信任危机既有专家自身的利益关联带来的价值中立的丧失，也有后现代主义思潮下公众对科学权威祛魅的影响。

（一）后学院研究的转向影响专家的价值中立

有学者在一项对专家信任的实证调查发现，占比高达 76.47%的被调查者表示，对专家的利益关联表示普遍而严重的关切，这些利益关联包括：专家代表政府机构、代表商业集团甚至专家个人的利益。

这项调查反映了专家不再是人们过去认为的深居象牙塔、甘坐冷板凳的学者，而是与名利、权力勾连较多的群体。而让专家从实验室走向智库、走

① 〔美〕查尔斯·培罗：《当科技变成灾难：与高风险系统共存》，蔡承志译，台北商业周刊出版公司，2001。

向市场，甚至走向媒体成为“学术明星”的背后，固然与专家自身的价值观有关，还与学术研究的转向有关。

齐曼（Ziman）在《真科学：它是什么，它指什么》中指出，“学院科学”正在让位于“后学院科学”。后学院科学更加强调效用，它对科学共同体以外的人和机构负责，这在一定程度上损害了科学目标的纯洁性。

一方面，后学院科学接受更多政府资助项目，展开行政研究。比如美国的核能、航空航天等研究，均得到大量政府资助。这些研究既可能被用于民生，也可能用于军事，特别是核弹、核电厂等研究引起公众对专家社会责任的怀疑。在中国，专家本身存有儒家的“修身齐家治国平天下”的文化传统，再多的知识只有“货于帝王家”，“学而优则仕”，才算功成名就。专家自由精神的缺乏，使得他们的自我认同常常建立在官方认同的基础上。因此，不少专家主动参与、积极争取政府部门的委托项目，充当智囊，为政府代言。

另一方面，专家还会接受大量企业资金的委托项目，开展商业研究，比如转基因、病毒、药物等。有些前沿研究可能并不成熟，但出于商家需要，也会提前走向实际应用，甚至超范围地夸大产品功效等，引起公众对产品安全性风险的担忧，进而引起公众对专家的怀疑。比如，在新冠疫情期间，专家公布的“双黄连口服液可以抑制新冠病毒”，引起社会抢购后又被辟谣，最后引起公众怀疑专家背后的机构可能与双黄连厂家有利益关联。

此外，随着大众媒体以及网络新媒体的普及，有些专家频频在媒体抛头露面，提高个人的曝光度，增强社会影响力，进而转化为政治、商业价值，成为“学术明星”。少数专家甚至为了引起社会关注，超出自己的专业范围，随便发表不负责任，却能吸引眼球的观点，结果贻笑大方，引起公众反感。在不少媒体热点舆情事件中，经常可见专家的身影。

总之，在政治利益、商业利益、个人名利等诱惑下，后学院科研体制下专家的价值中立性受到了挑战。为了雇主、委托人或者赞助人的利益，后学院科学家经常被组织去公开发表观点，成为政治集团或商业集团的代言人。

他们所谓的科学发现、结论，只是为了符合某种政治或商业需要，或为站台，或为“洗地”，使得知识的权威符号象征意义，成了专家谋取某种利益的工具，在一定程度上显示出专家正在丧失其利益无涉和价值中立的美德，成为导致专家道德信任危机的重要因素。在专家选择利益的时候，就意味着公众在远离专家。

（二）后现代思潮对科学权威的祛魅

从 20 世纪 50 年代末开始，西方科学哲学乃至整个西方社会的科学观发生了两次转向，即从追求实证的逻辑主义转向追求价值取向的历史主义，从历史主义转向致力于意识形态批判的后现代主义。在此过程中，对科学权力的批判从未停止，后现代主义科学观认为“外行可以而且必须监督科学”。米歇尔·福柯（Michel Focault）是后现代科学观持有者的代表：“人类科学生产出的知识和真理在某个层次上是与权力联系在一起的，因为这与它们被用以约束和规范个人的方式息息相关”。福柯将科学知识与权力结合起来，认为知识背后体现的是权力的意志与规范，并通过教育等将一套体现权力意识形态的价值规范加诸人们身上。这种后现代主义的科学观，无疑动摇了人们对知识、对专家的科学权威的信任，并影响到一大批后现代的知识分子。约瑟夫·劳斯（Joseph Rouse）作为福柯观点的继承者，将建制化的实验室与权力进行了关联：“科学家能够以见多识广的方式来介入并操作它们。只有在这样的技能和实践中，知识和权力才相遇。”总之，“科学沙文主义”被后现代主义科学观批判的依据就是科学与意识形态的“合谋”，形成一套区别于日常生活的独特话语，成为一种上层建筑式的自我封闭模式。

20 世纪 70 年代后，科学的社会研究从社会功能主义走向社会建构主义，科学的权威性被认为不再是基于科学自身的客观性、可验证性、可靠性、精确性以及可预测性，而是科学家群体自身建构的。在这种转向潮流下，学者基恩（Keane）在《科学的文化边界》中提出了“科学的边界设置理论”：科学的话语权威来自科学与科学家所主动采用的边界设置行为。

这种行为划分了科学与非科学、科学家群体与非科学群体之间的界限。但是，基恩认为，这种界限划分并不是一成不变的，科学及科学家群体的话语权威并不是不言自明的，而是在与非科学、公众的互动中不停协商的结果。

专家与公众的这种互动很重要地体现在科学传播范式变迁的实践中。在科学传播的三种模型中，第一阶段的中心广播模型强调科学的权威性，自上而下的命令、教导，“知”与“信”二者中强调“信”。其表现为科学家群体自认为科学知识本身具有不言自明的权威性，公众应该主动学习、完全相信。而第二阶段的缺失模型强调“知”与“信”并重，偏向于科学主义科学观，认为科学总是完美无瑕和准确的，公众应该信任。即使公众存在对科学的不信任现象，其原因也只是在于公众缺乏必要且充分的科学知识。强调通过科学家多渠道、多形式的传播、讲解，弥补公众科学知识和科学素养不足的缺陷，增进公众对科学的理解与信任。第三阶段的对话模型（或称参与模型），强调“知”和“质疑”，科学走下神坛，科学家与公众进行平等互动沟通。专家群体不再是确定的权威，应该接受公众的质疑与监督，让不同社会群体共同介入某一科学议题中，通过协商与合作共同解决科学决策中的不科学问题。

四　沟通层面：情感信任危机

专家的专业信任危机、道德信任危机，有时候可能并不是由于专家自身的因素，而是来自公众对其情感上的不接受甚至厌恶。在移动智能终端成为公众获取科学传播信息的主要渠道时，情感胜于事实的后真相时代已悄然来临，预示着“理性重于感性”、不长于沟通的专家将陷入情感信任危机的陷阱中。

（一）后真相时代“情感米姆”的影响

科学传播是指科技知识信息通过跨越时空的扩散而使不同个体间实现知

识共享的过程。科学传播经历了中心广播模型、缺失模型后，进入公众参与的对话模型。随着互联网的普及，网络在普通公众的话语权、参与权方面不断赋能，然而多数情况下民主协商平等对话的公众参与模型并未真正实现，专家与公众的隔阂反而加深了，强化了公众对专家的不信任，甚至直接阻碍了一些科研项目的正常推行。

这与社会普遍关注的“后真相时代”有关。“后真相”一词因在2016年超高的使用频率，被牛津字典收录为年度词汇。“后真相”意指在舆论形成过程中，个人的情感和信念成为超越客观事实，成为舆论走向的主导因素。由于现实生活中一些科学技术的发展给人类身体健康、食品安全、生态环境等带来破坏，公众对科学的风险不确定性产生较强的抵制情绪。而在开放的、移动的互联网成为科学传播主渠道的媒介环境下，加之大数据基于对个人偏好的算法推荐，公众不断地获得有关科学的情绪化信息，而不是专业的、理性的信息，这进一步强化公众对科学与专家的刻板印象，形成舆论中质疑多于对话的回音壁效应。专家与公众在质疑声中，并未达成共识，反而将许多原本纯粹的科学问题转化成社会政治问题（如转基因食品问题），所以科学传播的民主参与模型仍然面临着一些现实问题与困境。

有学者认为，20世纪80年代至21世纪最初几年，是科学传播民主模型应用的理想状态。20多年间，民主模型为科学传播中科学家与公众对话提供了一条可行途径。但是移动互联网的媒介技术加速了后真相时代的到来，使得专家与公众之间从对话日益走向对立，其背后与“情感米姆”在科学传播中的媒介文化动力机制有关。

“米姆”（meme）是1976年由英国生物学家道金斯（Richard Dawkins）仿照遗传学的核心概念“基因”提出的文化传播单位的概念。“米姆”的传播过程就是语言、信仰、观念、行为方式的传递过程，一旦被创生就会像生物基因般可以被复制、传播、衍生、变异，使人类文化不断推陈出新、不断发展。在自媒体环境下，“米姆”成为塑造“媒体奇观”的主导力量，大量诉诸情感的伪科学的心灵鸡汤、抵制科学的规避风险文章，成为带有强烈情感色彩的“米姆”，在舆论场上比客观事实的陈述更有影响力，成为公众不断选择、放大的抵制科学、怀疑专家的信息。关于PX毒性的争议，崔永元与卢大儒关于转基因的辩论等，网络舆论场中大多数公众在不了解事实真相的情况下，几乎是“一边倒”地声讨与抵制。因此，在抵制科学的“情感米姆”广泛传播条件下的民主参与模型，公众的立场和情感必然对专家的权威和信任带来负面影响。

（二）专家沟通技巧的缺乏

公众对专家情感方面的信任缺乏，除了后真相时代情感重于事实带来的负面情绪外，还与专家本身“智商有余、情商不足”，缺乏沟通技巧有关。据学者的一项调查，对于与公众联系紧密的行业（如医学、农技推广）的专家，“专家态度”甚至取代了“专家知识”成为位居第一的信任来源。公众对专家的工作同样提出了知识层面之外的要求。49.23%的公众认为“专家应加强沟通技巧，少用晦涩的术语，用普通公众都能理解的方式表述”；43.73%的公众直接提出了“尊重”的要求，要求专家平等地对待公众：“专家应倾听公众的心声，重视公众的诉求，理解公众”。

专家缺乏沟通技巧，在公众看来是一种精英的傲慢，让公众从情感上对专家难以产生亲近感和信任感。因此，在公众广泛参与的科学传播民主模型中，尤其是在突发公共事件和热点争议性事件中，专家要善用富于情感的语言纾解公众情绪，谋求事实、情感与价值层面的共识。网络热传的崔永元与卢大儒的“激辩”，无疑是一次体现专家“情商”不足的典型对话。其中卢大儒面对圈外人士时的“蛮横”态度，反映了“专家傲慢”也是带来“公众偏见”与不信任的重要因素。

在民主模型的公众参与式科学传播中，专家情感信任度下降的同时，却是崔永元、果壳网、何同学等意见领袖和自媒体大V情感信任度的上升。有学者认为：意见领袖基于“生活逻辑”“情绪逻辑”的话语表达，往往比专家基于“专业逻辑”“理性逻辑”的话语更符合大众朴素的情感和价值观，更易被大众理解和接受。

据B站数据，2020年泛知识类内容已占B站全平台视频总播放量的

45%，其中科普内容的播放量增长最快，高达1994%。一些头部优质科普类UP主也纷纷涌现出来，如“老师好我叫何同学”“毕导THU”“罗翔说刑法”“画渣花小烙”等，B站粉丝量均超过百万人，具有一定的品牌和粉丝效应。“老师好我叫何同学”的科普短视频，之所以能迅速吸引600多万名粉丝，一个重要原因就是他很注重与粉丝的情感互动。何同学常常用富有娱乐性的科普内容、轻松幽默的语调、“自己也不懂”的学生姿态，以及“单身狗”等梗的融入，使得观众在观看视频时可以寻找共鸣，一定程度上缓解现实生活的压力，获得情绪的释放和心绪的转换。为增强与粉丝的高度情感互动，何同学在“我拍了一张600万人的合影”视频中介绍说，他用4亿像素的相机与600万名粉丝每个人的ID拍下合照，最后合成一张高达2000亿像素的照片，并附上在照片中查找ID的教程，这种云陪伴的感觉让粉丝得到一份温暖的治愈感。

2019年抖音平台启动“DOU知计划”，掀起科普类短视频的热潮，张辰亮借势创建了“无穷小亮的科普日常”账号，抖音号圈粉2247.3万人，点赞量破1.3亿人，成为短视频科普领域的“顶流”。张辰亮以幽默诙谐又不失专业度的表达来消解科普知识的枯燥，还利用个性化的形象符号与粉丝进行情感互动。由于张辰亮外貌与藏狐相似，他被网友戏称为“狐主任”。他不仅承认了“狐主任”的称号，更在“探访西宁野生动物园”这期视频中带上藏狐口罩，在“野生藏狐和我对视”视频中与野生藏狐一同出镜，引发藏狐表情包火爆全网，网友们纷纷玩梗进行二次传播，微博、B站等官方平台也上线了藏狐表情。

结　语

在吉登斯等学者看来，专家系统与符号象征系统是从传统熟人社会的人际信任走向现代陌生人社会的系统信任的两个支点。然而，随着后现代社会的到来，专家面临着严重的信任危机，这种危机不仅是一种抽象的系统性信任危机，还在网络去中介化的时代具象成专家人格上的专业危机、道德危机、情感危机。本文从科学传播的不同范式变迁的视角，分析了这三种专家信任危机的背后深层次的原因，也就厘清了如何缓解专家信任危机的对策与路径。具体说来，可从以下几个方面缓解专家的信任危机。

一是加强包容，促进专家与公众之间的相互理解，缓解专家的认知信任危机。公众理解科学有利于公众参与科学，这两种科学传播范式不是截然对立的，而是有相承关系。因此，一方面，专家要摆脱“科学主义”的执念，勇于承认科学的不确定性及风险性，坦然面对公众的怀疑。既然科学存在风险，那么公众当然要对它存疑。同时，公众由于不可能全程参与科学的研究与决策，对专家的信任还是一种脆弱的依赖。在具体的风险认知上，公众也远比专家复杂，并非少数专家从单一科学角度提供的技术上的风险解释所能回答的，必须正视专家学者与普通公众在风险认知和评估方面的巨大差异，对公众的“非专家知识”持包容开放态度。另一方面，公众也要积极提高科学思维、科学素养水平，不能要求科学的绝对确定性和无风险性，从认知层面增强对科学不确定性的包容度。

二是加大失信成本，斩断专家的利益链，缓解公众对专家的道德信任危机。在传统的科普范式下，科学家不仅是专业权威的象征，还暗含着道德层面的良善。但在后现代社会去中心化、去权威化思潮以及消费主义文化思潮下，公众不仅对专家的专业认知产生怀疑，还对专家的伦理道德产生怀疑。因此，在公众参与的科学传播范式下，专家的职业道德也在公众的聚光下被进行审视，并要求提高专家的失信成本，对失信行为进行更加严厉的责罚。社会失信成本是指失信者因失信行为而付出的代价，主要包括道德成本、经济成本和法律成本。一个社会的信任资源与该社会失信成本高低直接相关。在当前社会整体信任度较低的情况下，一方面，专家作为整个社会的良心，要强化职业操守，不要为了个人名利，成为政治和商业集团的代言人，违背科学的价值中立、客观真实要求。另一方面，对一些与权力和资本勾兑、违背科学精神的专家，除了道德层面的失信代价，还要给予经济和法律上的惩处，比如证监会对一些担任上市公司独董而不履职的专家，给予上亿元的巨额处罚，如不执行还将进行司法起诉。

三是增强对话，提高专家的情商与沟通技巧，增强公众对专家的情感信任。参与式科学传播作为一种双向互动过程，不仅与传播的内容及背后的价值立场有关，还与专家的传播技巧、话语修辞有关。如果专家能用一种具有亲和力、个性化的语言，而不是用一种傲慢的态度、生涩难懂的语言，更能赢得公众的情感信任。在这方面，上海华山医院感染科的张文宏医生就以其过硬的专业知识、风趣幽默的话语，赢得了网民的一致称赞，获得公众对他的情感信任，也被亲切地称为“张爸爸”。如果专家与公众在情绪上抱着一种对立的态度，就不能进行平等的协商对话，而成为力量不均衡的对抗。公众在人数与修辞上占优势，科学家在专业与知识上占优势，彼此挟持优势互相制衡，结果是互相不信任。

总之，在当前民主对话式的科学传播范式下，专家与公众作为互动的双方，需要相互包容、相互理解、相互信任，形成对科学不确定性的共识，加大失信成本，提高沟通技巧，多管齐下，一定能缓解专家在认知、道德、情感层面的信任危机，促进科学知识、科学精神在真实社会情境中的流动，促成专家与公众缔结为科学传播的“知识共同体”。

参考文献

[1]〔英〕安东尼·吉登斯：《现代性的后果》，田禾译，译林出版社，2011。

[2] 郭喨、张学义：《“专家信任”及其重建策略：一项实证研究》，《自然辩证法通讯》2017 年第 7 期。

[3]〔德〕西美尔：《货币哲学》，陈戎女等译，华夏出版社，2002。

[4] 冯志宏：《当代中国信任危机的生成与化解》，《甘肃社会科学》2013 年第 1 期。

[5] 郑也夫：《信任论》，中国广播电视出版社，2001。

[6] 洪波：《当前信任危机的阐释与消弭》，《玉溪师范学院学报》2002 年第 2 期。

[7]〔美〕徐贲：《批判性思维的认知与伦理》，北京大学出版社，2021，前言第 1 页。

[8] 杜志刚、王军：《国外科学传播实证研究综述：内容、框架与范式》，《自然辩

证法通讯》2015 年第 3 期。
[9]〔英〕J. D. 贝尔纳：《科学的社会功能》，陈体芳译，商务印书馆，1982。
[10] 彭华新：《科学家在“新冠疫情”议题中的社交媒体参与和权力博弈》，《现代传播》（中国传媒大学学报）2021 年第 2 期。
[11] 吴国盛：《从科学普及到科学传播》，《科技日报》2000 年 9 月 22 日。
[12] 刘华杰：《科学传播的三种模型与三个阶段》，《科普研究》2009 年第 2 期。
[13] 李俊、赵发珍、薛小婕：《从公众接受到公众参与：图书馆科普阅读创新服务模式研究》，《图书馆学研究》2020 年第 10 期。
[14] 李佳楠：《科学传播视角下谣言治理的“公共领域”悖论——以腾讯较真查证平台辟谣现象为例》，《文化与传播》2020 年第 4 期。
[15] 陈志宏、陈永杰：《进步、科学精神与科学主义——对科学有效性范围的考察》，《青海社会科学》第 6 期。
[16] 胡适：《胡适文集》（第 3 卷），北京大学出版社，1998。
[17]〔德〕乌尔里希·贝克：《风险社会：新的现代性之路》，张文杰、何博闻译，译林出版社，2018。
[18] Irwin，Wynne：Misunderstanding Science? The Public Reconstruction of Science and Technology. Cambridge：Cambridge University Press，1996.
[19] 方芗：《我国大众在核电发展中的“不信任”：基于两个分析框架的案例研究》，《科学与社会》2012 年第 4 期。
[20] 翟杰全：《科学（研究）、公众理解与科学传播：基于新冠肺炎疫情的反思》，《科普研究》2020 年第 2 期。
[21]〔英〕约翰·齐曼：《真科学：它是什么，它指什么》，曾国屏等译，上海科技教育出版社，2002。
[22] 郭飞、盛晓明：《专家信任的危机与重塑》，《科学学研究》2016 年第 8 期。
[23]〔美〕保罗·法伊尔阿本德：《自由社会中的科学》，兰征译，上海译文出版社，1990。
[24]〔澳〕J. 丹纳赫、T. 斯奇拉托、J. 韦伯：《理解福柯》，刘瑾译，百花文艺出版社，2002。
[25]〔美〕约瑟夫·劳斯：《知识与权力——走向科学的政治哲学》，盛晓明、邱慧、孟强译，北京大学出版社，2004。
[26] 杨正：《科学权威、意识形态与科学传播——基恩“边界设置”理论研究》，《自然辩证法研究》2020 年第 5 期。
[27] 王勇安、李雅静：《后真相时代科学传播的困境——关于科学传播民主模型应用的思考》，《渭南师范学院学报》2020 年第 2 期。
[28] 翟杰全、杨志坚：《对“科学传播”概念的若干分析》，《北京理工大学学报》（社会科学版）2002 年第 3 期。

[29] 虞鑫:《语境真相与单一真相:新闻真实论的哲学基础与概念分野》,《新闻记者》2018 年第 8 期。
[30]〔英〕理查德·道金斯:《自私的基因》,卢允中、张岱云、王兵译,吉林人民出版社,2006。
[31]〔英〕布莱克摩尔:《谜米机器》,高春申、吴友军、许波译,吉林人民出版社,2011。
[32] 杨启飞:《晚期现代社会中的专家信任危机及重塑》,《青年记者》2020 年第 15 期。
[33] 陈鹏、张林:《互联网时代科学传播如何自洽和有为——以转基因、PX 项目的科学传播为例》,《中国科学院院刊》2016 年第 12 期。
[34] 敖路平:《论虚拟舆论场中"砖家"的"角色断裂"与信任重塑》,《社会科学动态》202 年第 1 期。
[35] 王志远:《对"公众参与科学"这个主题本身的解读与反思》,《科技传播》2015 年第 6 期(下)。
[36] 张燕、虞海侠:《风险沟通中公众对专家系统的信任危机》,《现代传播(中国传媒大学学报)》2012 年第 4 期。
[37] 冯志宏:《当代中国虚拟社会治理中的信任建构》,《甘肃社会科学》2015 年第 5 期。

新媒体背景下交通科普的内涵及特征

郭瑞军　张　辉　李泽森　王晚香*

摘　要： 交通科普是一项促进公众理解交通、提高国民科学素养的社会教育活动。新媒体时代的到来使得交通科普的内涵和特点发生了深刻变化。完善交通科普顶层设计，适应交通科普在新媒体时代的特征，可促进交通科普从宣传、教育到服务的发展。在阐述科普概念和目标的基础上，总结了交通科普的主要内容：交通科学的普及和交通运输技术的推广，前者包括交通科学知识、交通科学思想、交通科学方法和交通科学精神等。分析了在新媒体形势下交通科普的特点：科普传播者和受众的界限变得模糊，传播媒介功能更加多元化、快捷性和国际性等。进一步分析了新媒体时代交通科普的发展现状，论述了交通科普形式的多样化以及科普的新内容、新渠道等特征，并提出了发展策略。

关键词： 交通科普　新媒体　科学传播　交通技术

* 郭瑞军，大连交通大学交通运输工程学院教授；张辉，青岛地铁运营有限公司助理工程师；李泽森，天津轨道交通运营集团助理工程师；王晚香，大连交通大学交通运输工程学院副教授。

交通运输行业是经济发展的“先行官”，开展交通科普有助于我国坚持创新发展、普及交通科学知识、弘扬科学精神、提高公民交通科学素质，对实现交通强国建设具有深远意义。

随着“互联网+”时代的到来，媒体技术有了迅速发展，也深刻影响着科普事业的发展趋势。传统的教育媒体平台主要包括实体机构及传媒，如科普教育基地、科普书籍、报刊、广播、电视和相关机构的教育门户网站等。目前，信息传播的主要平台已经变为社交媒体和短视频等新媒体平台。

在我国交通科普领域，有全国交通安全日，全国交通科技活动周，公路、水路科普教育基地等科普组织机构和活动。发达国家重视交通安全宣传教育网络的建设，如美国联邦公路局（FHWA）的交通安全宣传网站内容丰富且形式多样，含文字、图片、动画、视频等，特别是在接受访问后会有随机的调查问卷进行反馈来及时改善网站运营环境。英国 THINK 网站分类别展示不同交通安全知识，采用虚拟现实技术进行仿真，增添了交通安全宣传的多元化和吸引力，从而增强了科普效果。

在信息化技术日新月异的今天，传统的科普教育有了新的挑战，科普机构、科普活动需要适应网民受众的高需求，从内容、形式、手段上不断创新，提升科普效果。交通科普需要更有针对性地总结其特点和规律，从交通科学传播和交通技术推广方面，提炼交通科普的内涵和特征，研究其传播规律、科普策略和应对措施，从而适应新媒体发展潮流，促进科普事业发展。

一　交通科普的基本内容

（一）科普的概念

科普分为科学普及和技术普及。科学普及是通过大众传媒和各种社会教育活动，对广大公众传播科学知识、科学方法、科学思想、科学精神的活动及其过程，技术普及是对需要了解、掌握某些技术、技能的群众进行传播、传授的活动。

交通科普即为交通运输科学技术普及，指的是国家和社会普及交通运输科学技术知识，在交通运输领域倡导科学方法、传播科学思想、弘扬科学精神的活动。按照科普内容的科学与技术分类，交通科普可划分为交通科学的普及和交通技术的推广。

（二）交通运输科学普及的主要内容

交通运输科学的普及内容从以下四个方面进行阐述。

1. 交通科学知识

交通运输总体呈现出系统复杂、种类繁多、受众人数较大、安全责任较高等行业属性。从其方式划分，有铁路、公路、水运、航空、城市交通和综合运输等不同领域；从涵盖内容归纳，有运行线路、载运工具、枢纽场站、管理软件、政策制度等软硬件设施；从系统运行周期来看，分为交通规划、设计建造、运营管理、保养维护、更新报废等过程。

目前，交通科学知识主要注重交通安全知识的普及，未来更要注重交通设施设备的原理及使用、交通政策法规的学习及掌握、交通科技的发展及应用等内容，这些既是交通科普工作者的研究范围，也是新媒体时代交通出行者必备的科普知识。

2. 交通科学思想

科学思想是客观现实在人们意识中的正确反映，是通过客观事实进行整体考察和理性思考而获得领悟的结果，影响着人们的思维方式和世界观。在交通科普中，应该遵循交通科学的思想和理念。

交通科学思想随着交通技术的改进而发展。推进公交优先理念，是为保障城市道路交通的出行效率，部分城市实施机动车“限购”“限行”等交通管理政策，同时缓解城市交通拥堵而制定错峰出行、拥挤收费等措施；实现交通环保理念，为适应交通可持续发展，发展绿色交通、智慧交通，提倡交通的节能、环保、安全等，大力发展电动汽车即为有效措施之一；促进交通精品理念，强化精细化管理。近两年为做好防疫工作，各单位组织的“就地过年”等，本质上是通过交通需求管理，减少出行，从而减少出行过程中的病毒传播。这些政策均是科学思想在交通运输领域中的具体化。

3. 交通科学方法

在交通运输行业的技术创新中，无不遵循着科学的研究方法，通过假设验证，从而评估其有效性。交通运输的工程应用，往往也需要通过实验、仿真或者科学计算方法，在模型中获得良好效果，而后应用于工程实践。交通科普需要利用交通行业中典型的工程应用，介绍工程中的科学方法及规律，从而高效地服务交通，如 2020 年批准设立的港珠澳大桥交通运输科普教育基地等。

在生活和工作中，遵循科学规律，主动应用科学方法，如在出行方式选择中，参考各类型基于电子地图的导航软件，通过了解并对比各方式、各路径的出行状态，以交通科学的方法，合理规划个人出行。

4. 科学精神

科学精神以创新、怀疑、求实、开放、合作为典型特征。在交通工程建设、监理、验收中，秉持科学精神，严格执行工程规范，与伪劣工程做坚决斗争。作为交通科学的传播者，科普作家、记者和编辑应具备实事求是的基本素质，在科学书籍、科学新闻报道中不虚构、不夸大、不隐瞒；作为交通科学的受众也需要有怀疑精神，对标新立异的交通事件及新闻能够不轻信，并进行分析查证和有效辨识。

生活中，酒驾醉驾的危害人尽皆知，但实际出行中却屡有发生，这就需要更进一步交通科普，不仅普及交通安全的法律法规、交通事故的严重后果，也要让公众了解酒后驾驶对驾驶人生理心理的客观影响，还需要增强人们的科学精神，用求真务实的科学态度摒弃侥幸心理，抵住朋友情面，从而用科学与法律共同阻止交通违法行为。

（三）交通运输技术的推广应用

1. 交通工具的运行及控制技术

除管道运输外，各交通方式载运工具的运行及控制均是交通技术应用的主要内容，飞行技术、航海技术、列车运行和机动车运行，已部分实现了自动驾驶，全自动驾驶也逐步走向现实，不过交通工具的人工驾驶及运行控制仍是主要手段，且在今后长时间内不可替代。其中，机动车驾驶技术在交通科普中的应用最广，各种媒介技术的应用也最全面。各交通方式的运行控制模拟系统，特别是模拟驾驶仪成为交通技术科普的有效手段。

2. 交通安全技术

交通运输是为了安全、高效、快速、舒适地实现人和物的移动，安全始终是其首要目标。我国已经陆续颁布实施了《道路交通安全法》《海上交通安全法》《内河交通安全管理条例》《民用航空安全管理规定》《铁路安全管理条例》《石油天然气管道保护法》等相关运输安全法律法规。了解各交通运输方式的运行规则，掌握交通安全技术，才能维护交通秩序，保障运输的安全与通畅，道路交通安全技术科普在各类型媒体均取得了较好效果。

3. 交通建造、维修、测量等专业技术

交通运输网络中，各方式的线路、场站和运载工具是最主要的交通基础设施和运行设备，各种基础设施的建设、运行维护、测量等技术应用是保障运输的前提，以高速公路为例，线路的修建涉及了道路、桥梁、隧道和服务区设施，隧道的施工方法就有钻爆法、盾构法、沉管法等不同技术。交通专业技术不完全适用于大规模、全范围的科学普及，但了解交通技术的发展演变、见识交通工程的典型成就、学习交通专业技能，会连接交通科研和技术应用两端，促进科普和科研的双向发展。交通专业技术和交通科学知识存在一定重合。

二　基于新媒体的交通科普

（一）新媒体时代的信息传播特点

在科学传播的发展过程中，先后经历了人际传播、组织传播和大众传播。大众传播依赖于某种传播媒介，传播的效果越来越好，范围越来越广。

传播媒介有展板、书籍、报刊、广播、电视、网站、通信软件、社交媒体等不同形式，其中我国的社交媒体含博客、微博、腾讯 QQ、微信公众号和短视频社交软件等。

本文所指的新媒体主要是基于信息传播技术所形成的媒介形态及其社会关系，主要特征为数字化、分众化以及互动性等。新媒体是一个相对概念，广播、电视、各类网络媒体都曾经或现在是新媒体。就目前而言，基于网络的媒体相对较新，其中基于广播式的社交媒体如微博、微信公众号、Instagram 和 Facebook 等，基于短视频的社交媒体如抖音、快手等，这两类社交媒体是目前相对主流、广泛应用的传播媒介。

在新媒体的形势下，在科学的大众传播过程中，科普要素诸如传播者、传播内容、传播媒介、受众、反馈和传播效果都发生了深刻的变化。

1. 传播者和受众的界限变得模糊

Web2.0 时代，科学信息通过网络传播，在方式上，网民由网络“阅读”模式转变为全方位“听说读写看”，在工具上，由互联网浏览器向手机、平板电脑等的各类浏览器发展，信息编辑更加方便，用户体验更加直接。对于科普信息的吸收和反馈也更加快捷便利，科普传播者和受众相互反馈，集体创作，对科普知识的完善更加有利。

传播者和受众的界限变得模糊，科普双重身份的互换与融合，既带来了科学知识大量涌现的质量问题，又激发了科学传播者的热情，使科普资源更加丰富。

2. 传播媒介功能的多元化、快捷性和国际性

新媒体时代，上网目的有了相应转变，如 QQ 或微信等通信软件，博客、微博等社交媒体的交友功能逐渐演变为现在的交流、休闲和娱乐等。特别是随着短视频社交媒体的出现，5～30 秒的短视频，成为最热门的媒介方式，能够更即时、更全面地进行大量信息的快速传递和相互交流。

但短视频在发展初期有着较多弊端：粗犷发展、信息质量较差、商业目的性较强，甚至恶意造谣等，其原因是为博取注意力，吸引粉丝，用户以流量作为首要考虑因素。客观理性的科普知识被虚假夸张信息驱逐而陷入恶性

循环。其他新媒体也有类似现象，劣币驱逐良币的情况客观存在，大量低劣信息严重腐蚀着科普大厦的基石。这需要科普工作者能高产高效地创作优质科普作品，同时需要网络监管部门做出有效监控。

像 EurekAlert！科学新闻发布平台是由美国科学促进会（AAAS）运营，作为 *Science* 期刊的出版方，提供英文、西班牙文、法文、德文、葡萄牙文、日文和中文的科学新闻，进行大范围快节奏科学进展的普及。我国科普机构也需要进一步国际化，扩大我国科技进展在国际上的影响力。

（二）新媒体时代交通科普的发展现状与特征

1. 交通科普活动形式更加多样化

传统的科普活动仍发挥着主流交通科普的功能，如科普讲座、科技咨询活动、科普基地巡游等。一些新颖的实体科普活动也逐步进行，如交通运输行业全国交通微视频大赛、全国公路优秀科普作品评选、世界大学生桥梁设计大赛等活动，均有力推动交通科普发展。不过，现有的交通科普活动与庞大的科普受众相比，仍然还有很大空间需要弥补，如果一味增加实体科普机构不太现实，需要通过网络渠道进行有效补充，如电子会议、在线报道、开源期刊、有声材料等。

2. 科技发展充实了交通科普新内容

随着信息技术、网络技术、人工智能的快速发展，车路协同、无人驾驶（无人机）、运输快递、港站枢纽自动化等都有了长足进步。交通科普的新技术需要迎合时代发展，对车联网、无人驾驶等交通新技术做出科普。交通安全教育是交通科普中最常见内容，在新时期也有了新的内容，如网约的客货运输服务中，需注重驾乘双方的个人信息、行程信息安全。这需要在交通科普中关注网络公共平台的信息安全，甚至建设标准规范、法律法规来保证交通安全，交通安全教育有了新内容。交通科普内容贯穿了运输服务全过程，包括了运输前和运输后，促进交通运输安全、便捷、高效的发展。

3. 高新技术拓展了交通科普新渠道

科学技术的进步助推了交通运输更加安全、高效、快捷、舒适等功能的实现。随着云计算、大数据、人工智能、物联网等技术的发展，交通科普内容和媒体形式也更加丰富。如制作城市轨道交通科普知识移动学习平台和交通安全科普教育三维动漫软件，通过游戏软件等形式开展交通安全教育及交通科普知识传递，帮助受众在轻松的环境中掌握交通科学知识；通过虚拟现实技术对交通现象及设施设备做仿真模拟，获得与实体实验室相近的科学传播效果，各方式的交通模拟驾驶仪已成为驾驶培训的有效手段。

4. 交通科普机构与网络平台的融合发展

随着网络技术的发展，传统交通科普教育机构也拓展了相应的传播渠道，如长安大学主办的交通强国教育科普之声、中南大学的先进轨道交通科普基地网站、北京某公司的赛文交通网（7its）等。2020 年度批准成立的部分国家交通运输科普基地也有了独立的网络平台，如大连海事大学校史馆利用 VR 技术实现了虚拟校史馆的参观，通过网络场景巡游能身临其境。

实体科普机构与网络媒介的深度结合，可以将权威科学信息与灵活的传播渠道有机结合，面向更加广泛的受众。

5. 交通科普中外网络平台的不同

世界十大科普网站，科学美国人和美国航空航天局网站均在其中。最靠前的 HowStuffWorks 网站内容全面，汽车频道里面还有关于信号灯的介绍。另外如国外 Bonnier 公司建立的科普网站，其中的交通运输栏目，内容精致、丰富，且更新较快。

我国科普网络平台具有较高影响力的是中国科协主办的科普中国网站，并有“全民爱科学”“科学游戏”“科学原理一点通”等相关科普网站，科普中国的交通运输栏目，每一个条目下有部分文章、挂图或音频等，部分是专为小学生准备的校园套餐，适合相关培训者使用，并在学校讲解。

总体而言，国外科普网站建设时间较长，内容相对丰富，我国以“科普中国”为代表的科普网站，总体形成了一定规模，但在内容上仍需进一步完善。目前，国内外均未发现有关于交通科普的专业网站。

6. 交通科普在网络世界的影响较弱

社交媒体是交通科普较流行的网络媒介，其中微博较活跃的交通类账号如山东交警（285万粉丝）、养车指南（165万粉丝）、酷车讯（263万粉丝）等，大都传播交通安全知识或发布路况信息，微博中短视频的发布与微信也能够实现便捷转换，取得了较好的交通科普效果。但从大V粉丝数对比来看，交通科普和其他领域科普微博账号的影响力也有一定差距，如博物杂志（1306万粉丝）、国家博物馆（508万粉丝）、全球博物馆（460万粉丝）等。比起影视明星和意见领袖普遍千万级粉丝的影响力，交通科普博主的差距仍然很大。

目前，交通领域"关起门来搞科普"的现象较为普遍，各级交通行业部门、各科研院所的科普信息相对独立，信息共享未大范围形成，也缺乏对科普活动效果的有效反馈，我国的交通科普在应对新媒体时代发展的现状上未得到根本性改善，科普机构的网络意识仍需加强。

三 新媒体时代交通科普的发展策略

（一）交通科普的供给侧改革

近年来，交通运输新业态层出不穷，为适应新媒体的发展，交通科普需要实现供给侧改革，对科普受众进行细分十分重要。对于从小接触互联网的青少年来说，需加强形式传播的吸引力和内容的趣味性，然而新媒体的发展，给中老年人等群体带来了"数字鸿沟"的挑战，交通科普要实施积极应对人口老龄化国家战略，加强老年人的出行服务工作，主要以不同受众的需求为导向，精准传播科普信息，提升交通科学的传播效果。

（二）由交通科普平台的单向传播转变为交通科普的双向互动

传统的科学传播"推送"模式已经无法满足社会公众自主学科学、爱科学、用科学的需求，也无法满足公众享受科学、参与科学、奉献科学的潜在愿望。目前的科普服务平台需要主动适应科普受众的需求，与科普受众做好双向互动，新媒体提供了科普传播者和受众双向互动的平台，科普工作者在利用网络媒体做好科学传播的同时，也需要善于引导科普受众，帮助他们转变为更优秀的交通科学传播者，在进行科普的同时，应适当进行实践科普，例如在地铁乘客中进行演练，了解紧急情况下该如何使用一些设施设备，在科普中添加活力，又将被动受众变成主动传播者。

（三）交通科普工作者的科学传播素养

科普工作者需要进一步凝练交通科学知识与技术，研究交通科学思想、科学方法，秉承科学精神，从而全方位推进交通科普的蓬勃发展。在传统科普工作者具备科学素养和传播能力的同时，新媒体时代的优秀科普传播者应具备一定的网络媒体应用能力，熟悉新媒体运作，善于搜索、整合及传播科普信息，能够与他人合作、分享、交流科普内容，共同完成科普目标，有必要提高科学素养、科学传播能力、网络社交能力等新媒体时代科普传播者的必备素质。

（四）制作适合新媒体时代的交通科普内容

新媒体时代，信息过载，人们的注意力成为稀缺资源，信息掌握在人们的指尖上。在交通科普过程中要求科学信息准确权威，形式活泼生动，文字、语言、视频平易近人，从而具备与其他主体内容争取“注意力”和“关注度”的能力。同时，借助信息技术对于科普信息进行“过滤”，一些技术手段如协同过滤、分众分类等用于信息的筛选，在人人均可能作为信息传播者的同时，让科普信息能更系统、准确、简洁，辅助网络交通科普能沿着正确方向发展。

加快建设交通强国，构建高质量国家综合立体交通网，包含提升高速铁路、公路、现代化机场质量等，发展自动驾驶、车路协同、智能铁路、智慧停车等，提倡慢行交通网络，实现碳达峰、碳中和目标，这些发展蓝图都离不开交通科普。特别是在新媒体时代快速发展的今天，交通科普具备了新特征，新技术的应用以及新形式与新内容的融合，需要新的理念及措施，这也是未来交通科普需深入研究的问题及实践方向。

参考文献

[1] 尚炜、丛浩哲、马金路：《交通安全宣传教育传播途径与载体形式研究》，《交通标准化》2014 年第 21 期。

[2] 赵洹琪、丛浩哲、李瑛：《交通安全科普类电视节目宣传效果评估研究》，《汽车与安全》2016 年第 1 期。

[3] Alireza Noruzi, Science Popularization through Open Access [J]. Webology, 2008, 5 (1).

[4] 王峻极、高岩、尤志栋等：《我国交通安全科普教育信息化建设及实现途径》，《道路交通科学技术》2015 年第 6 期。

[5] 苏涛、彭兰：《反思与展望：赛博格时代的传播图景——2018 年新媒体研究综述》，《国际新闻界》2019 年第 1 期。

互动仪式链理论视角下B站科普视频的科学传播研究

刘睿婧*

摘　要： 本文以柯林斯的互动仪式链理论为框架，分析科普视频在B站体现出的共同在场、局外人限制、共同关注、情感共振等互动仪式要素，展示科普视频基于弹幕等功能形成的相互关注/情感连带机制，总结B站科普视频互动仪式链的形成模式，探讨网络共同体的社交互动如何影响人们对科学信息的参与和看法。互动是弹幕视频和科学传播的共同逻辑，成功的互动仪式链能提高科普视频的科学传播效果，让信息通过跨时空传播，在不同个体间实现科学知识普惠与共享。

关键词： 互动仪式链　哔哩哔哩　弹幕　科普视频

5G技术的商用让视频内容生产、传播和消费走上了快车道，“无视频，不传播”的时代已然来临。但相比短平快、碎片化的短视频，1分钟以上的中长视频更加适合进行科学传播，有深度的文本和丰富的视觉信息更能满足观众在视频中学习知识的需求，对创作者内容生产质量的要求也更高。本文

* 刘睿婧，天津科学技术馆展示部辅导员，助理馆员。

以美国社会学家兰德尔·柯林斯（Randall Collins）的互动仪式链理论为框架，探讨中长视频平台哔哩哔哩以弹幕为代表的互动设计对用户原创科普视频科学传播的作用。

一 研究背景

哔哩哔哩弹幕网（bilibili. com），简称 B 站，是中国年轻一代高度聚集的文化社区和视频平台，它引领了标志性的互动功能“弹幕”，在视频播放界面像子弹发射一样覆盖滚动展示观看同一视频的用户评论，革新了观看体验并激发了用户间的共鸣。截至 2022 年第一季度，B 站日均活跃用户数达 7940 万户，单个用户日均使用时长已增加至 95 分钟。《哔哩哔哩 2021 环境、社会及管治报告》显示，2021 年，1.98 亿用户在 B 站观看泛知识类视频，泛知识内容占平台视频总播放量的 44%，具备有用性的视频内容越来越受用户的欢迎。

（一）互动+泛知识视频

视频内容的生产模式可以分为 UGC（用户创作内容）、PUGC（专业用户创作内容）、PGC（专业创作内容）三类。其中，B 站在 PUGC 内容领域因原创性、知识性及互动性受到用户广泛喜爱，专业 UP 主原创视频投稿的播放量长期占全站视频的 90%左右，涵盖动画、音乐、舞蹈、科技、数码、时尚、美食、健身等多个领域。

2019 年上半年以来，泛知识类视频开始在 B 站受到大量关注。2019 年 4 月，央视网曾报道《知道吗？这届年轻人爱上 B 站搞学习》。央视网称，打开 B 站学习相关的视频，可以发现弹幕和评论的互动营造了良好的学习氛围——如果学习过程中产生困惑，直接发起提问，往往会得到后来者甚至 UP 主亲自答疑解惑。

随着泛知识类视频崛起，2020 年 6 月 B 站由原科技区整合增设“知识区”为一级分区，进一步推动了知识领域内容增长。当下，年轻人不再满足于单向输出式的教学，他们的目光更容易被社交型、互动型学习所吸引，在 B 站观看泛知识类视频并发布弹幕成为他们作为知识产品消费者互动的新方式。

（二）互动+科学传播

互动在科学传播过程中起着十分重要的作用。“科学传播”（science communication）概念最早出自 20 世纪 30 年代英国著名科学社会学家贝尔纳（J. D. Bernal）所著《科学的社会功能》。他认为科学传播研究的问题“不仅包括科学家之间交流的问题，而且包括向公众交流的问题”。科学传播不应该是单向的，而是一个“双向奔赴”的互动过程。

随着移动互联网的飞速发展，视频逐渐从一种内容形态转变为大众的一种生活方式，以视频为媒介的科学传播从以科学家、政府为主体的单向传播显著转变为全民参与、全民生产、全民传播。转评赞、弹幕交互、一键三连、算法推荐等多元互动技术功能使媒介的两端都成为“传受者”，科普视频在 5G 时代体现出科学传播的新范式。

（三）互动仪式链+科普视频

美国社会学家兰德尔·柯林斯认为，人们的一切互动都发生在一定的情境之中，仪式是人们的各种行为姿势相对定型化的结果。大部分社会现象都是由人们的交流通过各种互动仪式形成和维持的，比如会话就是一种仪式。在会话中，人们有共同关注的话题，并共同创造了一种会话的实在，具有共同的情感。

人在际遇（encounter）之间流动，不同水平的际遇形成了不同的互动仪式。局部际遇形成链条关系，整个社会就可以被看作一个长的“互动仪式链”，这成为推动文化迭代创新的重要社会实践动力。本文借助柯林斯的互动仪式链理论，基于 B 站知识区“科学科普”分区具体分析其科学传播特点，探讨来自不同时空的用户在知识和情感两个维度同频共振激发出的能量对科学传播的助推作用。

二　B站科普视频体现的互动仪式要素

目前，B站知识区下排在首位的二级分区即为“科学科普”，内容大致可以分为医学健康、生物自然、天文地理和理科综合四大类。科普视频作为典型的PUGC内容，创作者根据个人专长制作视频上传到网站，网站用户根据兴趣或热点观看视频，利用弹幕、评论、点赞等功能与创作者或其他观众产生互动，或转发视频到站外产生二次科学传播，这种现象与柯林斯对互动仪式的定义一致。

柯林斯提出，互动仪式有四种主要的组成要素或起始条件：一是两个或两个以上的人聚集在同一场所，因此不管他们是否会特别有意识地关注对方，都能通过其身体在场而相互影响；二是对局外人设定了界限，因此参与者知道谁在参加，而谁被排除在外；三是人们将其注意力集中在共同的对象或活动上，并通过相互传达该关注焦点，而彼此知道了关注的焦点；四是人们分享共同的情绪或情感体验。

（一）共同在场

柯林斯认为，仪式本质上需要人的身体来经历和完成，必须有亲身参与才能形成更成功的仪式。与面对面相比，利用远程媒介的交流仪式则强度较低，效果较差。然而随着计算机技术的发展，如今弹幕功能成功地为同一个视频自发布后的所有观众提供了一种虚拟的共同在场际遇，网络共同体的互动行为可以成为重新检验柯林斯理论的切口。

在观看弹幕视频时，播放器会加载服务器中保存的弹幕数据，用户将看到该视频每一时间点上其他历史观看者发送的弹幕，也可以随时将自己的评论以弹幕形式在某一时间节点发送到视频画面上，来回应视频内容，或者与相近时间点上已有的其他弹幕形成交流。在弹幕赋能作用下，视频观众在任意时间点都保持着协调的观看进度和交流节奏，不仅实现了互动仪式要求的“共同在场、相互影响”，还打破了物理意义上身体聚集和对话秩序的限制，形成了颠覆时间和空间概念的高并发信息流，科学传播效果得到放大。

例如 UP 主“李论科学”的作品《中国空间站的一个杯子，让外国网友吵翻了》，讲解了为什么水在空间站里也能平稳地盛在开口的水杯中，来回应某些网友的疑惑。短短 1 分 37 秒的视频装载了近 6000 条弹幕，展示出观众对于水的表面张力、重力等科学知识的理解，和中国年轻一代对于我国太空探索成就的自豪，这在当面对话中是无法完成的。

特别是新冠疫情期间，在虚拟世界进行远程科学交流的价值得到更加深刻的体现。UP 主“吟游诗人基德”于 2020 年 4 月投稿的《新冠肺炎如何攻占世界》用 12 分钟详解了为什么新冠病毒在两个多月时间里造成全球大流行，被人民日报官方微博转载。视频提及当时全球新冠肺炎确诊患者已突破 80 万人，暗示这已是个不小的数字，但两年多来不断有新的观众“考古”这条视频，在弹幕中留下“加勒比海有感染了”“170 万报到”“五千万了……单美国一千万……”“2021 年 2 月，已经突破一亿”“2022 年，已经 3 亿了”等足迹，与视频内容全球大流行原因的分析遥相呼应，原本已制作发布完毕的视频因此获得了实时更新佐证。

（二）对局外人设限

对于某一网站来说，通过该网站相关准入机制的用户有资格与其他用户产生互动，其他人成为互动的局外人。多年来 B 站一直保留着“入站答题”制度，新注册用户要通过关于二次元文化、社区规范、弹幕礼仪的正式会员考试后，才能“转正”成为正式会员，获得弹幕发送权限。严格的准入机制让 B 站用户自发形成了集体团结感，用户 ID 后的会员等级标识是“局内人”的符号，代表他们作为一个网络共同体，会使用有辨识度的站内语言，分享同样的社群文化，遵守同样的互动规则。

而对于某位 UP 主来说，观众具备与之相关的“梗”的符号资本则是互动的前提。如果一位创作者多条作品体现出一脉相承的语言风格、叙事逻辑、剪辑方式、场景设置，这种辨识度就可以成为“梗”。古生物学领域 UP 主“芳斯塔芙”在编辑古生物故事时使用拟人化、剧情化、情绪化的叙事方式，使观众对其快速建立了认知。例如在介绍三叶虫的视频中不只讲解三叶虫的生物特征，而是将三叶虫比喻成古代劳动人民，为三叶虫确立了普通但在生物演化过程中地位极其重要的形象。

此外，在UP主“无穷小亮的科普日常”视频中被观众津津乐道的“水猴子”“狐主任”，UP主“毕导THU”的“小学二年级”“延毕”等，都是由互动仪式创造，又构成进一步互动起点的“梗”符号。这种符号既能筛选出“局内人”，又因其趣味性吸引新受众打破局限成为新的“局内人”，不断“破圈”扩大互动群体、增加传播受众。

（三）共同关注

互动仪式要求人们将其注意力集中在共同的对象或活动上，并通过相互传达该关注焦点，而彼此知道了关注的焦点。在一条视频内，弹幕并不是均匀分布的。由于弹幕数据中包含对应的视频时间点，在有更多观众针对视频内容有话要说的区间，弹幕数量、密度和相关度会显著上升，形成峰值，因此围绕话题焦点展现出一种错时空的隐性知识合作机制。在视频播放到受关注的内容时，弹幕就自发形成接力式的交流、讨论、补充甚至对视频内容或其他评论进行纠错。后来的观众看到弹幕情况，也会自然判断出该视频观众关注的焦点，互动仪式再次向前推进。

在用户自发弹幕讨论的同时，UP主还可以配合视频内容在适当的时间点设置提问框，观众点击备选选项的同时也会将选项文字以弹幕形式发送出去，这一设计也能有效引导观众思考和交流。

在单个视频外，B站用户可以通过搜索页热搜榜、分区热门视频榜或者主题视频活动参与当下的科学科普热点。例如2020年初B站上线“抗击肺炎”频道，聚合抗疫一线新闻和用户原创科普视频，帮助用户从疫情动态、现场探访、公共卫生与病毒等多维度学习科学防疫知识。UP主“Ele实验室”2020年2月发布的《计算机仿真程序告诉你为什么现在还没到出门的时候!!!》通过数据可视化的方式，生动直观地展现了疫情传播与暴发的过程，让大家意识到在疫情暴发的危险期，主动居家对控制病毒传播的重要性。该视频在B站播放量超过400万人次，并在全网获得大量转发。

（四）情感共振

在有效的互动仪式中，人们分享共同的情绪或者情感体验。在视频观众之间，弹幕具有被点赞的功能，被点赞较多的弹幕在信息流里突出显示，展示出观众的共同情感。

对于创作者来说，来自观众的情感共鸣也有助于形成科学传播的正反馈。中国科学院院士、海洋地质学家汪品先于2021年6月9日入驻B站成为UP主，目前已发布61个作品，总播放量4155万人次，粉丝数174.3万人，获选2021年B站百大UP主。在2022年上海科技传播论坛上，汪院士提到："科学家要从象牙塔里走出来，找到跟大家的共同兴趣、共同语言，发生共振的时候，那是非常大的激情……我作为老师有几十个人听讲，我写的文章有几百几千个人看，但现在放到新媒体上都是以万计数，特别是当有弹幕出来的时候，好像你就能听见那些声音在喊'爷爷！爷爷！'一样，这种激动在科学家里是不典型的，科学家奋斗是要坐冷板凳的，但现在开辟了一个新的渠道，科学家跟群众的心在一起跳动，这对科学家是一种鼓励，对群众也是一种鼓励，使得有更多的青少年投身到科学里来。"①

专业人士投身科学传播的激情与公众积极参与的激情形成了良性的互动，有助于弘扬科学家精神，不断发展科学传播事业，为培养科技创新后备人才、提高全民科学素质蓄势。

三　互动仪式链对科普视频传播效果的影响

（一）互动仪式的作用机制与互动仪式链的形成

柯林斯提出，互动仪式的核心机制是相互关注和情感连带。高度的相互关注和高度的情感连带结合在一起，从而导致形成了与认知符号相关联的成

① 《汪品先院士：看到视频的弹幕出来，就像能听见那些声音一样！》，http://www.bilibili.com/video/BVIsP41157M3，最后检索日期：2022年8月30日。

员身份感；同时也为每个参加者带来了情感能量，使他们感到有信心、热情和愿望去做出他们认为道德上容许的事情。

符号和情感能量这两个要素是柯林斯“互动仪式市场”理论中的重要概念。在这个市场中，参与互动仪式的人们会收获符号资本和情感能量，而这些又可作为资源在新的际遇中再次被投资，使参与者收获新的符号和情感能量。也就是说，在参与了成功的互动仪式后，人们会为了寻求有着相同兴趣的伙伴而被激励去主动发起新的互动仪式，持续的互动仪式助力形成互动仪式链。

（二）B 站科普视频的互动仪式链

由以上分析可知，B 站科普视频的观众凭借正式会员身份获得互动权限，依个人兴趣或科学热点进入视频情境，由“同时观看人数”或弹幕确认到彼此存在，形成“虚拟共在际遇”。在视频内容中，根据个人经验或弹幕现状，他们获取或强化相关符号资本，锁定关注的焦点，在积极互动中产生对视频信息进行补充完善的更大体量的知识交流和传播，观众的情感在此过程中共振，产生对科学知识和科学方法的获得感、强化对科学思想和科学精神的归属感，并有动力使用本次收获的符号和情感能量主动寻找下一次互动仪式。

可以说，成功的科普视频是“互动仪式链”的链式反应堆，观众将作为传播的新节点，以新“把关人”“意见领袖”的身份不断产生二次传播或二次创作行为，引发科学的裂变式传播。

而对于计划培育科学科普内容的视频平台而言，更重要的则是这个链式反应的源头——众多“用爱发电”的科普视频创作者。在对互动仪式的分析中，柯林斯特别强调情感能量概念，情感能量是进行互动仪式的重要驱动力。“Tech 星球”采访显示，对于专业领域的视频创作者而言，粉丝流量和商业变现都很重要，但更重要的是观众对作品的反馈。互动的意义，不止在于用户对作品的认可，还在于为创作者提供一种内容共创的可能，建议或批评都有可能为创作者提供新的创作思路。有 UP 主表示：“对我来说，更看重 B 站用户们的互动和反馈，这个带来的成就感要大于钱”。显然，B 站弹幕互动文化不仅带来了用户黏性，也因这种情绪价值提高了“创作者黏性”，维护了独特的创作者生态。

结 语

视频化、社交化是网络自媒体时代的重要特征，B 站作为重度依赖 PUGC 的视频平台，其以弹幕为代表的互动功能成为专业创作者和科普视频观众交流知识和情感的重要载体，形成相互关注/情感连带机制，也就是互动仪式。经具体用户在际遇之间流动的过程，互动仪式链让信息通过跨时空传播，在不同个体间实现科学知识普惠与共享，科学传播的触手也随之延伸，在一个个微观互动情境相互链接的过程中组合出弘扬科学精神、传播科学思想、普及科学知识、提高全民科学素质的蓝图。

参考文献

[1]《哔哩哔哩 2022 年第 1 季度业绩报告》，哔哩哔哩网站，2022 年 6 月 9 日，https：//ir. bilibili. com/static-files/2d575cb2-d73e-4ef9-948d-a025421c33d5。

[2]《哔哩哔哩 2021 年度环境、社会及管治报告》，哔哩哔哩网站，2022 年 5 月 31 日，https：//ir. bilibili. com/static - files/85620e58 - c922 - 4e65 - b807 - bd9bd953ce64。

[3]《知道吗？这届年轻人爱上 B 站搞学习》，央视网，2019 年 4 月 17 日，http：//news. cctv. com/2019/04/17/ARTIkdxgldxCuSmVdTOimrAw190417. shtml。

[4] 卫玎：《“四全媒体”框架下中国科学传播边界的消解与价值的重构》，北京邮电大学硕士学位论文，2021。

[5]〔英〕J. D. 贝尔纳：《科学的社会功能》，陈体芳译，广西师范大学出版社，2003。

[6] 陈嘉仪：《“使用与满足”理论视域下哔哩哔哩弹幕网知识区内容生产研究》，《科技传播》2021 年第 16 期。

[7]〔美〕兰德尔·柯林斯：《互动仪式链》，林聚任、王鹏、宋丽君译，商务印书

馆，2011。
[8] 潘曙雅、张煜祺：《虚拟在场：网络粉丝社群的互动仪式链》，《国际新闻界》2014年第9期。
[9] 周瑞：《基于互动仪式链理论的弹幕视频互动研究》，华中师范大学硕士学位论文，2016。
[10]《去而复返，B站为什么吸引“巫师财经”们?》，Tech星球，2022年8月25日，https://mp.weixin.qq.com/s/6DtzlWQP3fQxwF82YCMg0w。

互动与系统下的科学传播过程模式研究*

王玉丽**

摘　要： 新时代背景下，作为一种特殊信息传播形式的科学传播，如何改变其固有模式提高实效性成为新的时代课题。从过程的角度对科学传播进行研究，这是从宏观上把握科学传播现象的必经之路，便于对其进行宏观掌握和系统推进。传播模式是再现传播现实的一种理论性的、简化的形式，是人们理解现实事物的一个有效方法。通过对传播过程的研究，分析科学传播过程传统模式存在的问题，探索出科学传播过程创新模式——互动模式和系统模式，从这两种模式的传播规律和影响因素的分析中找到影响科学传播的原因所在，这将对新时代提高科学传播效果具有积极意义。

关键词： 科学传播　传播过程　互动模式　系统模式

* 本文是2020年天津大学仁爱学院科研项目“高校习近平新时代中国特色社会主义思想传播研究”（项目编号：XX20011）、共青团中央中国特色社会主义理论体系研究中心省部级研究项目“青少年辨别和抵制‘颜色革命’的意识与能力研究”（项目编号：19TZTSKC011）的阶段性成果。

** 王玉丽，法学博士，天津仁爱学院副教授。

习近平总书记在2021年春节前夕赴贵州看望慰问各族干部群众时强调：全面建设社会主义现代化国家，必须坚持科技为先，发挥科技创新的关键和中坚作用。[①] 作为社会重要组成部分的科学，与国家和社会的发展、与每个人的生活息息相关，中国特色社会主义新时代为科学传播提供了良好的时代环境，同时也对其提出了更高的时代要求。科学传播作为一种特殊的信息传播形式，如何改变其固有模式提高实效性是一件值得研究的事情。

在科学传播过程中，科学传播体现为科学信息的传播，是传播者通过一定的方式向受众传递科学知识、科学技术、科学方法、科学精神、科学思想等观点和思想，使其符合一定社会和社会群体或社会个体需要的信息交流活动。通过对传播过程的研究和分析，利用传播学相关理论，探索科学传播过程的模式，将对新时代提高科学传播效果具有积极意义。

一　互动与系统下的科学传播过程

互动顾名思义，是互相作用、互相影响的意思，是指社会上个人与个人之间、群体与群体之间等通过语言或其他手段传播信息而发生的相互依赖性行为的过程。[②] 而传播学中的互动传播则是相对以前“传者本位”思想提出的，指传播者通过媒介传播内容影响受众，受众通过反馈积极参与传播过程对传播者产生影响，从而传播者和受众之间相互促进、相互推动的传播活动。系统则是由若干部分相互联系、相互作用形成的具有某些功能的整体。[③] 传播学中的系统传播是以普遍联系和相互作用的系统思想作为指导，从社会环境系统的整体去研究传播过程的传播活动。

在互动与系统下的传播模式有着与以往传播不同的表现和效果。当把传

① 新华社：《习近平春节前夕赴贵州看望慰问各族干部群众》，http：//www. gov. cn/xinwen/2021-02/05/content_ 5585288. htm。

② 百度百科，https：//baike. baidu. com/item/% E4% BA% 92% E5% 8A% A8/10073145？ fr = aladdin。

③ 百度百科，https：//baike. baidu. com/item/% E7% B3% BB% E7% BB% 9F/479832？ fr = aladdin。

播看作一个互动过程时，看重的是它的动态性、序列性和结构性；当把传播看作一个系统时，则是更加考虑综合层面上的问题，将其视为一个由各个部分构成并且相互联系、相互作用、具有特定功能的有机整体，这个整体不仅受到它自身内部因素的影响，而且受到外部环境的制约，它与环境并不是完全割裂而是有着互动的关系。将科学传播置于互动与系统之下进行研究，分析科学传播的过程，从而构建互动与系统下的科学传播模式，对优化科学传播效果颇具意义。

过程即事物运动的状态和程序，具体表现为事物的结构、要素及要素之间的关系。传播过程是传播现象（内部和外部）的结构、要素（环节）和各个要素之间的关系。[①] 从过程的角度对科学传播进行研究，这是从宏观上把握科学传播现象的必经之路，而传播学的主要任务就是研究传播的过程和效果。因此，以科学传播过程的研究视角便于对其进行宏观掌握和系统推进。

我们给科学传播过程做一个界定，科学传播过程是科学传播者根据一定社会或社会个体要求和受众思想形成发展的规律，对受众传播科学信息，促使受众产生内在的思想矛盾运动，以形成社会或个人所期望的具有一定科学素养和科学精神的信息传播过程。与普通传播不同的是，科学传播过程更加注重过程中的信息传播，即科学相关内容如何从传播者传递到受众，以及在这一传播过程中所受到的影响。但是这两者在本质上是一样的，都是使人们形成满足一定社会或个人需要的素养的行为。

理论界关于传播过程的构成说法不一，有三要素说（传播者、传播受众和传播内容）、四要素说（增加传播载体）以及五要素说（增加传播环境）。为了使研究更全面、深入，我们将科学传播过程的构成采取最大化的方式，即科学传播过程由科学传播者、科学传播内容、科学传播载体、科学传播受众、科学传播效果、环境和反馈构成。对科学传播过程构成要素的细分有利于对其进行深入研究，便于从不同要素入手寻找科学传播的规律以及影响效果原因，构建科学传播模式，提高传播效果。

---

① 吴文虎：《传播学概论》，武汉大学出版社，2000，第 39 页。

二　科学传播过程模式及其功能

所谓模式，是科学研究中以图形或程式的方式阐释对象事物的一种方法。[①] 它与现实的事物相对应，却又不仅仅是对事物的简单描述，而是对其在某种程度上的抽象，模式与一定的理论相对应，是对理论的一种解释。传播模式则是再现传播现实的一种理论性的、简化的形式，它是一种简单地表现理论的方式，是人们理解现实事物的一个有效方法。科学传播模式一直以来在专业领中都是国内外学者重点研究的对象，因为它能简化出科学传播的丰富内涵，同时能够使科学传播的演化方向更加清晰。

在传播模式的基础上，对科学传播过程进行简单化、直观化的描述，用文字、图形的方式展现出来，以表现传播过程中各要素自身以及要素之间相互影响、相互作用的规律，这就是科学传播过程模式。它能够体现科学传播活动发生、发展的复杂过程，揭示其中的规律，是对理论的系统性总结和凝练性概括。

科学传播过程模式的功能表现为结构功能、说明功能、启发功能和预见功能。

第一，结构功能。即科学传播过程模式将各要素按照一定的结构、顺序组织起来，使人们能够从整体上进行把握。在传播过程中，结构是这个过程的各要素和各环节之间相互关系的总体，体现出在时间上的先后顺序和在形式上的链式联结的特点。需要说明的是，在这个过程中，科学传播的总体过程体现出结构的功能，而传播过程中的各要素和各环节同样有着自身独特的结构并发挥其功能。

第二，说明功能。即科学传播过程模式能够将各要素作用的机制以及要素间的关系展现出来，起到解释说明的作用。模式的作用就是能够为各种理论的清晰表达提供简明的、直观的、有效的辅助，科学传播过程模式就是将科学传播具有动态性的、序列性的、结构性的过程展现出来，让使传播过程

① 郭庆光：《传播学教程》，中国人民大学出版社，1999，第59页。

得以成立的各基本要素发挥作用并相互联系以简洁的形式得以表达，使人们不至于陷入纷繁复杂的细枝末节，起到对传播过程进行抽象、解释、说明的作用，从而让人们清晰地观察到科学传播从现象到本质的部分。

第三，启发功能。即通过科学传播过程模式显示出的结构可以看到已有的规律，同时它能够启发人们进行前瞻性的思考，不局限于已有成果。科学传播过程中的很多规律并不是显性表达，而是深藏在各种各样的关系里并且处于动态之中，不断发展变化的，无法被清晰地看到。科学传播过程模式则能够通过自身合理的逻辑顺序、简洁的结构将藏于其中的规律展现出来，从而去启发人们对后续的发展及规律进行深入思考，启发出更多可能性。

第四，预见功能。即可以从模式中看出未被发现的要素间的联系及各自的发展方向，从而推测出新的规律和结构形式，形成更完善的模式。通过科学传播的预见功能可以提前感知到下一步的发展趋势，既能提前做好相应的准备，又能避免不必要的错误。只是这样的预见过程还有待于实践的进一步检验，无论结果如何这都是一种创新的体现，是对现有理论的有益探索。

三　科学传播过程模式的内容

科学传播过程模式可以有很多类型，比如文字模式、图像模式等，但是这其中最常用的是图像模式，因为它最直观、最具体，能够更好地表达出科学传播的完整过程。

（一）传统的科学传播过程模式

传统的科学传播过程模式即线性模式，从传播学角度看其主要表现为“拉斯韦尔模式”，如图1所示。

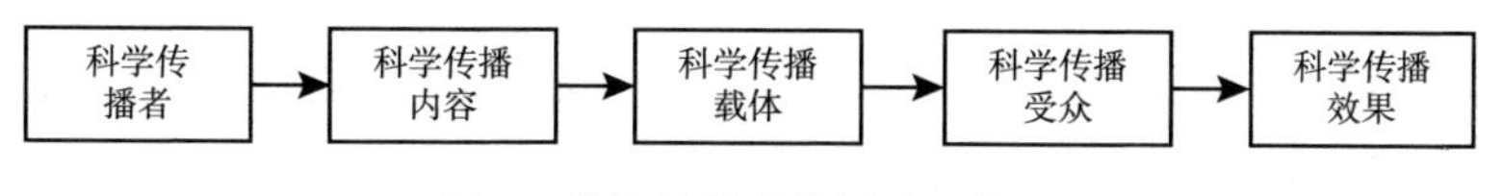

图1　传统的科学传播过程模式

在这个模式中，传播者将符合一定社会需要的科学内容通过一定的载体传递给受众，以期使受众的科学素质、科学精神等发生相应的改变，从而产生预期的科学传播效果。它同“拉斯韦尔模式”一样存在弊端，就是它把这个过程看成是单向的直线传播过程，忽视了反馈的作用。在这一模式中，主要突出两个主体——科学传播者和科学传播受众，传播者主要是掌握科学知识的一类人，如科学家、各类专家等，而受众则是因对科学知识感兴趣而需要学习的这类人群，传播过程体现为科学传播内容通过一定的传播载体从传播者单方向地流向受众，至此传播过程就结束了，没有受众向传播者进行反馈学习效果的环节。

这种模式曾经发挥过重要的作用，但是它把科学传播者与受众及两者之间的关系简单化了，也把二者的角色和作用固定化了。随着社会的发展科学传播者和受众越来越多元化，比如，科学传播者的范畴已经从科学家、各类专家扩展为包括政府、媒体、各级各类组织和单位等在内的各类掌握科学知识、技术的机构或人群，而且科学已经与每个人的日常生活、切身利益密切相关，受众的范围、类型和需求也越来越多元化，传播者与受众之间的关系也不仅仅是传与受的关系，而是表现出更加复杂的多元互动。传统的科学传播模式已经不能满足需要，它会使传播者和受众之间缺少互动，导致传播者所传播的内容与受众所收到的内容因为各种原因产生不一致，从而使传播效果发生偏差。

因此，在传统模式的基础上加入互动环节，并且综合考虑各要素的作用是构建科学传播过程模式必须考虑的问题。

（二）创新的科学传播过程模式

科学传播过程模式需要在传统模式的基础上兼容并包、不断创新，针对现阶段我国科学传播的现状，我们将创新的科学传播过程模式分为互动模式和系统模式两种。

1. 科学传播过程互动模式

科学传播过程互动模式主要是科学传播在相对固定的环境中所适用的传

播模式，比如课堂教学、主题讲座、座谈会等。这种模式下的科学传播与其他形式最大的不同就是传播者和受众是明确的，因此可以更有针对性地进行传播，同时受众的反馈会很及时，科学传播者也较容易得到反馈信息。我们可以构建如图 2 所示的科学传播过程互动模式。

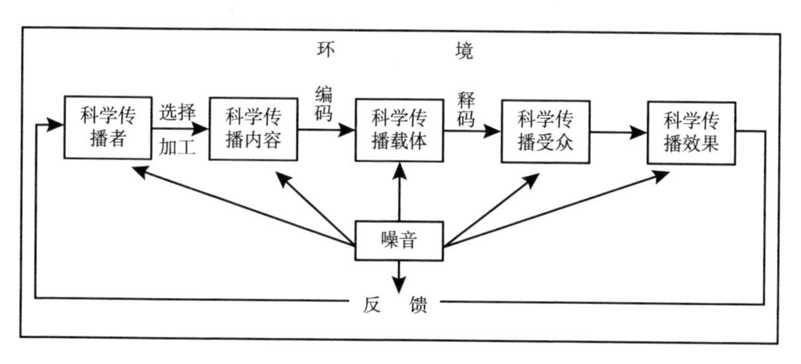

图 2　科学传播过程互动模式

在这一模式中，科学传播者根据社会和个人需要选择科学传播内容，并对内容进行编码（如将科学内容转化成语言符号、文字符号、PPT 课件、视频、音频等），将编码后的内容通过一定的传播载体（如语言、黑板、多媒体等）传递给受众，受众根据自身的实际情况（如思想状况、知识水平、兴趣爱好、性格特点等）对所接收的内容进行解码，并且通过自我传播将内容转化成为自己思想体系的有机组成部分（即内化的过程），同时将所接收教育的情况（即科学传播效果）反馈给传播者，传播者根据反馈对计划（如内容的选取、媒体的选择、速度的快慢等）进行调整，从而使下一次的传播过程更加完善。整个传播过程是在相对固定的环境中进行的，受到环境的影响，其中噪音作为环境之一对传播过程产生直接影响，并且这种影响会贯穿在所有因素之中，稍有偏差会使传播效果发生改变，是需要特别注意的因素。互动模式中的噪音可以表现为传播者状态不佳影响传播效果，或是场所光线过强导致投影仪图像的模糊，或是多媒体设备发生故障，再或是受众说话声音导致的传播效果过差等。该模式中的噪音形式简单、容易寻找，传播者可以针对噪音的具体情况快速做出反应，及时调整计划。

互动模式对科学传播者的能力要求较高，需要具备扎实的理论基础、灵活的教学技巧、随机应变的能力等，这些都会对传播效果产生重大影响。在这个模式中，因为场所范围小，受众目标固定，反馈情况容易获得，传播者可以根据受众现场的反应情况进行评估，这些反应包括受众直接的语言反馈和间接的表情、肢体语言反馈，同时传播者也可以通过这些方式与受众进行互动，这样会利于传受双方的沟通，使科学传播按照既定计划进行，产生预期效果。

科学传播过程互动模式属于人际传播的范畴，适用于课堂教学、讲座、座谈会等人数较少、场所固定的传播形式，它易于被掌控，便于发现问题，能够及时调整传播策略，较易实现既定目标，提高传播效果。

2. 科学传播过程系统模式

之前的科学传播过程模式主要是从微观或单一的过程来研究，不重视对过程之外因素的考察，不是从宏观的视角来研究其发展变化，这种研究因为可以揭示传播过程的内在机制而必要，但却不能揭示科学传播的总体样貌。任何一个传播活动都不是在真空中进行，其结果的产生不仅仅依靠内部机制，而是有许多外部因素在其中发挥作用，内部和外部因素相互作用才导致最终结果的出现。科学传播过程系统模式就是这样一种模式，它将传播过程的内部因素和外部因素一起放入系统之中进行研究，分别考察各自发挥作用的机制，从而去找到影响效果的原因所在。

科学传播过程系统模式主要是指科学传播在相关不固定的社会环境下所适用的传播过程模式，这种模式的传播者和受众涉及范围广，目标受众不确定，环境复杂多变，传播难度较大。因此，我们将能够影响科学传播效果的因素考虑进去，构建如图 3 所示的科学传播过程系统模式。

从这一模式可以看出，传播者通过选择、加工将科学内容进行编码，通过一定的传播载体将内容传递给分属于不同群体、组织的受众，受众将收到的内容进行释码，进而内化为自己的思想体系后将接收情况反馈给传播者。科学传播过程中各要素均有影响因素存在，并且这些因素复杂多变，可以从传播者、受众、载体三个方面来分析。

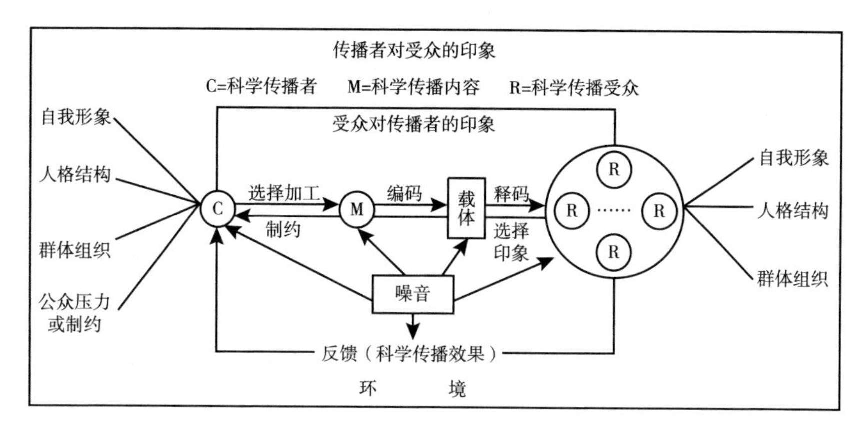

图 3 科学传播过程系统模式

第一，影响科学传播者的因素。

来自个人层面：科学传播者的自我形象，比如信仰坚定的科学家、博学多识的专家或是善解人意的交流者等，这会对科学传播产生不一样的影响。传播者的形象越正面往往对受众影响越大；传播者的人格结构，比如传播者是稳重的还是急躁的、是积极的还是消极的、是开放的还是保守的，等等，这个因素在科学人际传播中发挥作用较大，在科学大众传播中作用则不是那么明显。

来自组织层面：科学传播者的群体组织，即传播者要受到来自同事群体的影响，群体的决定、意向，群体成员的价值观念等会左右传播者的行为。同时科学传播者还会受到其所属组织的影响，包括组织的性质、规模、政策等，会制约传播者的活动。

来自社会层面：科学传播者的社会环境，比如政治环境、经济环境、文化环境、地理环境、法律法规、社会习俗、物质技术等会制约传播者的传播行为，同时也会给传播者以支持，为科学传播提供便利条件，需要善于利用。此外，社会中来自公众的压力或制约也会影响科学传播者，公众舆论往往会制约传播者对传播内容的选择、时机的把握以及载体的使用，因此公众的压力过大时传播者要适时改变传播策略。

来自科学传播内容、载体和受众的制约：传播内容不同传播者所要采取的策略方法也不同，比如对受众进行关于科学基础知识普及教育时可以采用理论教育+视频播放的方式，便于受众直观性了解和情感性接受，而进行相关纲领文件教育时则更多地需要通过科学组织传播和大众传播相结合的方式开展教育，以便使内容能够得到大范围的推广和落实；科学传播载体的形式会影响传播者的传播行为，不同的载体会使传播者选择不同的传播内容和方法，比如印刷载体适用于时效性较弱的科学内容，而网络载体则适用于时效性较强的内容，传播者需要选择恰当的载体进行传播；科学传播受众对传播者的印象可以影响传播效果，受众更愿意相信和接受自己印象好的传播者所传递的内容，而印象差的传播者即使所传播的内容是正确的往往也不会收到良好的效果。此外，科学传播受众的反馈也会对传播者产生影响，传播者需要根据反馈适时调整，及时做出反应。

第二，影响科学传播受众的因素。

来自个人层面：科学传播受众的自我形象，比如知识结构、文化背景、价值观念、性格特点等，这会使同一科学传播活动在不同受众那里产生不一样的效果。科学传播受众的人格结构，比如受众感觉能力的大小、对传播活动情感的强弱、意志坚定与否等，均可以影响受众对科学传播内容的接收以及将其内化的程度。

来自组织层面：科学传播受众的群体组织，即受众同样会受到来自所属群体组织，尤其是群体成员意见的影响，对科学传播活动产生或接受或排斥，或积极或消极的态度。

来自社会层面：科学传播受众的社会环境，与传播者的社会层面因素相似，比如政治环境、经济环境、文化环境、地理环境、法律法规、社会习俗、物质技术等均能影响受众对科学传播的接收程度。

对内容的感受或体验、来自载体的压力和传播者的制约：科学传播受众的背景不同对科学传播内容所产生的感受或体验也会不同，因此对科学传播的接收程度也会有所区别，比如科学知识基础扎实的人往往接收传播的速度较快，对此类知识的渴求也会强于一般人，而理论基础薄弱的人面对科学传播时会因为难于理解而表现出疏远或排斥的态度。科学传播载体对受众也会产生影响，不同的载体会对科学传播受众的文化水平、自身条件有不同的要求，比如印刷载体会要求受众有一定的识字和理解能力，而网络载体则要求受众要有基本的计算机和互联网使用能力。科学传播者对受众的印象也是影响受众的因素之一，传播者会根据对不同受众的印象而采取不同的传播方法。

第三，影响科学传播载体的因素。

来自科学传播者的制约：科学传播者会根据社会和个人需要选择与加工科学传播内容，从而选择不同的科学传播载体，这种需要一般源于传播者所处的社会背景。比如，理论、纲领、文件多采用印刷载体，音乐影视多采用广播电视载体。

科学传播受众对载体的选择：科学传播受众同样会根据需要选择接收不同载体所传播的内容，这个需要是根据受众的社会背景和个人情况而定的。比如，有的人喜欢看书会选择印刷载体，有的人喜欢看视频会选择电视载体，有的人喜欢上网则会选择网络载体。

科学传播受众对载体的印象：印象的好坏也是制约科学传播效果的因素之一，载体印象好的传播会利于效果的提高，反之则会降低传播效果。有的科学传播载体会因为之前的失误给受众留下不可信的印象，以后即使它所传播的内容是正确的也会被质疑，而有的载体一直保持权威的形象，那么它所传播的内容往往较容易被受众接受。

同时在整个传播过程中，有一个非常重要的因素会影响传播效果，那就是噪音。噪音会贯穿在科学传播过程的每个要素之中，它可以是上面所述的各个影响因素，也可以是其他原因引起的，但却是不可忽视的重要因素。

在这里，我们根据现有的理论和实践构建科学传播模式，对科学传播进行总结和概括，以便对实际的传播活动进行指导，但是由于各种条件的限制，这些模式不可能涵盖所有科学传播行为，也不可能适用于所有科学传播活动，事实上那样的模式也是不可能存在的。尽管如此，构建科学传播过程模式对于科学传播来说都是颇有助益的，传播者可以根据传播模式研究各要素的特点，尤其是对各要素影响因素的研究，注意扬长避短、规避噪音，充分发挥各要素的积极作用，使整个科学传播过程更加高效，真正达到影响人、教育人的目的。

参考文献

[1] 郭庆光:《传播学教程》，中国人民大学出版社，1999。
[2] 吴文虎:《传播学概论》，武汉大学出版社，2000。
[3] 孙文彬:《科学传播的新模式——不确定性时代的科学反思和公众参与》，中国科学技术大学博士学位论文，2013。
[4] 赵莉:《新媒体科学传播亲和力的话语建构研究》，中国科学技术大学博士学位论文，2014。
[5] 王国华、刘炼、王雅蕾、徐晓林:《自媒体视域下的科学传播模式研究》，《情报杂志》2014 年第 3 期。
[6] 李佳柔:《5G 信息生态下科学传播的结构与模式之变》，《石家庄学院学报》2022 年第 3 期。
[7] 郭学文:《社会化媒体场域中“科学”流言生成规律与治理逻辑分析——以 2019 年十大“科学”流言微博传播样本为个案》，《科普研究》2021 年第 6 期。

基于移动化阅读的科普类微信公众号的传播思考

肖洁　李丹　范强[*]

摘　要： 本文通过分析与研究科普类微信公众号的特点，探讨当前科普类微信公众号所产生的社会影响，探讨移动阅读对于科普类微信公众号传播的促进作用，基于移动化阅读角度提出科普类微信公众号传播与发展的策略，用以切实促进科普类微信公众号的创新发展，使之能够充分发挥出传播科学文化知识的职能，同时也促使广大人民群众学习科学文化知识的过程更具便利性。

关键词： 移动化阅读　科普　微信公众号

在网络信息化技术高度发展的背景之下，互联网得到广泛的运用与实践，并且对于推动我国社会的高速发展起到了积极的促进意义，通过互联网可以促进知识传播，因此也为科普工作的展开带来了全新的发展契机，在此阶段可以充分利用网络化渠道展开科普过程，尤其是通过微信公众号平台进

---

* 肖洁，兰州日报社经济新闻部主任，主任记者（副高级）；李丹，兰州日报社经济新闻部记者，编辑（中级）；范强，兰州日报社党委（行政）办公室干部，编辑（中级）。

行知识科普具有广泛的受众群体，同样也能使知识科普的过程更加便利化，使受众群体接触知识的渠道更加多元化，社会公众也能够通过移动阅读的形式进行知识阅读，促进了知识的传播，能够在社会范围之内形成浓郁的文化氛围。所以需要基于移动阅读的角度展开思考，积极展开科普类微信公众号建设，以此促进知识传播，促进我国社会主义文化建设工作条理分明地进行。

一　传统科普工作的现状

一是科技工作者对于科学技术的普及较为浅显，导致我们对其的认识还停留在表面，而并未深入了解其内涵。作为科普作者主力的科技工作者们，现阶段更多的是依靠自己的兴趣和热情进行小批量的创作，真正以此作为事业并发展顺利的人数还稍显不足。市场需求达不到预期，待遇跟不上所付出的时间跟精力，作为供给方的科普作者们自然缺乏足够的创作动力，也难拿出足够多的优秀作品，这又会反过来压抑科普读者们的阅读需求，最终难以形成双方良性促进的局面。

二是全民普及度不够，并未全覆盖，导致部分群众对于科普并不了解，或是了解不深。随着中国的飞速崛起，科普市场自然会相应扩大，机构对科普事业的关注和科技工作者对科普事业的参与正在向发达国家靠拢。此外中国的很多数据，比例再低，总量也是可观的，占总人口10%的高等教育人口就已经超过了日本的全国人口数，且与教育普及相关的数据仍然在逐渐接近发达国家水平，科普市场在这一过程中成长壮大的前景广阔。

三是相关的配套设施都还不够健全，比如科技馆等多分布在大城市，在其他地方覆盖不足，场馆总数也较少。科普的机构设置、资源配置、工作模式、工作习惯等还不适应现代科普发展的需要，市场活力没有被充分调动起来，科普资源缺少互联互通和高效配置，“碎片化”“孤岛”现象普遍存在。

四是绝大部分民众对于科学技术的主动学习度和接受度都不高，导致科学技术的普及成效不是很显著。我国科普领域内也存在“各自为政”的情况。相关部门机构、各地方低水平重复投入现象比较普遍，同时资源不开放不交流不共享。这样一来就造成很多科普作品、科普活动高成本、低水平、低质量，老百姓在科普中的获得感差。

五是科普形式与数字技术尚未深度融合。虽然我国数字化技术与各行业不断融合，但是科普数字化程度还比较低，科普工作仍主要通过开展主题讲座、讲解等方式进行知识传递。当前科普工作并未与数字化技术进行深度融合，相关活动依旧局限于传统形式，虽然增加了部分新媒体技术，但科普载体和传播手段的数字化水平不高，参与程度低。科普工作是全社会的工作，推动全社会参与科普，形成传播科学、学习科学的良好局面的能力有待提高。

二　科普类微信公众号的特点分析

科普类微信公众号可以有效促进知识传播，同时能够利用微信平台，通过灵活多样的信息传播方式来实现科普资源的共享，从而确保广大人民群众拥有更为广泛的获取知识的渠道。结合当前网络信息化背景，科普类微信公众号展现出如下几方面特点。

（一）科普主体多元化

随着我国互联网技术发展日益成熟，移动阅读方式也开始受到广大人民群众的青睐和认可，而这也成为科普类公众号传播渠道拓展的重要契机，在此过程当中需要积极运用多元化的知识传播方式逐步促进科普类公众号的信息传播，同时综合运用多元化传播渠道发布科普内容，以此满足广大人民群众的移动阅读需求，同时促进科普类知识传播效果与水平的提升。

科普机构通过微信公众号使原有的受众养成线上阅读习惯，逐渐产生了移动化阅读视角，最后让知识载体和传播形式更加多元化。在网络信息化时代下，科普类公众号的发展呈现出科普主体多元化的特点，在此阶段可以广泛利用微信公众号，从而进行科学文化知识的普及，同时又能够充分利用微信这一受众群体较为广泛的社交媒体平台进行知识传播，这样既可以保障社会文化建设事业的高速发展，又能够使社会中更为广泛的人民群众了解到科学文化知识、科学道理，从而促进我国新时代中国特色社会主义建设事业发展。

（二）知识科普功能精准

移动化阅读出现之前，针对阅读能力的差异，各种科普、大众版的读物把那些难啃的“干货”软化、简化后推给普通受众；微信公众号、科普小程序出现以来，各类互联网平台可以把科普知识掰碎后让更多没有传统阅读习惯的人能看到甚至看懂。移动终端对于知识分子是一个让学习和学术分心的潜在威胁，但对多数大众而言，移动新媒体意味着一个极其重要的信息平台，它并非挤占了闲暇时段中的学习时间，而是打发了原本无聊的空闲，提升了闲暇时段的生活品质，与此同时，还能接触一些其他渠道无法获得的信息和知识。学者在自己擅长领域之外利用新媒体进行的碎片化阅读，也是一种新信息、新知识的高效学习方式。

在科普类公众号的运营与发展中，精准科普展现出良性发展优势，通过微信公众号进行科普也能够进行互动沟通，因此社会公众在阅读科普文章以及观看科普视频的过程中也能够参与到评论区互动之中，既提高了科普过程的趣味性与互动性，又能够使受众群体产生情感之上的共鸣。而在利用微信公众号进行科普阶段，也能够将与人民群众生活息息相关的内容融入科普知识中，通过发布一些人民群众喜闻乐见的科普知识产品，达到既提高了科普过程的针对性又有助于科普类微信公众号发展的效果，使之在某一科普领域内展现出良性发展优势。

（三）信息传播广泛快捷

微信公众号科普的过程充分利用了当前网络信息化技术传播信息便捷性的优势，因此通过微信公众号进行知识科普也能使科学文化知识的传播更加快捷与广泛，当前微信社交软件在国内已经发展成为“国民社交平台”，因此通过微信公众号进行知识科普也将面对更为广泛的受众群体，各种类型的科普知识也能够通过微信渠道进行广泛传播，这样既提高了信息传播的便利性，又能够提高知识科普的效果，从而使知识科普在当前网络信息化时代之下受到更多受众人群的认可与关注。

移动阅读的快速发展使社会公众可以在移动阅读过程中进行科普类文章阅读、科普视频观看、图文资源阅读等，这种阅读的过程既可以让人民群众获取到更为丰富的科学文化知识、掌握科学道理，又有助于科普类公众号的传播，从而使更多的社会公众了解到科普类公众号，进而在其中进行知识学习。所以移动阅读的快速发展与科普类公众号的传播是相辅相成的，移动阅读可以提高社会公众阅读过程的便利性，而科普类公众号的传播则能够让公众在阅读中接触到科学文化知识，所以基于移动阅读角度推动科普类公众号传播也成为社会文化建设事业中的重要环节，对于提高广大人民群众综合素质具有积极的影响。

三　科普类微信公众号的社会影响

科普类微信公众号的发展充分契合当前知识经济时代的发展趋势，同时又综合利用了当前网络信息化时代信息传播的便利性，而这对于我国社会的建设与发展产生了一定的影响，主要体现在如下几个方面。

（一）对传统科普产生的影响

较微信公众号进行科普，传统的科普形式主要便是通过电视、报刊以及其他的传统平面媒体展开科普，科普过程中受众群体接收信息比较被动。而通过微信公众号渠道进行科普则可以有效转变传统科普的被动性，基于大数据平台，通过了解到每个受众群体的兴趣爱好所在，能够准确快速地进行科普资源推送，既使科普过程更具智能性，又有助于提高科普的效果与质量，此外在受众群体阅读科普资讯之后也能进行朋友圈二次转发、多次传播，这显然相较于传统的科普方式具有更多受众群体，也促进了传统科普方式的改革创新。

微信公众号充分注重科普内容中各方面信息的正向性，同时也需要加强对于主流价值观的深层次分析，在科普内容中倡导主流价值观，将正能量覆盖于科普内容之中，以此形成对于公众潜移默化的影响，使公众能够通过学习与了解科普内容而形成主流价值观。

（二）对科普工作者产生的影响

微信公众号同样对科普工作者产生了一定的影响。传统的科普工作缺乏受众群体与科普工作者之间的互动交流，未有效形成科普机构与受众之间的反馈机制。通过微信公众号展开科普时，科普工作者能够对科普知识进行实时发布，知识信息发布之后，能够及时接收到来自评论区受众群体对于科普知识的反馈，从而有效增加知识科普过程的互动性，使科普工作人员能够了解到受众群体的兴趣爱好所在，从而在此基础之上逐步对于科普知识的内容、模式等进行适当调整，以此创造出更受人民群众喜爱的知识科普模式，切实促进知识在广大人民群众中的广泛传播。

（三）对社会公众产生的影响

知识科普所面临的主要受众群体是社会公众，旨在通过科普的过程拓展社会公众的知识范围，通过微信公众号平台展开科普过程也会对于社会公众产生一定影响。在实际当中，通过微信平台可以增强社会公众之间的交流以及互联，而社会公众在使用微信阶段除了进行相互沟通，也能够通过微信平台获取资讯、学习知识。所以通过微信公众号平台进行知识科普也提高了受众群体获取相关科学文化知识过程的便利性，同时利用微信公众号进行科普的过程中不但有文章资源，也有视频资源、图片资源等，因此也在一定程度上强化了社会公众接受知识科普过程的丰富性，从而使之能够真正地参与到知识科普过程中，达到提高知识科普效果的目的。

基于当前网络信息化时代引导广大受众群体通过移动阅读的过程学习与了解相关科学文化知识，促使广大受众群体拓展知识范围。科普类公众号已从顶层设计角度着手实现高质量发展，积极树立起受众思维，不断更新科普类公众号运营与发展的理念，并且充分借助互联网渠道优势以及移动阅读的便利性，逐步打造广受社会公众欢迎的移动阅读模式，使人民群众可以通过移动阅读的过程了解科普类公众号相关内容。

四　移动阅读对于科普类微信公众号传播的促进作用

移动阅读是指社会公众基于移动端所产生的阅读行为，其中包括了浏览手机网站，阅读新闻客户端、报纸客户端、杂志客户端以及微博微信中的文章等。而移动阅读的出现也对于科普类公众号传播起到了积极的促进作用，主要体现为如下几点。

（一）提高社会公众获取知识的积极性

现代社会是知识型的社会，调查研究发现，微信公众号在受众的移动教育中具有很大的可行性和现实基础。中国科学技术协会发布的《中国科技期刊发展蓝皮书》中数据显示，我国 2017 年期刊数量为 182 种，发展到 2020 年上升至 259 种，说明当前科普类期刊数量处于上升的发展趋势，而在此趋势之下也为科普类公众号不断创新发展提供了更加良好的社会环境，科普类公众号能够通过移动阅读的模式给广大社会群众带来更加便捷的阅读方式，从而使广大人民群众在持续性的学习与探索中加深对于科学文化知识的了解与认知，从而形成良好的社会发展氛围，并且有效推动科学普及大面积铺开，为我国科技创新打下良好的前提基础。

根据 2021 年《中国互联网发展状况统计报告》，我国网民数量规模已经达到 9.89 亿，而庞大的互联网受众群体显然给科普类公众号的发展带来了全新的契机，在庞大的用户群体规模之下传统的媒体机构也开始持续性布局新媒体平台，力求通过新媒体平台有效促进知识传播，通过互联网渠道进行科学文化知识传播也能面向更为广泛的受众群体，所以需要科普类公众号能够逐步运用新媒体平台打造移动阅读模式，从而让广大受众群体能够在移动阅读中了解到丰富的科学文化知识，以此促进科普类公众号发展的改革创新。

（二）引导科普类公众号实现创新发展

2016年，中共中央总书记习近平同志在全国科技创新大会中强调，科技创新、科学普及是实现创新发展的两翼，要把科学普及放在与科技创新同等重要位置。所以积极推动知识科普成为社会建设与发展的重要任务，对于我国实现科技创新具有积极的影响。科普类公众号在运营以及发展过程当中则致力于促进科学文化知识传播，同时又能够在公众号信息发布过程当中逐步传播科学文化知识，以此促进广大人民群众获取到更为丰富的知识内容。而在当前移动阅读的发展背景下，广大人民群众参与阅读的过程更加便利，这充分得益于互联网技术的高速发展，因此也使知识科普的过程从传统的纸质媒体开始向数字化媒体转型升级。在移动阅读发展趋势的引领之下，科普类公众号能够基于互联网渠道有效促进科学文化知识的传播，逐步打破传统媒体信息传播的壁垒，从而切实为我国社会科技创新起到积极的促进作用。

五　移动阅读推动科普类微信公众号传播的策略

为切实提高科普类公众号的传播效果，使广大人民群众可以基于科普类公众号学习到科学知识，需要促进科普类公众号信息传播，从而通过科普类公众号面向广大人民群众传授科学文化知识，这样既有助于形成浓郁的社会文化建设氛围，又有助于促进我国社会文化传播，使之能够为我国社会文化建设事业而贡献出源源不断的助力。在实际中，可以从如下几个方面推动科普类公众号传播与发展。

（一）树立受众思维，创新科普类公众号运营与发展模式

中共中央总书记习近平同志在视察解放军报社时强调，读者在哪里，

受众在哪里，宣传报道的触角就要伸到哪里，宣传思想工作的着力点和落脚点就要放在哪里。而这也充分说明展开知识宣传需要充分围绕受众群体这一核心，充分根据受众群体所关心的知识内容展开知识传播过程，既有助于提高科普类公众号知识传播的效果，又能够确保知识传播达到既定的预期。

科普类公众号也要充分基于传统的运营与发展模式逐步促进内容转变、信息技术运用，从而使科普类公众号的知识传播过程取得良好的效果，达到价值引领、观念塑造的发展目标。同时需要科普类公众号相关从业人员持续更新宣传理念，以打造精品知识内容为核心，致力于不断满足广大受众群体的核心需求、阅读需要，兼顾广大受众群体的阅读喜好、接受方式以及接受能力等，以广大人民群众喜闻乐见的方式来进行科学文化知识传播，有效提升科普的效果与水平，同时切实促进科普类公众号知识传播效果与水平的提升。

（二）弘扬社会主流价值，增强阅读内容的文化积淀

在移动阅读的视角之下，科普类微信公众号的传播迎来了更多的发展机遇，社会公众也可以通过移动阅读的方式了解与学习相关的科学文化知识，同时在此基础之上拓展知识的传播范围。而在此阶段，为了保障科普类公众号传播的效果与质量，则需要注重弘扬社会主流价值观、宣传社会正能量，以此达到对于社会公众的教育效果，使社会公众的价值追求、道德品质等得到有效的塑造。

要注重科普内容的历史文化传承，而这也是提高广大人民群众民族文化自信的重中之重。在实际中，科普类公众号可以适当向受众群体推送一些历史话题或者是历史题材内容，在内容创作方面需要充分秉承史实、科普历史，这样既有助于促进科普类微信公众号的传播，又能让受众群体在移动阅读中学习到丰富的历史知识，置身于一种轻松愉悦的学习氛围中，从而培养社会公众的人文情怀、价值追求，使之形成正确的价值观念，通过这种形式提高科普类微信公众号的发展质量与传播效果。

（三）打造精品科普内容，注重科普资源的权威性

内容是保障科普类公众号传播效果的最为关键性因素，因此能否打造精品科普内容也在一定程度上决定了社会公众阅读过程的满意程度、青睐度以及受众群体黏性等。所以，为了给社会公众带来更加优质的移动阅读体验，需要注重全力打造精品科普内容，致力于保障科普资源的原创性、深刻性以及权威性等，从而使科普类微信公众号形成良好的品牌效应，促进科普效果的提升。

首先，需要保障所科普的内容具有良好的可读性，同时也要注重在其中传递历史文化气息、塑造受众群体的人文情怀，在科普过程中要注重对社会公众的引导，使社会公众产生思考、学会思考、愿意思考，这样既能够激发受众群体情感共鸣，又有助于提高科普类微信公众号的传播效果，提高科普类微信公众号内容的影响力、权威性。

其次，在进行科普的过程中需要注重保持权威性，在此阶段便需要编辑人员秉承严谨的科学精神、逻辑思维，从而避免所科普的内容出现常识性错误，所科普的内容也要能经得起推敲，才能取得良好的客户效果，从而给社会公众带来良好的移动阅读体验，切实促进科普类公众号的传播效果得到提升。

（四）打造平台矩阵，拓展科普类公众号的传播渠道

传播渠道对于科普类公众号的发展与运营具有至关重要的作用，同时也决定了科普类公众号的知识传播效果，尤其是在当前移动阅读的时代之下，积极拓展科普类公众号的传播渠道可以有效促进科普类公众号实现创新发展，使之面向更为广泛的受众群体，所以需要致力于打造平台矩阵，从而在此基础之上持续拓展科普类公众号的传播渠道，充分发挥其传播科学文化知识的职能。

要注重自身所传播知识内容与形式的多样化，通过不断改进传播的方式和提升传播内容的质量来满足各类受众对于科普知识的需求。如可

以适当借助抖音平台、快手平台等打造“直播+短视频”的知识传播模式，通过这种形式既有助于促进知识传播的多元化，又可以给广大人民群众带来全新的视听体验，同时又能以互联网平台作为媒介发布权威科学知识，这样既有助于促进科普类公众号的创新发展，又能够确保科学文化知识在广大人民群众生活当中实现有效的渗透，从而实现打造平台矩阵、促进科普类公众号创新发展的目标，同时也为我国社会文化建设贡献出一分力量。

（五）强化品牌建设意识，促进科普类公众号运营

移动阅读时代下，科普类公众号的运营与发展面临着前所未有的契机，同时移动互联网的广泛运用也给科普类公众号传播带来一定挑战，而如何增强受众群体黏性、提升科普类公众号发展质量成为一项重要的任务，所以需要在此背景之下着重强化科普类公众号的品牌建设意识，积极展开品牌建设的各个环节与流程，从而在此基础之上有效促进科普类公众号运营内涵建设，用以保障科普类公众号发展质量与水平的提升。

科普类公众号不但会受到自媒体传播的技术挑战，也面临着一些来自伪科学传播的挑战，要逐步促进科普类公众号传播与发展水平的不断提高，同时逐步建设品牌，通过品牌建设打造广受人民群众欢迎的科普类公众号。要充分强调所科普内容的知识性、权威性以及及时性、趣味性等，这样既有助于满足广大人民群众的学习需求，又能够有效促进科学文化知识传播，使科普类公众号在广大受众群体中拥有更好的公信力，取得良好的知识传播效果。在实际中，科普类公众号需要将人民群众喜闻乐见的内容作为落脚点，保障所传播的内容独具特色、观点鲜明、知识话语具有权威性，从而使之所传播的科学文化知识更加让人信服，以此形成科普类微信公众号平台与广大受众群体之间的良性沟通互动，从而通过长期的运营以及发展形成良好的品牌效应，以此获得广大受众群体的青睐以及认可，同时也能够在发展中致力于不断传播科学知识、实现高质量发展。

（六）强化受众情感体验，形成持续性科普影响力

着重强化受众群体的情感体验是一项至关重要的措施，通过该项措施可以使科普类微信公众号形成持续性的影响力、号召力与感染力，用以达到良好的科普效果，促进受众群体掌握更为丰富的科学文化知识。

首先，需要注重满足用户群体的移动阅读需求，充分了解受众群体的阅读期待，从而在此基础之上创作相应的科普内容，同时又要便于受众群体展开移动阅读，这样既有助于提高受众群体的情感体验，又能够帮助受众群体加深对于科普内容的印象与记忆，从而达到良好的科普效果。

其次，也需要注重科普内容的选择，在此阶段尤其需要针对一些社会焦点事件、热点话题等展开科普，这样既激发受众群体的阅读兴趣，又能够让受众群体了解到社会热点事件全貌与真相，同时这种科普内容也更加符合社会公众的情感预期，所以能够有效提高客户的情感投入度，从而达到吸引与留住用户的效果，切实增强科普类微信公众号之于受众群体的黏性，进而达到提高受众群体获得感与满足感的科普效果。

结　语

在我国网络信息化技术高度发展的背景之下，移动阅读成为广大受众喜爱的一种重要阅读方式，通过移动阅读可以提高社会公众阅读过程的便利性，又能够强化社会公众获取信息资源的便捷性，因此科普类微信公众号在传播与发展的过程中也需要综合利用移动阅读的便利性，从而基于移动阅读角度展开思考，构建起全新的发展模式，切实促进科普知识的传播。

参考文献

［1］刘杨、吴玉莹：《基于微信公众号的科普信息移动化传播策略研究——以“我

是科学家 iScientist”为例》,《新闻爱好者》2021 年第 4 期。
[2] 尚媛媛、黄娈鸾、廖巧玲:《移动化阅读场景下科普类微信公众号的传播策略研究》,《新闻世界》2022 年第 2 期。
[3] 支倩、秦玉花、蒙怡:《健康科普类微信公众平台文章发布情况与传播策略研究》,《健康教育与健康促进》2020 年第 5 期。
[4] 邵伟、兰泉、冯红艳等:《“化学科普园地”微信公众号运营的实践与思考》,《大学化学》2019 年第 8 期。
[5] 廖艳、魏秀菊:《学术期刊微信公众平台的传播特点及适宜应用形式分析》,《中国科技期刊研究》2016 年第 5 期。
[6] 鲁仪:《科普类微信公众号的传播——以“果壳网”为例》,《青年记者》2017 年第 18 期。
[7] 赵肖雄、潘璇:《基于微信公众号的数字媒体科普传播影响力分析》,《视听》2018 年第 11 期。
[8] 池频频、李馨予、吴淑云:《公立医院科普类微信公众号运营策略与实践探究》,《中国继续医学教育》2021 年第 25 期。
[9] 汤宏、杨宠:《微信公众号中健康科普文章传播效果的影响因素研究》,《中国健康教育》2022 年第 4 期。
[10] 王可、朱江、赵勇等:《微信公众号传播科学育儿知识的应用调查》,《重庆医学》2018 年第 16 期。

科学素质研究

科学家精神教育基地建设现状与对策研究*

朱鑫卓　郑　念　彭红燕**

摘　要： 新时代下，科技创新发展需要科学家精神的指引与支撑。目前，我国大力实施科学家精神教育基地的投入与建设，以此引导全社会关注科学、崇尚科学，促进科学发展整体水平提升。科学家精神教育基地的中心工作是阐释和传播“爱国、创新、求实、奉献、协同、育人”的科学家精神内涵。我国科学家精神教育基地已形成广泛性布局、多样化呈现、多元叙事和多形式传播的基本格局。然而，在基地整体辐射范围、对科学家精神内涵的阐释与传播、资源分配与管理机制上仍存在局限。推进科学家精神教育基地建设，需要完善相关政策的扶持工作，加强有关部门的统筹工作，落实基地的下沉工作，最终促成科学家精神在科学界与社会面的广泛共振。

关键词： 科学家精神教育基地　科学家精神　科学文化

---

* 该论文被评为2022年科普中国智库论坛暨第二十九届全国科普理论研讨会最佳论文。本文为“新时代科学精神与工匠精神融合及实践创新研究”基金项目（项目编号：21ZDA019）阶段性成果。

** 朱鑫卓，中国地质大学（武汉）艺术与传媒学院硕士生；郑念，中国科普研究所副所长、研究员；彭红燕，中国地质大学（武汉）艺术与传媒学院副教授。

为建设创新型国家和世界科技强国，中共中央办公厅、国务院办公厅于2019年6月印发《关于进一步弘扬科学家精神加强作风和学风建设的意见》，提出大力弘扬“爱国、创新、求实、奉献、协同、育人”的科学家精神。2020年9月，习近平总书记在科学家座谈会中指出，“当今世界正经历百年未有之大变局，我国发展面临的国内外环境发生深刻复杂变化，我国‘十四五’时期以及更长时期的发展对加快科技创新提出了更为迫切的要求”。而“科学成就离不开精神支撑。科学家精神是科技工作者在长期科学实践中积累的宝贵精神财富”。正因如此，弘扬科学家精神成为当前科普工作的重点。

2022年3月，中国科学技术协会、教育部、科技部等部门联合响应号召，开展科学家精神教育基地建设与服务管理工作，共拟定140个科学家精神教育基地。《关于开展“科学家精神教育基地”建设与服务管理工作的通知》（科协发宣字〔2022〕10号）（以下简称《通知》）指出：科学家精神教育基地主要展示为我国国家发展、科技进步做出重要贡献的科学家先进事迹，并以弘扬科学家精神为己任，激励科学共同体勇攀高峰、协同创新，不断加强学风与作风建设；鼓励、引导全社会关注科学、热爱科学，共同营造科学文化氛围。目前，科学家精神教育基地正处于建设初期，梳理科学家精神教育基地发展现状，针对存在问题提出对策成为这个阶段的必要性工作。

一　科学家精神教育基地建设现状

（一）科学家精神教育基地整体布局

科学家精神教育基地整体布局较为全面，体现为覆盖地域广、行业领域全、基地类别多样。当前，140个科学家精神教育基地覆盖30个省（区、市）和澳门特别行政区，除去西藏自治区、台湾地区、香港特别行政区以外实现全国覆盖。但基地整体分布不均，呈现东部多、中西部少，省会与直辖市多、县地级市少的格局。如表 1 所示，东部基地数量占据整体的59.3%，省会城市或直辖市基地占据整体的 64.3%。

表 1 科学家精神教育基地分布

基地所在地区域	数量(个)	基地所在地级别	数量(个)
东部	83	省会/直辖市	90
中部	25	地级市	24
西部	32	县级市	26

资料来源：中国科学技术协会。

科学家精神教育基地包含基础科学与应用科学的各行业，涉及物理、化学、农学、交通、医学、军工、核工业等多领域，行业覆盖较为全面。如船舶领域的中国舰船研究院铸魂强基工程中心、核工业领域的中国核动力研究设计院九 ¡九基地、农学领域的新疆农垦科学院等。

表 2 科学家精神教育基地主要受众分类

基地类别	基地样例	主要受众
科技馆	中国科学技术馆、中国核工业科技馆	公众、学生、各级党组织
国家重点实验室	深部岩土力学与地下工程国家重点实验室科学家精神教育基地	科研工作者、以高等教育层次为主的学生群体
重大科技工程纪念馆(遗迹)	青海原子城纪念馆	公众、各级党组织
科技类人物纪念馆和故居	中国铁道博物馆詹天佑纪念馆、钱学森故居	公众、学生、各级党组织
科研院所	中国科学院上海硅酸盐研究所科学家精神教育基地	科研工作者、高等教育学生群体
高校	西南联大旧址及西南联大博物馆、青海师范大学“两弹一星”精神展览馆	高等教育学生群体、公众
科技企业	中石化洛阳工程有限公司“榜样的力量——时代楷模陈俊武陈列室”	行业内职业人员、科研工作者

资料来源：中国科学技术协会。

科学家精神教育基地涵盖高校、科技馆、科技企业等七个主要类别。如以福州大学卢嘉锡教育馆为代表的高校型基地、以鞍钢重型机械有限责任公司重机厂史馆为代表的科技企业型基地等。如表2所示，当下阶段，不同类别基地之间的主要受众稍有差别。正因如此，各个类别基地的受众范围实现互补，充分覆盖科学界与社会面。如科技馆、科技类人物纪念馆和故居这类教育基地受众较为广泛，包含各阶段的学生群体、各级党组织、科研工作者等在内的全体社会公众；国家重点实验室、科研院所类的教育基地则主要面向科研工作者、高等教育学生群体；科技企业类教育基地主要服务于行业内职业人员。

（二）科学家精神教育基地多元化建设

科学家精神教育基地的建设极具多元化，即对科学家精神内涵阐释的多元化、科学家精神呈现与叙述形式的多元化、科学家精神传播方式的多元化。

首先，各基地阐释的科学家精神内涵可高度凝练为以爱国主义为核心，科学精神、工匠精神与人文精神的融合统一。如图1所示，本文共选取129个科学家精神教育基地，针对各基地阐释的科学家精神内涵进行词频统计。词云显示文字越大，则词频越高。不难发现，各基地所阐释的科学家精神内涵以“爱国、创新、求实、奉献、协同、育人”为主旋律，其中爱国主义是各基地阐释的核心部分。除此之外，科学家精神展现了科学精神、工匠精神与人文精神的融合统一。如闵恩泽院士纪念室暨石油化工科学研究院院士馆展示了科学家求真、创新的科学精神；“时代楷模”南仁东先进事迹馆描绘了科学家“用脚丈量每一片土地，找寻‘天眼’最佳建设地”敬业、精业的工匠精神；宁夏沙漠绿化与沙产业发展基金会则阐释了“生命不息，治沙不止”的人文精神内涵，以科学家治沙、保护生态环境的故事展示科技的人文关怀。

科学家精神教育基地以精神传播为己任。整体而言，科学家精神教育基地较为准确且完整地阐释了科学家精神的内涵。另外，部分科学家精神教育基地形成了具有特色性的科学家精神，如“南古精神”“09 精神”“马兰精神”等。

图 1　科学家精神教育基地内涵阐释词频

其次，科学家精神呈现与叙述形式具有多元化特征。从呈现形式上来看，大部分基地都采用展板呈现科学家故事，并与展品相互联动，共同传达科学家精神。科学家精神教育基地展品大致包含以下三类：第一，还原科学家生活、工作环境的物件；第二，展示科学家的学术成果或相关荣誉证明；第三，其他纪念性摆件，如塑像等。如陈心陶精神教育基地还原了陈心陶攻克血吸虫病时的工作场景，并摆设陈心陶铜像加以展示。同时，有些展区推出 VR 体验厅、多媒体展板等设备，以丰富科学家精神呈现形式。一些极具特色性的基地还通过创作广播剧、纪录片、戏曲、电影、话剧等文艺作品展现科学家精神。如中国航天科技集团八院 800 所 603 基地创作纪录片《使命 603》、青海师范大学“两弹一星”精神展览馆推出郭永怀话剧、中国航天科工六院航天精神教育基地协同拍摄电影《我和我的父辈》。

从叙述形式上来看，各基地基本上遵循纵向历史境脉与横向社会境脉交叉呈现的形式。以邓稼先生平陈列展厅为例，该基地推出三大展区，分别为“少年壮志多峥嵘”“雄心伴我作远游”“许身国威壮河山”，讲述了邓稼先成长、求学、工作的轨迹。其中爱国主义精神宣传部分，采用大量史实还原社会背景。两条脉络相互作用以唤起公众的集体记忆，引发情感共振。同时，在叙事手法上多采用诉诸理性与诉诸感性相结合的方法，理性阐述科学家科研成果，感性描绘科学家工作细节，晓之以理动之以情。如“时代楷模”南仁东先进事迹馆，通过摆事实讲述了“中国天眼”的建设难度，又以南仁东不惧艰难为“中国天眼”选址、苦学工程知识等故事打动人心。

最后，科学家精神传播方式具有多元化特征。除常规展教以外，各基地还开展宣讲、夏令营、主题教育等线下活动；从媒体使用情况上来看，部分基地以 VR 数字展馆、微信公众号、电视台采访、线上直播等多媒体平台传播科学家精神。但实际上各基地存在较大的差距，尤其是西部地区的教育基地存在客观的资金不足、科普人才缺乏等问题，导致传播力不尽如人意。不同类别间的教育基地也存在较大差距，比起科技馆、重大科技工程纪念馆（遗迹）、科技类人物纪念馆和故居，国家重点实验室、科技企业较为缺乏相关经验，传播方式稍显单一。

（三）科学家精神教育基地的统筹和管理

科学家精神教育基地的统筹与管理工作主要包括两部分。

其一是相关部门对各基地的统筹与管理。《通知》指出由中国科协科学技术传播中心设立专项工作组办公室，负责科学家精神教育基地系列管理、服务等工作，并设立专项活动工作经费，资助科学家精神教育基地开展特色展览和活动。

其二是各基地内部的统筹与管理工作。各基地内部管理的水平参差不齐。科技馆、科技类人物纪念馆和故居、重大科技工程纪念馆（遗迹）、高校类的组织机构相对更完善、人员管理标准更优化、财务管理更高效规范。一般以馆长为主要负责人，下设办公室、展陈部、宣教部、财务部，部分基地设资料征集部门。同时也存在部分基地未设组织机构或组织机构不完善的情况。人员管理方面主要包含人员培训、绩效考核两部分。大部分基地会组织讲解员培训，但培训的频率、效果差距较大。而人员绩效考核方面，部分基地已构建较为完善的绩效考核体系，而仍存在一些基地并无人员绩效考核。目前，大部分基地展陈、宣讲等线下活动财务支出占比较大，而收入主要来源于展厅免费开放所获得的政府拨款或其他资助，而受地域、基地类别等各种因素影响，各基地可利用的资金、资金管理方式都存在差距。

二　科学家精神教育基地建设局限性及其原因分析

（一）科学家精神教育基地建设局限性

1. 科学家精神教育基地整体辐射范围具有局限性

如上，科学家精神教育基地覆盖范围广泛，涉及多省份、多领域、多类别。但实际上存在基地利用率低、传播广度不足等问题。其局限性表现为以下三点。第一，地域性局限。以省份为单位，各教育基地的主要受众为本地受众，教育基地难以吸引外省份游客。第二，行业性局限。一些特殊领域的科学家精神教育基地难以吸引行业外的公众，如兵器工业、力学等。第三，基地类别局限性。国家重点实验室、科技企业等类别的教育基地主动传播的意识较为薄弱，传播力欠缺，部分基地参观人次仅为千余人次。总体而言，科学家精神教育基地的资源未能充分下沉，处于“酒香也怕巷子深”的现状。

2. “一次性观光”而非教育熏陶，传播效果待提升

从当前情况来看，部分科学家精神教育基地的传播效果欠佳。其中传播效果是指各基地呈现的科学家精神带给公众认知、态度、行为上的影响。部分基地存在为了宣传而宣传的现状，将宣传重心仅放在成就展示上。过往研究表明，公众的混合情感、学习效果会影响公众的旅游意愿。以成就展示、展品陈列为主的静态参观会增加公众的消极情绪，从而影响公众的主观学

习，降低公众回头率、推荐率。这部分基地也因此陷入“一次性观光”的境地，难以形成长期的情感共振，长此以往，公众参观增长率或连年下降。

另外，科学家精神教育基地处于初步发展阶段，面向公众的传播效果评估还未充分开展。当下各基地开展的效果评估仍处在“公众满不满意”的阶段，缺少深层次探究，如教育基地是否影响公众对科学、科学家的认知、态度等。公众效果是衡量各基地的“绩效”，也是各基地不断改进的直接依据，但相关实践仍较稀缺。

3. 科学家精神教育基地资源分配与管理机制存在缺陷

从全局来看，科学家精神教育基地资源分配不均。我国现有科学家精神教育基地呈现东部多、西部少的格局，这与我国经济发展现状密切相关。国家重点实验室、科技企业类教育基地资金、人才等投入也明显少于科技馆、重大科技工程纪念馆（遗迹）等类别的教育基地。

同时，大部分基地的管理机制存在缺陷。第一，从组织架构来看，部分基地组织架构并不完善或存在职能重合的情况。如一些教育基地缺乏专门的内容创作部门，此类部门可负责深入挖掘展现科学家精神的故事、新媒体撰文、线下活动内容策划，等等。第二，部分教育基地存在人员管理问题，表现为激励机制缺位、讲解员流动率高、定期培训少。激励机制是人员管理的关键环节，有利于提高人员工作积极性、激发潜能。但部分基地囿于自身公益属性，并没有设立激励机制。另外，部分基地全职人员数量并不充裕，为迎合讲解需求基地引进一定数量的兼职讲解员，但兼职讲解员的流动性过高导致宣讲质量难以保证。部分基地人员培训数量少、质量不高，难以发挥实际作用。

（二）科学家精神教育基地建设局限性的原因分析

科学家精神教育基地建设的局限性有多方面原因。

第一，我国客观存在东西部发展差距，直辖市、省会城市与县地市发展差距。从经济层面、教育层面上看，经济发展差距直接影响科普基础设施建设、人才引进与培养、科学技术创新发展、交通建设等方方面面，而教育发展差距则影响人才储备、公众科学素养等。因此造成中西部及县地市的科学家精神教育基地数量少、参观量少、传播力弱的局面。

第二，科学家精神教育基地的公益属性成为双刃剑。由于资金不足、人才短缺、社会科普文化氛围不足等问题，科学家精神教育基地作为公益性场馆是当下阶段的应然。但也因为公益属性，各基地积极性不高。一些基地存在缺乏人员绩效考核、财务收入依靠政府拨款、宣教活动少、展品展板更新率低的问题。

第三，部分类别基地处在转型适应的过渡期。有别于科技馆、科技类人物纪念馆和故居等类别的基地，科普工作非国家重点实验室、科研院所、科技企业类别基地的主要工作。部分基地开展科学家精神教育宣传行动时间不长，相关经验不足、管理机制不完善是情理之中。帮扶此类基地顺利度过转型适应期也成为有关部门的重点工作。

第四，我国公众科学素养、科普文化氛围尚有不足。2020 年我国公民具备科学素质的比例达到 10.56%，但总体而言与发达国家仍有较大差距。同时，科普文化氛围被娱乐氛围挤占，未成气候。这也进一步解释了各基地参观量低、宣传内容浏览量低、基地知名度低的原因。

三　科学家精神教育基地建设对策

（一）完善相关政策的扶持工作

我国相关方针政策充分扶持科学家精神弘扬工作，但仍可推进完善以下两点。

第一，将科学家精神教育纳入职业教育、学校教育体系。积极鼓励、支持、引导科学家精神走进职业、走进校园，开展如入职前培训、在职培训、游学、策划科学家精神内容相关的“青年大学习”等活动。

第二，持续发展基础教育与科普工作。基础教育、科普工作与弘扬科学家精神任务相辅相成。基础教育与科普工作利于公众加强自身科学素养，促进科学家精神理解与熏陶，而科学家精神可激励公众关注科学、学习科学、热爱科学，乃至整体社会形成科学文化氛围。从各基地传播效果的角度来说，公众先前知识、经验、兴趣在非正式学习环境下至关重要，因此，基础教育与科普工作带给公众的支持作用能提升公众在基地的学习效果。加强基础教育与科普工作可从适当增加财政拨款以改善西部地区教育资源配置、加强科普人才培育等方面着手。

（二）加强有关部门的统筹工作

中国科协及相关单位协助统筹、建设科学家精神教育基地。根据各基地发展现状，提出以下建议。

第一，试行对各基地的分级管理工作。根据《科学家精神教育基地建设与服务管理办法》（以下简称《办法》），有关部门将组织专项工作组对各基地进行考核，划分优秀、合格、不合格三个等级。开展分级工作前，可在《办法》基础上进一步制定基地建设标准细则。针对分级结果，相应采取分级管理方式，加强对低评级基地的扶持，如提供人才培训、资金资助等。旨在将资源向西部地区、县地级城市、低评级基地倾斜。

第二，做好“桥梁”工作，协助各基地间合作。尤其是强弱基地间合作、区域间基地合作、同主题基地间合作。在基地分级的基础上，实现“强基地带弱基地，基地间合作互利”，充分发挥强基地示范性作用。同主题基地间合作则强调资源互通、经验互鉴，如以“钱学森精神”为核心主题的基地有钱学森故居、上海交通大学钱学森图书馆、武汉生物工程学院钱学森纪念馆三所，可逐步实现优势互补。

第三，做好科学家精神教育基地资源整合工作。依托中国数字科技馆，向各基地下发 VR 数字展厅建设任务。VR 数字展厅可提高公众对基地资源的易得性，尽可能地减少基地分布不均格局带来的影响。当前仅极少部分基地完成 VR 数字展厅的建设工作，而且该部分基地所建设的 VR 数字展厅还存在展板字迹不明晰、平台分散等问题。因此，中国科协可制定系列标准，支持各基地 VR 数字展厅标准化建设并统一发布于中国数字科技馆，促进基地资源线上整合。

第四，完善各基地效果评估工作。以中国科普研究所为代表，国内已有系列科普场馆效果评估理论成果。在此基础上建立科学家精神教育基地效果评估指标体系，并定时展开效果评估工作，及时形成评估报告以改进各基地建设。

第五，鼓励、引导现有科普场馆功能延伸，扩大科学家精神宣传的社会面。截至2021年，我国各级科协拥有所有权或使用权的科技馆共1004个，其中仅少数科技馆入选科学家精神教育基地。中国科协可鼓励、引导未入选的科普场馆延伸科学家精神宣教功能，促进科学家精神在社会面广泛传播。

第六，完善激励机制。激励机制是管理制度中的关键环节。首先，相关部门可在定期考核、效果评估的基础上，适当对评级优良的基地加以奖励。其中奖励可分为物质奖励与精神奖励，物质奖励可以资金资助的形式发放，精神奖励可以颁奖表彰的形式进行。其次，在资金充裕的基础上尽量增设激励点，适量开展评比活动。最后，设立较长期目标的激励机制，如对连续三年考核优秀的基地加以特殊奖励等。

（三）落实科学家精神教育基地的下沉工作

为进一步扩大科学家精神传播范围，科学家精神教育基地需完善下沉工作，使科学家精神面向广大公众下沉、面向县级地区下沉、面向中西部地区下沉。综上所述，提出以下建议。

第一，部分基地需进一步凝练科学家精神内涵，促进基地向基地精神内涵特色化、基地建设品牌化方向发展。部分基地科学家精神内涵过于泛化，公众难以留下深刻印象，各基地可根据自身条件，发展出如中国雷达工业发源地展馆的“海之星精神”“预警机精神”，都匀三线建设博物馆的“三线精神”等特色化科学家精神。同时促进各基地品牌化发展，适当开发品牌化产品，如特色纪念品、纪念宣传册等。

第二，深入挖掘科学家精神相关故事，改进静态展陈方式。部分基地仍以展示科学家成果为重点，而缺少科学探索的过程以及这个过程中呈现的科学精神；或以展现科学家生平经历为重点，而忽视对科学家人文精神的宣传；亦或展教内容久未更新。各基地可以与科学技术史相关专家、科学家后人等人员合作，持续以史感召人。同时，部分基地展陈方式以静态为主，不利于较低龄学童理解科学家精神，也不利于公众唤起“积极的负面情绪”。据过往对红色旅游的研究，积极的负面情绪能加深公众对红色文化内涵的理解，而积极的负面情绪需要公众认知、情境唤起共同作用。因此，基地应加强动态展示，提升公众与之互动性，唤起公众对科学家精神的情感共振。

第三，建立全媒体矩阵，定期开展主题活动。全媒体矩阵应当包含传统媒体、新媒体，充分覆盖线下与线上，如农村的广播频道、县级融媒体、各类社交媒体等。并利用科学家诞辰、全国科普宣传周等节点，开展特色性宣传活动。

第四，积极组织重点人群计划性参观，鼓励公众广泛性参观。各基地应主动组织科研工作者、职业人员、学生群体、公务人员等重点人群参观。尤其是易被忽视的科研管理人员，各基地可积极与相关单位发出邀约。同时，各基地应鼓励公众广泛参观，通过各传播渠道积极宣传。

第五，持续推进基地组织机构改组工作，完善管理职能。各基地组织机构应当做到精简而全面，减少职能重复现象，适当增加缺口部门。应充分保证基地可对接公众、对接中国科协等相关单位，协调内部工作，保障基地内容产出、传播渠道通畅、人员管理妥当、资源分配合理、内部激励机制完善。

结 语

科学家精神以爱国主义为核心，凝聚了科学精神、工匠精神与人文精神内涵。过去科学家精神表现为“两弹一星精神”“钱学森精神”“马兰精神”等，新时代继往开来，涌现了“新乡精神”“南仁东精神”等科学家精神。我国建设科学家精神教育基地，大力弘扬科学家精神满足了新时代国家发展的需求，也是科学共同体学术风气改进的契机，更为社会科学文化氛围形成提供了基础条件。当前，科学家精神教育基地虽处于建设初期，但从整体来看并不逊色。及时发现问题、解决问题，可为后续科学家精神教育基地的建设提供范本，希冀科学家精神教育基地充分发挥其作用，形成全社会尊重科学、崇尚科学的良好氛围。

参考文献

[1] 新华社:《中共中央办公厅国务院办公厅印发〈关于进一步弘扬科学家精神加强作风和学风建设的意见〉》，中国政府网，2019 年 6 月 11 日，http://www.gov.cn/zhengce/2019-06/11/content_5399239.htm。

[2] 习近平:《在科学家座谈会上的讲话》，《人民日报》2020 年 9 月 12 日，第 2 版。

[3]《中国科协宣传文化部关于 2022 年度科学家精神教育基地认定名单的公示》，中国科学技术协会网站，2022 年 5 月 24 日，https://www.cast.org.cn/art/2022/5/24/art_457_186523.html。

[4] 中国科协、教育部、科技部等:《关于开展“科学家精神教育基地”建设与服务管理工作的通知》(科协发宣字〔2022〕10 号)，中国科学技术协会，2022。

[5] 呼玲妍、刘人怀、文彤、何凌锋:《红色旅游游客混合情感对旅游意愿的影响研究——以大学生为例》，《旅游学刊》2022 年第 7 期。

[6] 中国公民科学素质调查课题组:《第十一次中国公民科学素质抽样调查主要结果发布》，《科普研究》2021 年第 1 期。

[7]〔美〕菲利普·贝尔等编著《非正式环境下的科学学习：人、场所与活动》，赵健、王茹译，科学普及出版社，2014。

[8]《中国科协 2021 年度事业发展统计公报》，中国科学技术协会网站，2022 年 8 月 22 日，https://www.cast.org.cn/art/2022/8/22/art_97_195364.html。

[9] 刘欢、岳楠、白长虹:《红色旅游情境下情绪唤起对游客认知的影响》，《社会科学家》2018 年第 3 期。

基于公众需求分析的中小科技馆内容建设探讨*

陈 晶　赵慧敏　苏华丽　郑清艳**

摘　要： 新发展理念对科技馆体系在促进人的全面发展、在价值引领等方面提出更高要求，也要求中小科技馆不断创新提升科普能力建设。本文基于广州青少年科技馆需求调查，了解分析公众在弘扬科学家精神、主题展览、互动体验及思政教育方面的需求，为中小科技馆精准对接内容供给、盘活存量资源、推动融合共享提供路径参考。

关键词： 科技馆　需求分析　科普能力　青少年

"十四五"期间，科技馆的发展将加快由以数量规模增长为主的外延式发展模式向以展教能力提升为主的内涵式发展模式转变。《全民科学素质行动规划纲要》多次将"科普基础设施工程"作为重点任务之一，尤其是创新现代科技馆体系。《现代科技馆体系发展"十四五"规划（2021—2025

---

* 该论文被评为2022年科普中国智库论坛暨第二十九届全国科普理论研讨会优秀论文。

** 陈晶，广州市科学技术发展中心信息系统项目管理师；赵慧敏，广州市科学技术发展中心助理研究员；苏华丽，广州市科学技术发展中心研究发展部部长，信息系统项目管理师；郑清艳，广州市科学技术发展中心研究发展部副部长。

年）》明确指出新时代科技馆体系在价值引领方面有更高追求，要突出科普资源供给的引领性、精准性、服务性等，这对科技馆教育提出了更高要求，在价值引领包括科学精神、科学家精神、大思政教育方面，在高水平展览展示凸显国家发展和社会进步方面，在科学教育链接资源引导创新方面，都要有所引领，这对科技馆尤其中小馆来说具有很大挑战性。本文基于广州青少年科技馆需求调查，了解公众在价值引领、主题展览及科技互动实践等方面的需求，为中小科技馆精准对接内容供给、提升科普能力提供路径参考。

一 公众需求调查概况

本文采用的需求调查问卷含基本信息、主体问卷和其他三部分，其中，主体问卷内容涵盖“对弘扬科学家精神的需求及建议、对主题展览的需求及建议、对科技互动体验的需求及建议、对思政教育的需求及建议”四大部分。调查时间为2022年8月3~14日，范围涵盖了广州11个区，并以在穗的学生、家长、教师、科技工作者、科普工作者、机关工作人员为主体，共回收有效问卷29705份。

二 主要调查结果与分析

（一）公众认同科技馆价值引导，应将弘扬科学精神贯彻全领域

以科学精神和科学家精神为价值引领，是科学教育的重要方面。受访者普遍认为弘扬科学家精神具有重要教育意义，尤其是正向价值引导及宣传（78.3%）和激励成才（71.5%）；针对弘扬科学家精神内容，受访者对科学家/科技工作者故事（事迹）最为感兴趣，占比为78.8%，其次为重大的科技成果、科技企业成长故事、国内外科技发展历史，比例分别为73.5%、60.9%、57.9%（见图1）。活动形式方面，受访者更喜欢实物及图文展览、

播放纪录片/宣传片、参观实践（如参观实验室、科技企业等），占比分别为75.6%、65.6%、57.5%（见图2）。

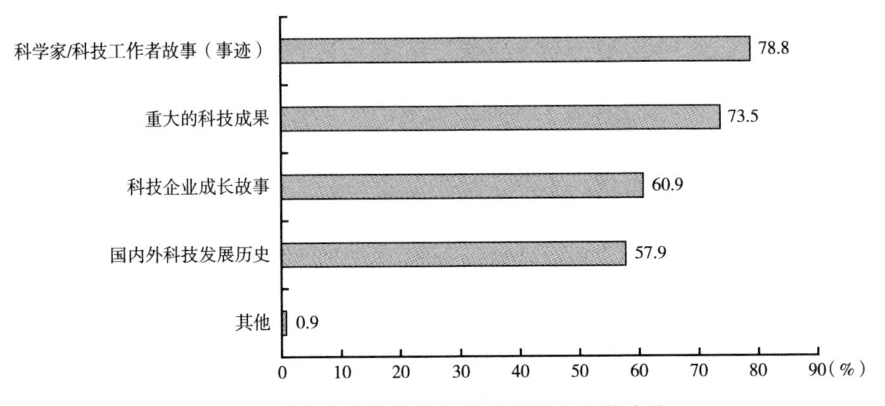

图1　受访者感兴趣的科学家精神内容的占比

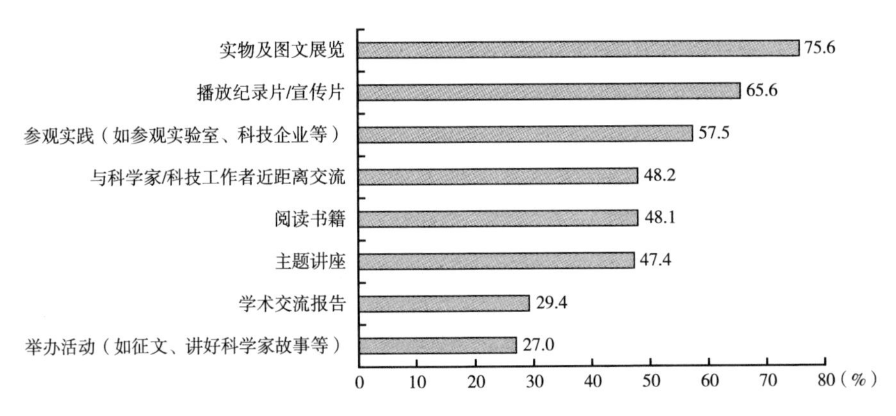

图2　受访者喜欢的弘扬科学家精神的表现形式占比

可见，采用通俗易懂的方式讲好科学家故事是培养科学精神的适宜方式，能让青少年了解科学发现的过程，从中感悟科学的神奇和科研的乐趣。

（二）受访者关注前沿科技内容，认可科技馆科学教育功能

展品研发和展教活动策划是科技馆科学传播之“源”，也是科技馆展教

资源品质的根本体现。科技馆的教育活动要从突出科技馆优势的展品资源出发，最大限度利用好展品资源以及科学探索的空间环境和氛围，突出科技馆的优势。

在主题展览方面，受访者关注前沿科技内容。市民对基础学科内容，包括数理化、天文、生物、地理、计算机等，感兴趣程度比较均衡，其中天文的喜爱程度更高，占61.0%（见图3）。除了基础学科主题展览外，科技前沿、科技创新成果转化而来的展览展示内容更受欢迎，其中排前三位的分别是人工智能（71.8%）、航天航空（61.3%）、生命健康（57.5%）。调查中收到其他建议9740条，其中有效建议4649条，"科技感""科幻"等关键词凸显，分别是1150条、210条信息，可见公众已不再满足传统经典展品，对日新月异的科技创新发展倍加关注，科技馆应跟踪现代科技发展前沿和态势，及时将其转化为展览展品。

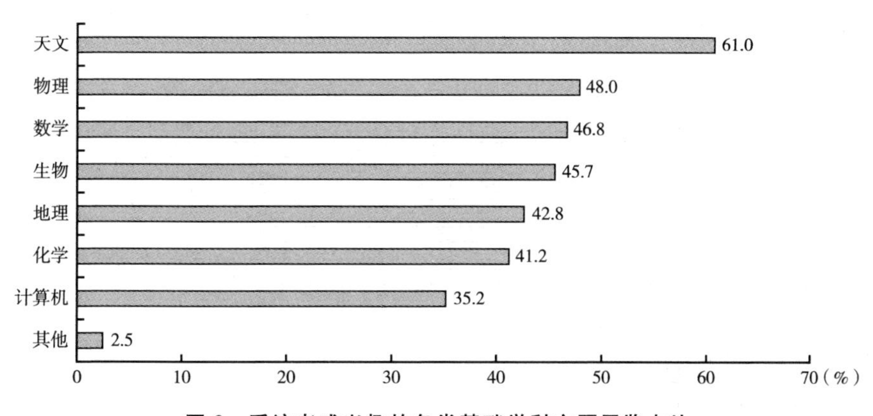

图3　受访者感兴趣的各类基础学科主题展览占比

受访者普遍认可科技馆科学教育功能。通过调查，受访者参观科技馆一般带有学习目的，包括掌握科学知识和原理（72.4%）、掌握科学思维和方法（60.7%）、综合能力的培养（55.0%）（见图5）。而国内外大量研究表明，青少年在参观科技馆的过程中可以有效学习科学知识、培养科学态度、提升科学素养。通过对公众行为目的和结果的分析，科技馆的科学教育模式能够被大众所认可，富有很强的教育功能和使命，在教育体系发挥

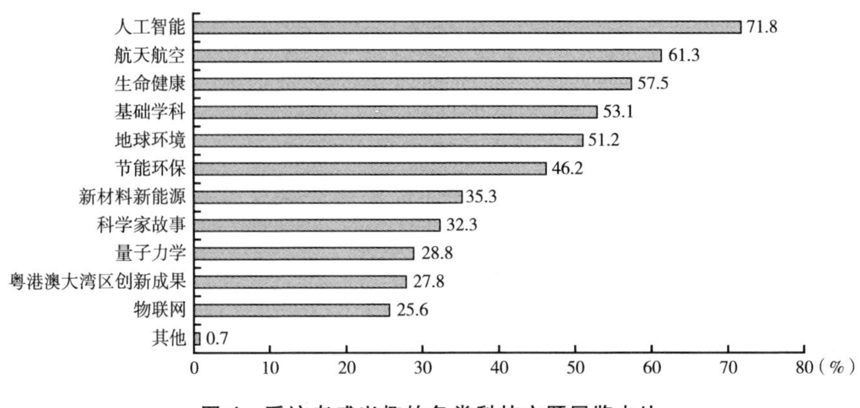

图4　受访者感兴趣的各类科技主题展览占比

越来越重要的作用。与此同时，如图5所示，公众对科技馆趣味性和互动性关注度也较高，占比分别为54.6%、41.4%。科技馆在发挥提升公众尤其是青少年科学素质功能的同时，需要不断创新科学教育方式方法，提升对受众的吸引力。

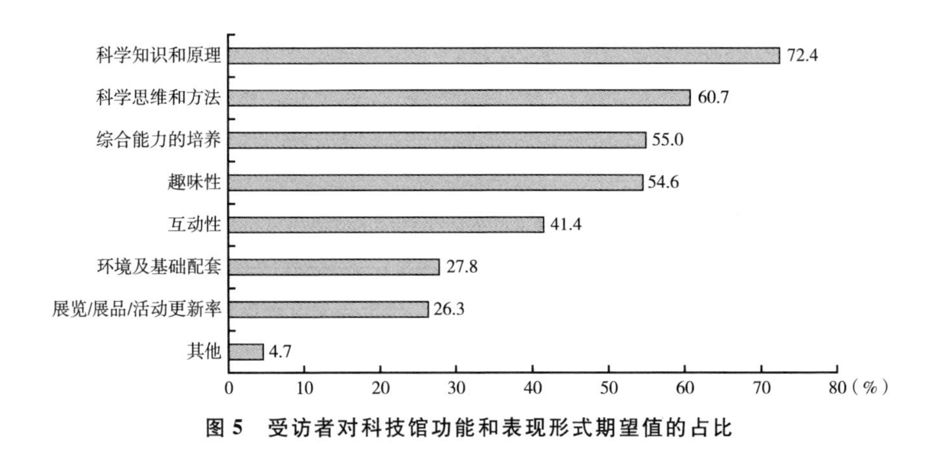

图5　受访者对科技馆功能和表现形式期望值的占比

（三）受访者青睐探究性活动，认同科学教育资源融合共建

对于科技互动体验方面，超五成受访者青睐的分别是科学实验类（70.1%）、创客动手类（58.1%）、机器人编程类（57.3%）、科幻创作类（52.6%）、

海陆空科技类（50.0%）（见图 6），此类活动互动性及参与感较强，能够打破传统参观“被动”的教育模式，让参观者主动思考、主动探索，更受公众欢迎，科技馆在原有设置的实践活动基础上，可以根据公众喜好尝试包括科学实验、科幻创作等活动探索。

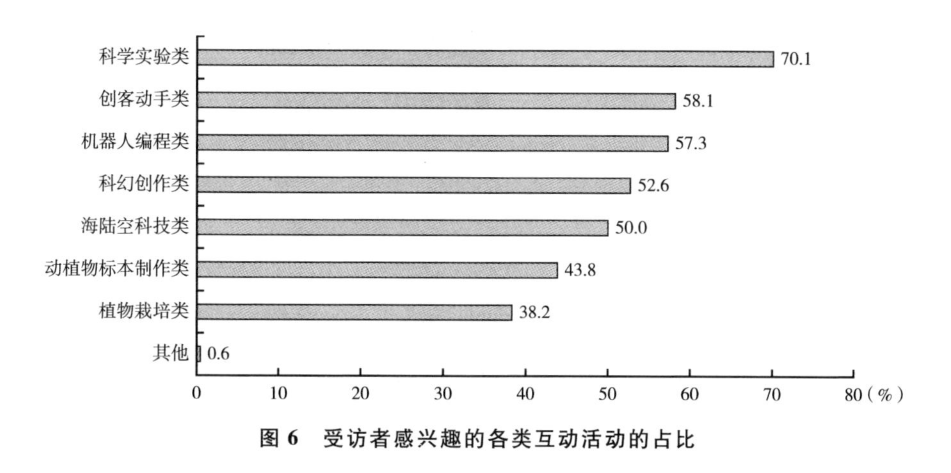

图 6　受访者感兴趣的各类互动活动的占比

在参观频次方面，受访者更青睐于单次活动，占 47.2%，愿意参加一个月短期活动的占比为 24.3%，中、长期活动（即一个学期及以上）则选择较少（两者合计共占 28.5%）（见图 7）。青睐单次或短期活动的受访者，更愿意选择 1 个月 4 次以下的活动或集中寒暑假开展；青睐中、长期活动的受访者，则愿意选择寒暑假开展，受访者普遍不喜欢参与频率过高（即 1 个月 4~8 次）的活动。鉴于以上调查数据，公众对于互动类体验认可度较高，科技馆可以侧重策划有特色有影响力的主题科学教育，寒暑假可开展短期互动培训。

科技馆强化与学校教育及社会力量资源共建共享。学校是科学教育的主要力量，科技场馆是重要补充，发挥着无可替代的作用。调查中，普遍认为科技馆可以为学校教育提供相关资源，包括辅助教学的展览展示、活动场地或平台、第二课堂探究活动及科技培训/交流，占比分别为 77.0%、61.2%、59.7%、53.8%（见图 8），从而发挥科普教育优势，助推“双减”政策落实落地；而社会科普资源也愿意实现与科技馆资源共享，包括联合举行科

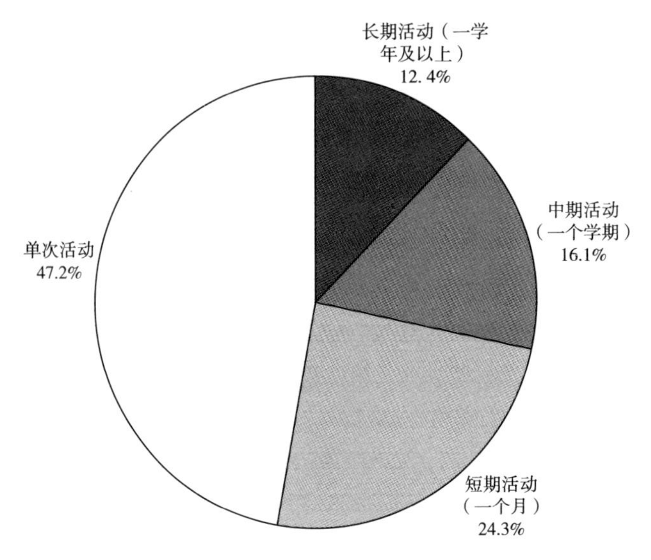

图 7　受访者参观科技馆频次的意愿占比

学实验秀、科普讲座、联合开发课程等，占比分别为 52.0%、51.8%、48.9%（见图 9）。科技馆可以进一步搭建平台，联动社会及教育资源，推动内容整合、内涵提升、融合发展和交流合作，共同致力于青少年科学素质提升。

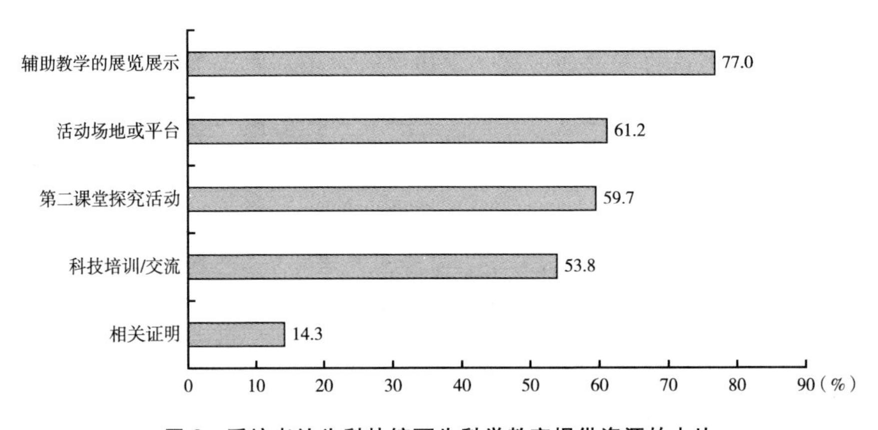

图 8　受访者认为科技馆可为科学教育提供资源的占比

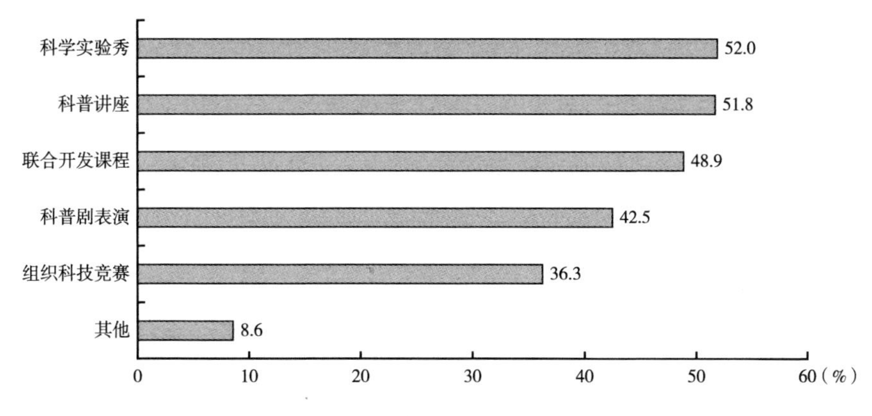

图 9　受访者认为可与科技馆合作或共享的资源的占比

（四）思政教育得到重视，科技馆可加强实践教学提升服务

习近平总书记指出思政课是落实立德树人根本任务的关键课程。[①] 青少年是科技馆的主要对象之一，将思政教育融入科学教育中打造“参观+体验+实践”的学习模式，从而贯穿青少年培养的全过程。调查中，受访者也普遍认为思政教育对青少年有正向意义，包括政治素养、爱国情怀、道德情操、正确“三观”及使命和责任感等，认同度均为六成以上。认为在内容上可以包括科学精神（79.5%）、科技史（78.9%）、党史（74.3%）、科学家精神（68.5%）（见图 10）。认为开展思政教育方式方法可以多样化，如科技讲座（76.3%）、展览宣传（71.1%）、视频观看（67.3%）、活动互动（59.5%）等（见图 11）。约两成受访者愿意为科技馆开展思政教育课程或讲座，在有能力前提下愿意为之付出行动。思政教育如果照本宣科必将大打折扣，科技馆开放式、探究式教育能够赋予思政教育更灵活的方式，提供更优质的服务平台。

① 习近平：《思政课是落实立德树人根本任务的关键课程》，《求是》2020 年第 17 期。

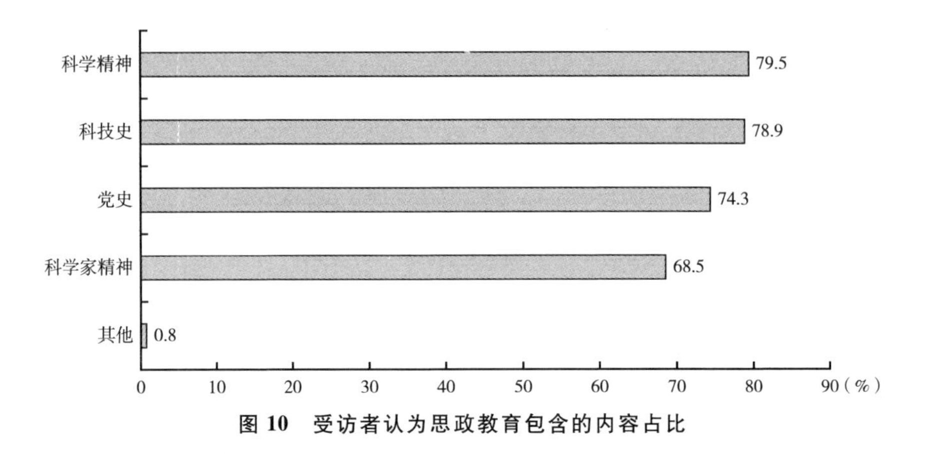

图 10　受访者认为思政教育包含的内容占比

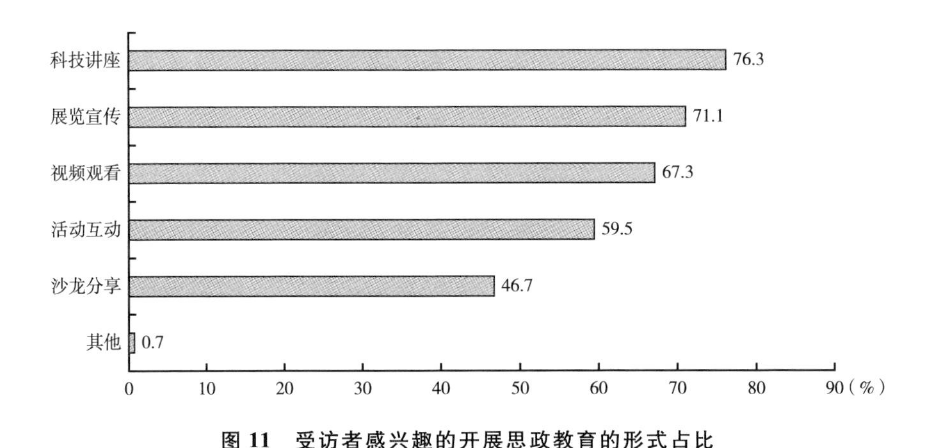

图 11　受访者感兴趣的开展思政教育的形式占比

三　中小科技馆科普能力提升对策建议

（一）突出价值引领，强化科学家精神内容的展示

党的十九大报告把“弘扬科学精神”放在“普及科学知识”等内容之前，体现了新时代精神文明建设的特征，强调了科学精神在新时代社会发展中的重大作用。《现代科技馆体系发展“十四五”规划（2021—2025 年）》中也提到“将弘扬科学精神和科学家精神贯穿到科技馆体系发展的全领域、

全过程”。中国科协、教育部、科技部等7部门联合发布了首批140个“科学家精神教育基地”名单。因此，科技馆要以建设科学家精神基地为契机，加强青少年价值引领。在展览展示方面，探索互动展品、声光电、影像、科技实物等交互形式强的展现方式，强化内容共情，广泛宣传战略科学家、科技领军人才、青年科技人才、基层一线科技工作者。教育活动方面，充分利用本地专家资源优势，积极加入“百馆千场万人科学家精神宣讲联盟”开展教育活动，展示创新科技成果的原理及该科技领域的发展历史、研发过程和相关事迹。

（二）结合地方特色，展览展示实现小切口大内容

目前科技馆多为常展和临展相结合的展示方式，而临展在主题策划方面对科技、社会热点的反应更为迅速、灵活。根据调查，公众对前沿科技内容倍加关注，甚至高于基础学科，因此科技馆可以着眼地区特色、产业特色，例如广州以粤港澳大湾区发展战略、《广州南沙深化面向世界的粤港澳全面合作总体方案》为切口，展示前沿科技，即由信息技术、生物技术、新材料技术、先进制造技术、先进能源技术、海洋技术、空天技术等领域的最新科技成果转化而来的展览展示内容。另外，增加科技馆的文化内涵和文化元素，推动科技馆与博物馆、文化馆等融合共享，构建服务科学文化素质提升的现代科技馆体系。

（三）活用社会资源，打造“品牌+融合”的互动体验中心

根据调查，互动体验是公众普遍认可的科学教育方式。而主题活动突破常设展厅的空间限制和业务域的条块分割，是科技馆近年来整合资源和渠道，重点开发的科学教育形式，具有很强的吸引力和社会影响力。因此，科技馆打造青少年科技互动体验中心可以借助社会化力量整合科普教育资源及开发科普教育活动，形成“品牌+融合”的模式，即策划好“一个品牌”，以自有品牌形成长期影响力，例如广东科学中心“科学之夜”活动品牌持续多年开展，已形成一定社会效应，科技馆可以结合暑假开展“科学体验营”等固定主题活动，依托主场优势，培育品牌活力打造自有特色。另外，融合“N方资源”，形成多样化互动体验。加强与中国科学技术馆联系，争

取“四大资源链接”（即展览资源、科学教育资源、影视资源、虚拟现实资源）支持，如引进“科技馆里的科学课”系列科普活动；加强科技资源科普化，与科研院所、高校、企业、科普基地等共建共享，充分挖掘科技资源进行转化，如对接科技企业孵化基地策划科技成果产品展览展示等；以长期合作、市场化运营方式，引进科学实践活动、教育课程、创客活动等，形成中长期科普活动“菜单”向公众尤其是青少年开放。

（四）聚焦立德树人，引领青少年思政教育

科技馆作为重要学习教育阵地，应进一步落实党建引领，并融入青少年思政教育中，护航青少年健康成长。首先，加强青少年思政教育。根据调查，青少年青睐的方式为科技讲座、展览宣传、视频观看，因此可以在此类科学教育活动中融入思政教育，如开展“全景式”学习，通过电子屏、党史宣传标牌营造氛围；开展“实景式”学习，引入科技史、科学精神展览等；开展“入景式”学习，举办讲好科学家故事、红色故事进科技馆等实践活动。其次，通过科技/教育工作者言传身教，引领青少年思政教育。通过提升全市科技工作者政治理论水平和素养，在科技和科普服务中言传身教，展现科学精神和科学家精神。

参考文献

[1] 刘琦、王美力、莫小丹：《科技馆常设展览展示内容分析及对策建议》，《科普研究》2022 年第 3 期。

[2] 孙小莉、何素兴、吴媛、苗秀杰：《有效提升科技馆科学教育活动成效的路径探析》，《高等建筑教育》2021 年第 3 期。

[3] 彭禹、田园心语、郑娅峰、郑永和：《我国科技馆科学教育发展新方向——基于〈现代科技馆体系发展“十四五”规划（2021—2025 年）〉的展望》，《自然科学博物馆研究》2022 年第 1 期。

[4] 殷皓、马宇罡：《关于青少年科学教育路径的思考——中国科技馆的实践与展望》，《中国校外教育》2022 年第 2 期。

科技资源科普化的现状分析及发展路径思考

——基于广州科技资源科普化调查分析

陈晶　赵慧敏*

摘　要： 新时代科普工作提出“科技资源科普化”的理念，强化关键部门的主体责任，促进科研科普融合，加快构建多元主体参与的社会大科普格局，这为不同主体的科技资源在推动科技创新发展及科学普及工作上带来新的着力点和挑战。本文通过对广州不同类型科技资源内容、科普化侧重形式及难易度等进行调研，结合新时期科普工作对科技资源科普化的新要求，提出资源科普化的系列路径参考，包括探索“两翼齐飞”机制、建立共享服务平台、以需求为导向链接科技资源、着眼科幻产业科普化。

关键词： 科技资源　科普化　科普能力建设

《全民科学素质行动规划纲要（2021—2035年）》《中国科协科普发展

* 陈晶，广州市科学技术发展中心信息系统项目管理师；赵慧敏，广州市科学技术发展中心助理研究员。

规划（2021—2025）》等文件明确提出实施“科技资源科普化工程”。该工程的提出是落实习近平总书记“两翼理论”的战略性举措，符合科技事业自身发展需求。科技资源科普化能够促进科普与科技创新协同发展。科技资源是丰富科普资源、加强科普能力建设的重要手段；而科普对科技资源成果转化有很好促进作用，能够引导社会正确认识和使用科技成果，让科技成果惠及广大人民群众。但很多科技资源存在专业性强，再加工重新创作成通俗易懂的科普知识过程比较难，资源缺乏整合共享，联动机制不强，科研人员缺乏激励，内生动力不足等问题。面对新时代科普工作要求，探究推动科技资源科普化路径和经验的紧迫性和必要性日渐凸显。本文基于对广州地区科技资源科普化调查及分析，了解科技资源科普化在内容、服务模式及发展趋势的一些特点，从而提出发展路径参考。

一　科技资源科普化的内涵

科技资源对于科普的价值，在《中共中央、国务院关于加强科学技术普及工作的若干意见》（1994）中提及，各科技机构、大专院校和科技工作者要积极投身于科普事业，通过举办公开讲座、开放实验室、参观等多种方式进行科普宣传。之后，我国相继出台的科技科普文件中大多都涉及科技资源科普化的内容，2021 年《全民科学素质行动规划纲要（2021—2035年）》中将“科技资源科普化”作为工程提出，要求贯彻落实。在地方性的相关文件中，《广东省科学技术普及条例》（2021）第三十二、第三十三、第三十五条分别规定了在丰富科普资源与完善基础设施方面，对政府、单位和个人的要求，同时强调对具有科普价值的科研项目提出科研成果科普化的要求并给予相应的支持，推动科技成果的科普化。

关于科技资源科普化的研究主要有概念界定，路径探索，现状与对策研究，针对科研机构、科技馆和博物馆的实证研究等，相关研究为“科技资源科普化”工程的实施提供了理论依据和参考价值。本文以任福君的概念界定为基础展开分析，认为科技资源科普化就是将科技资源转化为科普资源的过程，这个过程是科技资源功能和作用的拓展与延伸，是其本身应用范围的扩大，并不影响其属性，但是却从根本上实现了科普资源的丰富和科普能力的提高。同时，科技资源科普化也体现了科技资源投入所带来的价值，包括对知识分享的科学价值、对公众文化素养和社会文化品质提升的社会价值等。

二 新时代对科技资源科普化提出新要求

“十四五”规划对科普事业提出新的要求，《关于新时代进一步加强科学技术普及工作的意见》指出，要强化全社会科普责任，构建社会化协同、数字化传播、规范化建设、国际化合作的新时代科普生态，同时突出“价值引领”“以人民为中心”“科普能力建设”等核心要素，为深化科普资源供给侧改革指明方向。科技资源科普化是科普资源的重要组成，其可塑性及蕴含的科普体量巨大，应置于深化科普供给侧改革的首要位置，把握好新时代要求。

一是突出价值引领，弘扬科学精神和科学家精神。《全民科学素质行动规划纲要（2021—2035 年）》提出的第一条原则就是“突出科学精神引领”，科学普及应该致力于形成价值引领和科学文化。科技资源科普化过程中可以生产知识及有关科学家精神内容。科技资源向科普资源的转化，是通过运用多种展示手段，对科技知识进行再加工，并以大众都能读懂的方式呈现出来的一个过程。这一转化过程，同时把科学家对于科学知识的探索、求真求实、实践再实践精神一并输出，是对科学家爱国、创新、求实、奉献、协同和育人精神的体现，体现新时代的要求。

二是跨界融合，催生科普资源新形态。构建社会化科普大格局的发展理念使跨界融合成为时代特征。科技资源科普化过程中，首先需要寻求不同科普主体的合作，如社区、学校、农村、科技馆等，以基层和群众需求为导向为科技资源科普化提供方向，推进科普内容生产，促成优势互补，提升基层科普服务能力。其次与不同领域融合，如文学、教育、旅游等多元融合，进行科普创作，包括科普书籍、科普研学、科普游，尤其科普展品研发和科幻作品的创作。科幻是《“十四五”国家科学技术普及发展规划》“科普创作能力”建设的重要关键词，科技资源中大胆的科学假设、创新科技成果、科学家智慧是该创作的重要基础，因此科技资源科普化可将科幻创作作为重点探索的方向。

三是科技赋能，丰富科普展现形式。数字化时代为科普工作的未来应用场景和表现形态增添了无穷的想象力。科技资源科普化过程中，率先应用新技术，用新技术呈现科技创新成果，使科普和科技创新“两翼”相互促进，如应用 VR/AR 虚拟现实/增强现实等技术、人工智能、大数据等新技术手段模拟科学过程、呈现科普内容、体验科普互动、收集学习反馈数据等，助推科普服务提质增效。广州医科大学模拟仿真实验中心就通过 VR 技术模拟案发现场，让公众体验案发现场勘测及物证保存的过程，将公众难以理解的知识内容进行直观呈现。

四是以人民为中心，引导社会理解和支持科技创新。科学普及最终是要提升公民科学素质，满足人民对美好生活的向往，因此科技资源科普化要抓住公众的需求，转变“向公众单向传播科学知识”的观念，促进公众与科学共同体平等对话，如加强对科技资源的开放及普惠共享，科学家积极与公众对话解答科学问题，从而搭建公众了解国家科技发展、创新成果的桥梁，推动公众理解科学、参与科普。

三　广州科技资源科普化现状

本文基于 2022 年广州科技资源科普化情况调查，以部分广州科普开放日参与单位为主体，了解涵盖科研院所、高校（学校）、企事业单位等 108 家单位科技资源转化的内容与服务模式。本次调查单位中，以企事业单位、高等院校、科研院所为主体，占比分别为 54.6%、21.3%、15.7%（见图 1），该类型单位无疑是科技资源的主要产出地和主要的科技型组织，集中了大量的科技创新资源、科技人才，其资源科普化是丰富科普资源、加强科普能力建设的重要途径。相关调查结果及分析如下。

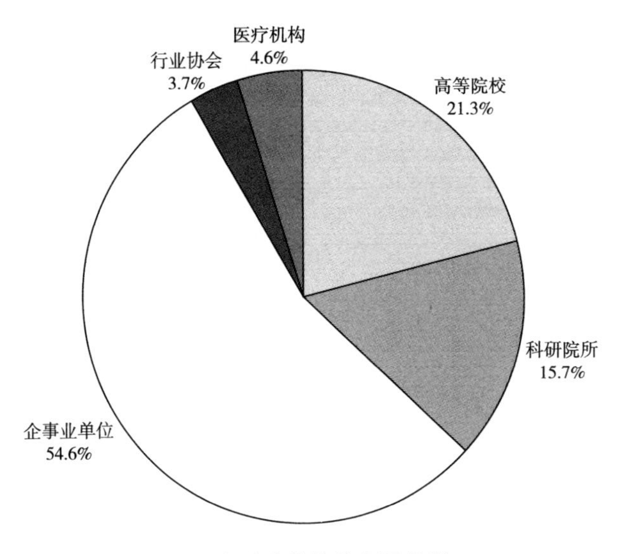

图1　受访单位的主要类型

(一) 受调查科技资源单位普遍具有资源科普化基础

根据调查统计，调查的单位普遍具有各种线上线下科技资源及配套设施，其中线下资源或配套设施以科普馆/标本馆/展览馆、讲座报告厅、户外展览区/标本区为主，分别占比 56.5%、54.6%、38.9%。线上资源及内容为公众号（有发布科普内容）、制作科普视频、网站（科普内容）、线上科普活动（如线上知识竞赛、游戏）、定期科普直播，占比分别为 73.1%、51.9%、25.0%、18.5%、9.3%（见图 2）。可见，受调查单位普遍具有丰富的科技资源，通俗地说就是科学研究和技术创新过程中所涉及的各种知识、成果，实验器材、实验物品，人力资源等，为实现科普化提供基础。

科技资源科普化需要一定的组织及呈现形式，使公众能够理解科普化的成果。展览展示及科学教育活动是重要的科技资源科普化形式。受调查单位依托雄厚的资源储备和技术力量，将科技资源转化为形式多样的线下科普活动，主要为科普讲座、参观展览、互动体验、派发科普书籍或资料、科普产品、实验操作，占比分别为 77.8%、75.0%、66.7%、52.8%、36.1%、

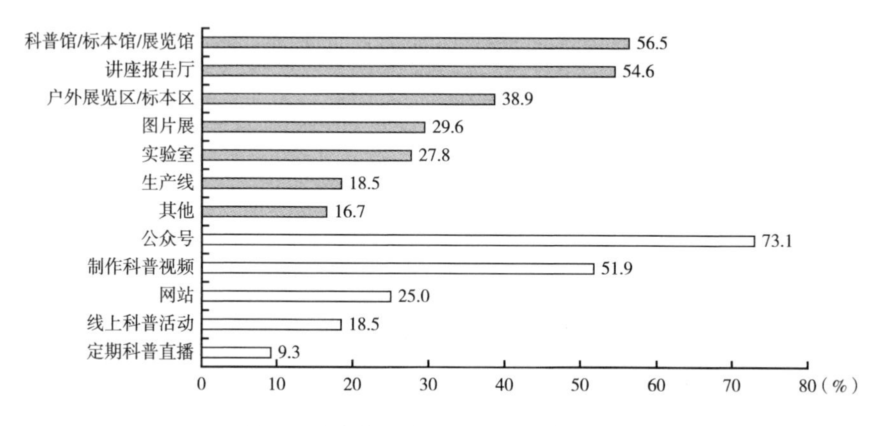

图 2　受访单位线下线上科技资源情况

22.2%（见图 3）。由此可见，需要额外投入的物力、人力资源越少，转化形式越容易被实现，如科普讲座、参观展览（包括图文展）。

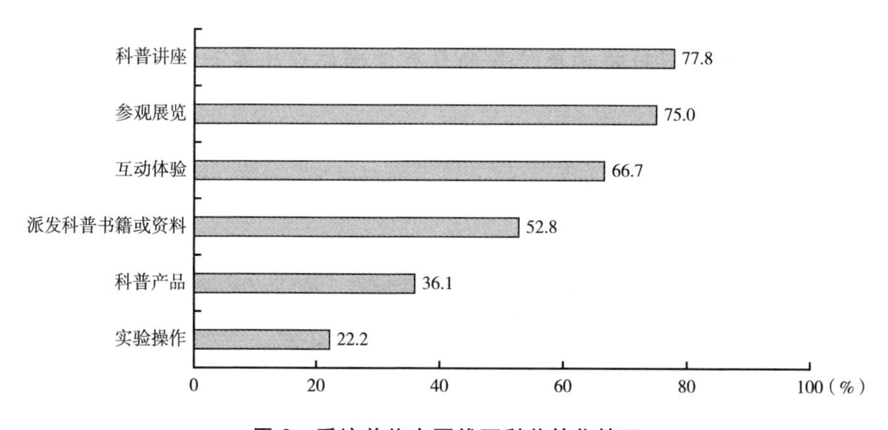

图 3　受访单位主要线下科普转化情况

（二）不同类别单位因资源不同，科普化形式各有侧重

从不同类别单位来看，高等院校、科研院所科普讲座占比较高，得益于其拥有大量的学术/研究人才及报告场地。科研院所、企事业单位的参观展览占比较高，得益于科研院所丰富的科研设施、标本资源及野外台站等向社

会公众开放，如中科院下的南海海洋研究所、广州地球化学研究所，广东省科学院下的微生物研究所、动物研究所等；而企事业单位为展现企业文化历史、企业产品及相关科技信息而建设的展览馆、科技成果展示或先进制造流程展示也丰富了该类别科技资源的科普转化，如广高高压电器（产品历史及科学原理）、白云山陈李济（中医药标本展览）、风行乳业（先进生产线）、文博智能（科技成果展示）等。

值得一提的是，企事业单位的“科普产品”占比相较于其他类别单位较高，几乎高出一倍（见图4）。高校、科研院所是科技创新的主体，而企业往往是产品转化的投入者、组织实施者、商业价值的实现者，企业对科技成果有强烈的需求，其成果转移转化形成的产品、服务及创新工艺、流程，均可成为向市民展示或开放的科普产品来源，如奥松电子为公众科普半导体芯片制造及相关产品，巨轮（广州）机器人与智能制造向公众展示智能机械臂、工业机器人及自动化生产线等。

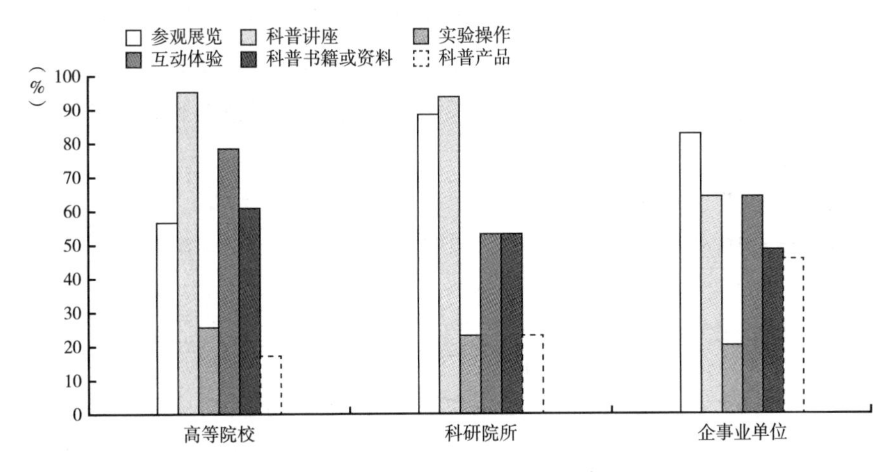

图4　不同类别单位科普转化情况

可见，科技资源科普化的过程一般需要依托相关的展示载体及手段，才更易于向公众科学普及。因此单位现有资源内容侧重及丰厚程度，也影响科普化难易程度及呈现方式。

（三）高端科研成果的科普化亟待进一步加强

科技资源科普化是需要再加工和创作的过程，即便拥有一定资源和载体，部分高精尖的基础研究或创新成果也难以直接呈现原理，需要不断探索科普化的形式。我们尝试将高等院校、科研院所、企事业单位科普化内容（活动）与相应提供支撑的科技资源进行比较，形成比值，初步了解科技资源的“利用率”（见图5），如比值低于1的，在某种程度上显示该部分科技资源“利用率”还存在一定空间，也从侧面反映该部分资源的科普化难度较大，并非可以直接展示，需要更多的再加工和创作。通过比较，大部分高等院校、科研院所的实验室资源，以及少部分高校科技展览资源“利用率”仍较低。高等院校及科研院所实验室资源很多是从事探索或基础性科学研究，不管是研究的学科内容、操作技术还是运用的仪器设备，都比较深奥，科普转化的过程需要投入更多人力物力，尤其人力资源的创作开发，这需要自上而下，从政策引导、资金投入、科技人员激励等多方面进行顶层设计。而企事业单位科技资源很多是对原始科技创新成果的再加工，部分已经呈现产品模式，因此更易于科普化，但需要多层面的引导激发其科技资源科普化的需求和动力。

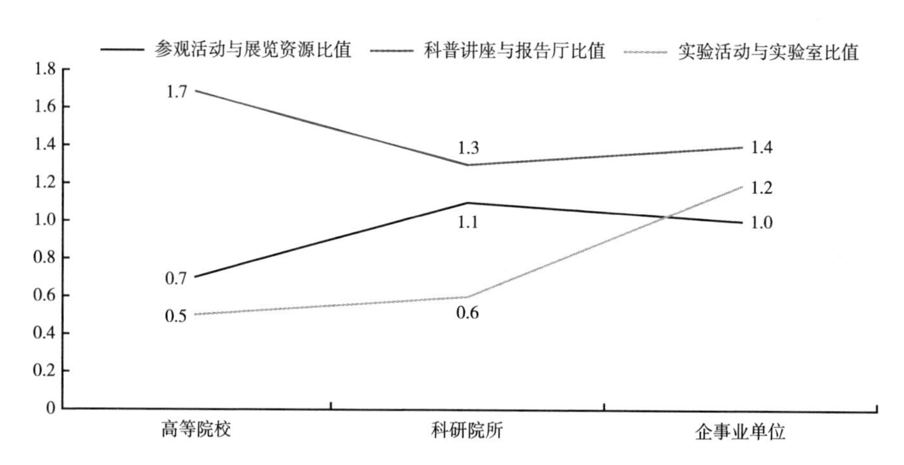

图5　部分科技资源占比与该单位对应科普化内容占比的比值

（四）共建共享是科技资源科普化的发展趋势

科技资源科普化目的是丰富科普资源体量，促进公民科学素质提升，因此除了自身对外展示外，将丰富的科技资源输出有利于推动形成社会共建共享的格局，实现价值的倍增，进一步构建全域科普。受调查的108家科技资源单位中，94%的单位有意愿与周边社区、学校或农村等开展科普共建，提供科普服务或共同策划科普活动，89%的单位落实具体行动“走出去”，主要的科普服务方向是学校、社区、农村和其他，占比分别为74.1%、61.1%、36.1%、16.7%（见图6），其中“其他”主要包括机关、企事业单位、文化广场等单位或场所。主要输出的科普服务为现场科普互动、科普展品、科普讲座、图文科普展板等，占比分别为70.4%、60.2%、58.3%、52.8%，专业知识性强或技能输出型的科普服务，如技能培训（占比16.7%）等（见图7），有待进一步提升。

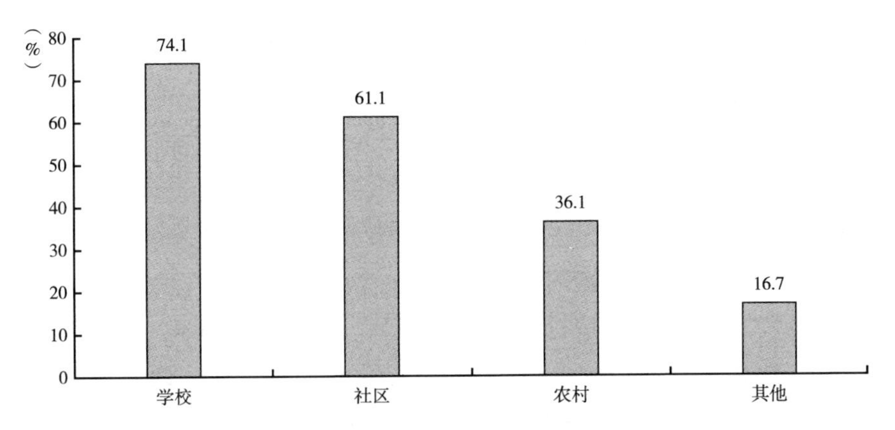

图6　受访单位科普服务输出的方向

可见，相关政策的出台为推动科技资源延伸拓展提供了支持，“走出去”更是丰富了基层科普资源，让高端科技资源更接地气，并有利于不同科普主体不同领域之间跨界融合产生新的科普业态。大科普格局下，共建共享是科技资源科普化发展的趋势。当然过程中也存在一些不足，如很多高端

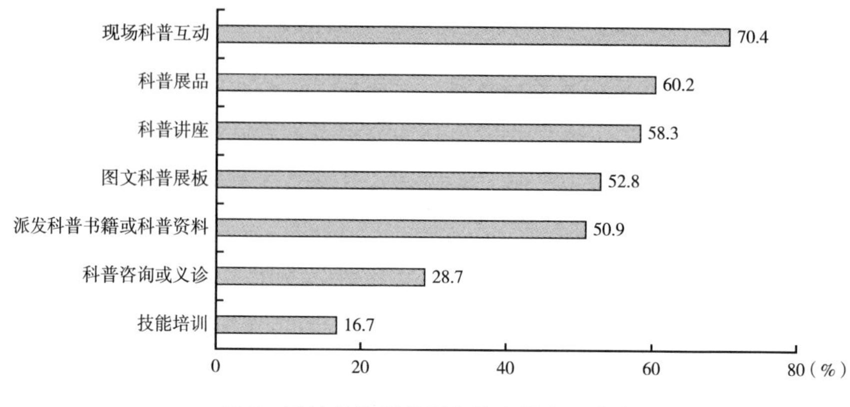

图7 受访单位科普服务输出的主要内容

资源很难直接转化为移动资源，一些珍贵的藏品及研究成果展览展示过程中存在维护专业性和安全性问题，人力资源的激励和保障不足等。

四 新时代科技资源科普化服务科普工作的路径思考

（一）探索建立科技科普“两翼齐飞”机制，落实制度保障

《全民科学素质行动规划纲要》《中国科协科普发展规划》等多个文件政策均提出推动“科技资源科普化”，但具体落实中缺乏指导和刚性要求，尤其是专业性、学术性强的科研成果，其科普化过程可能需要科研机构、企业、科普基地等多方参与及投入，是科普化过程的瓶颈，因此需要建立“两翼齐飞”机制：第一，推进科普标准体系建设，尤其是科普基础通用标准、服务提供标准、资源服务标准、设施开放标准等；第二，加强科技资源科普化理论研究及实践探索；第三，加强科技与科普融合，相关科技发展规划、文件提出科技资源科普化要求，相关科技项目基金明确科普化的比例，科普工作纳入相关科技创新基地、科技创新成果转化考核等；第四，强化科技工作者社会责任引导，建立有效激励机制。

（二）建立共享服务平台落实目标衔接，盘活优势资源

建立集资源汇集、供需衔接、数字认证、数据分析等多功能的服务平台，充分集约社会科技资源，以便需求方落实目标衔接。一是建立本地“资源连接”库，即由地方科协组织驱动建立科普化资源库，包括来自科研院所、高校、企业等的展览资源、科学教育资源、影视（视频）资源、虚拟现实资源、科普人力资源等，让全社会参与资源共建共享，由供需双方自行进行服务对接。二是对提供服务的科技资源主体给予一定的政策激励或补贴，促进科技资源科普化，激励供给方提供更优质的资源与服务。如科普工作者给予认证、服务时计算，作为职称评定、业绩考核的重要参考；企业服务给予经济优惠政策，发挥经济杠杆的作用；对科研单位开展科普工作取得的重大成效，给予经费支持。三是利用平台大数据及所关联的反馈信息，探索科技资源科普化的供需关系，例如捕捉受关注的展览内容、教育活动内容等，为盘活科技资源科普化提供专业引导和服务策略。

（三）以需求为导向链接科技资源，实现共建共享

以需求为导向，进一步增强科技资源科普化的原生动力和适需性。

1. 突出价值引领，强化弘扬科学家精神

科技资源中的科学家故事、科技成果及科技企业成长历史等，蕴含丰富的精神素材源泉，科技资源转化为各种科普产品或服务的过程中，要融入价值引领，如对知名科学家手稿、高质量有特色的藏品进行收集整理，通过互动展品、声光电、影像、科技实物等交互形式强的展现方式，实现对科学家精神和科学研究内容的展示和传播。

2. 建设学科专题馆或科普场景，拓展科普阵地

科技资源中蕴含丰富的展品展览、科技成果、实践活动等资源，要就地取材，强化各类科技资源素材的转化，如科研院所、高校、企业建立科研成果和产品展示平台，开放非涉密实验室、藏品馆等形成有学科特色的专题场馆。另外，创新科普形式与载体，将科学原理、科学精神、科技成果浓缩成

小型科普场景，在所在单位，在城市绿道、文化广场等重要节点上串珠成链，力求贴近生活、服务群众、融入经济社会发展大局，形成城市科普文化和科普生态圈。如广州黄埔区打造“10分钟科普活力圈”，市民10分钟内即可到达最近的科普点，其背后都有高新技术企业或科研院所甚至院士坐镇，第一时间对新的科学发展理念和科技发展动态进行科普。

3. 以需求为导向，精准对接科普服务

科研机构、高校、企业等与科技场馆、社区、中小学校等建立中长期合作机制，研发适需性强的展览展品、科学实验课堂、实践活动、云科普资源等，形成科普活动“菜单”及服务“双减”资源库向公众和中小学开放，这个过程尤其要注重激发科技工作者投身科普工作的热情及增加与公众交流的频率。值得一提的是，企业科技资源要强化市场化思维，开发高质量、品牌化、成体系、有特色的科普产品与服务，公众付费消费，满足多样化、个性化、差异化的公众需求，激发市场需求，进一步拉动科普产业发展。

（四）着眼科幻产业资源科普化，推动文化科技融合

科幻产业是文化科技融合的新兴产业，是以现代科技尤其是前沿科技为驱动，以科学精神和想象力文化为内核，以工业化设计、生产和制造为支撑，以超现实叙事、视听体验、沉浸式场景等为载体，提供科技传播和文化消费服务的新型业态。可见，科幻是多学科的糅合，并以前沿科技为主，在某种程度上通过各种高科技应用载体对科学知识进行了科普诠释并呈现出来，是优质的科技资源科普化；在科学教育方面，通过科幻教育能让青少年沉淀丰厚知识基础，转化为科技创新的能力，“让想象力跟得上科技”。目前多项科普规划中也均提出“推动构建良好科幻发展生态”，因此科技资源科普化可以此突破进行创新，如科研机构、企业联合开展科幻内容及产品创作，推动科幻产品的展览展示化，开放科幻教育课程，采用AR/VR/MR等虚拟现实技术呈现科幻场景及沉浸式体验，进行科幻作品的场景复原及作品/书籍推荐，开展科幻主题活动及交流创作活动，有条件的可以引入科幻影视作品等。在政策条件支持下，科幻产业势必有所发展形成产业化发展，过程中

产生的科学依据、科普创作及产品，均可寻求进行科普转化，最大效能实现科技资源科普化。

参考文献

[1]《中共中央国务院关于加强科学技术普及工作的若干意见》，《科协论坛》1995年第1期。

[2] 陈建胜、吴仕高、吴军辉：《新时代地方科普立法的创新和发展研究——以〈广东省科学技术普及条例〉为例》，《科普研究》2022年第2期。

[3] 任福君：《关于科技资源科普化的思考》，《科普研究》2009年第3期。

[4] 张闪闪、刘晓娟、高雪茹、刘华、葛明磊：《科技资源服务价值度量框架研究》，《中国科技资源导刊》2020年第5期。

[5] 王小明：《深化科普资源供给侧改革，构建高质量、高效能的现代科技馆》，《自然科学博物馆研究》2022年第1期。

[6] 敖妮花、龙华东、迟妍玮、罗兴波：《科研机构推动科技资源科普化的思考——以中国科学院“高端科研资源科普化”计划为例》，《科普研究》2022年第3期。

天文科研科普双融合

——以《天文爱好者》为例

冯　翀*

摘　要： 本文紧密结合国家科普政策文件精神，聚焦天文科研科普工作现状，以《天文爱好者》杂志为例，着力剖析了科普杂志从科研工作中提炼科普素材，利用科普影响反哺科研工作，实现科研科普双融合的创作过程，探讨了科研科普双融合在天文科普杂志中应用的可行性。具体以天文科普期刊通过科研论文科普化、宣传天文科普公民项目、组织天文事件观测联动和开展青少年天文竞赛引导为例，分析了不同角度融合的实践案例，展现了为提升公民科学素养做出的努力，并指出在天文期刊科普过程中应该注意的问题。希望能通过理论和实践分析，提高天文科普期刊工作的实际效果。

关键词： 天文　科研　科普期刊　科普公民项目

一　政策引导

习近平总书记指出："科技创新、科学普及是实现创新发展的两翼，要

---

* 冯翀，北京天文馆副研究馆员。

把科学普及放在与科技创新同等重要的位置。”从 2002 年《中华人民共和国科学技术普及法》的颁布，到 2017 年《“十三五”国家科普与创新文化建设规划》的实施，科技创新与科学普及的规划不断完整和具体。由科技部、中央宣传部、中国科协共同编制的《“十四五”国家科学技术普及发展规划》强调，要持续推进科技创新资源科普化，聚焦科技前沿开展针对性科普。《中国公民科学素质基准》指出，科学素质是国民素质的重要组成部分，是社会文明进步的基础。提升科学素质，对于公民树立科学的世界观和方法论，对于增强国家自主创新能力和文化软实力、建设社会主义现代化强国，具有十分重要的意义。

二　国内科普期刊现状

（一）科研与科普的关联

科研，是科学研究的简化表达，是指人类在文化、技术等方面进行的创造性工作，重点在于探索未知。科普，早期被定义为以通俗的形式讲解技术问题，将人类已知的科学知识等传播给更广泛的受众。随着科普阶段的发展，科学传播模式也从传统科学普及向着公众理解并认同科学、公众反思科学、公众参与科学、公众科学服务等更高阶段发展。但无论模式如何演进，核心仍然是将知识扩及更大的受众面。科普就是要将科研的内容以受众易于接受的形式传播出去，科研是科普活动开展的源头活水，将两者深度融合才能发挥最大作用。

（二）一般科普期刊形势

科普期刊就是一种常见的科普媒介。它是以普及科学技术知识、推广科学技术的应用、倡导科学方法、传播科学思想、弘扬科学精神为办刊宗旨的期刊。虽然我国科普期刊数量呈现一定上升趋势，但仍普遍存在规模小、影响弱、利润低、受众量下滑等问题。短板主要体现于科普知识重复且表现形式单一、精品栏目凤毛麟角、服务科学素质提升意识薄弱等。

互联网迅速崛起，给期刊发展带来了机遇和挑战。单纯收录信息的浅阅读期刊面临被淘汰的危险，而葆有知识壁垒及思想深度的优质期刊显现前所未有的生命。通过考察 50 种“中国优秀科普期刊”，发现它们都是围绕着相关知识领域进行内容的生产与传播，具有鲜明的学科定位。科普期刊应充分建立科学传播的主体性，发挥好自身品牌对于科学领域—科学家—科学研究机构—媒介平台—受众的架接作用，使科研与科普有机融合。

（三）青少年天文期刊的意义

《中国科技期刊发展蓝皮书（2020）》数据显示，截至 2019 年底，我国科普期刊共 259 种。这些科普期刊逐渐将目标受众转向青少年群体，其内容的采编及期刊全媒体发展设计也逐渐青少年化。目前“双减”政策落地，科普期刊能为学校和家庭提供更多的课后服务内容，在提升青少年科学素质的同时，也为国家培养科技后备人才。比如《科学大众》就进行了调整：课内知识课外延伸，弥补课时受限的缺憾；科普专家、科普场所联动，丰富青少年课外生活。

天文学是六大基础学科之一，对中学生来说，天文学是一门适合培养科学兴趣、培养创新素质、树立科学宇宙观的学科。但是，天文学没有作为一门独立的课程在我国中小学开设，因此课外天文科普教育成为中小学生获得天文知识的重要途径。一项在江苏范围内的调研显示，“动植物”“天文”“动漫”分别排在青少年喜爱的科技期刊内容前三位。以《科学大众》杂志的重点栏目“特别关注”为例，该栏目紧跟时事和最新科技热点，以小学生的视角深入挖掘、解读，推出了诸如北斗卫星导航系统、“墨子号”量子卫星、“天宫二号”等最新科技成果。

对科普期刊而言，明确未来的发展定位是其首先要解决的问题，要在锚定发展方向、聚焦主业的基础上走出个性化发展方向。《天文爱好者》作为我国创刊最早、影响力最大的天文科普期刊，以追踪天文热点、探索宇宙奥秘、启迪智慧、陶冶情操为办刊宗旨，坚持宣传辩证唯物主义世界观，介绍天文学基础知识和人类认识宇宙取得的新成果，培养青少年天文爱好者的观测实践能力，是国内普及天文知识的重要窗口。期刊有义务引导读者适应从以教育为主、单向传播知识的阶段进化到能体现对话与平等性的新型传播阶段，要用多元化、参与性、互动性的传播过程替换自上而下的旧过程，从而达到读者对天文科学理解、信任和互动的目标。

目前，中国天文科研蒸蒸日上、飞速发展，科学成果及产出日益增加，但大部分科普内容却主要集中于陈旧的基础知识，对于天文前沿的关注度明显不足。我国科研人员对于参与科普创作的认同度高、意愿强，但行动力弱、形式传统，时间精力不足、考核及奖励等激励机制的不健全是影响科研人员开展科普创作的主要障碍。仅靠一线科研人员进行方式单一的科普推广效果有限，所以探索出天文科研进展科普化的有效模式非常必要。科普杂志是开展科普工作的重要平台。如何将宝贵的科技资源高效转化，从而稳步提高全民科学素质是科普杂志普遍面临的重要问题。

三　用天文科研资源丰富科普作品

论文是科研人员工作成果的重要表现形式，承载着新近取得的科技进展，同时也是科学知识、科学方法、科学思想、科学精神的综合载体之一。论文所包含的研究结果是新的科学知识；论文中提到的研究过程要采用科学的方法，要有科学思想的指导或者提出新的思想；而论文对他人和本人成果的讨论和质疑等，都体现出了科学精神。将论文科普化是普及科学知识、倡导科学方法、传播科学思想、弘扬科学精神的重要途径。将学术论文改写为科普文章，其传播效果远大于普通的学术论文推送。自然界和研究过程的复杂性会导致诸多研究结果都带有不确定性，这些不确定的事物不应该成为公众理解科学的障碍。不断更迭的科研成果及结论，会让读者发现科学是一个持续的过程。

基于科研论文科普化的必要性和重要性，《天文爱好者》针对月刊的出版周期，专门设置了短平快介绍天文新闻事件的“新闻速递”栏目以及详细介绍国内外天文科研进展的“前沿视点”栏目，让科研素材丰富科普作品。通过邀请国内外专业领域的一线天文学家介绍重大创新成果及项目进展，从多维度、立体地为青少年天文爱好者展现真实的天文科研工作，让读者感受到天文学家需要面对理论工作的不断修正和迂回，天文设备也会存在不可控的突发状况。通过介绍具体的天文科研过程和探索方法，使青少年天文爱好者沉浸式地感受其中的科学方法、科学思维与科学精神。结合其他栏目的相关文章一起阅读，会为读者建立更加完整的当代天文学发展史。

杂志选题重点突出大国重器的介绍。比如：在 2019 年第 7 期和 2022 年第 6 期分别刊登了《LAMOST 绘星流》《穿越时空讲述银河系早期的成长故事》，介绍我国著名光学望远镜——郭守敬望远镜（LAMOST，大天区面积多目标光纤光谱天文望远镜）的科研进展；在 2019 年第 9 期刊登了《海子山上的宇宙线之眼》，介绍我国国家重大科技基础设施——高海拔宇宙线观测站（LHAASO）的建设情况及科学展望；在 2022 年第 5 期刊登《来自宇宙深处的神秘电波》，介绍了我国国家九大科技基础设施之一——世界上单口径最大、灵敏度最高的射电望远镜最新的科技产出。通过及时报道我国重大科技项目的成果，扩大科普范围及影响力，烘托出科技强国、崇尚创新的良好社会氛围，同时激励有志参与我国天文科研事业的青少年读者早日成为其中的一员。

同时，杂志的选题宗旨始终一贯，且凭借期刊连续出版的优势，为读者构建出天文学研究中不断螺旋前进的场景，让读者从具体案例中感受到天文学发展、天文学方法和科学探索精神这些抽象的概念。以引力波和系外行星这两个近十年内天文领域不断突破的选题为例，从标题和刊登时间可见，通过对热点领域的持续关注和及时报道，可以具象地呈现出天文学新兴领域在十年内的飞速发展和不断突破。

引力波选题。最初，在 2015 年第 11 期刊登《重访爱因斯坦：寻找缥缈的引力波》时国内关于引力波的科普信息寥寥，关注人并不多；到 2016 年第 1 期刊登《引力波，你了解多少?》《LISA 探路者，空间引力波探测的里程碑》时期刊提前了解到有关科研成果即将发布，有意识地为读者从理论和观测双方面引入这一概念；在 2016 年第 3 期正式发布《引力波，探测到了》；后续持续对此进行详细介绍，在 2018 年第 5 期刊登《标准汽笛：聆听引力波》；结合当时引力波的最新发现又在 2020 年第 11 期刊登了《GW190521“情人节”引力波事件》；在 2020 年第 12 期刊登《走进北师大引力波实验室》，为读者介绍我国科研团队在该方向上的成果及现状；在 2021 年第 4 期刊登《时空的圆舞曲：引力波》。多年来，通过对该领域的关注与深耕，既呈现了引力波从理论初现、探测成功、成果不断到团队成熟的过程，也体现了我国科研人员在这一过程中付出的努力和得到的收获。

系外行星选题。在十年前，相较于太阳、宇宙学等领域，我国系外行星领域的科研人员还较少，主要科研资讯来源是国外科研团队，随着我国天文学家的不懈努力，现已有越来越多的系外行星前沿进展是我国天文学家发现的。在 2013 年第 10 期刊登《行星大气的奥秘》，在 2014 年第 10 期刊登《行星照中觅生命》，在 2017 年第 11 期刊登《探秘系外行星大气层》，在 2018 年第 4 期刊登《奇特多风的系外行星》，在 2019 年第 6 期刊登《系外行星上的生命线索》，在 2019 年第 12 期刊登《大气中的生命“密码”》，在 2021 年第 12 期刊登《氢海行星：宜居行星新角色》，在 2022 年第 7 期刊登《太阳系考古记》。从这些选题的变迁能看出：一方面随着系外行星领域科研队伍的壮大，科普内容开始变得丰富与多元；另一方面因为天文学的发展还是依托于观测设备，所以系外行星研究也会受此限制。

四　让天文科普影响助力科研工作

目前，很多给《天文爱好者》投稿的一线天文学家都曾是当年的读者；近年还有许多读者在《天文爱好者》的影响下选择了天文专业就读。层层深入的天文科普最终会为科研事业输送新鲜血液，培养起一个具备未来天文学家潜质的青少年群体，进而推动科研事业，真正让科研与科普融合的作用发挥到尽可能长远。更多普通读者在感受到科研的不易和重要性后，也会更加尊重科学、崇尚创新，从各方各面为科研工作顺利开展提供支持。

（一）宣传天文科普公民项目

从科研论文到科研项目，公众可以更接近科学研究工作。公民科研允许公众在一定程度上参与到职业科研人员主导的科研项目中，自愿承担观测现象、收集数据、分析资料、宣扬科学理念等科研任务中的部分工作。其除了为科学研究提供支持外，还提供了资源共享、信息公开、与科研人员互动的平台。从长期来看，这将潜移默化地影响公众与科学传播之间的关系，使得公众更主动地参与科学活动。《天文爱好者》很早就注意到天文科研科普双融合的项目，通过介绍相关项目、指导参与、总结项目成果等方式进行宣传推广。

《天文爱好者》在 2012 年第 9 期采访了天文科普公民项目“星系动物园”的天文学家，刊登《走近“星系动物园”里的天文学家》一文，在 2017 年第 4 期发表《如何在家完成科学探索》，在 2017 年第 5 期继续介绍相关项目《方兴未艾的“公众天文学”》，在 2018 年第 12 期推出《来帮帮我们！借助射电星系动物园（Radio Galaxy Zoo）证认来自超大质量黑洞的射电喷流吧!》，并在 2020 年第 6 期刊登了回顾性质的文章《星系动物园“开园”13 年》。

在 2012 年第 11 期又推出了有关天文科普公民项目 Milkyway@ Home 相关内容的《提问甚于求解》，在后续 2013 年第 12 期刊登《Milkyway@ Home》一文，指导读者如何参与项目，在 2022 年第 9 期刊登《众人共绘昔日银河》，回顾该项目十年来的发展历程。

在 2022 年第 6 期刊登了《FAST 面向青少年征集观测方案》，该活动由中国科协青少年科技中心、中国科学院国家天文台和中国青少年科技辅导员协会主办，号召青少年们在符合科学原理的基础上，开动脑筋提出有意思的问题并亲自回答它们。

在 2022 年第 7 期刊登了《中国业余巡天的一束光——星明天文台》，

介绍了公众与天文学家共同进行天体的搜寻、测光和研究工作。星明天文台近年开展了公众超新星搜寻项目（前身为超新星小行星搜索计划）、彗星搜索项目和变星搜寻项目等。

随着科研科普双融合实践的深入，参与者与科研项目的互动方式变得更多元，互动形式在趣味度和深度上不断提升。Milkyway@ Home 和 SETI@ Home 这类项目只需要贡献出电脑计算力，对参与者的天文知识背景和投入度要求不高，参与门槛较低，但科普受众较广；星系动物园这类项目需要参与者发挥人脑处理数据的功能，参与者实际参与度更高，趣味度较高，与此同时参与者获得的天文科普知识也较多；FAST 提案这类项目针对不同年龄段参与者，给出更加细致的提案要求，教育意义更强，与青少年的学习生活更加紧密；星明天文台这类项目则充分发挥了天文观测的特色，将天文观测爱好者资源集中，有针对性地开展各类观测活动，最后这类项目参与门槛较高，具有一定的特殊性，但深受天文爱好者喜爱。

不管是哪类公民科普项目，都是科研与科普深度融合的产物。虽然互动过程中传播的天文科普知识仅限于对应领域，知识面较窄，但挖掘得更深，互动参与度更强，参与者由此产生的黏性也更大，从影响深度来说效果要优于科普文章。

（二）天文事件观测联动

基于天文学观测这一研究特色，结合我国近年来航天事业的飞速发展，《天文爱好者》在考虑了读者受众的喜好后，充分挖掘天文前沿进展与科普融合的可能性，在 2021 年 10 月开展了“仰望天宫空间站，祝福神舟航天员”中国空间站观测月活动。该活动号召国内各天文科普单位和广大天文爱好者在 10 月组织和开展针对天宫空间站过境的观测活动。《天文爱好者》首先在 2021 年第 2 期做好了背景知识的铺垫，刊登了《2021 年中国航天看点》；然后在 2021 年第 10 期正式发出《关于开展“仰望天宫空间站祝福神舟航天员”中国空间站观测月活动的倡议》，辅以指导观测的《天宫空间站 2021 年 10 月国内部分地区过境情况简报》和朱进研究员实际观测记录《追星之旅——致敬中国航天》；后续在新浪微博平台上鼓励参与者在“#仰望天宫空间站，祝福神舟航天员#”话题下交流和分享。《天文爱好者》杂志从2021年10月起开设天宫空间站观测栏目，发布当月天宫空间站在国内部分地区过境情况预报，并对中国空间站观测月活动和广大天文爱好者和公众对于天宫空间站过境的后续观测活动进行报道。活动一方面增加了公众开展天文观测的体验，增强对中国空间站建设的关注，另一方面基于参与者发布的摄影作品又起到了更广范围的科普宣传，将我国重点科研前沿以较高的互动性层层推开辐射更多受众。

（三）天文竞赛引导

通过引导在校青少年天文爱好者参与全国中学生天文知识竞赛也是《天文爱好者》将科研科普双融合的重要举措。全国中学生天文知识竞赛创办于2002年，被纳入教育部赛事白名单，每年参赛人数过万人。作为支持单位，《天文爱好者》参与了历年的命题组织工作。在比赛时，侧重融入我国天文科研前沿进展的知识点进行考查，以考试内容为导向，影响青少年读者的关注点。2012年至2022年的全国中学生天文知识竞赛预赛中共涉及70道天文科研进展相关的试题，平均占每年试题总数的20%左右。通过青少年天文竞赛这种科普活动形式，将天文科研进展渗透融入题干，短期内的效果可能只是加强本届参赛学生对杂志内容中天文时事和热点的关注，但长期引导会让更多青少年形成主动、自发关注我国天文科研进展的良好习惯和科学氛围。

结　语

近年来，杂志力求从增强青少年科学兴趣、科学思维和科学能力等方面全面提升其科学素质。在科研科普双融合的新场景下，《天文爱好者》将科普重心从科学知识向科学精神、科学方法进行转移，并且重新审视传播理念，力图将单向、被动的传播进阶成双向、主动的模式。在选题时突出科学精神引领，弘扬科学精神和科学家精神，以各类天文学家传记、大望远镜建造史和天文科研进展的螺旋式前进故事等多种角度，传递科学的思想观念和行为方式，点燃青少年的爱国情怀，激发起他们的科学兴趣和创新思维，培养他们理性质疑、勇于创新、求真务实、包容失败的科研精神和实践能力。

另外，本文只探讨了在科研科普双融合场景中天文科普期刊在内容方面的调整，一方面是因为篇幅有限，关于科普活动在融媒体的尝试已出现多种形式，此处暂不讨论；另一方面是因为无论何种传播形式和媒体手段，最基础的天文科普内容才是根基，做出正确、向上、有趣的科普内容才是重中之重，才是对广大青少年天文爱好者负责任的表现。

参考文献

[1] 李国昌、王凤林、龙昭月：《科普工作新需求下作者队伍建设的对策》，《出版科学》2020 年第 1 期。

[2] 袁清林：《科普学概论》，中国科学技术出版社，2002。

[3] 孙文彬：《科学传播的新模式：不确定性时代的科学反思和公众参与》，中国科学技术大学博士学位论文，2013。

[4] 席志武、徐有军：《科普期刊的新媒体运营现状与优化路径探讨——以 2020 年度 50 种中国优秀科普期刊为例》，《编辑学报》2021 年第 4 期。

[5] 葛璟璐：《科普期刊提升青少年科学素质的实践路径》，《传媒》2021 年第 23 期。

[6] 刘浩冰、邱伟杰：《高质量背景下科普期刊的发展思考》，《出版广角》2022 年第 9 期。

[7] 谢飞：《“双减”背景下青少年科普期刊的机遇与策略》，《编辑学报》2022 年第 2 期。

[8] 林鸿志、王洪光、崔辰州、潘文彬、邓荣标：《基于万维天文望远镜平台的国内天文科普现状及其区域差异表现研究》，《天文研究与技术》2019 年第 3 期。

[9] 陆艳：《新世纪青少年科普期刊编辑理念创新路径——以〈科学大众〉杂志为例》，《传媒论坛》2018 年第 12 期。

[10] Fienberg Richard Tresch，Gay Pamela L.，Lewis Gary，Gold Michael. Citizen Science

Across the Disciplines [A] . Symposium on Earth and Space Science [C], 2010.

[11] 陈玲、李红林：《科研人员参与科普创作情况调查研究》，《科普研究》2018年第3期。

[12] 张明伟：《从论文到新闻——以中国科学报社论文新闻报道为例》，《科普研究》2019年第2期。

[13] 李明敏、俞敏：《学术期刊论文科普化方法及思考》，《中国科技期刊研究》2021年第1期。

[14] 江昀、杨雪：《科普报道中如何理解与使用数据?》，《科普研究》2018年第2期。

[15] 吴江江：《国外公民科研的科学传播模式研究》，《新闻世界》2013年第7期。

加强社区科普阵地建设

何　丽*

摘　要： 基于对社区科普研究相关资料的文献梳理和社区科普实地调研情况，结合相关理论，分析了社区科普阵地发展的现状和制约社区科普阵地建设的因素，提出在新的社会经济发展条件下社区科普阵地发展的建议和思考，以加强社区科普阵地建设。

关键词： 社区科普　科普阵地　科普建设

改革开放以后，随着我国经济体制的市场化改革取向和人口城市化趋势，我国开始强化国家在公共福利和服务中的角色，城市开始形成街居制基层社会管理体制，以社区取代单位提供社会福利。现在越来越多的单位人变成社会人游离在固定的终身的组织之外，生活在社区中，“上面千条线，下面一根针”，政府的各项科技政策惠民措施以及伴随改革开放的科技发展的各项成果，最终都要经由社区落到实处。社区成为当下社会多元治理的基石，是落实和承接社会职能最基本的载体。社区也是科普的最基本载体，社区科普通过提供科普服务满足居民的需求，使居民能够享受科技发展带来的生活便利，也是社区科普的目的。

* 何丽，中国科普研究所副研究员。

一　对社区科普阵地的理解

阵地一词原指军队为进行战斗而占领的位置，可以用来比喻工作、斗争的场所。主阵地即为工作开展最常见和最基本的范围和场所。社区作为城市最活跃的细胞，是城市最基层的单位，也是城市科普的基本依托场所。社区科普阵地就是把社区作为科普的场所。因此一方面，社区就是科普的阵地；另一方面，在社区中，日常生活不仅是社区居民生存和发展的场域，也是科学知识普及和传播阵地。社区居民的日常生活也是社区科普的主阵地。社区科技传播的主渠道与社区居民日常生活的科普阵地相结合，二者协同发展，促进社区科普的良性发展。

渠道是水流的通道，如水渠、水沟等。在社会科学研究中渠道就是门路或者途径，主渠道就是发挥主要作用的途径，在本文指社区科普途径。社区科普的主渠道是社区专兼职科普人员的科普工作，为社区居民提供科学普及和传播工作。

协同理论属于系统理论，协同理论认为系统内部大量子系统的协同效应是形成系统整体性的重要因素。协同效应是通过多个因素相互协同和相互支撑，在一个结构不平衡、功能不完善的系统中，让系统在内部要素的作用下，实现系统的时空有序、功能有序、发展有序，实现共同发展与增强。本文尝试用协同理论分析社区科普渠道和阵地协同发展。

日常生活不仅是社区居民生存和发展的场域，也是科学知识普及和传播的阵地。科技传播的主渠道与日常生活的科普阵地相结合，共同推动社区科普的发展。目前网络作为社区科技传播的新阵地和科技传播的渠道，而主渠道和主阵地的协调发展是社区科普长期存在的现实难题，推动二者的协同发展是社区科普的首要任务。

二　新形势下对社区科普的新要求

（一）新形势

第一，我国已全面完成建设小康社会的任务，现阶段社会的主要矛盾已经转化为“人民日益增长的对美好生活的需要和不平衡不充分发展之间的矛盾”，而科普与社区居民的生活息息相关，当人们的基本物质需求得到满足后，开始转向精神层面的需求，需要健康文明的生产和生活方式。社区居民的科普需求从“你给我”到“我想要”，满足群众多样化、个性化的科普需求，这些对社区科普工作提出了新的和更高的要求。

第二，科学技术的每一次创新都影响人们的生活。信息化渗透到人们的日常生活中，也为社区科普提供了丰富多彩的科普资源和新的科普手段，扩大了社区科普的覆盖面和空间。面对突发事件，线上科普发挥了重要作用。

（二）新变化

1. 社区科普主体多元化

政府是社区科普的主体。2002 年《中华人民共和国科普法》的颁布，将科普纳入法制化轨道，科普法规定“各级人们政府领导科普工作，应将科普工作纳入国民经济和社会发展计划，为开展科普工作创造良好的环境和条件”。社区科普的主要经费来源于政府。从组织机构来看，社区科普由科协负责，在 2020 年，我国街道社区的科协基层组织乡镇（街道）科协有 29380 个，个人会员达 153.7 万人。村（社区）科协有 39206 个，个人会员达 58.9 万人。同时企业、学校、社团也是社区科普的主体，企业的员工和学校师生也是社区的居民。社团包括科学家和科技团队、社区科普志愿者组织和非营利组织和机构等。基层专职科普工作者有 7.5 万人，兼职科普工作者有 104.2 万人，科技志愿者有 253.7 万人。

2. 社区科普受众多层次，不同的年龄结构

社区科普的受众有学生、职场工作人员、无业人员和离退休人员。每个城市社区受众的构成不同，每个层次受众的特点不同，对科普的需求自然不尽相同。

3. 社区科普方式的多样性

社区科普方式有传统媒介、新媒体、科普活动、社区学校。传统媒介如图书室、博物馆、科技馆、科普宣传栏（廊），传统媒介还是社区科普的重

要载体和平台。随着科普信息化的发展，新媒体应运而生，如微博、微信、抖音、手机 App 等，相比传统媒体，新媒体的优势在于利用人们碎片化的时间，迅速、实时地进行科技传播。社区科普活动则是贴近居民的生活，与全国科普日、科技周相配合开展的社区各类科普活动。

三　制约社区科普阵地建设的因素

我国的社区科普经过数十年的发展，社区科普从无到有，已经取得很大的成就，各地也出现了社区科普示范区，但是在现实中还存在一定问题。社区科普渠道和阵地在根本上是一致的，进行科学的普及和传播。但是在现实中，社区科普的渠道和阵地的侧重点不同，二者的具体目标出现了一定程度的分离和不协调，社区科普阵地建设存在如下制约因素。

（一）社区科普渠道和阵地的目标不一致，科普载体运行不畅通

社区科普着力进行科学普及和传播，社区科普投入主要依赖政府，社区科普的运行从工作理念到工作模式都是行政化的倾向，有的社区科普存在为了应付上级布置的任务和常规性检查而走过场的现象。利用全国科技周、科普日、主题日挂标语，发放传单和展示展板等表面化的科普活动，还有社区科普内容单一脱节，手段单调，无法吸引社区居民，无法让科普真正走入居民生活。

社区科普设施场所建设落后，社区面积小，科普画廊和活动室建设不全或者水平低。博物馆、科技馆等大型科普设施不适合社区建设，有的社区盲目跟风，浪费人财物。有的社区只管前期建设，不注重后期维护。我们看到社区老化的科普设施，摇摇欲坠，不能使用。还有的科普场所是“挂羊头卖狗肉”，被其他活动占用。

（二）社区科普资源投入不足，资源不平衡，缺乏优化

从经费来源上来说，社区科普经费渠道单一，主要来源还是政府，而科

普经费占财政投入的比重从国家到省市县逐级递减，到基层已经是微乎其微了。其他渠道的经费来源受制于制度，企业投入的积极性不高。美国政府规定，当企业对具有公益性质的科普基金会进行捐赠时，其捐款金额的30%~50%可以抵税。日本也有通过抵税的方式鼓励企业投资科普事业的规定。而我国还没有相关规定。科普经费的严重短缺制约了社区科普的发展。

（三）社区科普人才匮乏，专业化程度偏低

社区科普人才是社区科普的宝贵资源，社区科普人才匮乏和专业化程度低是社区科普面临的困境。社区科普人才队伍主要有两部分：一是社区专兼职科普人员；二是科普志愿者队伍，由热爱科普工作，自愿加入的，来自机关、企事业单位、学校、民间团体等热心人士组成。二者分属不同管理部门。一方面，绝大多数社区的科普人员都是兼职科普人员，整天忙于社区基本服务工作，“两眼一睁忙到天黑”，做科普的时间和精力少之又少。加上社区工作人员由于身份编制等问题无法解决，待遇偏低，对科普缺乏热情。另一方面，科普志愿者队伍作为社区科普的重要成员，无法完全融入社区科普中去，同时他们的科普专业素质也亟须提高。社区科普人员存在的年龄结构老化、文化程度低、知识结构老化、学习能力弱现象具有一定代表性。

（四）社区科普内容供需不平衡，科普方法单一，信息化程度低

社区科普的目的在于满足居民的需要和提高居民的科学素质，由于社区居民结构变化，居民群体存在年龄、性别、职业的差别，对科普内容的需求也不一致。在实际中社区科普的内容脱离实际生活，没有考虑居民的实际需求和诉求，以一刀切的形式，按自己的意愿标准把科技知识和方法灌输给居民，居民被迫接受他们不需要的科普内容，长此以往，只能让居民远离科普。由于投入不足，在不少社区，科普内容陈旧，对高科技、新成果宣传少，科普内容还停留在几年都不更新的板报、挂历等传统科普方法阶段。科普的表达方式不通俗易懂，并缺乏人文内涵。社区科普多半是培训，双向式交流不多。

所谓社区科普信息化就是通过互联网和大数据建立一个可以向社区居民提供科普服务的平台。在这个平台上居民学习阅读、分享交流，同时平台会根据居民的需求集中推送服务。在经济发达地区有较多社区 E 站建设，在经济欠发达的地区，社区 E 站只能是起示范作用，在一些互联网技术还没有普及的地区，居民还在依赖传统的科普手段。在互联网平台建设方面大部分还在转发，原创作品不多。社区科普信息化还在起步阶段，新媒体的作用有限，与居民预期的科普方法还有距离。

随着科技的发展，社区科普产品供给与需求之间的矛盾一直伴随社区科普，科普产品供给的单一性和社区居民需求的多样性之间的矛盾加大。

（五）社区科普主体单一，社会化动员不足

社区科普是一项系统工程，是涉及经济、法律、文化、教育等多个方面的社会系统工程，现阶段人们对美好生活的要求从物质层面转向精神层面，对社区科普的广泛性和多样化提出了更高的要求，这就使得社区科普需要多元主体的配合、协作和共同完成。社区科普现阶段主要依赖政府，学校、企业、社会组织多元化主体参与不足，多元化主体逐步加入，但是与政府相比还是比较薄弱，社区科普还在“自言自语”的阶段，没有形成社区科普社会化大联合、大协作的工作模式，政府在唱独角戏。社区科普渠道不畅，动力不足。

（六）社区科普的长效机制不健全，顶层设计不到位

长效机制是保障社区科普正常运转并实现预期效果的制度体系，系统理论告诉我们，从系统整体的角度对社区科普的各个环节进行统筹规划，形成一套规范的约束性的制度体系。社区科普内容的广泛性决定了社区科普不是哪一个部门的工作，其涉及卫生、健康、教育、工青妇等部门，需建立协调沟通机制和资源的整合和共享，把社区科普与社区其他工作割裂对社区科普是无益的，需要从社区科普全局的角度建立社区科普资源的共享机制。在社区服务工作中，由政府提供的政策性社区基本公共服务、居委会自主提供的

依托各种组织的社区非基本服务和社区市场服务三种服务工作，相互补充。社区科普属于居委会提供的社区非基本服务的范畴，带有自助和互助的性质，由于社区科普的激励监督机制缺乏政府的政策指导，缺乏统一的评价标准，社区科普的工作量、工作职责、评奖评优的激励机制有待完善。同时社区科普是纳入社区非基本服务的范围，有空才做，监督更无从谈起，这也是社区科普阵地建设的制约因素。

社区科普资源的共享机制、社区科普评价体系、社区科普奖惩机制，这些长效机制要么缺乏，要么是写在科技规划里面，还没有落实到社区科普实际面上，成为社区科普发展的瓶颈。

（七）社区科普的批判功能发挥不力，话语权的缺失弱化了社区科普阵地的战斗力

话语阵地是社区科普的重要载体，话语权是解决为谁说话的问题。在社区中各种矛盾交织，话语权的争斗也是激烈的。科普的话语权重在宣传，在我国现有舆论场中，存在官方舆论场和非官方（民间）舆论场的信息不对称和不互通现象甚至对立的现象。官方舆论主要在宣传和弘扬科学精神等主流价值，而非官方舆论就有伪科学的噪声，这就对某些社区伪科学泛滥和迷信的死灰复燃有推波助澜的作用，求神拜佛和封建迷信并非个别现象，社区还是伪科学存在和蔓延的温床。

（八）社区科普发展不平衡，差异性显著

社区科普发展不平衡表现在两个方面，一是地区之间社区科普发展不平衡，二是同一地区内部社区之间发展不平衡。地区之间社区科普发展的不平衡是由地区之间经济发展的差异带来的，如前所述，在我国经济发达地区社区科普投入高，科普基础设施健全，科普场馆多，科普资源丰富，社区科普人才的建设有一定积累，社区科普正在向好发展。在经济欠发达地区，各种社区科普资源短缺，渠道不畅，社区科普在可有可无之间徘徊。在同一地区，由于社区科普协调机制没有建立，社区科普没有显著的发展。

社区科普阵地建设制约因素的存在，使得社区科普的阵地缩小和边界内卷化。

四　加强社区科普阵地建设的思考

科普是一个系统工程，有特定的目标和任务。社区科普也是一个系统，包括系统、结构、要素和功能四个方面。现阶段而言，加强社区科普阵地建设，应侧重创建社区科普系统且完善社区科普体系，从社区科普主体、内容、方法、环境和评价方面促进社区科普阵地的发展。

（一）转变政府对社区科普认识理念，强化社区科普服务于民的意识

2011 年以来，国家重视公民科学素质建设，各部委相继出台了宏观政策为科普工作和社区科普指明了方向，科普活动和科普资源下沉到社区，提高社区公民科学素质成为公民科学素质建设的一个重点。政府部门作为社区科普的决策者在制定社区发展政策的过程中要对社区科普清晰定位，强化决策者对科普服务于民众、服务于社会的意识，强化政府服务于民意识，政府决策的宗旨是为人民服务。把社区科普纳入社区基本服务范围，完善社区公共服务体系建设。

目前在社区层面，科普还是社区非基本公共服务的范围，所谓社区非基本公共服务是指在社区公共服务中，政府提供不了，市场因为不能从中赢利而不愿提供，但是社区居民又十分需要建立在“社区共识”基础上那部分服务，如社区教育、科普、安全服务、志愿者服务等二十几项服务。还未把社区科普纳入社区基本服务的范围，未纳入政府政策服务的范围。社区基本公共服务是对社区基本公共服务需求的制度安排，包括社区医疗、就业、残疾人服务、计生、社保和住房六项。社区科普是社区公共服务体系的关键一环，其目的是提高社区居民的科学素质，提升居民的幸福感，从而推动美丽社区、文明社区和和谐社区的构建。

（二）明确责任分工，建立健全社区科普组织体系

首先，基于政府对社区工作的掌控，由政府牵头，建立市、县、区三级科普工作小组，确定职能，组织分工，明确责任人。其次，政府作为社区科普主体，引入其他主体参与进来，制定社区科普其他主体入门标准，简化程序，厘清政府部门的职能与事业单位社会组织之间的关系，现阶段而言，创建社区科普系统且完善社区科普体系，让其他主体也服务于社区科普。

（三）建设社区科普平台的多方联动机制

第一，把社区科普纳入科普法，形成社区科普的法律保障机制。以政策法规的形式明确规定社区科普的原则、组织管理、社会职能和法律责任，使社区科普有法可依。第二，建立协同共享机制。政府作为社区科普最重要的主体，构建与企业、校所、社会组织之间的社区科普协同体系和分工合作机制，建立和完善科普资源的共享机制，形成大联合和大分工的局面。第三，建立社区科普激励奖励制度。建立社区科普的考评机制，核算工作量，纳入年终考评。第四，建立社区科普的监督机制。对社区科普的各个环节进行监督，督促社区科普在资源统筹、优化配置、互通有无、人才建设方面协同发展。

（四）开展丰富多彩的社区科普活动

第一，以科普的难点和热点问题为契机、以社区居民的科普需求为导向提供科普服务，将科普融入居民的日常生活需求中去。第二，科普的内容分层进行，因人施教，分类指导。坚持以人为本，在社区科普中加入人文关怀，显示社区科普在日常生活的教育性内涵，寓教于乐，提高社区科普的趣味性和实用性。第三，加强社区科普大学的建设，设置符合社区居民需要的有地方特色的课程体系，把社区科普大学变成提高社区居民科学素质的大学。

（五）社区科普方法的创新

教育家叶圣陶说过，教学有法，教无定法，贵在得法。在信息网络化的大背景下，网络平台成为科学普及和传播的主要平台，其打破了时间和空间的限制，以高速、便捷、丰富和高效优势传播渠道抢占社区科普主阵地。重视社区科普信息化建设，探索互联网+科普的模式。不同年龄段和职业特点的受众在接受科普内容和方式上各有不同，无论采用何种形式——讲座、讨论，或是网站、微信、微博、抖音，无论无线还是有线，新旧媒体的融合，贵在得法。

（六）整合资源，加强社区科普人才队伍建设

社区科普是社区科普人员的本职工作，但是从工作内容和形式上说，需要社区其他工作人员的支持和配合。把社区科普志愿者纳入社区科普平台管理，打破二者之间的藩篱。第一，搭建科普人才队伍建设平台，让科普志愿者融入社区中，解决居民日常生活对科普的需求，弥补社区兼职科普人员数量上的不足。第二，搭建社区科普人才与科普志愿者的沟通交流平台。如张家港市搭建“社工+科普志愿者+科普专家”三方联动的科普团队管理机制，促进三方的资源共享、优势互补，通过三方之间的互联、互动、互补共同推进科普项目及科普工作。第三，扩大科普人才队伍，把社区中有一技之长、热心科普工作的大中学校的教师、离退休人员吸收到社区科普志愿者队伍中来。

（七）提升社区科普主体意识，增强社区科普的战斗力

社区科普工作者要做到“心中有人，手里有法”，以人为本，以社区居民为中心，把社区居民对科普的满意度作为衡量社区科普优劣的标准。话语阵地是社区科普的重要载体，话语权是解决为谁说话的问题，社区科普的话语权就是采用一种方法为科学精神点赞，与伪科学进行坚决的斗争，拓展社区科普阵地的边界和范围。科普的话语权重在宣传，宣传科学精神为核心的科学价值观。

（八）建设社区科普多元化投入渠道

解决社区科普的投入问题从以下两方面入手。第一，加大财政的投入力度，按照科普法的相关规定，加大国家、省、市、县四级科普财政投入。第二，动员社会各界积极投入社区科普。如以国家法规的形式规定对企业投入社区科普的税费减免，制定对社区科普捐赠的奖励政策，构建多元科普经费的投入渠道。

参考文献

[1]〔德〕赫尔曼·哈肯：《协同学引论：物理学、化学和生物学中的非平衡相变和自组织》，徐锡申译，原子能出版社，1984。

[2] 习近平：《决胜全面建成小康社会　夺取新时代中国特色社会主义伟大胜利——在中国共产党第十九次全国代表大会上的报告》，新华网，http：//www. xinhuanet. com/politics/19cpcnc/2017-10/18/c_ 1121822489. htm。

[3]《中华人民共和国科学技术普及法》，法律出版社，2002。

[4]《中国科协 2020 年度事业发展统计公报》，中国科学技术协会网站，https：//www. cast. org. cn/art/2021/4/30/art_ 97_ 154637. html。

青少年科普：在大学与家庭之间

——以“厨余垃圾制备碳量子点”科普课程设计为例

胡永红　张　晨　金靖雯　陈　曦*

摘　要： 家庭科普是科普的重要组成部分，学校、社会与家庭之间交互演进的科普网络闭环是提升科普数量与质量的有益生态。依托大学科普团队及实验室，以厨余垃圾咖啡渣制备碳量子点为切入，围绕科学知识、科学过程与技能、科学态度与价值，活用线上线下混合式设计青少年科普课程。将大学科普延伸到家庭，促进家校科普主体联结协作，助益“双减”背景下家庭科学教育理性的提升。

关键词： 大学科普　家庭科普　厨余垃圾　碳量子点

教育主要分为学校教育、社会教育与家庭教育三种形式，科普教育理应包括学校、社会、家庭三主体。学校科普体现在科学技术等课程体系中，社会科普以科技馆、博物馆等可见方式大量普及，但是家庭科普尚未引起足够重视。本文尝试聚焦“厨余垃圾制备碳量子点”的科学实验，沿

* 胡永红，厦门华厦学院人文学院副教授，博士；张晨，厦门华厦学院智能仪器与检测技术研究所讲师；金靖雯，厦门华厦学院智能仪器与检测技术研究所助教；陈曦，厦门大学化学化工学院教授。

着大学科普与家庭科普两条主脉，根据科学与应用的实际情境设计课程，结合自制离心机的实践，希冀搭建大学科普延伸到家庭科普的桥梁，丰富青少年与家长的相处模式，提升亲子时间的质量。文中所指“大学科普”是大学教授为主导推动的与科学普及相关的活动；“家庭科普”是指家庭环境中，家庭成员相互影响中发生的，与探索自然规律、促进科学素养发展相关的活动；厨余垃圾专指居民日常生活中产生的丢弃不用的菜叶、果皮、茶渣等垃圾。

一　大学科普延伸到家庭科普的必要性

科普是一个生态系统，信息科技迅猛发展，网络社会的科普“处于一种全时、全向、动态循环的交互形式之中，社会系统也已被构造成一个高度互联互通的网络。”公众是科普的基本对象，家庭是社会构成的细胞，科普社会化离不开家庭支援。

（一）政府与社会有效供给有限，亟须家庭力量

我国科普凸显政府主导型特征。2002 年 6 月，我国颁布《中华人民共和国科学技术普及法》，标志着科普已经成为国家发展的战略问题，但“理性文明的社会氛围营造尚有较大距离……科普有效供给不足”。科学的进步与发展、社会的进步与发展同公众的参与和态度有着密切的关系。2021 年 10 月颁布的《中华人民共和国家庭教育促进法》强调：家长相机而教，寓教于日常生活之中；尊重差异，根据年龄和个性特点进行科学引导。结合“双减”政策，重新定位家庭之于科普的价值，家庭科普氛围的形成有利于全社会形成热爱科学、理解科学、乐于创新的氛围。

（二）家庭科普相关研究与实践均有待深化

《2021 年中国家庭教育白皮书》显示，58%的家长表示缺乏完善的、系统的家庭教育方法。以“家庭、科普”为篇名关键词，搜索 CNKI 平台，截

至 2022 年 9 月 1 日，共找到 62 篇相关资料，其中仅有 4 篇研究性论文，其余均为咨询类文章。马佳佳等人构建了“医院—社区—家庭”三元联动心脑血管疾病健康科普模式，分析实施效果后提出优质科普资源有效下沉具正向功能的观点；张铁鋆等人调查了 132 个幼儿园家庭科普阅读的现状，发现家长科普能力明显不足，期望得到具体指导；张燕等人探讨了社区婴幼儿家庭安全科普教育线上与线下协同干预的方案；徐灵敏等人调研发现采用问题讨论式科普讲座改善家庭育儿技能效果好。若进一步以“家庭科学教育”为篇名关键词检索，则只找到 10 篇学术性论文，主要聚焦 3~6 岁的幼儿，仅有的 2 篇硕士学位论文均通过问卷调查法获取数据，分析家庭科学教育的现状与不足并提出对应建议。目力所及，尚未见基于大学科普与青少年家庭科普的研究论文。青少年是心智成长比较特殊的群体，处于将好奇心转换为实际行动的关键时期，“双减”政策赋予青少年更多自由时光，充实青少年的自由时空，使其避免电子产品的侵蚀，也成了社会性课题。以大学科普为引导，促进家庭科学教育，具有对接现实需求价值。

（三）大学科普的独特价值

科普“是科学团体与公众之间的对话”。大学“具有丰富的科学知识生产的禀赋和与生俱来的公益属性，是学术交流和高端科技资源科普化方面的主要推动力量。”大学是科普承上启下的核心力量，向上契合国家科普政策、“双减”政策，向下对接各类受众特别是青少年的求知欲，将深奥的科学研究转化为通俗易懂的内容。“科学技术的力量在于推广和应用普及，科学技术的社会化在于普及，科学技术的发展必需根植于人民群众之中。”大学理应是具有主动性的科普主体，理应在科普中承担重要职责，理应以大学特殊的价值意蕴与社会地位引导更多青少年心怀科学理想，感受科学奥妙，萌生日常自主探索的欲望，养成日常探索科学的习惯。研究高深学问的大学教授成为科普主体，让科学知识、科技文化深入寻常百姓家，科普就能生根。

二 “厨余垃圾制备碳量子点”混合式科普课程的设计与实施

厨余垃圾是日常生活中无时不在、无时不有的物质，考虑到“双碳”政策背景，选定厨余垃圾制备碳量子点的案例，结合青少年身心发展特点，以诱导性问题为锁链，将一个个片段串联成线，架设大学科普与家庭科普之间的桥梁，让大学科普的科学理性精神影响家庭科学教育。

（一）目标设定

1. 科学知识的传输

将日常厨余垃圾引入实验，了解碳元素与生命的关系，了解厨余垃圾中的含碳物质，了解“碳”是环境和生命的重要元素，了解富含碳元素的咖啡渣的功用，了解碳量子点的相关特点，了解实验步骤与实验方法，了解“双碳”政策与家庭日常生活环境的关系，明晰科学在日常而非高不可攀。

2. 科学方法的体验

大学实验室进行“厨余垃圾制备碳量子点”的实验，居家利用其他厨余垃圾继续制备碳量子点的合作实验，并尝试制作简易离心机。通过烤厨余垃圾、调制过滤液、制作离心机、比对离心前后的液体、撰写实验报告等，体会表面现象后面的科学道理体会科学实验严谨和规范性，理解真知来自实践。

3. 科学价值的提升

开辟大学与家庭两个场域，体现科普不限于学校与社会，家庭也是可充分利用的重要场域；厨余垃圾的使用在于提升青少年的绿色环保意识、科学与生活息息相关的意识；实验参与、动手实践在于培养“理论知识、科学实验与实践应用可多向度融合的意识”。

（二）设计思路

以“厨余垃圾制备碳量子点”为核心，以咖啡渣为厨余垃圾代表物质，构建大学与家庭双平台，创设与之契合的汲取知识、动手实验、提升素养的情境，依托视频自学、知识竞赛、实物认知、合作实验、制作手动离心机、撰写实验报告等多元方式，融科学知识的吸收、科学方法意识与动手技能的提高、科学态度与价值的培养于一体，贯通大学与家庭、大学教授与家长、线上与线下课程之间的联系，具体课程设计思路如图1所示。

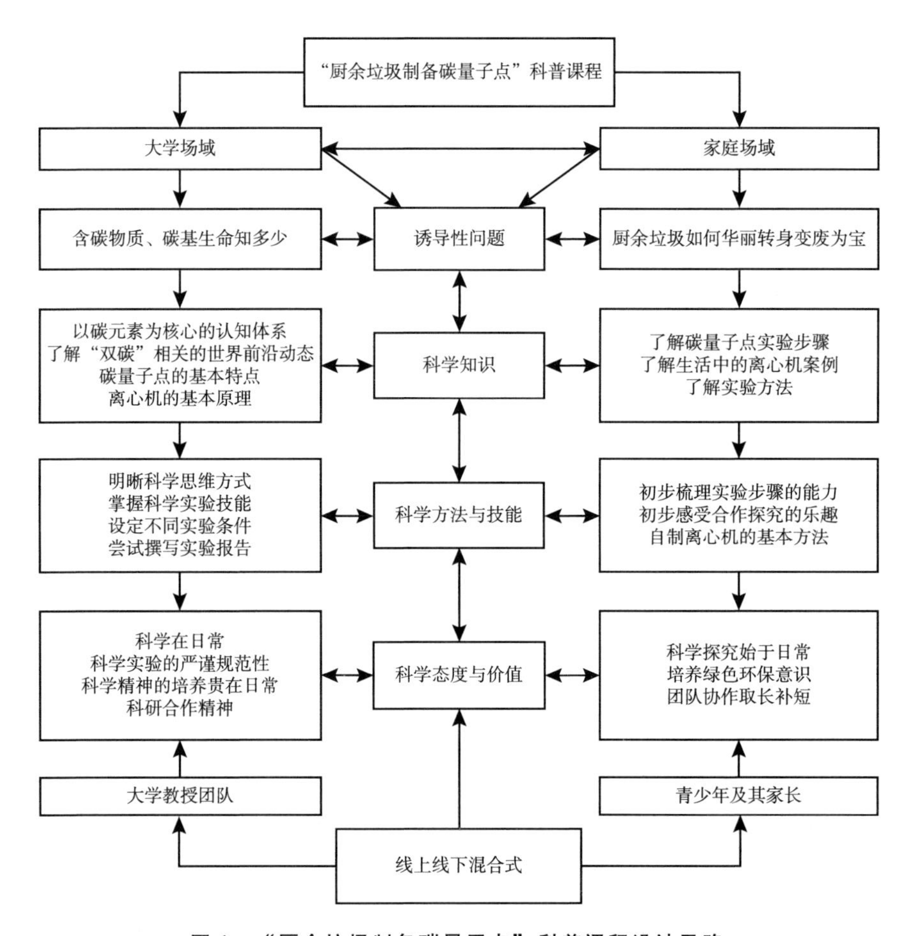

图1 “厨余垃圾制备碳量子点”科普课程设计思路

（三）教学过程

1. 线上课程

（1）辨析“碳”与“炭”，实施知识竞赛

问题：“Tan”对应的汉字有几个？不同汉字的意思相同吗？

知识竞赛辨析法：①“Tan”对应汉字为“碳”或“炭”，两字之间的区别，彰显中国汉字的独特魅力，《说文解字》云，“炭，烧木余也”，如竹炭、活性炭、焦炭等，故，木炭不写成“木碳”；②碳是元素，与矿物有关，二氧化碳浓度影响地球温度；③碳元素的存在与生命相关。

（2）观看“厨余垃圾制备碳量子点”的实验视频

问题：厨余垃圾的用处有什么？你相信厨余垃圾能发光吗？

视频学习法：观看大学团队录制的“厨余垃圾制备碳量子点”的实验视频，分析实验步骤及蕴含其中的实验技能、科学方法。

（3）居家自学完成任务

问题：寻找家中含碳元素的厨余垃圾或其他物质，思考碳元素与日常生活的关系，自带一两种含碳元素的物质到线下课堂。

动手实践法：观看大学团队录制的“制作离心机”的实验视频，尝试合作制作简易离心机，备用线下课堂。

2. 线下课程

（1）结合实物，深化对碳元素的理解

问题：碳究竟是什么？

基于实物的理论分析法：结合学生带来的橙皮、海星、鲍鱼壳、鱼尾、玻璃等实物，展示实验室预先准备的咖啡渣、玻璃碳、石墨片、金刚石等实物，从科学的角度分析。①碳是一种非金属元素，一般指碳元素、碳原子或碳单质。碳元素无处不在，是维持生命的根本元素。②展示碳元素的微观结构模型图与二氧化碳反应的模型图，揭示温室效应的本质：碳元素与氧气化学反应，生成二氧化碳，二氧化碳容易吸收太阳光中的红外光，吸收得越多，包裹地球的大气层就越来越热，导致温室效应。③以短视频传递全球温度上升对海平面上升的深刻影响，引出备受全球瞩目的碳排放、碳中和问题，为关注碳元素，利用厨余垃圾制备碳量子点做好铺垫。

（2）实验室实施“咖啡渣制备碳量子点”实验

问题：什么是量子点？碳量子点有何特点？

理论分析法：①量子点是一种零维物质，粒径一般小于 10 纳米；②碳量子点是碳元素构成的量子点，具有环境友好性，可做荧光材料；③碳量子点作为一种新型碳纳米功能材料被广泛应用于各领域。利用厨余垃圾制备碳量子点可用于制备一些荧光材料，实现绿色循环。

实验法（见表 1）：

表 1　青少年合作撰写的实验报告（经由教师审核修改）

实验名称	咖啡渣制备碳量子点
实验目的	探究加热温度对碳点发光行为的影响
实验器材	家用烤箱（美的 T1-108B，中国）、多功能温度计时器（JR-9919，中国）、电子秤（泰摩黑镜 Basic+咖啡萃取称量平台，中国）、研磨器、50 ml 量杯 1 只、100 ml 烧杯 4 只、20 ml 螺口样品瓶 4 只、纱布、家用紫外手电
实验步骤及注意事项	1. 使用电子秤称取咖啡渣样品 4 份，每份 2 克 2. 取一份咖啡渣样品置于烤盘，移入烤箱 3. 设定加热时间 20 分钟，加热温度 70℃。为了更准确地获取样品加热参数，使用多功能温度计时器监测加热时间与温度 4. 加热完成后，从烤箱中取出咖啡渣样品，移入研磨器，研至细小粉末状。刚刚加热完成的咖啡渣样品仍处于高温状态，取出时需佩戴专用隔热手套，避免烫伤 5. 将研细粉末转移入 100 ml 烧杯，使用量杯量取 50 ml 自来水倾入烧杯中，充分搅拌，使研细粉末在水中均匀分散，得到咖啡渣水溶液 6. 使用纱布过滤咖啡渣水溶液，将澄清的滤液收集到 20 ml 螺口样品瓶中，贴好标签，即得到样品滤液 7. 调整烘烤温度分别为 120℃、170℃、220℃，产物室温冷却后，同上述操作，制备不同烘烤温度后的咖啡渣样品滤液 8. 黑暗处用紫外手电分别照射不同加热温度制备的样品滤液，观察并记录实验结果
实验数据收集处理	烤箱温度　外观颜色　透明度　发光情况 70℃　墨绿色　2/3 透明　亮度不明显 120℃　墨绿色　半透明　较亮 170℃　墨绿色　最透明　最亮 220℃　墨绿色　纯透明　很亮
结果讨论	同样烤制 20 分钟，温度设定为 170℃时，发光现象最明显，亮度最高

举一反三法：从厨余垃圾制备碳量子点的视频中获得启发，引导青少年思考其他厨余垃圾的可行性，从咖啡渣到柚子皮、香蕉皮、土豆皮，通过化学反应拓展厨余垃圾更高端的应用功能。

（3）用居家自制离心机过滤制备好的碳量子点过滤液

问题：日常生活中离心机的原理有哪些运用？为何要利用离心机过滤碳量子点液体？

理论分析法：①离心机是利用离心力分离液体与固体颗粒或液体与液体的混合物中各组分的机械；②其原理是利用高速旋转产生的离心力，加快混合液中颗粒的沉降速度，达到分离和沉淀目的；③洗衣机的脱水功能利用了离心机原理。

演示法：利用各自制作的简易离心机对过滤液进行分离和沉淀，观察未过滤前与过滤后的发光现象，能够明显看到过滤液的发光现象强于未过滤的液体。

三 “厨余垃圾制备碳量子点”科普课程的设计亮点

青少年可塑性极强，本科普课程对接青少年身心发展特点、兴趣与心性的适应性，选取日常厨余垃圾，结合“双碳”问题，以问题意识和实验导入激活青少年的主观能动性，重视其体验，将概念、原理与方法等巧妙糅合于混合式科普过程，营造有助于青少年专于探究、敢于发问、精于辨析、乐于合作、勤于动手、敢于挑战的主体性文化氛围，凸显了以下三个设计亮点。

（一）科学小实验为主的科普，易于点燃青少年自主探究的好奇心

大学教师作为引导者确定项目任务，聚焦日常设计两个容易操作的项目，其一为“厨余垃圾制备碳量子点”的科学小实验，其二为自制离心机。其共通点为：都与家庭日常生活息息相关，相关仪器与材料准备并不难，危险性也较低，适合青少年个体独自或者团队合作完成。从碳相关科学知识的

辨析与厘清、制备实验中科学方法的体验与实践、过程中渗透的科学精神涵养三个方面，多维刺激、多元激发青少年。青少年在大学实验室完成相关实验，在家庭中举一反三利用其他厨余垃圾如柚子皮、香蕉皮、土豆皮做实验，并进行数据比对分析。同时，模仿大学教师自拍的自制离心机视频，合作自制离心机，并用于过滤柚子皮、香蕉皮、土豆皮制备碳量子点的液体。图 2、图 3 显示了三位中学生居家合作开展科学探究的情景。

图 2　青少年居家合作利用厨余垃圾制备碳量子点

图 3　青少年居家合作自制离心机

（二）线上线下混合模式，具备延伸到家庭的可行性

大学科普最可贵的价值在于，大学为推动主体，教授带领团队聚焦现实挖掘主题、共同设计、协同实施，从科学的高度高屋建瓴设计科普。采用线上线下混合式科普，实现大学实验室与家庭环境之间的轮转。线上授课灵活性高，学习活动不受时空限制，以启发引导和视频自学为主；线下授课亲近性高，师生面对面交流有利于共同构建互动情境；以实验为核心的课程设计具有显著的引导型特征，紧扣学生与生俱来的好奇心与好胜心，层层递进铺呈设计，自主思考与吸收消化相交织并螺旋上升，对青少年的科学学习心理产生正影响。

（三）以丰富的科学知识体系，助力青少年形成结构化思维模式

科普课程各要素既是科普课程体系中的一分子，也是拥有独立结构的小体系，各设计要素以某种规律联系成为整体，而非简单地要素堆积。围绕碳元素，构建一个知识网，以富有联系的讲述方式打开青少年的思维世界；在实验探究中展示探索本质和规律的手段与方式，强化科学实验方法的重要性，提高对整体问题的认识。因此，青少年在科普中体验到的不只是单个科普概念或者知识点，而是一个以此为核心形成的小知识体系与问题集合。大学教授、大学软硬件资源延长其正影响，宛如活性剂，成为点燃思维、激发探知欲的促进者，为青少年居家自主科学探究赋能，让科学态度、科学兴趣、科学能力与科学思想的可持续培养更具张力，引导青少年习惯在日常生活中博学之、审问之、笃行之。

四　大学科普向家庭延伸的思考

科普不是单向体验或传输，而是双向交流的文化活动。家庭科学教育与大学科普教育之间存在必然联系。大学科普是有限时空里的活动，而家庭科学教育却是可以随时随地发生且具备可持续性的主阵地。本科普课程以科学

小实验为切入口，建立大学实验室与家庭日常之间的关系，以项目制丰富青少年的合作探究，活用立体多元的传授方式丰富青少年视听等感官，这是进一步思考如何凸显大学科普特色，影响家庭科学教育的三个立足点，也是推动大学科普向家庭延伸可资借鉴的三个基本原则。

（一）坚持以易操作的科学小实验链接大学实验室与家庭，提升家庭科学教育意识

营造全社会科学理性的社会氛围，来自家庭的支持不可或缺，因为家长的科学教育素养决定着家庭科学教育的质量。通过大学科普的抛砖引玉，努力让家长意识到"双减"政策让家事变为国事，应在家庭力所能及的范围内为孩子参与科普创造条件，家长与孩子一起动手实验，担负家庭对科普的部分责任，弥合学校教育与家庭教育之间的缝隙，促进大学科普与家庭科学育人功能的互补。大学科普为衔接家庭提供接口和通道，通过循循善诱的问题引导与课外资料的研读，引导学生将课堂的科学之思延伸到家庭，激发学生在日常生活中探索科学的欲望，激活家长参与家庭科学教育的意识，增强家长对科普社会价值、教育价值的认同。大学科普深入家庭，以科普丰富学生的课外生活，也有利于家长以更长远的眼光看待基础教育、学校教育、科学教育与科普，帮助家长树立科学教育观、学习观，以更科学理性、高瞻远瞩的眼光超越功利短视的应试教育，弱化传统家庭教育偏重应试教育的倾向。

（二）坚持项目制下青少年的合作探究学习，激活家庭科学教育

大学科普以项目制为引擎，设定课内课外合作探究的任务目标，以专业性强、参与度高、体验感深的特质促进家庭科学教育的规范性，营造家长融入孩子世界的恰切途径。通往家庭的大学科普犹如家庭科学教育的造血细胞，不仅能促进青少年课外自主探索，也可以让家庭成员获得全面理解科普的契机，让家长了解孩子参与科普的情况，观察孩子的兴趣特长，以更亲和的方式融入并理解孩子的学习。潜移默化中培育家长的科学育人

意识与理性精神，推动家庭教育向科学理性发展，搭建校内外双向畅通的科普渠道，这不仅是科普事业推广的内在需求，也是“双减”教育政策的外在需求。

（三）坚持多元方式糅合的立体科普，提升大学科普与家庭科学教育的张力

新冠疫情对教育全域的影响已成必然，居家学习日渐成为学校教育的必要补充，本科普课程设计突破时空局限，实现线上线下混合模式，依托丰富的科普载体——自制视频、实物、现场实验、网络视频、图片等，以真实的立体感避免了文字、声音的抽象性，刺激青少年对科普知识的想象，让科普看得见摸得着听得见。相较于纳入学校课程体系的科学教育，大学科普主题相对聚焦、内容相对深刻、方法相对多元、效果相对可见，其专业性、科学性、互动性、开放性、趣味性、动手性、灵活性都相对较强。大学教育与家庭教育之间的连接，大学教师与中学生之间的连接，立足于人与人的联合、大学知识与中学知识之间的衔接，本质是富有张力的个性化教育，是对科普外延的拓展，是家庭科学教育新的增长点，是富有生命力的发展性教育。

概言之，家庭中蕴含着丰富的科普教育资源，是科普教育的日常基地。本文探索大学科普对青少年天然的求知心、探知欲的正面影响，开辟科普向家庭科学教育的延伸之路，让科学探究成为日常生活的一部分，成为和谐亲子关系的活性剂，以此实现大学科普与家庭科学教育的隐性结合。一方面，培养青少年学会洞察日常现象的本质，用科学家的思维方式去思考与行动；另一方面，促进家长形成家庭科学教育意识，提高家庭科学教育水平，从而助力社会总体科学认知水平的提高，营造科学理性、文明和谐的社会氛围。延伸到家庭情境中的大学科普呈现“直接效果和间接效果相统一，即时效果与长期效果相结合的特征”，拓宽了科普的时间与空间，丰富了科普主体间的相互关联与作用，是落实“双减”政策背景下《家庭教育促进法》的有效途径。

参考文献

[1] 汤书昆、郑斌、余迎莹：《科普社会化协同的法治保障研究》，《科普研究》2022年第4期。
[2] 高宏斌：《〈科学素质纲要（2021～2035年）〉前言、指导思想和原则的解读》，《科普研究》2021年第4期。
[3] 石顺科：《美国科普发展史简介》，科学普及出版社，2008。
[4] 任海等主编《科普的理论方法与实践》，中国环境科学出版社，2005。
[5] 胡永红、张晨、金静雯、陈曦：《“三位一体”涵养化学科学素养》，《化学教学》2021年第8期。

我国居民应急素养：测量、现状与影响因素分析

秦海波　谢仲玄　邱倩文[*]

摘　要： 为探究我国居民应急素养现状及影响因素，本文围绕突发事件的类型，在文献分析、专家咨询基础上构建“居民应急素养水平测量量表”并进行信度、效度检验，运用 Kruscal-wallis H 秩检验和 logistic 回归分析讨论我国居民应急素养现状及影响因素。结果显示：该量表信效度较好，我国居民应急素养处于中等偏上水平，不同区域、性别、年龄、学历、城乡类型居民在不同维度上表现出一定的差异性；“女性、西部地区、20 岁及以下年龄段、身体素质较好、能主动学习应急知识、比较关注突发事件报道”居民应急素养较高。为此，提出三方面的对策建议完善顶层设计，强化政策引导；激发应急意识，培育安全文化；创新科普方式，提升学习效果。

关键词： 应急素养　突发事件　测量量表　居民

* 秦海波，新疆大学政治与公共管理学院副教授，国家安全研究省部共建协同创新中心副主任；谢仲玄，新疆大学政治与公共管理学院硕士研究生；邱倩文，广州市疾病预防控制中心流统技术人员。

一　引言

新冠疫情是百年来全球最严重的传染病大流行，这不仅是公共卫生领域的人民战争，也是对公众科学素养的大考。公民若了解疫情的基本特征和传播规律，理解政府防疫策略背后的科学原理与行动逻辑，将更有可能遵从、配合防控行动。科学素养是刚性防疫措施背后的柔性支撑，是防疫部署得以贯彻落实不可或缺的保障。应急素养是科学素养的一方面，强调持科学态度、运用科学知识、采用科学措施来应对突发事件。我国是世界上突发事件发生种类多、频次高和损失最为严重的国家之一，了解居民应急素养及其影响因素具有重要意义。

目前应急管理领域的研究，在研究对象上，主要以政府为主体，讨论其行为、责任、能力等，部分文献针对洪灾、重特大公共卫生事件等特定突发事件进行案例研究；研究视角上，以宏观视角为主探讨如何构建我国应急管理体系的模式与构架，如应急管理体系构建、体制机制创新等，鲜有文献聚焦公民应急能力。关于公民安全素养方面，主要集中在健康素养、信息安全素养和卫生应急素养上，缺少涵盖各类突发事件的居民应急素养的研究及测量工具。

为此，本研究拟通过编制应急素养水平测量量表，探究我国居民应急素养水平及影响因素，以期为提高居民应急素养水平与应急能力提供理论依据。后文首先编制居民应急素养水平测量量表，检验其信效度，并基于不同特征（区域、性别、年龄、学历和城乡居民）对样本进行描述统计及影响因素分析，最后就如何提升居民应急素养水平提出对策建议。

二　应急素养水平测量量表的构建

本文通过文献阅读、组内讨论、专家咨询和预调查的方式构建了居民应急素养水平测量量表。（1）文献回顾。查阅文献，分析应急素养的特点、组成部分及其影响因素，认为居民应急素养水平与能力集中体现在各类突发事件的预防、准备与应对中。参考《中国公民健康素养——基本知识与技能（2015年版）》、《公民卫生应急素养条目（12条）》及卫生部门应急专栏相关内容，本研究编制了《居民应急素养水平测量量表》，量表包含公共卫生、自然灾害、事故灾难和社会安全4个维度及各维度下的知识、态度和行为3个子维度，共24个条目。（2）组内讨论。通过课题组成员进行内部讨论，对内容、表述进行精简形成《居民应急素养水平测量量表（1.0版）》。（3）专家咨询。采用电子邮件的形式，咨询应急管理学领域研究人员和实务界人员各2名，据反馈意见对应急素养水平测量表进行删减、汇总至20个条目，形成量表2.0版。（4）预调查。收集有效问卷20份，记录调查对象的理解情况及意见建议，据此完善形成终稿量表3.0版。

三　数据来源与量表信效度分析

（一）样本基本情况

2021年2~3月，以我国居民为对象，通过线上与线下相结合方式，采用方便抽样和滚雪球抽样进行问卷调查。线上由调查志愿者向社区、村委、单位等通信群转发问卷链接，并设置红包奖励；线下进行入户调查。剔除标准：（1）答题不完整；（2）在考虑平均答题时间的基础上，剔除时间<60秒样本；（3）问卷答案具有较强一致性。共收回有效样本3577份，以东部（42.44%）、女性（60.25%）、21~40岁（69.22%）、大专/本科学历（53.59%）、城市居民（63.63%）为主。

（二）量表信效度分析

1. 效度分析

将最终获得的3577份有效数据随机分半，1789份数据做探索性因素分析（EFA），1788份数据做验证性因素分析（CFA）。结果显示：KMO值为

0.945，Bartlett 球形检验结果为 28594.33（$P<0.001$）。运用主成分分析法、Kaiser 正态最大方差正交旋转对量表结构进行探索性因素分析。结合碎石图判断，在特征根值>1、因素载荷>0.4 的标准下，最终确定了 4 个因素的量表结构，与自编量表结构相似。题号 9 公因子 1 载荷值虽>0.4，结合专业知识和实际意义，仍将其归到自然灾害维度。

对做 CFA 的数据运用 AMOS 进行结构方程模型拟合，结果显示，$\chi^2=2339.3$，$P<0.001$，潜在变量与观测变量的标准回归系数在 0.80~1.12，载荷值在 0.655~0.924，说明模型结构的各项拟合指标表现较好（RMSEA = 0.086；GFI = 0.848；CFI = 0.925；NFI = 0.92；IFI = 0.925）。

2. 信度分析

对总数据做一致性分析，量表各维度 Cronbach's α 系数在 0.858 ~ 0.944，总量表 Cronbach's α 系数为 0.940；量表各维度折半信度在 0.821 ~ 0.911，总量表折半信度为 0.807。参考研究心理评定量表学者的推荐值，即推荐 0.8 作为评价一个评定量表全量表内部一致性的标准，0.75~0.8 作为各维度内部一致性的标准。因此，本研究测量量表各条目之间一致性较好，具有较高可靠性。

四　我国居民应急素养水平基本状况与差异化比较

通过对量表的信度和效度检验可知，量表具有良好的信效度，可作为居民应急素养测量的基本工具。为此，下文将收集的 3577 份有效样本进行描述统计，采用 Kruscal-wallis H 秩检验进行差异化分析。

（一）我国居民应急素养水平的基本情况

居民应急素养水平测量量表以均值计算总得分与各维度得分，得分区间均为［1，5］。得分不满足正态分布，故以中位数和四分位数间距 M（$Q1$，$Q3$）进行描述统计。我国居民应急素养水平总得分的中位数及四分位数间距为 4.25［3.75，4.60］，参考相关学者的比较方式，中位数 4.25 显著大于组中值 3（Z 值为 47.423，$P<0.001$），可认为居民应急素养处于中等偏上水平。具体维度来看，公共卫生应急素养得分 4.60［4.00，5.00］，自然灾害应急素养得分 4.00［3.20，4.40］，事故灾难应急素养得分 4.40［3.80，4.80］，社会安全应急素养得分 4.40［3.80，4.80］。可见，样本居民公共卫生应急素养最高，其次是事故灾难和社会安全应急素养，自然灾害应急素养普遍较低，得分中位数仅 4 分，有较大提升空间（见图 1）。

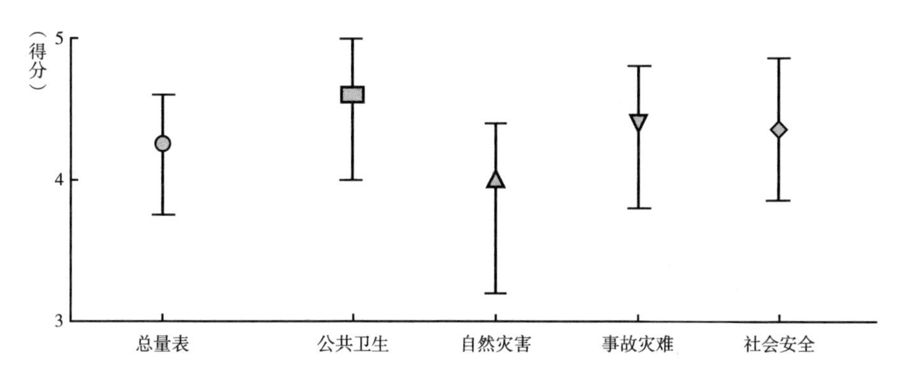

图 1　我国居民各维度应急素养得分基本情况

（二）基于不同特征的差异比较

基于不同区域描述统计及差异比较结果显示：总量表和公共卫生、自然灾害、事故灾难 3 个维度得分上，差异均有统计学意义。多重比较结果显示：总量表得分上“东部和西部、中部和西部、东北和西部”得分差异显著；公共卫生维度“东部和东北、中部和东北、西部和东北”得分差异显著；自然灾害维度“东部和中部、东部和西部、西部和东北”得分差异显著；事故灾难维度“中部和西部、东部和东北、西部和东北”得分差异显著。

性别差异比较结果显示：总量表和公共卫生、自然灾害、社会安全 3 个维度得分上，差异均有统计学意义。女性的总量表得分显著高于男性，且这一差异也表现在公共卫生、自然灾害、社会安全 3 个维度上。

年龄差异比较结果显示：总量表和公共卫生、自然灾害、事故灾难、社会安全4个维度得分上，差异有统计学意义。多重比较结果显示：总量表得分上“≤20和21~40、≤20和41≤、21~40和41≤年龄段”得分差异显著；公共卫生维度“≤20和21~40、≤20和41≤、21~40和41≤年龄段”得分差异显著；自然灾害维度“≤20和21~40、21~40和41≤年龄段”得分差异显著；事故灾难维度“≤20和21~40、≤20和41≤年龄段”得分差异显著；社会安全维度“≤20和21~40、≤20和41≤、21~40和41≤年龄段”得分差异显著。

学历差异比较结果显示：总量表和公共卫生、自然灾害、事故灾难和社会安全4个维度得分上，差异均有统计学意义。多重比较结果显示：总量表得分上“高中及以下和大专/本科、高中及以下和硕士及以上”得分差异显著；公共卫生维度“高中及以下和大专/本科、高中及以下和硕士及以上”得分差异显著；自然灾害维度“高中及以下和大专/本科、高中及以下和硕士及以上、大专/本科和硕士及以上”得分差异显著；社会安全维度“高中及以下和大专/本科、高中及以下和硕士及以上”得分差异显著。

城乡差异比较结果显示：总量表和公共卫生、自然灾害、社会安全、社会安全4个维度得分上，差异均有统计学意义。城市居民的总量表得分显著高于农村，且这一差异也表现在公共卫生、事故灾难、社会安全3个具体维度上，但在自然灾害维度上农村居民得分显著高于城市居民。

五　我国居民应急素养水平的多因素分析

为进一步探究居民应急素养水平的因素，参考相关研究，本问卷在第二部分中设置可能影响应急素养的题项，包括：①您会主动学习应急方面的知识吗？②您会关注各类突发事件相关的报道吗？③您和家人、朋友或同事讨论如何应对突发事件的频率如何？④在公共卫生、自然灾害、事故灾难和社会安全四类突发事件中，您经历和应对过的种类有多少？⑤您是否购买了人身意外险？⑥您家中是否常备装有急救药品或常用药品的急救药箱？⑦您近两年内是否有参加过突发事件应急演练和培训？⑧您认为是否有必要参加突发事件应急演练和培训？将应急素养得分样本中位数 4.25 为界进行二分类，均分≥4.25、<4.25 分别归为高、低应急素养。将上述变量及人口统计学变量纳入回归模型进行 χ^2 检验，以初步筛选出对应急素养有显著影响的变量。将所筛选变量纳入模型进行 logistic 回归多因素分析，关注 *OR* 值（odds ratio）。*OR* 值>1 时，表示相比参照组，变量对应急素养具有促进作用；*OR* 值<1 时解释为抑制作用。

结果显示，人口特征上表现出女性、20 岁及以下、健康状况较好的居民具有较高应急素养（$P<0.05$），即相比男性、21～40 岁、身体较差居民，女性、20 岁及以下和较健康居民对其应急素养具有促进作用。另外，西部地区、主动学习应急知识、主动关注突发事件报道、常讨论突发事件、已购买人身意外险、家中常备急救药箱、近 2 年有参加培训和演练及认为有必要开展应急培训和演练的居民应急素养水平较高（$P<0.05$），即相比对照组，上述变量对居民应急素养促进作用明显（见表 1）。

表 1　我国居民应急素养水平 logistic 回归分析

类别	—	参照组	*Z* 值	*P* 值	*OR* 值
性别	女	男	2.129	0.033	1.170
区域	东部	中部	1.128	0.259	1.122
	西部	—	2.591	0.010	1.314
	东北	—	0.859	0.390	1.159
年龄	～20	21～40	2.082	0.037	1.220
	41～	—	-0.489	0.625	0.945
健康状况	健康	一般	5.823	<0.001	2.027
	良好	—	2.581	0.010	1.398
	较差	—	1.858	0.063	1.536
学习应急相关知识	一般	不主动	2.908	0.004	1.344
	主动	—	4.83	<0.001	1.741
关注突发事件报道	一般	不关注	1.232	0.218	1.192
	关注	—	5.564	<0.001	2.181
讨论突发事件频率	偶尔讨论	不讨论	2.048	0.041	1.288
	经常讨论	—	2.021	0.043	1.324

续表

类别	—	参照组	Z 值	P 值	OR 值
已购买人身意外险	是	否	2.562	0.010	1.205
家中常备急救药品	是	否	3.656	<0.001	1.309
近 2 年曾参加应急培训和演练	是	否	3.404	0.001	1.282
对应急培训和演练的态度	有必要	没必要	2.350	0.019	1.385
	无所谓	—	-0.375	0.708	0.935
常量	—	—	-9.079	<0.001	0.103

六　分析与讨论

（一）居民应急素养现状及影响因素分析

有学者指出，与发达国家相比我国民众自救互救能力处于较低水平，普遍缺乏必要的应急准备和逃生自救的应急知识与技能。本研究显示我国居民应急素养水平总体得分中位数（$Q1$，$Q3$）为 4.25［3.75，4.60］，处于中等偏上水平。不同维度上，公共卫生维度得分高于其他三个维度，这种表现形态在不同特征群体上具有同样差异。这可能与 COVID-19 疫情背景下有关部门、权威专家、社会组织进行的大量科普宣传起到了显著作用有关。一项于 2020 年 1 月 30 日~2 月 15 日全国范围内的网络调查显示，66.1%的调查对象对新型冠状病毒的主要传播途径和潜伏期完全了解，60.0%对病毒易感性及感染的主要表现也有较好认知，该调查客观上支持了我们的研究结果。其余维度上，事故灾难和社会安全维度得分次之，中位数及四分位数得分均为 4.40［3.80，4.80］；而自然灾害维度得分最低，这可能与自然灾害的复杂性、不可抗性及教育与宣传工作中存在的不足有关。

基于不同特征群体进行差异化比较发现，不同区域、性别、年龄段、学历、城乡类型居民在不同维度上表现出一定的差异性，表明应急素养不仅与个体特点、教育水平、经历等有关，还受社会环境的影响。多因素分析结果显示，20 岁及以下的居民应急素养较高，由于近些年应急知识科普与宣传逐渐被重视，且青少年时期对事物接受和学习能力较强，学生群体应急素养提升效果明显。身体素质较好的居民，在健康管理、安全防范上会有更好的表现。在相关行为变量影响上，能主动学习应急知识、关注突发事件报道、常和周围的人讨论突发事件应对、家中常备急救药箱和能购买保险的居民应急素养显著较高，虽然相关分析在此无法阐述因果关系，但这些行为往往和人们的正确认知高度相关，可以认为具有相关行为的居民应急素养水平较高。此外，有应急培训和演练的经历及对此持积极态度的居民也有较好的应急素养表现，这符合社会心理学的计划行为理论，即个人过去有类似的经历或对行为持积极态度，都能促进其参与应急演练和培训，进而强化应急素养和技能。相关部门可基于上述结果，系统、全面分析，补齐短板，着力提高居民应急素养。

（二）对策建议

我国居民总体应急素养处于中等偏上水平，但仍有较大提升空间。基于差异性和 logistic 回归分析结果，本文提出以下对策建议。

1. 完善顶层设计，强化政策引导

全民应急科学素养提升作为一项重要公共事业，是一项复杂、系统的工程。一是健全法律法规，为突发事件应对和居民应急素养提升工程提供坚实法律保障。非典和新冠疫情两次重大突发公共卫生事件过后，学界普遍认识到应大力加强国家生物安全风险防控和治理体系建设，全面提高国家生物安全治理能力。《中华人民共和国生物安全法》是国家从全国层面对生物安全事件的迅速反应，但我国领土辽阔，各区域政策法规要因地制宜。如本研究发现：东北地区公共卫生维度得分较低，应结合地方实际建立相关法规给予细化补充；而东、中部地区应针对自然灾害建立相关法律体系给予预防和应对。同时加强普法宣传，做到全民守法。二是重视应急教育培训体系建设。日本地震灾害多发，但其扎实推进公民防震减灾科学素质建设，使居民在突发事件面前能够理性应对。全国人大代表陆銮眉也曾建议推进我国应急教育全民化、体系化、专业化，建立具有中国特色的应急管理教育培训体系。三是在公共安全体系框架下建立应急科普体系及工作机制，筑牢防灾减灾救灾人民防线。依托《全民科学素质行动规划纲要（2021—2035年）》工作要求，重视科普智库建设，加强科普工作人才培养。提升公民突发事件应对的社会责任，引导基层群众参与风险社会治理和安全隐患排查。乡镇地区居民应急素养得分偏低，应急参与意识薄弱，应通过鼓励性、支持性措施加强引导。

2. 激发应急意识，培育安全文化

政府在突发事件预防和应对方面并非万能，公民要做自己健康和安全第一责任人，配合政府开展防灾减灾。当前，新冠疫情刚过，公民紧绷的神经还未松懈。首先，应趁热打铁，激发人们学习应急知识的积极性，并且要有针对性向男性、中部地区、高龄、健康状况较差居民倾斜。其次，要充分利用“5·12国家防灾减灾日”、“全国科普日”、消防宣传周、安全生产月、科技节等特殊时点，灵活常态化开展“争做应急志愿者”、参与文化沙龙等活动，利用文化公园、大型商圈、高速公路等空间范围，加大应急标识、广告覆盖面，强化公众应急感知，培养“重在预防”安全意识。最后，要构建安全文化体系，发挥新闻媒介的桥梁作用，引导媒体对突发事件迅速、全面、客观报道，营造良好的安全文化氛围。推动应急产业健康发展，从青年到老年人、从城市到农村，逐步转变居民安全产品消费理念，使安全意识深入人心。

3. 创新科普方式，提升学习效果

应急科普在应急准备和突发事件应对阶段均发挥至关重要的作用。现实生活中不少人可通过网络等途径获取应急知识，但突发事件应对更注重“会实践、懂操作”的能力，应急知识在关键时刻能否派上用场仍需进一步考究。根据知信行理论模式（KPA），行动改变是学习知识的最终落脚点，传统宣教式科普模式已经难以满足人们日益增长的安全需求，亟须创新科普方式。一方面要利用好线上网络平台，适应互联网时代知识传播特点和青年人喜好，善于将应急科普内容制作成短视频、动漫、短新闻、沉浸空间等满足通达性标准的表现形式，通过各种平台进行精准传播。另一方面要注重安全体验教育。要加强应急演练强度，让公众能真实感受灾难发生的场景，掌握急救技能、提高科学决策和急救能力，提升公众的心理承受能力。可针对在校学生、老年人等不同群体和不同地区常见突发事件，建立或开放安全馆、科技馆、救援中心、灾后遗址等具有科普教育功能的应急科普场馆，打通应急科普教育“最后一公里”，并将 AI 人工智能、VR 虚拟现实等先进技术运用其中，构建逼真的应急情景，提升学习体验，增强学习效果。

参考文献

[1] 习近平：《在全国抗击新冠肺炎疫情表彰大会上的讲话》，《人民日报》2020 年 9 月 9 日，第 2 版。

[2] 杨仑、张晔：《抗击新冠肺炎疫情的另一场“大考”》，《科技日报》2020 年 5 月 27 日，第 4 版。

[3] 卫生应急办公室：《公民卫生应急素养条目》，中国卫生健康委员会官网，2021 年 7 月 16 日，http：//www.nhc.gov.cn/yjb/s2908/201804/b2a724c794914d19b92b96e0882b9fbf.shtml。

[4] 祝哲、彭宗超：《突发公共卫生事件中的政府角色厘定：挑战和对策》，《东南学术》2020 年第 2 期。

[5] 张国清：《公共危机管理和政府责任——以 SARS 疫情治理为例》，《管理世界》2003 年第 12 期。

[6] 韩自强：《应急管理能力：多层次结构与发展路径》，《中国行政管理》2020 年第 3 期。

[7] 刘蕾、赵雅琼：《城市安全应急联动合作网络：网络结构与主体角色——以寿光洪灾事件为例》，《城市发展研究》2020 年第 3 期。

[8] 王赣闽、肖文涛：《自然灾害灾后重建的地方政府行为探析——以福建省闽清县“7·9”特大洪灾灾后恢复重建为例》，《中共福建省委党校学报》2017 年第 12 期。

[9] 江亚洲、郁建兴：《重大公共卫生危机治理中的政策工具组合运用——基于中央层面新冠疫情防控政策的文本分析》，《公共管理学报》2020 年第 4 期。

[10] 何华玲、张晨：《突发公共卫生事件应对中的国家治理：问题与启示——以 2013 年 H7N9 禽流感疫情防控为例》，《长白学刊》2015 年第 1 期。

[11] 童星、张海波：《基于中国问题的灾害管理分析框架》，《中国社会科学》2010 年第 1 期。

[12] 钟开斌：《国家应急管理体系：框架构建、演进历程与完善策略》，《改革》2020 年第 6 期。

[13] 童星、陶鹏：《论我国应急管理机制的创新——基于源头治理、动态管理、应急处置相结合的理念》，《江海学刊》2013 年第 2 期。

[14] 张萧红、徐凌忠、秦文哲等：《泰安市 45~69 岁中老年人健康素养现状及影响因素分析》，《中国卫生事业管理》2021 年第 12 期。

[15] 陈琦、熊回香、代沁泉等：《平台社会视阈下大学生网络信息安全素养能力评价及提升策略研究》，《图书情报工作》2022 年第 7 期。

[16] 张志刚、史传道、杜国辉等：《咸阳市在校大学生卫生应急素养认知水平及其影响因素分析》，《中国预防医学杂志》2021 年第 8 期

[17] 肖传浩、李岩、孙桐等：《新冠肺炎疫情背景下山东省居民卫生应急健康素养现状调查》，《预防医学论坛》2021 年第 2 期。

[18] 陈超亿、郝艳华、宁宁等：《广东省社区居民应急素养水平及其影响因素分析》，《中国公共卫生》2020 年第 4 期。

[19] 王娜、强美英：《公民卫生应急素养普及的 SWOT 分析》，《中国健康教育》2019 年第 7 期。

[20] 《中国公民健康素养——基本知识与技能（2015 年版）》，《中国健康教育》2016 年第 1 期。

[21] 戴晓阳、曹亦薇：《心理评定量表的编制和修订中存在的一些问题》，《中国临床心理学杂志》2009 年第 5 期。

[22] 郑建君：《中国公民美好生活感知的测量与现状——兼论获得感、安全感与幸福感的关系》，《政治学研究》2020 年第 6 期。

[23] Iemura H., Takahashi Y., Pradono M.H., et al. Earthquake and Tsunami Questionnaires in Banda Aceh and Surrounding Areas [J]. Disaster Prevention and Management, 2006, 15 (1).

[24] 董泽宇：《公众应急培训的特征、现状与发展方向》，《中国应急管理》2012 年第 10 期。

[25] 张持晨、吴一波、郑晓等：《新冠肺炎疫情下公众的认知与行为——疫情常态化防控中的自我健康管理》，《科学决策》2020 年第 10 期。

[26] 张英、王民、谭秀华：《灾害教育理论研究与实践的初步思考》，《灾害学》2011 年第 1 期。

[27] 孙祁祥、周新发：《为不确定性风险事件提供确定性的体制保障——基于中国两次公共卫生大危机的思考》，《东南学术》2020 年第 3 期。

[28] 陆文静、郭浩然、孙春仙等：《公民科学素质视角下的防震减灾科普研究——

以日本和美国为例》，《震灾防御技术》2019 年第 4 期。
[29] 福建省教育厅（教育工委）新闻中心：《全国人大代表陆鎏眉：将应急教育培训纳入国民教育体系 | 两会微访谈》，2020 年 5 月 26 日，http：//jyt.fujian. gov. cn/jyyw/xx/202005/t20200526_ 5273752. htm。
[30] 郝倩倩：《科普短视频在应急事件中的传播分析——以“新冠肺炎疫情”为例》，《科普研究》2020 年第 5 期。
[31] 杨家英、王明：《我国应急科普工作体系建设初探——基于新冠肺炎疫情应急科普实践的思考》，《科普研究》2020 年第 1 期。
[32] 赵菡、杨家英、郑念：《从突发公共事件科普看应急科普场馆建设》，《科普研究》2020 年第 2 期。

基于5W1H分析法的前沿科技资源科普化实现路径研究*

秦 庆　徐雁龙　汤书昆**

摘　要： 前沿科技资源广泛存在于研究型大学、科研院所、高新技术企业、科技型学会等创新主体内，这一类型科技资源具有知识密集性、结构复杂性、内容新颖性等前沿属性特征，对前沿科技资源的科普挖掘和传播及实现科研效益的最大化有直接促进。本文深入分析了前沿科技资源科普化五个维度的困境，剖析顶层设计缺失、转化渠道不畅、传播主体分离三个核心成因，并对未来发展趋势进行研判。基于上述困境与趋势解析，研究基于 5W1H 分析法，从转化动因、转化主体、长效转化方法、转化内容要素 4 个维度研究前沿科技资源科普化的核心原则和实践逻辑，提出具体转化路径的建议。

关键词： 前沿科技资源科普化　5W1H 分析法　高质量发展

* 项目资助：中国科协科普信息化建设工程"量子信息"科普中国—中国科学技术大学共建基地。

** 秦庆，中国科学技术大学博士研究生；徐雁龙，中国科学院大学人文学院博士研究生；汤书昆，中国科学技术大学讲席教授、中国科学院科学传播研究中心主任。

一 相关概念诠释

科技资源科普化，是指将科研设施设备（实验器材、大科学装置、科研场景等）、科研成果、科研人员、科研文化（制度、规范、学术生态等）等科技资源转化为科普设施、科普产品、科普人才等科普资源，并将科普工作纳入科研计划的过程。在当代中国，科技资源科普化的过程是一个动态的过程，其内涵也在不断演化和丰富，从普及科学知识、技术能力到科学素养、科学方法、科学精神，这个过程实际上是科技资源功能和作用的拓展与延伸，本质上是在对科技资源开发利用的基础上扩大科技资源的应用范围，并不影响其本质属性，但是却从根本上丰富了科普资源，提升了科普能力，是实现科普资源高效转化的重要途径。

前沿科技，指高新技术领域中具有基础性、前瞻性、先导性和探索性的重大技术，是加快科学向技术转化、实现重大基础研究成果产业化的关键环节，其中的一些新兴技术甚至会对现有的国际政治、经济、科技竞争格局产生颠覆性的效果。同时这类科技在社会上也存在很多争议和虚假信息，例如量子科技、转基因技术、区块链技术等。就前沿科技资源而言，其富集主体主要集中在国家级实验室、科研院所、高水平研究型大学、科技类领军企业、高水平学会等，其内容体系性和垂直性更强、知识含量更高、技术原理更复杂。通常与普通人的日常生活关联度不高，这也导致科普转化难度更大、社会存在的虚假信息更多、与大众传播之间存在巨大的信息鸿沟，因此对其进行及时、准确的科普转化就显得尤为必要。

5W1H分析法，亦称六何分析法，由美国政治学家哈罗德·拉斯韦尔（Harold Dwight Lasswell）最早提出，此分析方法从动因（何因 Why）、主体（何人 Who）、客体（何事何物 What）、地点（何地 Where）、时间（何时 When）、方法（何法 How）6个维度对事物提出全面思考。

本文使用5W1H分析法对前沿科技资源科普化的实现路径进行系统分析，以期为相关主体在设计实践策略时提供参考。

二　前沿科技资源科普化的困境与趋势研判

（一）前沿科技资源科普化的困境

整体来看，当前的前沿科技资源科普化主要面临五个方面的困境：一是前沿科技资源科普化的基础研究薄弱，缺乏系统的理论支撑；二是很多前沿科技资源富集主体对于前沿科技资源科普化认知能力有限，难以全面、系统挖掘和深刻阐释前沿科技资源的多元社会价值和拓展意义；三是前沿科技资源科普化的转化能力有限，对于前沿科技资源的科普内容深入挖掘和跳出科学共同体范围进行公众传播，相应的人才体量和转化手段有限；四是对于前沿科技资源科普化的社会化展示和提供公共文化服务的能力有限，展示的科普内容易平淡刻板、同质化现象突出，难以满足公众对前沿科技资源的有效认知需求；五是前沿科技资源科普化的机制尚不完善，高校、科研院所、企业及科技类社会组织等主体的优质前沿科技资源缺少稳定投入公众科普服务领域的机制，缺乏可持续性保障。这些困境的核心成因如下。

1. 缺乏清晰的顶层设计

对于前沿科技资源的科普化工作，其转化路径和模式设计等“顶层设计”似乎一直缺位。顶层设计实质上是一个国家层面的战略体系，通过对顶层设计的完善，可以对前沿科技资源在科普化过程中涉及的理念、功能、资源、结构、标准进行协调统筹，有助于加速前沿科技资源的转化效率、提高转化水平。目前的顶层设计更加偏重对前沿科技资源的技术攻关而非科学普及，诸如“科技资源科普化工程”“科技信息发布机制”等项目，只是技术促进手段而非战略规划，且很多关于前沿科技资源的科普模式逐渐固化。

2. 科普转化渠道不畅通

存在于科研场景的前沿科技资源从实验室流向社会大众的过程中，会受到一些市场利益相关者的阻碍、科学共同体的约束和大众媒介传播的不恰当解读，这些因素一定程度上阻碍了前沿科技资源科普化的通路。市场因素上，一些前沿科技在发展和应用的过程中，有可能会对传统的技术理念、应用方案、使用工具等进行改变或颠覆，这必然涉及不同的利益群体，常常会产生部分市场主体受益的同时另一部分却受损的现象，利益受损主体作为干扰因素，一定程度上会影响科普转化进程。

从科学共同体的角度来看，整体风气仍偏求稳和保守，通常不明确鼓励一线研究人员花费时间精力进行大众传播，除非他们是已经功成名就的资深研究学者。科学家群体在潜意识里不重视科普，对当代科普发展态势不了解的不在少数，而过多暴露于公众视野下的研究人员在共同体内部可能会被认为不是纯粹的科研人员，易影响到其研究项目的完成和再获取。

从大众传播的角度看，从业者往往将前沿科技信息作为其“新闻资源”进行编辑报道，加之网络和社交信息分发平台的盛行，用户生产和传播信息的门槛极大降低，导致大众传播的内容里产生大量虚假信息与谣言，直接阻碍了公众很不熟悉、认知困难的前沿科学内容的传播。以上因素带来的是公众无法得到足够的专业知识应对当下的复杂科技现象及科技进步的现状，例如当下的量子科技发展现状、基因编辑技术发展现状等。

3. 资源创造主体与传播主体的分割

前沿科技资源的创造主体是一线的科研人员、科学家，而对各种前沿科技进行多元解读和广泛传播的主体往往是各类大众媒体、商业推广机构。资源的创造主体和传播主体在科学素养、社会热点认知、传播技能、宣传导向上都存在明显差异，加上两类主体之间系统性沟通和协同时常缺失，导致高水平、原创性的前沿科技科普内容供给匮乏，前沿科技的科普表现形式易滞留在陈旧形态，在科普内容传播解读上甚至会经常性产生虚假信息及谣言，引发社会舆情阻碍科学传播。

（二）前沿科技资源科普化的发展趋势研判

在当今时代变革浪潮中，前沿科技带来的颠覆性能量已经影响到国际政治格局构造和人类社会发展方向，未来将是前沿科技资源的科普转化、传播的重要战略机遇期。整体来看，前沿科技资源科普化的发展呈现以下 4 个突出态势。

第一，对于前沿科技资源科普化对增强国家科技硬实力和培育国家科学文化软实力的价值认知逐渐深入，从而引发前沿科技资源科普化的工作理念产生深刻变化，这将会孕育出新的理论体系、学术观点、实践案例。

第二，前沿科技资源科普化对科技发展质量的提升、科学文化氛围的营造效果逐渐增强，将带动科普转化的技术手段、资金投入体量和管理体制机制的创新和革新。

第三，新的国际科技竞争形势、新的社会公众需求、新科学普及任务，将带动战略、理论、应用和实践相结合的复合型科普人才队伍不断壮大。

第四，前沿科技创新和社会公众需求将引导前沿科学普及内容融入社会公共文化的供需体系，由此催生出一批科普相关的新产业、新业态、新模式。

三　基于5W1H分析法的前沿科技资源科普化路径构建

5W1H分析法是一种系统性规划工具，常常被运用到对复杂工作的实践策略制定中，本文基于5W1H分析法聚焦前沿科技资源的科普转化动因（Why）、转化主体（Who）、长效转化方法（How）、转化客体（What）、转化地点（Where）、转化时间（When）6个维度，同时将转化客体、转化时间、转化地点统一归类为转化内容要素，对如何充分发挥前沿科技资源的优势，提高科普转化效率和水平进行深入分析（见图1）。

（一）转化动因：完善顶层设计和落实实施细则以激发多元主体活力

就前沿科技资源的科普转化动因而言，突出的驱动要素有以下4点。

（1）国家出于科技发展需要而颁布的科普法及科普政策的要求。

（2）科学共同体关于前沿科技成果的表达需求。

（3）社会公众对于前沿科技的强烈科普需求。

（4）市场经济主体及媒体机构的宣传和业务需要。

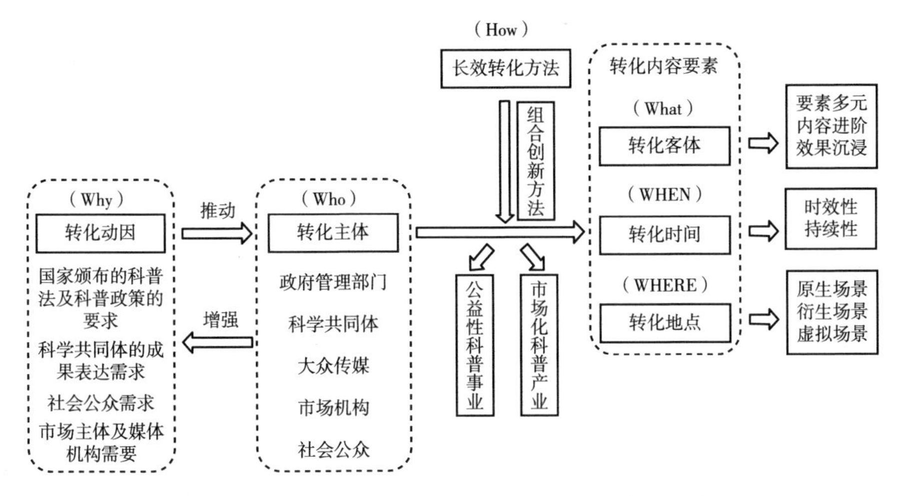

图1　推进前沿科技资源科普化各要素之间的逻辑关系

在这4个动因里，政府的顶层设计是最为重要的牵引力量，通过构建合理的顶层设计和落实具体的实施细则，可以有效提高科学共同体、市场主体对前沿科技资源进行深度、有效转化的动能，同时满足社会公众对于前沿科技的知识诉求。例如，国家科技计划项目每年都涌现大量前沿性的科研成果，其中蕴含的丰富科普资源却少有转化成社会大众喜闻乐见的科普内容，这就要求政府相关部门制定明确的科普转化实施办法，推动承担国家科技计划项目的科研机构、高校、企业等主体向社会大众开放其研究成果，并协同相关科研人员、科学传播专业人士、科普产品设计机构等社会力量合力进行科普转化。

对于政府管理部门而言，需要建立健全前沿科技资源转化成科普内容的顶层制度。在政策制定上，需要编制相关配套政策和指导意见，在设计前沿科技发展规划的同时，同步考虑设计相对应的科普规划，形成前沿科技进步与科普转化同频共振的发展格局。在项目设置上，将科普转化任务列入使用国家财政资金和公共资源建立的科研机构、科技设施、高等院校及重大科技研发项目的具体任务中，赋予相应科研人员必要的科普职责。在资金投入上，明确提高科普经费的占比，吸引科研工作者关注科普领域，为前沿科技资源的科普转化主体提供经费保障。在职称评定及考核评价上，设置科学传播专业职称并建立科学传播专业职称评审的全国协同机制，将科研人员参与科普工作情况纳入科研考核评价体系；鼓励引入合适的社会力量，激发多元主体的科普动力，在前沿科技领域形成社会化协同科普转化的格局。

同时，政府管理部门要加强对前沿科技议题科普内容质量的监管。首先，需要对各类前沿科技资源进行筛选和认定，例如非涉密的前沿技术、国家重大科研工程、公众关注度高或关系民生的科技计划和科研项目，对这些前沿科技资源设定具体的科普化实施细则，让项目承担机构落实科普内容、表达形式、整体进度、关键时间节点、科普经费安排、人员配备等措施。其次，对一些市场主体出于自身经济利益和产品销售动机展开的前沿科技的科普宣传，部分社会媒体和一些“伪科学家”“民科”出于“眼球经济”发布的虚假科普等内容，需要政府部门在制定相关顶层设计和实施细则时，充分考虑互联网生态下的虚假信息治理问题。

（二）转化主体：构建前沿科技资源的社会化科普协同格局

在前沿科技领域，其资源富集主体集中在国家级实验室、科研院所、高水平研究型大学、科技类领军企业、高水平学会等机构，这些绝大部分属于科学共同体的范畴，他们是前沿科技资源生产与储存的源头。而进行科普转化及传播的主体则集中在政府管理部门、大众传媒及部分市场机构、科技类社会组织以及社会公众，他们通过大众传播、组织传播、人际传播等不同层次的传播渠道将科学共同体生产出的前沿科技资源转化为不同群体适宜接受的科普内容。因此，构建多元主体间的社会化科普协同转化格局，打造协同、开放、共享的前沿科技资源科普生态体系就显得尤为必要。

科学共同体是知识和资源的创造者，对于前沿科技内容的认知和解读具备权威，同时具备丰富的前沿科技内容资源、人才资源、场景资源、文化资源。因此，必须倡导有条件的主体建立固定的科普基地或开放科技基础设施、实验室等科研设施的科普功能，鼓励科学家参与前沿科技的科普表达，同时为其他主体参与科普转化创造包容性环境。例如，位于贵州平塘的天眼

（FAST），其核心是大科学装置“500米口径球面射电望远镜”，是目前世界上最大、最灵敏的单口径射电望远镜，被誉为“中国天眼”。在对前沿科技资源进行科普转化的过程中，“天眼”有效发挥科技资源（实验设备、科研场景、科研人员）集聚优势，通过面向地方政府管理部门、教育机构、企业开放共享科技资源，围绕“天文科普”主题形成了“科学研究+学术交流会议+专职科普团队培育+科普创作+科学教育+科普旅游”的大科普格局，有效覆盖了基础和高等教育体系下的多层次学生群体和多元社会公众。因转化和服务效果非常显著，2016年被科技部批准命名为“国家科普示范基地”。

政府管理部门应当推行科普工作联席会议制度，由分管科技工作的党政领导挂帅，切实担负起主体责任，为前沿科技资源科普化的发展创造良好制度环境；通过党政领导的协同工作机制，建立起常态性前沿科技资源科普转化制度。针对科普转化成果制定合理的评价与考核制度，引导各类地方科协、科研院所、高校、企业等主体充分挖掘自身前沿科技资源的同时，注重协同配合、优势互补，形成以社会公众和多元主体的具体需求为导向、以供需联动的科普内容开发平台为载体、以专业化服务机构为支撑的前沿科技资源科普化新格局，解决前沿科技资源科普转化的“最后一公里”难题。

大众传媒应当设置专业的科学传播岗位，培养创作、采编、策划、理论研究等方面的高水平科普人才和具有现代科学理念和传播技能的人才；科技类社会组织应当通过社群机制广泛链接前沿科技资源科普化的供需主体，同时切实开展前沿科技资源科普化的理论研究，供给与政府管理部门标准化、规模化服务不同的精细化的科普理论与实践案例；公众对前沿科技要树立终身学习精神和辟谣意识，积极主动参与到各类前沿科技的科普活动中，增强自身的科学传播素养。整体而言，建设前沿科技资源的社会化科普协同格局，需要多元主体以创新前沿科技资源科普转化的手段、内容、渠道等为导向，以科普转化的供需端高水平动态平衡为路径，实现前沿科技资源价值的最大化。

（三）长效转化方法：基于组合创新方法发展市场化科普产业和公益性科普事业

组合创新方法是指基于创新思维将已知的若干事物合并成一个新的事物，使其在性能和服务功能等方面发生变化，产生新的价值，主要包括原理组合、意义组合、构造组合、成分组合、功能组合、材料组合等创新形式，重点强调对于现有资源的创造性转化。

就前沿科技资源而言，其内涵非常丰富，既有各类科技成果、实验器材、大科学装置、科研场地等“硬件”，也有多元化的科研人员、学术制度、科研规范、科技生态等“软件”，需要对浩瀚的前沿科技资源进行分类整合和组合创新，在集成优化的过程中提高前沿科技资源科普转化的质量和效率。在这个过程中，需要以组合创新的方法论为引导，在前沿科技资源的科普化中引入公益性科普事业和市场化科普产业的长效转化方法，形成“科学发现+技术发明+科普转化+公益性服务+产业化服务”科普转化路径。

在坚持科普公益性事业稳步发展的前提下，政府管理部门可以鼓励企业通过竞合机制参与到前沿科技资源的科普化建设体系中，完善科普转化业务的招标体系，吸引社会资本投入科普化工作中来，推进科普产业化的发展；鼓励在前沿科技富集的产业园区、大学城、科研院所等区域内部划分科普企业入驻区域，引入一批专业化的科普转化企业，鼓励举办专而精的前沿科技资源科普转化的产品博览会、交易会。

对于企业而言，可以与展教业、出版业、教育业、玩具业、旅游业、网络与信息业等业态进行组合创新和业态融合，通过知识付费、IP 运作、衍生产品开发、科学教育、研学博览等服务形式进行业务拓展；聚焦前沿科技领域中的社会公众实际需求、科学共同体的成果表达需求、科技型企业的产品宣传需求、政府采购等实际业务，创新科普内容挖掘手段，开发科普产品；注重探索制定前沿科技领域下的细分赛道的科普产品和服务相关技术标准和规范，提升优质产品和服务的供给能力。

（四）转化内容要素：要素多元、内容进阶、效果沉浸的科普供给

就前沿科技资源科普化而言，转化内容、转化场景、转化时间是与受众直接接触的三个要素，其中内容要素是受众体验感的基础，场景要素和时间要素是影响受众体验感的重要组成，三个要素相辅相成。有效的科普供给需要一整套融科学性、知识性、趣味性于一体的场景设计和内容展示方案来提升受众的感受满意度，在前沿科技领域的科普更是如此，需要在内容、场景、时间设计上形成要素多元、内容进阶、效果沉浸的科普输出效果。

在内容要素设置上，由于前沿科技资源的纵深性强、知识含量高，一般公众的知识水平与其之间有较大落差，因此在进行科普内容转化过程中，需要形成“明确科普目标+选定科技资源+分析受众群体+设计科普内容”的转化路径。在具体科普内容上形成“逐步降低知识阀、扩大受众面”的阶梯式传播，尽量减少前沿科技成果面向公众时产生的知识落差；同时对前沿科技资源进行整体开发、多级利用、多元化表达，例如，图像、视频、音频、AR、VR等多种形态相结合，发挥科普资源的最大效能。

在场景要素和时间要素上，很多前沿科技成果、科研设备、科研人员需要在特定的原生场景进行展示，离开原生场景，其科普感染力、沉浸感都会有一定程度的下降，例如超导托卡马克模型，属于大科学装置，其本身就不具备可移动性。但可以根据具体科普内容，衍生出复制场景、虚拟场景等形式。转化时间上，对于前沿科技资源而言，普通人很难在短期理解其技术原理，往往此类科普目的是对前沿科技进行“祛魅”，培养公众的科学精神，在社会上营造科学氛围，因此可以紧随社会热点和突发性紧急事件展开即时性科普。时间上较为集中的、系列化的展示在效果上往往优于分散式、碎片化的展示。例如2022年中科院举办的“中科院重大科技成就展”：在内容设计上突出“四个面向”和重大科技成就，针对不同受众设置不同版本的讲解内容，重视内容个性化；在场景上引入3D技术、受众模拟装置，甚至对一些科研设备进行1∶1搭建，突出沉浸感；时间上设定为常设展长期开

放，持续提高科普影响力。该展览整体展示了中科院的重大创新成果、最新科技前沿动态和科学精神。

结 语

前沿科技资源科普化是实现科普内容高质量供给的重要一环，畅通的转化路径可以加速创新科普的公众服务供给方式，加快完善我国现代化科普服务供给体系。从动因层次看，政府部门应该尽快完善顶层设计和落实实施细则以激发多元主体活力；从主体层次看，政府管理部门、科学共同体、大众传媒、科技类社会组织、社会公众等多元主体应该加快构建前沿科技资源科普转化的多主体协同格局；从长效转化方法层次看，应当基于组合创新方法发展市场化科普产业和公益性科普事业；从转化内容要素层次看，应当实现要素多元、内容进阶、效果沉浸的科普供给。通过这 4 个维度组合的建设路径，可以有效构建前沿科技资源的科普创新链、转化链、扩散链，发挥前沿科技资源科普化对我国建设世界科技强国的支撑价值。

参考文献

[1] 中国科普研究所：《关于科技资源科普化的思考与实践——以中国科学院为例》，2020 年 12 月 1 日，https：//www. crsp. org. cn/m/view. php？ aid = 3155。

[2] 刘新芳：《当代中国科普史研究》，中国科学技术大学博士学位论文，2010。

[3] 李光：《如何为前沿科技发展营造良好创新生态》，《国家治理》2020 年第 35 期。

[4] 罗百辉、陈勇明：《生产管理工具箱》，机械工业出版社，2011。

[5] 敖妮花、龙华东、迟妍玮、罗兴波：《科研机构推动科技资源科普化的思考——以中国科学院“高端科研资源科普化”计划为例》，《科普研究》2022 年第 3 期。

[6] 中共中央办公厅、国务院办公厅：《关于新时代进一步加强科学技术普及工作

的意见》，中国政府网，2022年9月4日，http://www.gov.cn/zhengce/2022-09/04/content_5708260.htm。
[7] 周海鹰、田甜：《科技期刊服务浙江区域创新资源科普化研究》，《编辑学报》2018年第1期。
[8] 郭斌、许庆瑞、陈劲、毛义华：《企业组合创新研究》，《科学学研究》1997年第1期。
[9] 马宇罡、苑楠：《科技资源科普化配置——科技经济融合的一种路径选择》，《科技导报》2021年第4期。

关于“科学饮食，健康生活”的青少年科学调查体验研究

邢 燕*

摘 要： 为了缓解部分学生由于目前膳食结构分布不合理、营养需求不完全平衡、喜爱购买“三无”零食、不吃早饭、不吃或少吃水果蔬菜等饮食不符合科学需求而产生的若干问题，我们研究选定提出了名为“科学饮食，健康生活”的主题，开展了一系列饮食科学行为调查体验研究活动。通过调查体验研究，学生们牢固树立了注重科学与饮食搭配的整体意识，对现代科学饮食知识和健康生活模式的联系有了一些更深入直观的认识了解和更切身的有益经验体会，提高了动手能力，拓宽了科学视野，扩大了科学饮食观念在全校师生和周边社区居民中的影响。

关键词： 科学饮食 健康生活 青少年

一 研究背景

改革开放以来，我国的居民整体生活健康水平取得显著性提高，学

* 邢燕，新疆生产建设兵团第六师五家渠第三小学综合实践活动教师。

生营养状况正在不断改善。但我国中小学生营养不良率与发达国家相比是比较高的，肥胖率也在以每五年翻一番的速度增长。目前青少年膳食结构分布不够合理、营养摄入量不够平衡、饮食选择不甚科学方面的诸多问题还十分突出，影响制约了儿童和青少年的合理营养及健康。也有很多学生喜爱购买不健康的“三无”零食、不吃早饭、不吃或少吃水果蔬菜。为此，结合青少年科学调查体验活动的开展，五家渠第三小学选定了“科学饮食，健康生活”的活动主题，开展一系列趣味科学调查体验活动。

二　研究目标

第一，让学生建立科学饮食理念和习得有关营养与健康生活的新知识，改善自身不健康的饮食习惯，并且进社区宣传，扩大本次活动的影响力。

第二，进一步拓宽学生的科研视野，提升学生的科学素养，培养学生崇尚科学、热爱科学探究的精神，提升创新意识和实践能力。

三　研究计划与过程

第一，新疆生产建设兵团第六师五家渠第三小学四、五年级青少年科学调查体验活动启动仪式。

第二，学习科学饮食相关知识并提出问题。

第三，组织学生开展相关调查活动。

第四，科学实验：识别标签陷阱——辨别乳品与乳饮料。

第五，科学实验：制作简单方便的新鲜奶酪。

第六，拓展活动：制作膳食宝塔（彩泥/纸工）。

第七，拓展活动：制作“我的营养食谱”。

第八，拓展活动：进社区宣传科学饮食和营养健康知识。

第九，收获与总结。

四 研究形式与内容

（一）启动仪式

新疆生产建设兵团第六师五家渠第三小学四、五年级举行了“2021年青少年科学调查体验活动——科学饮食，健康生活”的启动仪式。启动仪式中，教师就此次调查体验活动的开展，对学生进行了动员，耐心地讲解有关科学饮食习惯益处的点点滴滴。激励学生们积极学习，细致调查，深入体验，努力践行科学饮食的理念并传递给身边的人们，促进全校的学生一起来加入科学饮食的行列。

五年级学生代表发言：“拥有科学的饮食习惯，可以使身体获得多种营养素，进而使我们小学生获得更健康的身体和强劲的学习动力。”学生们纷纷踊跃加入“科学饮食，健康生活”的行动，号召更多的同学行动起来，学习更多的科学饮食知识，培养健康的生活习惯。

（二）“科学饮食，健康生活”知识学习

通过综合实践课的学习，学生查阅资料，了解本校小学生日常膳食搭配现状，了解科学饮食的必要性，然后进行集体交流。引导学生思考以下问题：我们日常食用的食物分为哪几类？这几类食物应怎样搭配？不同种类的食物都含有哪些营养？饮料有利于身体健康吗？这些问题激发了学生的思考，通过充分的思考交流和学习，同学们掌握了许多科学饮食的知识，也对本次调查活动的意义有了深刻的认识。

（三）科学调查

通过调查“我最喜欢的食品”，学生们了解到他们最喜欢的零食通常含有蛋白质、脂肪、碳水化合物等营养物质，但严重缺乏身体所必需的维生素，并且含有很多的食品添加剂。

通过调查食物及营养素的分类，学生进一步学习了解到了我们日常三餐食用的食物所含的营养成分。

通过随机调查每个学生家庭最近一周7天中油盐米面用量，对比了2016版国家标准中国居民平衡膳食宝塔，每天烹调油不允许超过25g~30g，食盐每天不可以超过6g。学生们发现，大部分家庭的油盐用量超标。

学生们在调查过程中遇到问题，通过积极思考，找到了很好的解决方法，例如利用旧饮料瓶自制小量杯，测量每一餐家庭所用的油、盐、米、面，用自己的聪明才智解决遇到的问题，并体会到了调查活动所带来的快乐。在调查过程中学生也切身体会到了自己目前的饮食习惯还需要改善，对健康饮食的必要性有了更深刻的认识。

（四）科学实验——辨别乳品与乳饮料

在前期的调查活动中发现很多学生喜爱奶茶或含乳饮料。那它们真的和牛奶拥有同样的营养成分吗？学生们通过实验来认识它们之间的区别。

学生们自己动手上网，通过百度相关搜索引擎查询并得到了很多乳品有关问题的信息资料：乳品是包括以生鲜牛（羊）乳及其制品为主要原料，经特殊技术加工制成的产品。含乳饮料是指以鲜乳或乳制品为原料，经发酵或未经发酵加工制成的制品。含乳饮料分为配制型含乳饮料和发酵型含乳饮料。配制型含乳饮料是以乳或乳制品为原料，加入了少量的水、白砂糖、甜味剂、酸味剂、果汁、茶、咖啡、植物提取液等的一种或几种物质调制而成的饮料。乳味饮料是市场上兴起的一种饮品，主要有奶味茶饮料和果汁牛奶饮品两大品种。

1. 实验材料

筷子、牛奶、含乳饮料、乳味饮科、奶茶等，白醋，电磁炉（煤气灶），奶锅。

2. 实验原理

牛奶中含有大量蛋白质。白醋中有酸，当牛奶和白醋混合在一起，白醋中含有的酸性物质会使牛奶中的蛋白质凝固和沉淀。而大多数奶茶或乳饮料中牛奶的成分很少，所以蛋白质含量极低，遇酸后不会出现大量沉淀。

3. 实验步骤：填一填

学生们走访市场，购买实验样品，并仔细阅读食品标签，填写完成相关信息。

4. 看一看实验样品的营养成分

分析营养成分，完成相关表格。

5. 测一测

将100毫升实验样品倒入奶锅中，在电磁炉上加热，但不要沸腾，缓慢加入25毫升白醋，一边继续加热一边搅拌。观察沉淀现象，比较絮状沉淀物产生的多少，填写完成论文下面的分析记录。

6. 实验结果

学生们可分别对日常可购买与饮用过的乳品、乳饮料、乳味饮料等食品样品，从食品类型、食品营养成分，以及蛋白质检测结果等方面进行一次基础的综合分析与评价，从科学饮食的角度给出营养建议。

通过和学生一起查阅资料，我们了解到旺仔牛奶是复原乳。复原乳又可以简单称为“还原乳”或“还原奶”，是指把牛奶浓缩、干燥处理加工成为固体半液态浓缩乳或固体浓缩牛乳粉，再添加适量水，制成与原乳中水、固体物比例相当的乳液。简单来说，是一个先把牛奶经过加热干燥浓缩，然后再加水逐渐冷却还原成液态奶的过程。一般而言，制造复原乳有两种方法：一种方法是把经过高温干燥后的奶粉加入一定数量比例的水，制成乳制品；另一种方法是把经过高温干燥处理的奶粉直接加入鲜奶中制成乳制品。很多人因为不完全了解复原乳这种生产制作方式而怀疑复原乳的质量，害怕制作过程中的营养流失，或者是传言中所说的高温杀菌会导致的蛋白质变异。其实这都是没有科学依据的错误认知。蛋白转化值为生牛乳的96%~97%。热变性乳蛋白的疏散结构更适于酶发挥作用，因此比生牛乳乳蛋白更易消化。热处理对乳脂肪的营养特性不会产生任何显著的影响。

实际上，复原乳并非“劣质产品”，同样可以为人体提供蛋白质和钙铁矿物质等营养素，消费者大可以放心选择。

（五）科学实验——制作简单方便的新鲜奶酪

酸奶在其发酵分解过程中，乳糖逐渐分解成乳酸，而奶酪类产品在生产制作发酵过程中乳糖大多数已随乳清同时排出，因此酸奶制品和奶酪制品更适合乳糖不耐症人群食用。另外，蛋白质、脂肪可经过发酵，被分解成易于人体吸收的小分子物质，乳酸菌进入肠道可显著抑制一些有害腐败菌的生长，有利于人体肠道健康。

1. 实验材料

全脂牛奶 1 升，淡奶油 175 毫升，柠檬 2 个，盐 1 小勺。

2. 实验原理

柠檬中含有酸性物质，可以使牛奶中的酪蛋白凝固，分离出白色固体乳酪和清澈液体的乳清。

3. 实验步骤

（1）均匀向锅中倒入全脂牛奶和淡奶油，用小火加热，同时用木勺轻轻进行搅拌，加热至锅边略微泛起小泡即可，注意防止溢出。

（2）关火后在锅中加入少量柠檬汁和盐搅拌，等待乳清和凝结的颗粒逐渐分离。

（3）让锅中的反应继续进行 10~20 分钟，逐渐看到凝结的颗粒体积变得更大。

（4）将纱布铺在干净的、可以滤水的容器上，把凝结颗粒和乳清的溶液一同倒入纱布中过滤。

（5）上面用重物压住以便将水挤出，压 1 小时左右取出，放入冰箱密封冷藏。可以保存一星期左右。

（六）拓展活动：制作膳食宝塔

为保证《中国居民膳食指南》的时效性和科学性，使其真正契合不断发展变化的我国居民营养健康需求，2020 年 6 月国家启动了 2016 年版《中国居民膳食指南》修订工作。

学生们通过书籍、网络等途径了解《中国居民膳食指南》具体内容，学生们以平面（绘画、纸工）和立体（彩泥）两种方式根据本地和自家的饮食实际制作了个性膳食宝塔食物模型。

制作过程中学生们积极投入制作，相互讨论，相互配合，在教师指导下认真完成了自己的制作，既学到了知识，又锻炼了实践能力，还体验到合作学习的乐趣。

（七）拓展活动：制作“我的营养食谱”

为自己量身定做一份七日早餐健康食谱。

将食物进行搭配，设计一道营养美味的菜肴，并选择合理的烹调方式进行制作。

学生们对照自家的饮食结构情况，找出需要添加的营养成分，设计一道营养美味的菜肴，拍摄成品并制作成“我的营养食谱”手抄报。

（八）拓展活动：进社区宣传科学饮食和营养健康知识

为了进一步大力宣传倡导科学饮食、健康生活的理念，学生们将在“科学饮食，健康生活”调查体验活动中习得的知识和研究得出的结论，制作成传单进入社区分发给所居住小区的居民，向他人传播科学的饮食习惯和健康生活知识，帮助大家认识到生活中的饮食习惯影响着人体健康，将本次活动的理念进一步进行宣传。

五　收获与体会

通过科学调查体验研究——“科学饮食，健康生活”的开展，树立了学生们科学饮食的观念和意识。孩子们学会了阅读食品标签，了解食品的营养成分。通过科学调查、科学实验、学习国家标准健康膳食宝塔知识和社区科普宣传活动，使孩子们对科学饮食和健康生活的联系有了更深入的了解和更切身的体会，提高了孩子们的动手实验能力，拓宽了孩子们的科学视野，丰富了他们的社会实践活动，也扩大了科学饮食观念在全校师生和广大周边社区居民中的影响。

参考文献

[1] 张园园：《垃圾分类新时尚　变废为宝价值高——天津市滨海新区天津外国语大学附属滨海外国语学校 2019 年青少年调查体验活动实践报告》，2019，https：//www. scienceday. org. cn/2019/2021。

附件一：表格

附表 1 “我最喜欢的食品”重要信息

食品名称	营养成分	食品配料	净含量	储存条件	生产日期	保质期	有无生产许可标志	有无生产者信息
天润浓缩酸牛奶（原味）	能量 381 千焦（5%）、蛋白质 3.1 克（5%）、脂肪 2.9 克（5%）、碳水化合物 13.0 克（4%）、钠 48 毫克（2%）	生牛乳（≥90%）、白砂糖、乳清蛋白粉、食品添加剂［明胶（来源于牛骨）、双乙酰酒石酸单双甘油酯、果胶］、保加利亚乳杆菌、嗜热链球菌	180 克	2℃～10℃冷藏，开启后须及时饮用	2021 年 10 月 31 日	21 天	有	新疆乌鲁木齐市头屯河区乌昌公路 2702 号
劲爆烤脖	能量 1206 千焦（14%）、蛋白质 40.3 克（67%）、脂肪 12.7 克（21%）、碳水化合物 3.0 克（1%）、钠 1313 毫克（66%）	鸡脖、植物油、白砂糖、食用盐、辣椒、香辛料、食品添加剂（冰乙酸，谷氨酸钠，双乙酸钠，红曲红，D－异抗坏血酸钠，乳酸链球菌素，乙基麦芽酚）、食用香精香料	42 克	置于阴凉干燥处常温保存，避免阳光直射	2021 年 7 月 8 日	9 个月	有	湖南诚招食品有限公司
娃哈哈八宝粥	能量 20 千焦（2%）、蛋白质 1.3 克（2%）、脂肪 0.6 克（1%）、碳水化合物 6.5 克（2%）、钠 40 毫克（2%）	水、糯米、大麦仁、食品添加剂（木塘醇、安赛蜜、三聚磷酸钠、蔗糖脂肪酸酯，乙二胺四乙酸二钠、三氯蔗糖）、赤豆、魔芋、红芸豆、花生仁、黄酒、银耳、莲子	360 克	置于阴凉干燥处，避免阳光直接照射	2021 年 8 月 9 日	24 个月	有	成都娃哈哈昌盛食品有限公司制造

续表

食品名称	营养成分	食品配料	净含量	储存条件	生产日期	保质期	有无生产许可标志	有无生产者信息
益达无糖口香糖	能量 24 千焦（0%）、蛋白质 0 克（0%）、脂肪 0 克（0%）、饱和脂肪 0 克（0%）、碳水化合物 2.4 克（1%）、钠 1 毫克（0%）	食品添加剂（山梨糖醇、麦芽糖醇、木糖醇，添加量:5%），甘油 0-甘露糖醇、麦芽糖醇液、柠檬酸、阿拉伯胶，阿斯巴甜（含苯丙氨酸、辛癸酸甘油酯羧甲基纤维素钠、安赛蜜、巴西棕榈蜡）、胶基、食用香料、麦芽糊精、起酥油（精炼植物油，含有来源于大豆的磷脂）	56 克	贮于阴凉干爽处，开启后注意防潮	2021 年 4 月 26 日	12 个月	有	有
欢心棒棒糖	能量 1645 千焦、蛋白质 0 克、脂肪 0 克、碳水化合物 88.3 克、钠 107 毫克	白砂糖、麦芽糖浆、水、食品添加剂（柠檬酸、苹果酸、卡拉胶、柠檬酸钠、诱惑红、二氧化钛）	25 克	置于阴凉干燥处，避免光线直射	2021 年 8 月 20 日	12 个月	有	有
脆脆鲨	能量 446 千焦、蛋白质 1 克、脂肪 6 克、碳水化合物 12.2 克、钠 18 毫克	小麦粉、白砂糖、植物起酥油、植物油、可可粉、乳粉、麦芽糊精、乳清粉、食品添加剂、食用盐、食用香精、食用葡萄糖、可可脂、可可液块、无水奶油	20 克	放于阴凉干燥处	2021 年 7 月 24 日	12 个月	有	有
鱼豆腐	能量 770 千焦、蛋白质 11.7 克、脂肪 10.7 克、碳水化合物 10.3 克、钠 1297 毫克	鱼糜、大豆分离蛋白、鸡蛋清、木薯淀粉、植物油、食用盐、味精、白砂糖、食品添加剂（焦磷酸钠）、辣椒、生姜、香精	170 克	放于阴凉干燥处	2021 年 9 月 14 日	9 个月	有	有

续表

食品名称	营养成分	食品配料	净含量	储存条件	生产日期	保质期	有无生产许可标志	有无生产者信息
乐事薯片	能量669千焦、蛋白质1.7克、脂肪10克、饱和脂肪酸5克、碳水化合物15.5克、糖1.7克、膳食纤维0.8克、钠242毫克	马铃薯、植物油、酱油、食用盐、麦芽糊精、焦糖色、琥珀酸二钠、丙氨酸、白砂糖、乳清粉、味精、结晶果糖、洋葱粉、二氧化硅、柠檬酸、胭脂虫红	70克	放于干燥凉爽处	2021年8月12日	9个月	有	有
奶酥板栗面包	能量、蛋白质、脂肪、碳水化合物、纳	小麦粉、植物奶油、奶酥馅、板栗、白砂糖、食用盐、牛奶、鸡蛋、全脂奶粉、酵母	280克	2℃～7℃冷藏	2021年11月7日	7天	有	有
奥利奥饼干	能量、蛋白质、脂肪、碳水化合物、膳食纤维纳	小麦粉、白砂糖、食用植物油、可可粉、淀粉、低聚果糖、全脂乳粉、食用盐、食用香精香料	97克	存放于阴凉干燥处，避免阳光直射	2021年4月17日	12个月	有	有
汉堡	糖类、蛋白质、油脂	面包、鸡肉、生菜、沙拉酱	400克	冷藏	当日	1天	有	有
炸鸡	蛋白质、油脂	鸡肉、番茄酱、面包渣	400克	冷藏	当日	1天	有	有
披萨	糖类、油脂	面包、芝士、蔬菜、肉类	600克	冷藏	当日	1天	有	有
麦片	糖类、蛋白质	谷物基料、白砂糖、乳粉、燕麦片	25克	常温	2021年8月25日	18月	有	有
手工酸奶包	热量、碳水化合物、脂肪、蛋白质	小麦粉、牛乳、黄油、	50克	冷藏	2021年11月10日	30天	有	有
法式小面包	碳水化合物、脂肪、蛋白质	高筋面粉、酵母粉、鸡蛋、牛奶	50克	冷藏	2021年10月3日	60天	有	有
海苔鳕鱼卷	微量元素	小麦粉、白砂糖、鳕鱼、鸡蛋	20克	阴凉处	2021年10月8日	9个月	有	有

附表 2 食物及营养素分类

食物种类	食物举例	主要营养素
谷薯类	馒头、花卷、面包、米饭、米线等，还有红薯、土豆等	碳水化合物、蛋白质、膳食纤维和B族维生素
肉蛋类	肉类有猪、牛、羊和兔肉等，还有鸡、鸭和鹅肉。蛋类有鸡、鸭、鹅、鸽蛋和鹌鹑蛋	蛋白质、脂肪、铁、锌以及B族维生素
奶豆类	牛奶、酸奶、豆浆、豆腐脑等	蛋白质、脂肪
蔬菜	菠菜、西红柿、黄瓜、西兰花、茄子等	维生素、膳食纤维、钾、钙、叶绿素、叶酸
水果	苹果、梨、香蕉、葡萄等	维生素、膳食纤维

附表 3 家庭 7 天中油盐米面用量统计

食物	7 天食用总量	7 天家庭用餐总人数	平均每人每天用量
油	600 克	3 人	30 克/(人·天)
盐	168 克	3 人	8 克/(人·天)
米	3000 克	3 人	143 克/(人·天)
面	4000 克	3 人	190 克/(人·天)

附表 4 样品食品标签信息

编号	食品名称	生产许可证编号	执行标准	食品类型
1	伊利纯牛奶	SC11065010600122	GB 25190	乳品
2	旺仔牛奶	SC10543012200037	GB25191	乳品
3	蒙牛真果粒	SC13115012300275	GB/T21732	含乳饮料
4	伊利优酸乳	SC11065010600122	GB/T21732	含乳饮料
5	娃哈哈 AD 钙奶	SC10663010501321	GB/T21732	含乳饮料
6	伊利 QQ 星	SC10537072408178	GB/T21732	含乳饮料
7	娃哈哈营养快线	SC10665230100082	GB/T21732	含乳饮料
8	娃哈哈呦呦奶茶	SC10665230100082	GB/T21733	乳味饮料
9	统一阿萨姆原味奶茶	SC10634010705021	GB/T21733	乳味饮料
10	旺旺 O 泡果奶味饮料	SC10637012509637	GB7101	乳味饮料

附表 5　样品营养成分

编号	食品名称	蛋白质含量	脂肪含量	碳水化合物含量	能量
1	伊利纯牛奶	3.2g/100g	4.0g/100g	4.8g/100g	284kJ/100g
2	旺仔牛奶	3.0g/125ml	3.3g/125ml	12.5g/125ml	406kJ/125ml
3	蒙牛真果粒	2.8g/250g	3.3g/250g	17.5g/250g	457kJ/250g
4	伊利优酸乳	1.0g/100ml	1.2g/100ml	5.4g/100ml	159kJ/100ml
5	娃哈哈 AD 钙奶	1.0g/100ml	0.7g/100ml	5.0g/100ml	145kJ/100ml
6	伊利 QQ 星	1.0g/100ml	1.2g/100ml	5.5g/100ml	170kJ/100ml
7	娃哈哈营养快线	1.0g/100ml	1.2g/100ml	6.0g/100ml	190kJ/100ml
8	娃哈哈呦呦奶茶	0.7g/100ml	1.6g/100ml	9.0g/100ml	230kJ/100ml
9	统一阿萨姆原味奶茶	0.6g/100ml	1.7g/100ml	9.2g/100ml	230kJ/100ml
10	旺旺 O 泡果奶味饮料	0g/100ml	0g/100ml	11.4g/100ml	235kJ/100ml

附表 6　实验现象记录

编号	食品名称	加入白醋后的现象
1	伊利纯牛奶	出现大量白色絮状沉淀
2	旺仔牛奶	出现大量沉淀
3	蒙牛真果粒	出现极少量沉淀
4	伊利优酸乳	出现极少量沉淀
5	娃哈哈 AD 钙奶	出现少量沉淀
6	伊利 QQ 星	出现少量沉淀
7	娃哈哈营养快线	有絮状沉淀物
8	娃哈哈呦呦奶茶	少量沉淀物
9	统一阿萨姆原味奶茶	出现少量咖啡色沉淀
10	旺旺 O 泡果奶味饮料	稍浓稠,没有其他变化

附表 7　实验结果分析

分类	蛋白质含量	营养价值	是否建议饮用
乳品	平均 2.8g/100ml	较高	是
乳饮料	平均 1.03g/100ml	较低	可以偶尔饮用
乳味饮料	平均 0.43g/100ml	偏低	不建议

附表 8　“我的七日早餐健康食谱”

设计人：刘春霖　　年级：五年级　　班级：3 班

学校名称：五家渠第三小学

日期	食物名称	数量	食物种类
第 1 天	馒头	100 克	谷薯类
	牛奶燕麦粥	200 克	奶豆类、谷薯类
	煎鸡蛋	50 克	肉蛋类
	苹果	150 克	新鲜蔬菜水果
第 2 天	肉包子	100 克	肉蛋类、谷薯类
	豆浆	150 克	奶豆类
	大白菜	200 克	新鲜蔬菜水果
第 3 天	烤玉米	200 克	谷薯类
	牛奶	250 克	奶豆类
	花菜	200 克	新鲜蔬菜水果
	炒鸡蛋	60 克	奶豆类
第 4 天	煮鸡蛋	50 克	肉蛋类
	菜包子	100 克	新鲜蔬菜水果、谷薯类
	玉米粥	150 克	谷薯类
	香蕉	100 克	新鲜蔬菜水果
第 5 天	蔬菜 肉丁 炒米饭	300 克	谷薯类 新鲜蔬菜水果 肉蛋类
	豆浆	200 克	奶豆类
第 6 天	胡辣汤	150 克	新鲜蔬菜水果
	牛奶馒头	100 克	谷薯类、奶豆类
	鹌鹑蛋	50 克	肉蛋类
第 7 天	小米粥	150 克	谷薯类
	土豆丝	200 克	新鲜蔬菜水果
	肉饼	100 克	谷薯类、肉蛋类
	凉拌豆芽	100 克	奶豆类

附表 9 “我的七日早餐健康食谱”

设计人：李岳霖 年级：五年级 班级：3 班

学校名称：五家渠第三小学

日期	食物名称	数量	食物种类
第 1 天	牛奶	200 克	奶豆类
	土豆丝	100 克	谷薯类
	香蕉	40 克	果蔬类
	鸡翅	45 克	肉蛋类
第 2 天	牛奶	200 克	奶豆类
	煎鸡蛋	45 克	肉蛋类
	凉拌菠菜	150 克	果蔬类
	馒头	100 克	谷薯类
第 3 天	黑芝麻糊	200 克	谷薯类
	素炒胡萝卜丝	160 克	果蔬类
	香豆花卷	50 克	谷薯类、奶豆类
第 4 天	豆浆	200 克	奶豆类
	鸡蛋油条	150 克	谷薯类、肉蛋类
	凉拌包包菜	160 克	果蔬类
	香蕉	60 克	果蔬类
第 5 天	小米粥	200 克	谷薯类
	南瓜饼	70 克	谷薯类、果蔬类
	素炒豆芽	170 克	奶豆类
	凉拌鸡丝	60 克	肉蛋类
第 6 天	豆腐脑	200 克	奶豆类
	油饼	50 克	谷薯类
	煎牛排	200 克	肉蛋类
	苹果	100 克	果蔬类
第 7 天	黑米粥	150 克	谷薯类
	香豆花卷	50 克	谷薯类、奶豆类
	凉拌黄瓜	100 克	果蔬类
	烤香肠	55 克	肉蛋类

附件二：图片

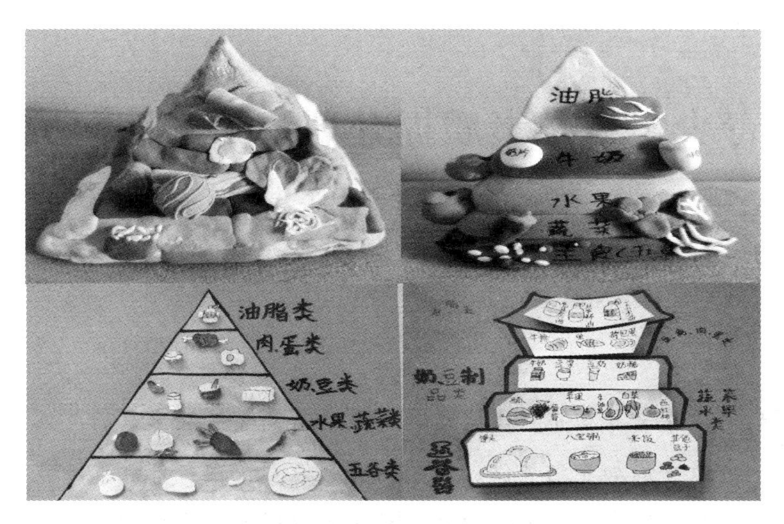

附图 1　膳食宝塔手工作品

附图 2　“我的营养食谱”手抄报作品

青少年科学素质提升理论与实践研究

——“北京冬奥列车”课程体系开发

闫晓白　于思颖*

摘　要： 近年来青少年科学素质教育逐步得到学校及家长的关注，校外教育愈加受到关注，博物馆如何做到校内校外教育一体化成为值得探究和思考的问题。针对馆校脱节、博物馆对于科技素质教育的课程标准认知缺乏、科技类活动的研发和设计稀缺的主要问题进行导向性的研究，并根据STEM素养的形成在科普活动体系的研发中成为博物馆开发科学课程的重要方向，本文以中国铁道博物馆“北京冬奥列车”课程体系开发为例，对于青少年科学素质提升理论与实践进行更加深入的探究，为科技类课程在博物馆内的开发和利用提供一些实践经验和思考。

关键词： 科学素质　校外教育　STEM素养

科学素质教育的开展对于激发青少年的创造性思维具有重要的意义，将学生从应试教育的“死记硬背”的模式中解放出来，更好地构建学生的学科性思维体系，从而将所学知识更好地应用于研究中。激发青少年对于科学

---

* 闫晓白，中国铁道博物馆馆员；于思颖，中国铁道博物馆馆员。

的好奇心，更有利于提升青少年的思考能力以及对于科技知识的探究能力。博物馆作为校外教育的重要场所，在“双减”政策实施后，为青少年科学课程体系的建立发挥重要的作用，中国铁道博物馆作为科技类场馆，通过“北京冬奥列车”课程体系开发，对青少年科学素质提升起到良好的推动作用。

一 校外科普课程体系的开发有利于提升青少年科学素质

教育作为博物馆的重要职能，是博物馆科学管理中所要考虑的重要问题，不仅要考虑主题及内容的展现方式，更要紧密结合青少年所关注的热点问题，不断推陈出新才能更好地吸引观众的目光，提升观众的兴趣度。博物馆作为重要的校外教育场所，所进行的课程体系的开发对于青少年科学素质的养成具有重要的意义，如何让学生做到“知其然且知其所以然”成为博物馆教学体系建设的重要发展方向。

（一）STEM 素养在科普课程体系的应用

1986 年，美国发表报告《本科的科学、数学和工程教学》，率先提出 STEM 教育，即科学（Science）、技术（Technology）、工程（Engineering）和数学（Mathematics）相融合的教学。科技类博物馆对于科普课程体系的开发可以更好地与 STEM 模式进行融合，从而达到与课程标准相结合的目的，避免馆校之间的脱节。《小学科学课程标准》明确指出倡导学生的探究式学习。STEM 教育主张学生主动参与、手脑共用，重在体验探究过程，主张教师在当中起到指导、组织和支持的作用。从而达到课程标准所要求的科学知识目标，科学探究目标，科学态度目标，科学、技术、社会与环境目标的四个维度的学段目标。中国铁道博物馆在博物馆课程体系研发过程中，对科学、技术、工程和数学对于火车的驱动方式，历史变迁，技术革命及其对于生活的影响都进行了深刻的剖析与解读，通过探究式的学习方法以问题为导向实现对于科学素养的提升。

表 1 “北京冬奥列车”学习内容分析

观察领域	具体观察点
STEM 态度素养	在教师设计的情景下,对于蒸汽机车及高铁的工作原理提出科学的探究问题;并对老师的讲述内容产生探究兴趣,在趣味问答环节提出不一样的研究思路和方法,完成火车拼插活动
STEM 能力素养	能否根据现象得出结论,总结出有砟轨道与无砟轨道与车轮产生摩擦力后对于速度和钢轨产生的影响;能否对于车体结构有深刻的认知,对于火车驱动力有更加深刻的理解
学科知识素养	关注智能动车组的智能之处,对于我们生活的影响以及继续探究的问题,提升对于火车前沿科技发展趋势的探究,提升学生对于高铁及通信信号系统的探索能力,从而有利于科学知识体系的构建

（二）博物馆内开展科普活动的作用

博物馆内科普活动的开展可以进一步提升博物馆在社会教育中所发挥的育人、沟通、传播、解惑和提升观众趣味度的职能作用。中国铁道博物馆作为全国科普教育基地，对于提升青少年科学素养、普及科学知识、弘扬科学精神发挥着重要的作用。科普基地对科普社会化的作用：首先，在促进科普工作社会化方面迈出了实质性的一步；其次，促进了科普工作社会化由被动转为主动，打开了利用社会资源开展科普工作的新途径；最后，激发了社会公众的科普意识。全面提高青少年的科学素质，是培养人才，促进科技创新与发展的有力保障。青少年科学素质的普遍提高，有利于科学技术成果更有效的推广和普及，而科技成果的推广和普及又反过来为科技的进一步创新和发展提供了现实需求、发展动力和物质基础。只有青少年具备科学素养，才能对日常生活中的所见所闻进行不同角度的研究和探讨，从发现问题，到探究问题，最终将问题解决，这才是科普活动所发挥的重要作用。

（三）科普活动的意义及课程实践

随着人们对于文化事业越来越重视，博物馆、图书馆等走进了人们的生活中，参与博物馆内的科普活动成为人们走进博物馆的重要目的，这就对博物馆从事科普活动设计的工作人员提出了更高的要求。针对观众的不同年龄、不同地域、不同需求，要让活动更加科普化，要在活动环节中做到“以人为本”，尊重个性化发展，就需要设置多元化活动，让活动环节由单一到多样，为观众提供定制化科普活动以满足人们不断增长的科普需求。

博物馆社会教育中最重要的一点就是参与度，往往体验项目较多的科技类场馆对于观众的吸引度更高。人们不断提升的参观需求，推动着博物馆科普活动的创新性发展，不仅让观众通过感官（视觉、听觉、嗅觉、触觉）等来完成科普活动的参与，更是加入了很多现代科技元素，如 VR 体验、球幕电影等活动的开设，为科普活动赋予了沉浸式的体验。只有不断增强科普活动的创新性发展才能打造更好的文化品牌，扩大博物馆的影响力。

火车是当前我国大众化的出行方式，与国家经济、社会、科技发展及大众出行生活密切相关。近年来，我国铁路现代化建设成就彰著，以高速铁路、高原铁路、重载运输等为代表的铁路科技取得巨大进步，居于世界先进水平。尤其是中国高速铁路通过坚持自主创新，实现了由追赶者到领跑者的历史跨越，成为国家装备制造的一张“黄金名片”，也是我国最具代表性和最受公众欢迎的智能化交通出行方式。将博物馆内的知识，通过沉浸式体验的方式加入学校课程内，成为博物馆课程研发实践的重要方向。

二　北京冬奥列车课程体系开发实践

习近平总书记指出：“科技创新、科学普及是实现创新发展的两翼，要把科学普及放在与科技创新同等重要的位置。没有全民科学素质普遍提高，就难以建立起宏大的高素质创新大军，难以实现科技成果快速转化。”中国铁道博物馆立足场馆内资源优势，与社会热点话题相结合为青少年打造科技课程，对“北京冬奥列车”课程进行了研发，并对于馆校间合作起到了积极的作用。

（一）活动主题研发内容

此活动是以促进博物馆加强学校综合实践教育活动课程为主要内容，依照学校语文、科学、道德与法治、历史、地理、物理、化学等中小学科的课标内容，结合2022年北京冬奥热点话题，充分立足中国铁道博物馆自身资源优势，开展以“北京冬奥列车”为主线的沉浸式综合实践研学活动。这是首次将课程活动内容与交互式体验相结合，让学生了解沉浸式体验与科普活动应用的同时，真正做到学中玩，玩中学，掌握对于各学科科学知识的认知与科学方法的区分。博物馆老师分别以火车司机和列车长的身份亮相，带领扮演乘客的学生们，一同穿越时空，感悟百年京张铁路的历史变迁与科技发展，了解蒸汽机车、内燃机车、复兴号动车组、智能高速铁路的火车发展轨迹，还重点讲述从1909年中国第一条自主修建的京张铁路，到2019年中国第一条智能京张高速铁路的建成，这百年的巨变中所蕴含的科学方法、科学精神等。立足科学知识与实际生活相结合，此活动成为学生学科教育以外的特色综合实践活动。

（二）活动依据

随着博物馆的不断发展，我们逐步进入数字化博物馆时代，如何创新综合实践类科普活动成为重点问题，体验式教学模式可以快速拉近与学生之间的距离，极大提升学生的认同感进而产生情感共鸣。体验式教学方式在此次活动中的重要作用有以下几方面。第一，更容易产生情感共鸣。学生通过角色的加入提升了参与度，能加深对此次活动的学习内容的理解。第二，增加趣味性，将传统的从外界单项输出的视觉体验过程转变为多维度的如听觉、触觉等动手操作环节，让科学知识不再枯燥，可以更好地增加展览的趣味性。第三，加深印象，往往自己亲自参与的才更加容易被记住，体验性与科技融合，极大地推动了学生对于展览的热爱。

此次活动设置依据学生的年龄段，结合中国铁路发展历史、铁路科学、活动趣味性来达到满足学生的课外学习要求。中国铁道博物馆坚持贴近实际、贴近生活、贴近学生的原则，以尊重和普及铁路科技知识为导引，以博物馆现有特色科普资源为依托，紧密结合学生的需求和特点，有针对性地策划了此次“北京冬奥列车”活动。

（三）活动目标

知识目标：普及冬奥相关知识、京张铁路的发展演变过程以及通过机车演变看中国铁路的发展。让学生掌握一些基础性、普遍性的知识，蒸汽机车中水汽化的过程，高速铁路的空气动力学原理，智能高速铁路中的“黑科技”等以达到丰富学生知识“储量”，使学生们在学校的语文、科学、道德等科目中遇到的问题得以辅助解决。

能力目标：培养并提高学生探索科学和学习方法的能力，以期达到提升独立思考能力、语言表达能力、人际沟通能力和动手操作的能力，将理论与实践相结合，激发学生探索铁路科学奥秘的兴趣，培养学生热爱科学和学习科学的情感态度。

情感目标：提升学生的科学素养，培养社会主义建设者和接班人，首先要培养学生的爱国情怀。弘扬铁路历史文化，树立民族自信心与自豪感，用文化的力量厚植青少年的爱国主义情怀，让爱国主义精神代代相传、发扬光大。通过参加活动，学生们了解中国铁路由弱到强、由落后到领先的巨大飞跃历程，感悟铁路科技成果带来的便利，激发学生的爱国热情和民族自豪感，增强他们实现民族伟大复兴的信心。

（四）教学方法

人本主义学习法：人本主义学习将学习与人的整体发展联系起来，使学习和教学目标发生了重大变化。此次活动以学生为主体，激发学生的学习积极性，让学生通过成为活动的主导者而提升学习效果。

趣味问答：通过冰墩墩、雪容融的卡通形象来进行冬奥相关赛事的科普，提升学生的参与度和兴趣度，真正做到学中玩，玩中学。

探究式学习法：学生通过《学习单》的形式来完成学习内容，《学习单》旨在让学生听过、学过后留有痕迹，把自己的记忆储存进脑海和笔尖，通过随时翻阅来巩固自己所学知识。

（五）讲座内容

京张铁路（1909年）：1905年10月2日，京张铁路正式开工。京张铁路全长201.2千米，山高坡陡，意味着火车往前行驶1千米就相当于要爬行10层楼的高度，詹天佑作为这条铁路的设计师，针对山高坡陡的情况，顺势设计了"人"字形线路。1909年9月24日，京张铁路通车。京张铁路的建成轰动中外，是中国铁路史上的辉煌一页，其意义远远大于工程本身，它充分表现了中国人民的智慧和力量，为当时饱受屈辱的中国人民争了一口气。

京张高铁（2019年）：2019年12月，连接北京冬奥会两个举办地的京张高铁正式开通。全长174千米，时速350千米/小时，一个小时内到达。百年前，京张铁路设计了"人"字型线路。百年后的京张高铁在"人"字型线路的顶点下方4米的位置穿过，就好比在"人"字上面添上了一笔直线，变成了"大"字，从而让百年前的"人"字坡，完成百年后的"大"飞跃。这寓意着中国铁路正在翻开新的一页，也标志着曾让外人嘲讽的"铁路小国"，如今成了人人称赞的铁路大国。

北京冬奥列车（2022年）：北京冬奥列车是复兴号智能动车组的升级版，于2022年1月6日正式运营，在奥运会上，来自全世界的运动员都将乘坐这趟冬奥列车，往返于各个赛区进行比赛，在冬奥赛场上真真切切地感受中国速度，实现了"坐着高铁看冬奥"的愿望。冬奥列车的车头采用了"鹰隼"造型，是为了减少空气阻力。北京冬奥列车还拥有耐高寒技术，无论室外如何寒冷，车上始终保持22℃~26℃，温暖舒适。

（六）活动意义及反思

此项活动结束后采取了问卷调查的方式对活动内容和形式进行调研，学生所反馈的意见是很喜欢这种研究式的学习活动，能激发学生对学习的探究。增加系列活动课程设置是学生提出的建议。此次课程设计遵循科学教育研究是人们以一定的科学理论为依据，运用一定的方法技术，去探讨以客观事实方式存在的科学教育问题，得出科学理论的过程，并让学生对于科学方法有了更加深入的理解和掌握。

三　关于博物馆对于青少年科学素质提升的反思及发展方向

对博物馆内开展科普活动的调查问卷显示，传统节日类活动往往比科技类科普活动对于学生更有吸引力。针对这类问题，博物馆更应该开发具有自身特色的科技类课程。科技类课程内容的开发对于当下博物馆来说具有一定困难，主要是博物馆工作人员对于科技类知识掌握程度不够，以及对于科技类教具投入的时间和资金的比重偏低，造成了有关科学素质提升的科普活动少之又少。

（一）博物馆科普课程设置的问题

在博物馆科普课程设置的过程中，从以博物馆展览内容为主到以观众为中心的主导地位的转变，让博物馆对于科普课程的设置有了新的认知。在博物馆常设活动中，科技类科普教育活动的研发比重不足，剖析其原因，主要存在以下三点问题。一是博物馆工作人员大多以文科专业背景为主，缺少对于科技知识的剖析以及研发能力。二是博物馆与学校课程标准的结合大多选取了语文、数学、英语这些主要学科，从而忽略了物理、化学、生物对于我们生活的影响。三是传统教育模式更加侧重于对于知识掌握的熟练度，从而降低了学生对于探索科学知识的兴趣，造成了科技类科普活动的设置并不受到青少年的青睐，相比之下历史、政治等相关文科类博物馆课程设置更容易为学生所接受。

（二）科普活动的设计要求

科技场馆教育活动的学习内容与学校课程相关，在某些情况下，应与学校课程相协调，科技场馆应考虑学校的使用意愿，设计与开发分年级、年龄的不同层次的学习方案，以便适合学校团体的运用。科技场馆是提供学习者在学校正式教育之外的最佳个别化学习场所。科技场馆的教育活动利用场馆内的各类资源进行活动设计、规划和实施，其学习更倾向于探究式学习，以及与创意主题结合的主题式学习，这些学习模式更能引发学习者主动学习。科技场馆利用馆内的展览特色和动手做等活动优势来吸引学习者的参与，提升学习者的科学素养，启发学习者对科学技术的关注，达到科学教育的目标。

（三）科普活动提升科学素养

多年来，中国铁道博物馆所开展的科普活动旨在落实立德树人根本任务，进一步加强中华优秀传统文化教育，以共识、共建、共享为核心理念，着力探索区域、学校、社会资源单位、专家团队的育人新模式，力求通过多方联动形成教育合力，为师生学习、感悟、传承中华优秀传统文化提供支持和服务。活动设计的出发点是真正使学生由课内学科教育，转化成为走进他们的现实生活中的实践教育，使课中所学、所得、所感、所悟，真正转变为课后所用、所做、所行、所为，使学校教学中业已内化的学习教育因素，能够在课外生活世界中得以践履和彰显。

结　语

科技类博物馆科普课程的开发与利用对于提升青少年的科学素养具有重要意义，激发学生的科技探索兴趣更是每一项课程设置的初衷，从趣味角度出发，让学生对于研究、自主学习、主动探究的能力有所提升，他们才能做到真正掌握科学的学习方法以及善于思考的学习习惯。作为博物馆科普教育专员更要在课程的研发与实践方面下功夫，从不同年龄阶段的青少年对于科学知识的兴趣点和探索能力出发，将 STEM 教学模式更好地应用于所设计的课程中，更加紧密地与学习内容相结合，从而实现博物馆课程设置更好地辅助学校教育的真正目的。

参考文献

[1] 郭豆豆:《美国联邦政府推进本科 STEM 教学发展研究》,河北大学硕士学位论文,2020。

[2] 郅娇娇:《论加德纳多元智能理论与幼儿整体教育观》,《教育观察》2021 年第 12 期。

[3] 武红谦:《谈科普基地对科普社会化的作用》,《科协论坛》2001 年第 3 期。

[4] 吴旭君:《利用社会科技教育资源促进青少年科技素质的研究》,上海师范大学硕士学位论文,2005。

[5]《国务院关于印发全民科学素质行动规划纲要(2021—2035 年)的通知》,中国政府网,2021 年 6 月 25 日,http://www.gov.cn/zhengce/content/2021-06/25/content_5620813.htm。

项目式学习对提升学生科学素养的实践研究

杨雪怡*

摘　要： 本文综合文献理论基础与自身教学经验，在某小学五年级进行了教学实践，确定研究问题为：第一，项目式学习是否对提升学生的科学素养等起到了正面影响；第二，怎样选择并设计合适的科学项目，并在项目式学习中提高课堂效率。研究者在教学中对学生观察与研究，及时进行反思，最后总结并得出相应结论。本文主要以行动研究的研究方法完成本次项目式学习的设计，以统计分析、课堂观察、访谈等方法为辅助工具进行教学情况分析。

关键词： 项目式学习　科学素质　教学实践

一　研究背景

（一）科学课程对探究精神的重视与培养

探究是人类的天性。从古至今，没有哪项著名的发现与发明，是和人不断向前探究的兴趣动力所脱钩的。远至战国时，屈原便在《天问》中，问宇宙、

* 杨雪怡，重庆科技馆科技辅导员。

问日月；后有航天先驱万户怀揣鹏鸟之志，抟扶摇而上九万里之梦：将火药作为动力，风筝作为两翼，向天而翔，虽九死其犹未悔；再有如今长征系列运载火箭、神舟系列载人航天飞船等一枚枚、一艘艘陆续驶向太空，完成探索未知的使命，扩宽人类的边界——这所有的一切，都离不开探究精神。2022 年，教育部制定的义务教育科学课程标准中提到：科学课程有助于学生保持对自然现象的好奇心，从亲近自然走向亲近科学……有助于提高全民科学素质，促进经济发展和科技强国建设。可见，科学课程对人探究精神培养的重要程度。

（二）科学素养的提升需要在科学课程中落实

每个成年人都曾是儿童。在儿童阶段，我们好奇一切：用眼看、用手摸、用鼻闻，甚至用口去尝。但是不知何时，这些蕴含在我们基因内的本能成了亟待培养的稀缺能力。在第四次工业革命到来的背景下，科技强国离不开全体公民科学素养的提升。全民科学素养提高，是百年科技强国建设的重要土壤。

（三）“双减”政策使科学受重视程度加深

2021 年，“双减”政策正式出台，中共中央办公厅、国务院办公厅印发的《关于进一步减轻义务教育阶段学生作业负担和校外培训负担的意见》中提到：强化学校主阵地作用……坚持学生为本、回应关切，遵循教育规律，着眼学生身心健康成长。科学课的重要性逐渐得到了学校、家长和学生们的认可。但“双减”绝不是乱减，“双减”的出现，是科学教育的机遇与挑战，更需要教师提升课堂教学质量。由此，作为科学教育人，应努力追求实施科学素养教育，在科学课堂上回归学生最本质的需求，提升学生的科学素养。

二　理论基础与研究方法

（一）理论基础

项目式学习（Project-based Learning，PBL）是基于建构主义学习理论、杜威的实用主义教学理论、布鲁纳认知—发现学习理论等多种理论而生成的教学模式与学习模式。依据实用主义（The useful one is the true one）理论，情境认知与学习（Situated Cognition and Learning）理论，活动理论（Activity Theory）及其他学者研究基础，在本文的研究中，将项目式学习定义为兼有教师的教学过程与学生的学习过程的教学活动。在真实情境的任务驱动下，由教师组织与指导，学生以小组合作的方式自主探究并进行项目的实施。学生从中获取知识与技能，提高解决问题的能力，以表现性评价作为评价方式，提升学生反思、深化与拓展所学知识的能力。在本文的研究中，将科学素养定义为掌握科学学科知识，拥有科学探究、科学兴趣态度与能力、科学技术社会与环境等相关认识，并有价值判断、合作协商等能力的素养。

（二）研究方法

根据研究的需要，本研究主要采取行动研究法作为主要研究方式，笔者作为教师，又是研究者，利用行动研究法可最大化指导研究者即教师本人的教学设计及实践。在以行动研究为主线的同时，辅以统计分析法与访谈法，前者通过量化分析、后者主张质的研究，从多角度出发对研究结果进行分析，评估教学效果。

三　研究目的、问题及意义

（一）研究目的

本研究主要是进行基于项目式学习的小学科学课程教学实践研究，即在加入科学项目的同时，又符合小学一般课程设计的标准，旨在追求“科学项目课程化、科学课程项目化”。

（二）研究问题

从事教育的实践者必须本着对学生负责的原则来进行本次教育实践研

究，真正做到以人为本，激发学生内在学习兴趣。于是，问题即变成了怎样判断实施项目式学习后学生的学习效果，以及在确定正向效果后，如何提高课堂效率，其可概括为以下两点。

第一，项目式学习是否对提升学生的科学素养起到了正面影响？学生的科学能力、科学态度、科学学习兴趣等是否得到了提高？

第二，怎样选择并设计合适的科学项目，增强项目的易操作性、普适性，并在项目式学习中提高课堂效率？

（三）研究意义

本研究证明了项目式学习对学生提高科学学科学习能力、学习兴趣、科学素养等方面起着重要作用。在本研究过程中，有多位其他学科教师表示看到了学生整体能力的提高。除此之外，项目式学习使学生面对生活中即将到来的真实情境问题有了更强的解决能力，学生在此过程中学会自我反思，提高与他人交流意愿，并倾向于合作，从而找出最佳执行方案。

四　教学实践及研究分析

（一）教学实践

在确定项目式学习主题前需要进行相关的分析。首先，在研究情境方面，根据项目背景、研究场所背景和课程实施现状三个方面进行分析；其次，在教学分析与设计方面，对研究对象、学情及学习目标进行分析，从而进行前后测的设计与准备对应教学内容活动及资源；最后，进行教学实施与评价和教学反思。

本次项目式学习选择了两个主题。第一个主题是注重学生观察、对比分析能力的“菌菇包培育”，该项目需要学生完成的任务不仅是在课内需要通过小组合作，设计探究影响蘑菇生长因素的实验，在课外还需进行持续的观察与记录，最终得出相关结论并进行分享（见图 1）。第二个主题则是侧重于工程设计与物化能力的“抛石机投篮”，最终任务布置主要是让学生在教师引导下，自己设计并制作出一台弹力抛石机，并尽可能让子弹投入更难投入或更多的“篮筐”以获得更高的分数，并进行过程分享（见图2）。

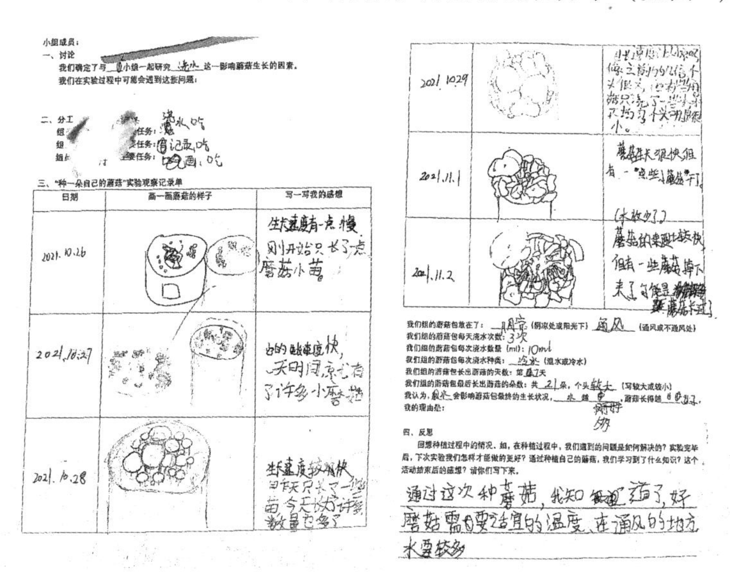

小组成员：

一、讨论

我们确定了与[illegible]小组一起研究 浇水 这一影响蘑菇生长的因素。

我们在实验过程中可能会遇到这些问题：

二、分工

组[illegible]任务：浇水、吃

组[illegible]任务：记录、吃

组[illegible]任务：画、吃

三、“种一朵自己的蘑菇”实验观察记录单

日期	画一画蘑菇的样子	写一写我的感想
2021.10.26		生长速度有一点慢，刚开始只长了一点蘑菇小苗。
2021.10.27		[illegible]速度快，一天时间就长了许多小蘑菇
2021.10.28		生长速度较快，昨天只长了一些苗，今天长了许多，数量也多了
2021.10.29		[illegible]
2021.11.1		蘑菇生长很快，但有一些蘑菇干了。（水放少了）
2021.11.2		蘑菇的生长比较快，但有一些蘑菇掉下来了，可能是[illegible]蘑菇长过了

我们组的蘑菇包放在了：阴凉（阴凉处或阳光下）通风（通风或不通风处）

我们组的蘑菇包每天浇水次数：3次

我们组的蘑菇包每次浇水数量（ml）：10ml

我们组的蘑菇包每次浇水种类：冷水（温水或冷水）

我们组的蘑菇包长出蘑菇的天数：第[illegible]天

我们组的蘑菇包最后长出蘑菇的朵数：共 21 朵，个头较大（写较大或较小）

我认为，[illegible]会影响蘑菇包最终的生长状况，[illegible]，蘑菇长得越[illegible]。

我的理由是：

四、反思

回想种植过程中的情况，如，在种植过程中，我们遇到的问题是如何解决的？实验完毕后，下次实验我们怎样才能做的更好？通过种植自己的蘑菇，我们学习到了什么知识？这个活动结束后的感想？请你们写下来。

通过这次种蘑菇，我知道了，好蘑菇需要适宜的温度、在通风的地方、水要较多

图1 “菌菇包培育”中学生的观察记录任务单

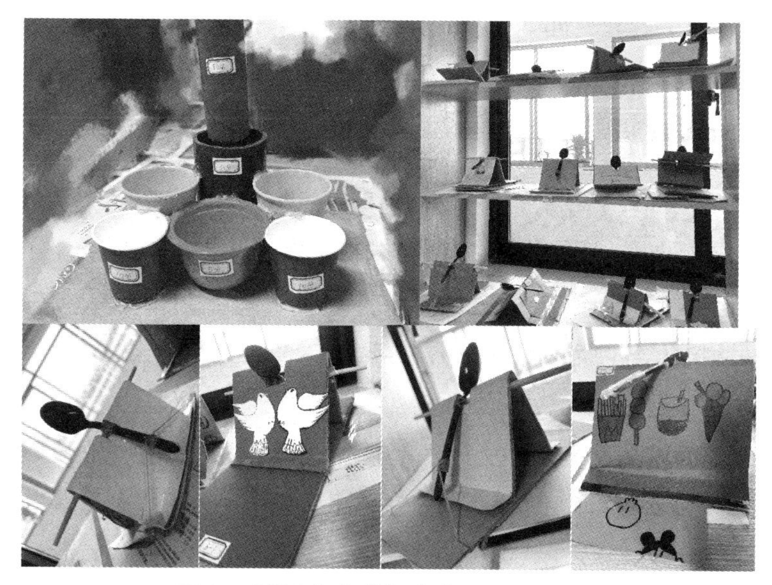

图2 “抛石机投篮”中学生的物化成果

由于本研究采取了项目式学习，课时安排较一般科学课课时长，大致分为三个环节：第一，创设情境，确立项目；第二，制定方案，观察（物化）过程；第三，展示物化成果，总结评价。其中第二个环节课时占用最长，需要根据学生学习情况灵活设置。

（二）研究分析

1. 科学知识

在“菌菇包培育”和“抛石机投篮”两个项目中，研究样本为五年级两个班的同学，共61人。两次均发放前测问卷61份，回收61份，有效61份；均发放后测问卷61份，回收61份，有效61份。本研究的数据使用Wilcoxon signed-rank检验。采用秩和检验，分析相较于未接受菌菇包培育项目式学习前，菌菇包培育项目式学习是否可以增长受试者的科学知识。结果显示，进行菌菇包培育项目式学习前学生前测成绩中位数为2分，进行菌菇包培育项目式学习后学生后测成绩中位数为4分，差值的中位数为1分。秩和检验显示，$Z=-5.789$，$P<0.001$，差异具有统计学意义，说明进行菌菇包培育项目式学习有助于显著增长受试者的科学知识。

同样采用秩和检验，分析相较于未接受抛石机投篮项目式学习前，抛石机投篮项目式学习是否可以提升增长受试者的科学知识。结果显示，进行抛石机投篮项目式学习前学生前测成绩中位数为5.5分，进行抛石机投篮项目式学习后学生后测成绩中位数为7.5分，差值的中位数为1.5分。秩和检验显示，$Z=-6.045$，$P<0.001$，差异具有统计学意义，说明进行抛石机投篮项目式学习有助于显著增长受试者的科学知识。

2. 科学学习兴趣、态度与能力

基于项目式学习的特点、课标中的要求与本研究的目的，笔者设计了小学生科学学习兴趣、态度与能力量表（见表1）。其中问题的设置结合了Krapp的兴趣研究成果。

表 1　小学生科学课堂学习兴趣、态度与能力量表

题目	完全符合	比较符合	一般	不太符合	完全不符合
1. 我有能力和信心学好科学课					
2. 我喜欢在科学课上发现、设计、动手做实验的过程					
3. 我想把在课上学到的知识分享给他人					
4. 科学课上的动手操作任务可以吸引我的注意,让我跃跃欲试					
5. 学习科学对于我今后的学习、生活、工作等都是有帮助的					
6. 我期待上科学课,并在课上很认真					
7. 我愿意在科学课上积极回答问题					
8. 我愿意在科学课上与其他同学进行合作学习					
9. 在科学课上遇到问题时,我遇到困难会努力克服,并完成它					
10. 在课后,我愿意主动通过其他方式去了解更多的科学知识					
11. 在学习科学课程的时候遇到问题时,我能很快找到问题的解决方向					
12. 在解决问题时,我会根据老师提供的信息进行思考					
13. 在解决问题时,我会回想并参考在以前学习过程中的经验					
14. 在解决问题时,我会想到与他人不一样的解决办法					
15. 在解决问题时,我能发现自己出现错误的同时进行改正,并反思					

本量表还参考了曲阜师范大学苏乐编制的“科学小调查（后测）”、上海师范大学张裕玉编制的“小学科学学习兴趣调查问卷”与华中科技大学苏聪编制的“学生科学课堂学习能力调查”这三位研究者的问卷设计。在此基础上，笔者结合实际研究中涉及的维度进行了修改与重构。经信、效度检测，三个维度 Cronbach’s a 系数均大于 0.6，证明问卷信度良好；KMO 系

数大于0.7，Bartlett球形度显著性小于0.01，证明量表效度良好。两次项目式学习结束后，均发放量表61份，均回收61份。其中学生对于相关情况完全符合计5分，比较符合计4分，以此类推。

第一次项目式学习后分析数据显示，在科学兴趣方面：超过80%的学生认为自己有能力和信心学好科学课；喜欢在科学课上发现、设计、动手做实验的过程；科学课上的动手操作任务可以吸引他们的注意，让他们跃跃欲试；认为学习科学对于他们今后的学习、生活、工作等都是有帮助的。科学兴趣整体水平较高。在科学态度方面，60%左右的学生在5道题的选项中选择了完全符合和比较符合，科学态度处于较高的水平，学生对在科学课上与其他同学进行合作学习方面表现出了最积极的态度。“不太符合”占比最高的问题为第10题，证明教师应在教学中加强此方面的教学设计，进一步提升学生学习科学态度的积极性。科学能力方面，60%以上的学生在“解决问题时会根据老师提供的信息进行思考”“会回想并参考在以前学习过程中的经验”“会想到与他人不一样的解决办法”三个问题上处于较高水平，80%以上的学生在全部科学能力问题上处于中等以上水平。在第11题与第15题中，能达到较高水平的同学明显少于其他三个问题，证明教师在今后的科学课程的设计与教学中需要着重引导此方面。

第二次项目式学习后，可以相较于第一次项目式学习，进行科学兴趣、态度与能力结果对比分析，同样采用秩和检验，分析相较于第一次进行项目式学习，第二次项目式学习是否可以提升受试者的科学兴趣、态度与能力。分别进行三次秩和检验后结果显示差异具有统计学意义，证明进行多次项目式学习有助于显著提升受试者的科学兴趣、态度与能力。

从科学兴趣方面看，经历两次项目式学习后，学生整体科学学习兴趣水平均得到了极大的提高，除第3题处于较高水平的学生占80%左右外，其他题目选择此项的学生均达到了90%以上，证明多次实施项目式学习能够有效促进学生的科学学习兴趣，有助学生全面发展。从科学态度方面来看，学生整体水平也有了较为明显的提升。在课后，更愿意主动通过其他方式去了解更多科学知识的学生占比接近80%，相较于第一次项目式学习，选择此项的学生数量提升了约33%。不过，相较于科学兴趣而言，学生选择了中立态度的更多，完全积极态度稍少，证明将持中立学习态度转为较为积极态度、较为积极态度转为完全积极态度这一方面还有很大进步空间。在第7题和第10题中，没有选择“完全不符合”选项的学生，证明项目式学习的开展有效改善了学生对于学习科学的态度，能让学生在普遍积极的态度上更上一层楼。从科学能力角度分析，学生在第11题、第14题与第15题中处于完全符合和比较符合状态的学生数量占比得到了较大的提升，不太符合和完全不符合的学生占比明显减少，证明经过两次项目式学习，学生的科学学习能力得到了较大的提升，实施项目式学习对于提升学生学习科学能力起着重要的正面影响。

五　总结与反思

（一）总结

除了对学生进行量化的问卷调查与分析，笔者还在征得学生同意的情况下对学生进行了半开放性访谈，结合问卷内容、访谈内容与教学实践中的教学日记等材料，笔者得出了以下结论。

第一，项目式学习对提升学生的科学素养起到了正面影响，学生的科学知识、能力、态度、学习兴趣等均得到了不同程度的提高。动手制作抛石机等使他们更加深刻认识到科学知识与生活实际是相联系的，更多学生认为自己知识方面得到了提升；而在菌菇包种植中，更多学生认为自己能力得到了提升。教师以往直接讲解的那些学生难以理解的知识点，通过学生自己亲身实践后，能被学生理解与认识得更加深刻。科学态度与兴趣方面，小学阶段的学习对培养学生的科学探究精神起着重要的引导作用，经过项目式学习后，学生明显提升了对科学的热爱程度，随着项目式学习次数增加，兴趣水平不断上升。综合对学生的量表调查、课堂行为观察以及项目结束后采访发现，学生均不同程度地表现出对动手参与项目、解决问题的喜爱，可见学生在项目式学习中通过自己解决问题得到了科学知识、能力、态度等多方面的发展。

第二，小学科学项目开发设计要求操作难度适宜，制作材料以常见易得为佳；以竞技比赛类型作为评价方式的项目更受学生喜爱，可以有效提高课堂效率。经历两次项目式学习，五年级学生在抛石机投篮项目学习中表现出了更为明显的制作热情和比赛热情。抛石机的制作材料更为统一，比赛规则更加公平，故更受学生喜爱。故经本次教学实践后笔者认为，结合课本内容开发设计小学科学项目时，以竞技比赛类型作为评价方式的项目更受学生欢迎。

（二）反思

本文中虽采用了量化的方式来分析，但学生真正发生的改变，却是这些数据远远难以概括的。在项目过程中，更值得研究者关注的，则是学生在亲身实践的时候思考了什么问题、解决了什么问题，或是学生又在哪些方面获得了成长。总而言之，本次项目式学习的实施中，仍有多方面值得改进。

首先，本次项目式学习开展对象为五年级，属小学中高学段，面对中低年级的项目式学习教学实践不够完善。

其次，在项目实施中，学生更希望教师能提供多种制作材料，希望教师讲解的时候可以画一些示意图协助，使学生更加清楚；在项目结束时增加拓展环节等。这些具体细节都是今后教师在进行项目式教学中可以具体注意并改进的地方。

最后，小学课堂内科学课单节时长不足，学生“连堂课”诉求较高。如更多学校能将每周的科学课设置为“连堂课”，即两节科学课连着上，这样学生在制作过程中无须重新整理材料，制作时间也较为充裕，教师也可省去一次课前常规时间，再次提升课堂效率。

附录：一则教育叙事《纪律维护员养成记》

刚来到这个班，我就遇到了个小挑战——有一个“特殊”的孩子，G。

还没上课前，她的班主任就过来告诉我，她们班有一尊“大神”，她将这尊“大神”安排到了第一排的边角，也就是一个特殊的位置，并用眼神暗示我这位学生十分“难搞”，一副老师拿他可没办法的样子。

或许是因为科学课堂的氛围比其他的课堂轻松一些，又或许是因为需要从教室转移到实验室里，孩子们的心不禁想要放飞一下，外加这节课给大家分发了自制教具，让学生们更是心思浮动。一开始，G所在的第六组坐在教室里较为后面的那一排，距老师较远的他，上课有时无法完全专注于课堂，容易天马行空地走神或是左顾右盼地小声讲话。科学课代表L看到了，便阻止了他的课堂吵闹行为，他有些不服气，不顾还在上课便大声辩解了起来，见火药味渐浓，我及时喊了停止，并一人批评了几句，各打五十大板——在课堂上，未经老师允许不准讲话。

有了上次的经验，我开始给科学教室进行轮换排座位，并拉近座位间距，保证每一个小组都有坐到前排靠近老师的机会。在菌菇包项目开始时，G的小组换到了第一排。课上，我请他来回答问题，并没有做他一定回答对的准备，但是令人惊喜的是：他的答案非常正确。其他同学飞速向他起哄，说你是知道还是猜的？我心里已经明白有些不妥。还好G并没有在意，只是说了一句，“我自然是知道的”。我毫不吝啬地表扬了他，看起来他并没有受他人眼光的影响，对他今后的科学学习，我充满了信心。在菌菇包种植项目结束后，我偶然听到另一个之前和他一起逃过课的同学悄悄地说：“G，感觉你变了。”

变了吗？时间很快地来到了他们班的第二次项目式学习：抛石机投篮。课堂引入时，他向往的眼神凝聚而专注，眼睛里面仿佛在发光。他在讲台下默默地小声说：“我一定要通过班级选拔，去学校参加这个比赛。”我的热情也仿佛又被他继续添了一把火。在认真制作和积极调试后，他们所在的小组最终获得了第二名，代表班级出战“科学嘉年华”，虽然学生们都有些紧张，但还是顺利完成了比赛。

按照班主任一开始的担心，G在科学课上不做那个“大神”就已十分不易。但抛石机投篮这个项目结束后，我能感受到他越来越专注的眼神。看到别的同学在科学课上讲话走神，他都会一脸不平地帮我维护课堂秩序，下课后，更是积极过来围着我问更多的问题。同样是代表班级出战的另一个小组同学也告诉我："我之前上的科学课都没好好听，但是我自从做了这个（指抛石机投篮）之后，我觉得科学课太有意思了，科学好有趣。我喜欢和同学一起合作解决问题的感觉，特别有成就感！"

这令作为一个教育者的我真切地感受到了他们的转变，是项目式学习的科学课让他们有了参与感，学生从无形之中认为这是他们自己的事情。学习不再是家长的催促、老师的提醒，而是已经内化为自主参与的动力与自发学习的能力。这不仅是学生们的成长，更是他们给我上的一堂好课。

参考文献

［1］中华人民共和国教育部：《义务教育科学课程标准》，北京师范大学出版社，2022。

［2］洪志生、秦佩恒、周城雄：《第四次工业革命背景下科技强国建设人才需求分析》，《中国科学院院刊》2019 年第 5 期。

［3］《进一步减轻义务教育阶段学生作业负担和校外培训负担》，《人民日报》2021 年 7 月 25 日，第 1 版。

［4］Schiefele，U. Topic interest and levels of textcomprehension［A］. In Renninger，K. A. Hidi，S. & Krapp，A.（Eds），The Role of Interest in Learning and Development［C］. Lawrence Erlbaum Associates，Inc. 1992.

［5］苏乐：《STEAM 视角下的小学〈科学〉教学设计研究》，曲阜师范大学硕士学位论文，2017。

［6］张裕玉：《STEM 教育理念下小学科学拓展课程教学设计的研究》，上海师范大学硕士学位论文，2017。

［7］苏聪：《基于 STEM 教育理念的小学科学教学设计研究》，华中科技大学硕士学位论文，2019。

"双减"背景下青少年科普教育与素质教育的结合

张化梅　魏荣光[*]

摘　要："双减"政策是符合学生发展特点的，随着新时期的到来，传统地、单一地教授学科知识是无法满足现代学生的成长需要的。"双减"背景下，学生的课业压力减小了，教师的教学课堂效率提高了，为了拓宽学生的视野，让学生在人文、历史、科技等实践感知中实现素质教育，从而更好地推动教育的发展。科普与教育的结合更有助于提升学生对科技学习的兴趣，为学生今后的学习奠定坚实的基础。

关键词："双减"政策　青少年　科普教育　素质教育

引　言

现代社会是一个快速发展的社会，各国的实力是以科技说话以经济说话，科学技术的提升是促进经济发展的重要手段。青少年是实现祖国繁荣富

* 张化梅，新疆生产建设兵团第六师新湖农场小学教师；魏荣光，新疆生产建设兵团第六师新湖农场小学教师。

强的希望，是科学技术发展的重要力量，因此，必须要提升青少年的科学意识，通过科普教育让青少年掌握科学知识，培养科学精神，促进青少年成为推动科技发展的主力军。“双减”政策的出台给予了青少年学习科学技术的机会，因此，作为学校和教师要深入解读“双减”政策，加强青少年科普教育与素质教育的结合，提升科普教育的普及率，积极推动青少年参与科技创新，提高青少年科学文化素养。

一 研究背景

（一）“双减”推动了青少年科普教育

实现青少年科普教育的普及，对“双减”工作的推动有着重要的意义。自“双减”政策发布以来，学生课业内容的缩减为实现素质教育提供了保障，青少年有了更多的时间发展其他爱好，科普在教育中的应用为学生创造了良好的学习氛围，使得青少年能够有更多机会了解科学技术，在科学技术探索中对科学教育有了更深的了解，加强学生学习科学的决心。

（二）科技强国要求

科技创新是推动经济生产方式改变的动力，同时也是提高我国综合国力的关键支撑，习近平总书记曾说，好奇心是人的天性，对科学兴趣的引导和培养要从娃娃抓起，青少年首先产生好奇心，才能在科学领域里创新。尤其是经济全球化的今天，实现公民的科学素质全面提升，始终是支撑国家创新发展的重要基础。随着科学素质纲要的发布，国家及学校对科学技术教育与传播支持力度越来越大，也有效促进了青少年科普教育与素质教育的结合，充分开发青少年的创新力，促进学生全面发展。

二 青少年科普教育与素质教育结合的意义

调查发现，青少年热衷于科学技术的学习，他们希望从科普教育中获取新思想，而且一直保持着比较高的热情，这充分体现了青少年已经有了学习科学的意识，并希望在科普教育中提升解决问题的能力。青少年科普教育不仅提升青少年的科学素质，还在教育中实现思想道德素质的提升，通过科普教育引导青少年树立创新精神，有利于更好地为国家储备人才。

“双减”政策的出台为青少年科普教育提供了机会，青少年会有更多的时间去接触科学，有利于青少年在科普教育中学会独立思考、勇于创新。在科普教育中培养思维逻辑，并实践在生活中所遇到的问题上，为他们种下科学思想的种子。

利用科普资源助推“双减”工作，将有效加强青少年的科普教育，提升青少年群体的科学素质，同时有利于形成高素质的青少年科技人才储备，为国家培养出大批对科学有浓厚兴趣，具备创新意识和创新能力的科技人才。

三　科普教育在青少年教育中的现状

“双减”政策发布后，全国中小学都在进行教学改革，学生作业减少了，一些非文化学科也进入了课堂，并受到学校和教师的重视，力求实现学生的素质化教育，提升学生的综合能力。不仅如此，还将科普教育作为学习的重点内容，放入教学计划之中，激起了学生的兴趣，并能积极地参与进去。任何新事物在发展初期都是比较艰难的，需要前人在不断探索中总结经验，最终形成可以借鉴的优秀案例，并能有效地实施。科普教育在青少年教育实践中同样也出现了一些问题，主要体现在以下几个方面。

（一）学校的科普资源不足

丰富的科普资源能满足不同学生的发展需求，由于地域的差异性，以及教师教学理念等，很多学校还存在重基础学科的教育的问题，他们对学生的科普教育不重视，自然就会不重视科普资源的引入，即使学生有需求，也没有科普资源进行学习。尤其是偏远农村地区学校，科普资源更是缺乏。像一些偏远农村地区，学生获得科普读物的机会是很少的，他们的教学内容依然以基础学科为主。学校科普资源的缺乏，不利于科学氛围的形成，学生科学素养也难以培养。

（二）科学教师专业素养有待提高

对于青少年来说，他们是依赖于教师的，对于教师传授的知识他们总保持深信不疑的态度，教师的专业素养与学生未来的发展有着千丝万缕的联系。在科学教学中，教师必须要掌握专业的技能，才能在学生科普教育中灵活引导学生。但现阶段，有许多科学教师自身专业素养以及综合能力都有所欠缺，在进行科普教育与素质教育结合时，不能灵活应用，更不能将科学思想传达给学生，让学生树立科学价值观。现代科技教育内容广泛，渠道多样，而趣味性强且与学生生活密切联系的科技教育是学生科学素养培养的重要渠道，教师专业程度决定了学生能否在教师的教学中实现科学素养的提升，现阶段教师存在的不专业行为，不能快速让学生了解科学的真正含义，不能对学生产生深远的影响。

（三）经费保障等机制不健全

在“双减”背景下，科普教育越来越受到教师们的重视，但是科普教育与素质教育的结合处在发展中，各项措施准备还不充分。其中存在经费保障等机制不健全问题。由于地区差异大，部分地区出现科普经费保障不足，科普经费不足，学校引进科普资源、教师科学专业培养、实验设施等就很难落实，对科普教育的发展与学生科学素质提升都有一定的不利影响。

（四）重科学知识的传授，忽视科学态度的传达

教师在对青少年进行科学教育时，往往采取传统的教学方式，多重视科学理论知识，缺少与素质教育的结合，不能为学生树立正确的科学态度，甚

至在教学中缺乏科学精神的弘扬和科学价值观的培养，不能从根本上培养青少年的科学素质。除此之外，很多教师对于学生科学实际训练不重视，导致青少年即使掌握了科学知识也无法将科学知识应用到解决实际问题中，不利于青少年科学素质的培养。

四　科普教育与素质教育结合的有效策略

从目前来看，在很多学校中，有很少的学生能自主参与到课外科普活动中，一方面是时间问题，另一方面是学校引导不够，科普资源少，没有很好的科学氛围。因此，国家、社会和学校要为青少年科普教育做好铺垫，通过分配资源、组织科技活动为学生传授科学知识，培养学生的科学态度。

（一）培养高素质科普教育团队

“双减”后，学生时间被解放出来了，学生有了充足的时间，就需要教师对学生进行科学素质的提升。对于课后科普资源，需要教师们积极为学生进行引导，利用课后时间为学生创造科学情境。为了培养学生的科学态度，必须要培养一个个有高素质的科普教育团队，能用专业的科学的方法为学生讲解科学知识。比如，在人工智能和编程的科普教育上，学校是缺少专业的教师，他们有的从业时间短，地区的差异性和教龄制约着科学教师的发展，影响对学生的科普教育。为了提高学校教师的专业素养，学校可以寻找可以合作的科学机构，开展专业型的技能培训，提升科学教师的专业能力，实现教师水平的提升。

（二）学校做好科学教育的宣传

随着“双减”工作的推进，科普教育与素质教育的结合越来越迫切，国家和学校希望通过科普教育提升青少年的科学素质，为适应21世纪社会主义发展培养创新型、具有责任心的人才奠定基础。

1. 将科普资源引到校园中，开展课后科普教育活动

如果学校教师专业技能或经验有限，学校可以与社会科普人才进行合作，加强科普教育的课后服务性，让专业教师进行亲自指导，在科普教育中设问答环节，让青少年敢于追求真理、敢于质疑，培养学生正确的科学观。

2. 引导学生走出校园，开展科普实践活动

学校定期组织学生开展科普实践活动，让学生有更多的机会接触外界的新科技，能够亲自体验场景式、互动式和探究式的科普教育活动。比如，组织学生到科技馆感受科学技术的力量。除此之外还可以与智能企业和软件企业合作，为学生提供真实的科普教育环境，以提升学生的好奇心和对科学的正确态度。

3. 更新科普资源，拓宽学生视野

科学技术是不断创新的，学生在接受科普教育时要跟得上时代发展的步伐，因此，学校要定期更新科普资源，让最新的科学技术洗礼学生的思想，培养学生成为富有科学精神的人才。比如，学校引进 AR 技术，让学生模拟火箭发射、驾驶太空车等，让学生在“航天教室”中感受科技的力量，在真实情境中学习科学知识，引燃学生的科学梦。

（三）开展好科技教育活动

科技活动是开展科普教育与素质教育的重要渠道，能让学生有更强的参与感，通过实践活动提升科普教育的认同感，在潜移默化中培养学生创新能力和对科学学习的兴趣。如学校可以以周或以月为单位，定期组织学生开展科技教育活动，可以让学生进行分享，拿出自己最喜欢的科普书和小组同学一起分享和探讨。除此之外，学校还可以为学生举办科学技术大赛活动，比如，科普演讲比赛、小发明比赛等，让学生踊跃参加，为学生提供一个好的舞台。为了让学生对科学产生兴趣，激发学生的创造力，学校可以定期组织“科技创新月”，采用科技讲座、创造技法辅导等形式，并开展“谁是小天才”评选活动，让学生分享自己的小发明、小设想，以培养学生的科学价值观。

（四）学校科技课的创新

以实验的方式研究出适应学生学习的科技活动，对于调动学生的主动性和积极性有着重要的作用，同时也是培养学生创新思维能力的有效教学方法。在教学中根据不同年龄段的学生对其进行启发和引导。

1. 探究式教学，引导学生独立思考

作为科普教育教师，要不断创新教学方式，将科普教育与素质教育紧密结合，提升学生的科学思维。

比如，教师在进行科普教学时，可以提问的方式激发学生的兴趣，为学生创设情境，让学生对提出的问题进行思考，在实践活动中寻找解决问题的方法。探究式教学法，是以学生为主体，充分考虑了学生的意愿，教师在教学中扮演的是引导的角色，引导学生进行独立思考、协作解决问题，大大促进了学生科学思维水平的提升。如让学生自己动手制作不倒翁，让学生自己提出问题，教师引导学生在实践中找出答案，在这个过程中学生的积极性会很高，能够主动对问题进行探讨。通过探究式教学方法的运用，学生对科学知识掌握得会更加牢固，同时也促进了学生独立思考和动手能力的提升。

2. 角色扮演，组织开展教学

为了提高学生的兴趣，在进行科普教育时，教师可以采用学生能够接受的方式，比如开展科学技术类展演，让学生自己投入整个过程中，形象生动的表演可以加深学生对科学技术的了解。以“抗疫”为话题，教师编写关于人体对病毒免疫力的整个过程的教案，组织学生扮演血液中的不同细胞，事先让学生了解血液的构成，血浆、红细胞、白细胞、血小板的功能，教师引导学生了解各自的角色和其在身体中产生的作用。学生通过角色扮演，会对知识有更深的认识，也提高了学生学习的兴趣。

3. 合作讨论话题法，拉近师生之间的距离

师生之间的交流沟通，不仅能让教师及时掌握每个学生的情况，也有益于学生与教师建立情感，能在教学的过程中勇敢地提出问题，更为愉快地参与到科学实验中。实践是检验真理的唯一标准，只有不断地更新思维，打破

传统思想与认知，才能提升学生的创新思维，为学生树立正确的科学观。在科普教育中，为了保证科学的真实性，对无法给出判断的问题，不能轻易下结论，可以让学生参与进来一起讨论，在讨论的过程中也许会有新的发现。“合作研讨法”不仅有助于促进学生的进步发展，而且使学生间的合作与竞争成为可能，使及时的反馈成为可能，使课堂呈现出生动活泼多姿多彩的合作场面，而这种合作（其中也有竞争）正是学生学习和发展的动力，引导着学生积极地思维。

（五）加大科普教育资金投入

在很多学校，科普教育的投入是有限制的，尤其是在农村学校，科普资源不能满足学生发展的需求，是很难加快学生科普教育与素质教育结合的。因此，国家要对科普教育提供资金支持，为青少年的科技之路提供保障。

1. 发展线上科技体验

人工智能是科学技术发展的结果，无论是在生活中还是工作中都发挥着重要的作用，随着互联网的发展，很多教育资源在线上都能实现共享，为了让科普教育更便利，国家可以发展线上科技体验，这不仅有效地节约了资源，还让每个学生都能参与进来，从而有利于为国家科学技术的发展培养人才。

2. 加强边远农村地区投入

由于地区的差异性，很多边远农村地区的科普教育资源投入不足，学生没有科普资源学习，学生对科学的认知就有限，不能从小树立科学价值观、培养科学精神，从而不利于学生的未来发展。因此，国家要加强对边远农村学校的科普资源投入，以保证学生能够有更多学习科学的渠道。

3. 促进资源共享

如今是一个共享的时代，为了实现资源的有效利用，可以分区建立科普教育室，这样学校就能定期组织学生参与科普教育，并在科普教育室中了解不同的最新科技模拟成果，加深体验感，有利于让学生养成良好的科学素养。

结　语

科技教育一直是国家倡导的方向，“双减”政策之后，校内的科技教育需求也迸发出来，这对社会和企业而言都是一个极好的机会。如何做好科技教育普及化、科技教育常态化？这需要教师、学校、社会和国家共同做出努力，为学生提供一个良好的科普教育氛围。

参考文献

[1] 王玮：《浅谈如何在青少年科普教育活动中不断创新》，《科学大众·科学教育》2009 年第 3 期。
[2] 常初芳主编《国际科技教育进展》，科学出版社，1999。
[3]《全民科学素质行动计划纲要（2006—2010—2020）》。

学生科技社团促进创新能力培养研究

赵　茜*

摘　要： 本文选取北京市学生金鹏科技团、北京市东城区学生星光科技团成员单位，通过问卷调查和访谈法，研究了学生科技社团探索学生创新能力培养的案例和实践经验，总结了学生科技社团开展创新能力培养的有效途径。学生科技社团通过加强顶层设计，构建创新能力培育体系，完善激励奖励制度，促进社团教师专业化发展，贯通式培养模式，鼓励学生个性化发展，有效开发社会资源，合理利用高校、科研院所平台等手段开展创新能力培养。同时进一步提出了学生科技社团开展创新后备人才培养的建议。

关键词： 学生科技社团　创新能力培养　科技教育　创新后备人才

创新就是未来，发展就是文明进步。科技创新夯实强国之基。我国要实现高水平科技自立自强，归根结底要靠高水平创新人才。习近平总书记强调："要重视人才自主培养，要更加重视科学精神、创新能力、批判思维的培养培育。"功以才成，① 业由才广。加强创新人才培养，要尊重人才成长

* 赵茜，北京市少年宫教师。

① 孙寅生：《更加重视人才自主培养工作——学习贯彻习近平总书记人才工作会议重要讲话》，《人才资源开发》2022 年第 3 期。

规律，青少年阶段是人生的“拔节孕穗期”，创新人才培养要从娃娃抓起。要广泛深入地开展科学普及活动和创新能力培养，让青少年心怀科学梦想、树立创新志向，使有潜质的创新人才能够脱颖而出。

一　研究背景

习近平总书记指出：“中国要强盛、要复兴，就一定要大力发展科学技术，努力成为世界主要科学中心和创新高地。”国家科技创新力的根本源泉在于人才，重视人才自主培养是建成人才强国的关键环节。创新人才培养的主要实施途径是科学教育。让青少年心怀科学梦想、树立创新志向，重视科学精神、创新能力、批判性思维的培养培育，才能有效提升人才自主培养能力。

个性化发展是创新人才培养的重要基础。学生社团是学生以共同的理想和兴趣自主开展活动的学生组织。学生科技社团在培养学生创新精神和实践能力，提高学生综合素质、培养个人兴趣和特长等方面发挥着积极作用。张培培论证了学生科技类社团能够在一定程度上提升社团成员的创新能力和创新意识，培养其创新性的思维方式。王瑞等认为学生个性是创新型人才培养的重要基础，科技社团为创新型人才培养提供了良好的发展环境。郑永和认为科技创新人才的形成是在一定创造力的基础上，与外部环境因素相互影响的结果。科技创新人才选拔和培养应当兼顾实践能力和综合素质的协同发展，建立动态的个性化发展路径。

北京市学生金鹏科技团（以下简称“金鹏团”）是代表北京市中小学生最高水平的学生科技社团，由北京市教委认定，现有 90 个分团，由机器人、模型、生命科学、天文、地球与环境、电子与信息等项目分团和校外分团组成。金鹏团以全面提升学生科学素质、培养科技创新人才为宗旨，为各级各类学校、科研院所培养输送了大批科技创新后备人才。北京市东城区学生星光科技团（以下简称“星光团”）是东城区为了推动全区科技教育工作、提升创新人才培养水平认定的区级学生科技社团，2021 年认定了14个团。星光团成员单位是市级科技示范校或获得市级重点赛事一等奖及以上的学校，且科技教育普及程度较高，有稳定高水平特色科技项目社团。金鹏团和星光团依托社团建设发展，在提高中小学生科学精神、创新能力、批判性思维，促进学生创新能力培养等方面进行了诸多尝试和探索。

二 研究对象、方法及目的

（一）研究对象

采用方便取样，选取了11个金鹏团、6个星光团成员单位，采集有效数据28份，其中，男性13人，占46.4%，女性15人，占53.6%；年龄在26~60周岁，其中，中青年教师占比为92.9%。教师学历从中专到硕士研究生，本科学历占比为71.4%。从教年限为5~38年，平均从教年限为18.96年。

（二）研究方法

采用抽样调查法，以问卷调查的方式对学生科技社团管理者、辅导教师、团员开展研究；通过访谈、个案研究、行动研究等方法对学生创新能力培养的案例和途径开展实地研究；通过文献研究法、历史分析法等方法对学生科技社团建设发展过程中的学生创新能力培养做法进行非介入研究。开展依托学生科技社团实施学生创新能力培养的研究，探索学生科技社团开展学生创新能力培养的途径。

（三）研究目的

总结学生科技社团培养创新后备人才的经验，探索学生科技社团促进学生创新能力培养的模式和途径，积极探索依托学生科技社团培养创新后备人才的未来发展方向。

三　结果

通过问卷和访谈等方式收集科技教师关于学生科技社团在学生创新能力培养方面的情况、态度和观点，以及从事学生科技社团工作中的实际做法。对采集到的数据进行分析，得出如下结果：参与调查的学生科技社团教师2/3都拥有理工科相关专业（自然科学类、理科、工科、医科等）背景，占比为64.3%，非理工科背景占比为35.7%。专职科技教师占46.4%，53.6%的教师是非专职科技教师。科技教师从教学段方面：执教小学的教师占28.60%，执教初中的占35.70%，执教高中的占17.90%，执教九年一贯制的占14.30%，执教十二年一贯制的占3.60%（见图1）。

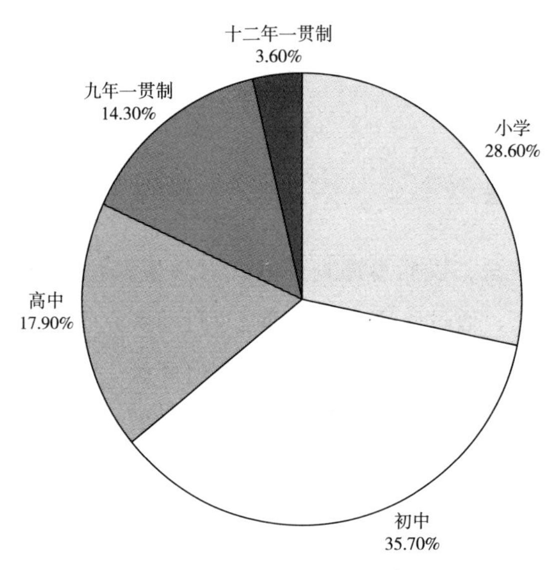

图1　科技教师从教学段情况

现有学生科技社团的活动模式方面：有85.70%的科技社团开展常态化社团活动，如讲授项目基本知识、培训技能、开展日常社团活动等；有57.10%的科技社团会结合纪念日、特殊事件等开展主题式社团活动；更为常见的是 89.30%的社团针对不同类型的科技竞赛，进行备赛类辅导开展竞赛类社团活动（见图 2）。

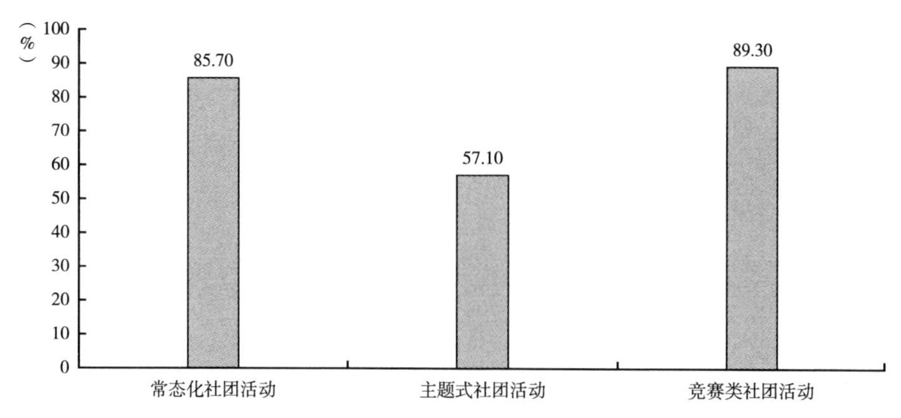

图 2　现有学生科技社团开展活动模式

科技教师所在单位现有学生科技社团类型方面：57.10%的单位有电子与信息社团，25.00%的设有地球与环境社团，拥有机器人社团的占 71.40%，有模型社团的单位占 64.30%，53.60%的单位设有天文社团，32.10%的单位有生命科学社团，校外综合型社团占 35.70%，还有填写其他类型社团的占 14.30%，具体为创新项目社团（见图 3）。可见，技术类学生社团所占的比重高于科学类学生社团，科技教师所在单位普遍拥有多个学生科技社团，社团呈多样化发展模式，为学生提供了更多的选择。

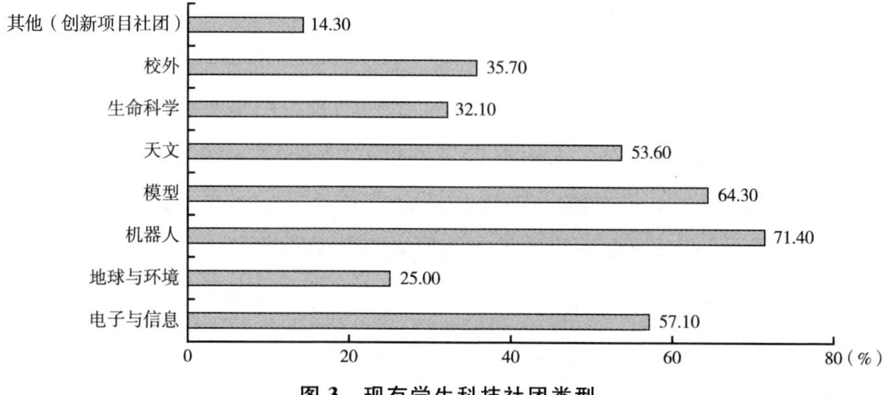

图 3　现有学生科技社团类型

科技教师辅导的科技社团学生获得过的最高奖项方面：表示获得过国家级奖项的占比为 64.30%，获得过省市级的占 21.40%，获得过区县级的占 7.10%，尚未获奖的占 7.10%（见图 4）。

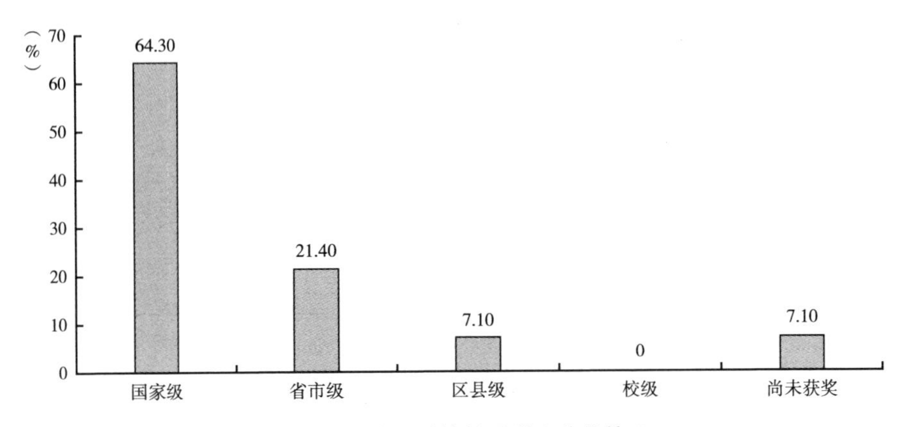

图 4 教师辅导科技社团学生获奖情况

科技教师所在单位在教育教学中对创新能力培养的规划设置情况：有 71.40%的教师表示本单位在教育教学中对创新能力培养既有目标要求又有具体措施；有目标要求，无具体措施的占 14.30%；没有任何要求和措施的占 10.70%；3.60%的教师表示不太了解情况（见图 5）。可以得知，大部分学生科技社团对学生创新能力培养方面都有具体的目标要求和具体措施，在科技社团活动中便于科技教师开展具体工作和有针对性地开展创新后备人才培养计划和量化的评价。

教师通过学生科技社团对学生实施创新教育培养的形式上：采用创新实践活动方式的占 89.30%，通过专业课程实施的占 64.30%，60.70%的采用学科竞赛的方式进行培养，采用报告讲座形式的占 57.10%，采用科研课题对学生进行培养的占 50.00%，采用其他方式的占 3.60%（见图 6）。学生在科技社团中可以通过多种途径提升自身的创新实践能力。

科技教师所在单位采用的育人途径方面：各单位都采取了多种方式，有 85.70%的教师认为是与科技活动、科技竞赛共同开展，82.10%的教师认为是与校本课程结合起来，而 78.60%的教师认为通过开展专门的科创式社团

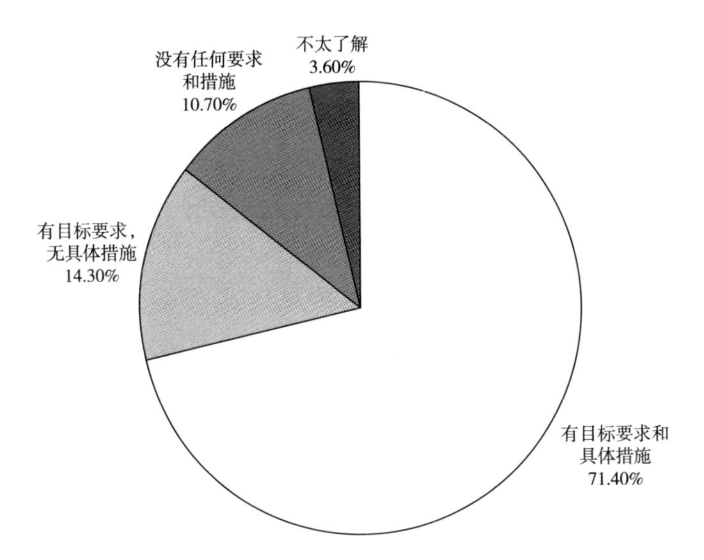

图 5　所在单位教育教学中对创新能力培养情况

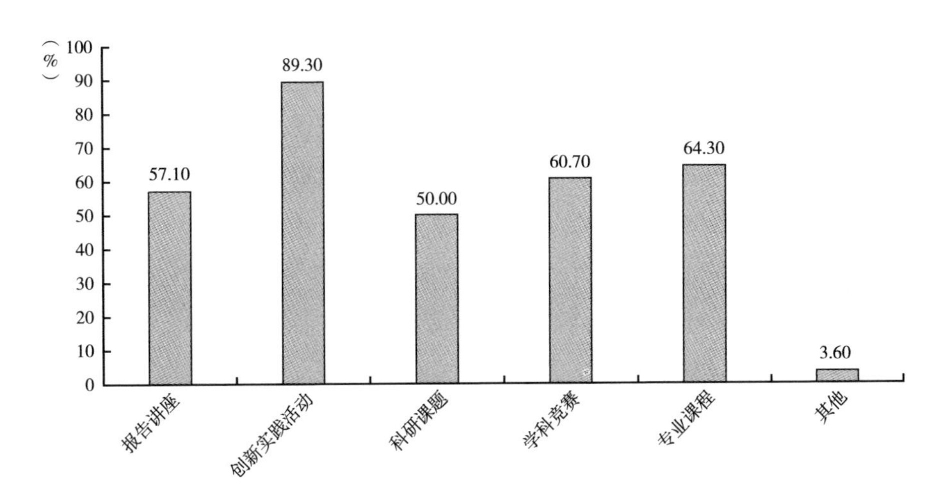

图 6　学生科技社团实施创新教育的形式

活动进行。学生科技社团的育人模式仍以科技竞赛活动、科技创新社团活动和校本特色课程相结合的形式为主。

科技教师从事学生科技社团工作最大的收获方面：有 92.90%的教师认为是学生成长，获得职业认同感；78.60%的教师认为他们积累了工作经验；

64.30%的教师在学生科技社团工作中取得了成绩；而50.00%的教师认为是与同行进行了交流（见图7）。

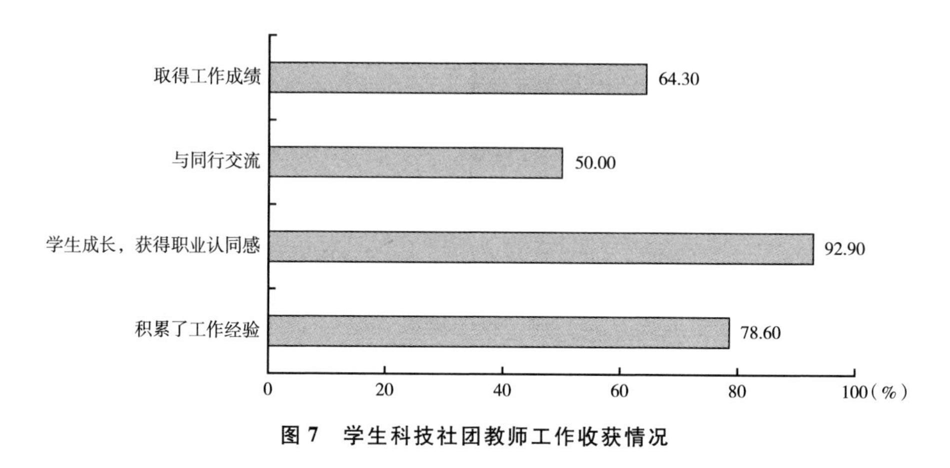

图7　学生科技社团教师工作收获情况

所有科技教师都认为，学生科技社团对本区域的创新教育发展起到了促进作用。有助于学生科技社团开展创新能力培养和创新科技教育的影响因素方面：85.70%的教师认为领导重视，提供支持最重要；78.60%的教师认为应该加强科技教师理论学习和培训，提升教师专业能力发展；71.40%的教师认为应建立完善的学生社团开展科创教育的实施细则；64.30%的教师认为要建立科学的评价激励机制；而60.70%的教师认为要加强宣传引导，使通过学生科技社团开展创新科技教育的观念入脑入心（见图8）。可见，学生科技社团开展创新能力培养工作中，人的因素最为重要，从领导到教师，一方面要提升自身重视程度，另一方面也要从创新能力和专业能力发展上入手。同时，评价激励制度的建设也是十分必要的，优化细化实施工作，加强宣传使创新能力培养入脑入心同样重要。

询问科技教师用3个词来形容学生科技社团特征的问题上，得到如下词云（见图9）。“创新”词频为13，“团队合作”词频为5，“发展”和“特色”词频均为4，接下来是“专业”“创意”“创造”“能力”“自主”“精品”等。可以发现，学生科技社团给人们的印象最为突出的是创新、创意、创造的，基于团队合作的专业能力培养模式。

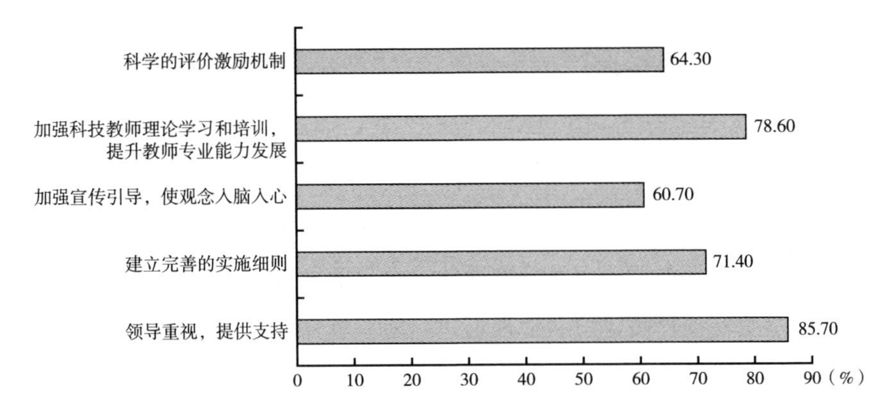

图 8　学生科技社团开展创新能力培养和创新科技教育的影响因素

图 9　学生科技社团特征词云

四　分析

金鹏团、星光团等学生科技社团多渠道、分层次地开展工作，以社团建设发展为抓手，从支持保障体系、创新工作机制、社团活动建设等方面入手，搭建特色科技社团展示交流平台，促进学生创新能力的发展，积极探索创新后备人才的培养模式。

（一）加强顶层设计，重视创新能力体系构建

从制度结构上给予学生科技社团保障，加强校级领导等行政管理层对学生科技社团在学生创新能力培养方面的重视程度。选择热爱科技教育工作的教师从事学生科技社团建设和管理工作，创新教育教学方法，灵活调整学科设置和开展社团活动形式。在资金上给予保障，设立专项经费支持学生科技社团培育工作，并对资金使用进行监管，专款专用。

（二）完善激励奖励制度，促进社团教师专业化发展

设置专职科技教师岗位，在教师专业发展、职称评定、评优评奖上给予科技教师合理评价。拓展社团科技教师职称序列，激励科技教师投入学生创新能力培养工作中，以满足新时代发展的人才创新能力培养需求。在教育教学中，鼓励教师要重视学生在学习中的创造性火花，教师要基于学生发展实际不断学习，与时俱进地、创造性地实施社团活动和教学工作。以科教融合方式，通过培训、研修等形式创新科技教师培养模式，不断提高教师创新意识、创新能力、科技素养和专业能力，提升学生科技社团管理和发展水平。

（三）贯通式培养模式，鼓励学生个性化发展

夯实学科教育基础，扎实基础知识，对学生因材施教，根据学生兴趣点和个性化发展需求，逐渐优化创新后备人才选拔机制。循序渐进、螺旋式上升，建立创新后备人才衔接培养共同体，培养学生科学精神、独立思考能力、实践能力、创造能力和批判性思维。贯通小学、中学和大学科学教育，以小中高、集团校为依托，打通区域、领域壁垒，探索科技创新人才跨学段培养模式。鼓励以院士、高水平科学家领衔的创新后备人才培养团队，设立“科技专家+学校科技教师”双师制，创新学生人才培养有效途径。纵向贯

通化，将创新人才培养贯通于家庭教育、学校教育、社会教育乃至终身教育全过程；横向开放化，打破学科壁垒，营造开放的教育生态环境。

（四）有效开发社会资源，合理利用高校、科研院所平台

与高校、科研院所等重点实验室密切合作，提供稳定的实践基地和支持保障体系，高端引领，使学生科技社团团员与社会资源形成中长期稳定联系，开阔眼界、掌握科技发展前沿，让学有所长的学生能够在课题研究和实践任务中，增长自身创新意识和创新能力。加强跨学科教育，加强与各类科技场馆、科研机构、高校的联系，利用丰富科教资源，创新科技社团创新能力培养新模式，形成有机协同的整体合力。

五　建议

（一）分层分类管理，保障创新能力培养高位发展

2021 年“双减”政策落地，学生社团发展要顺应新形势新要求。如何在均衡发展的要求下，更好地建设学生科技社团促进创新人才的培育，是一个崭新的课题。应在整体规划的基础上，在坚持高水平的前提下，制定适宜学生创新能力培养的新方案，实行科学分类指导和管理，发挥各级学生科技社团在区域、领域内的引领示范作用。从组织机构、制度建设方面着手，完善规章制度，依托各委员会开展工作，从建设角度强化科技创新人才的培养模式。分层分类指导建设，实现优质均衡。通过每个领域重点建设一个团——“星火计划”，带动一个领域，带动一个区域，带动全市科技创新人才的培养发展，提升学生科技创新能力和水平，有针对性地加强学生科技创新能力的培养。

（二）鼓励个性化发展，搭建三维协同创新育人平台

形成“兴趣小组—学生社团—精英团队”三级金字塔形组织结构，

在创新能力培养上坚持全面育人为先，对科技社团学生实施特色化培养，有效满足不同类型学生创新能力发展的需要。鼓励个性化发展，让学生有特长，鼓励学生做自己感兴趣的事情，给予学生创造的空间，重视对创新人才核心价值观的培养。开发特色科技类校本课程体系，促进学生核心素养发展，全方位体现学生主体地位，激发学生创新意识和创新能力发展。通过学生科技社团拓展学生知识面和思维深度，掌握多学科交叉知识和学科前沿知识，同时培养学生良好的分析能力、丰富的想象力和知识转化运用能力，提高学生科学素养，培养学生科学精神、创新能力、批判性思维，使社团学生沿着从兴趣到乐趣再到志趣的道路，成为实现科学探索和创造发明的佼佼者，助力学生成长为学有所长、学有特长的创新人才。

（三）凸显实践育人、自主发展的学生科技社团特色

学生创新能力的培养应以实践育人、自主发展为理念，鼓励跨学科实践活动的开展，形成学生科技社团创新能力特色培育体系。以科研课题引领学生科技社团探索与改革，进行工作创新，持续促进整体科技教育的完善优化。通过学生科技社团活动，让学生了解自身特点、兴趣和能力，激发学生自主学习、主动探究能力的提升，促进学生创新能力的发展和培育。通过课程、项目、活动、赛事等多种形式校内外结合进行创新能力提升，同时通过高水平学生科技社团带动推进学生科学素质的提高。提供高质量的个性化精准辅导，形成创新人才精准指导模式，帮助学生实现创新能力发展和个人成长。

（四）引领示范，擦亮品牌，促进学生能力均衡发展

利用融媒体资源宣传学生科技社团的科技教育经验和建设成果，擦亮学生科技社团品牌，增强社会影响力。学生科技社团结合学生科技活动，校内外联合培养学生创新实践能力。学生科技社团承办校积极承办各级各类科技类竞赛与活动，分享科技教育经验；通过集团化办学、“手拉手”等形式，

促进区域间、学校间的资源共享；加强交流学习，开放教学资源，利用信息化 2.0 的契机和智慧校园建设，运用多种形式帮助薄弱科技社团提高教育教学和办团水平，促进教育公平发展。通过成立名师工作室、项目业研组等方式，面向科技教师开展专业培训，大力推进针对学生的科技创新人才培养的课程研发、师资培训、家长沙龙和高端研讨，为每一个热爱科技的社团成员打造成就梦想的舞台。

（五）加强梯队建设，开展创新人才的纵向研究

加强社团梯队建设，对学生科技社团培养出来的科技创新人才开展溯源调查，进行纵向研究。针对创新人才成长的重要阶段和关键因素进行研究。建立学生科技社团团员成长档案袋，用大数据有效获取创新人才成长不同时段表现的数据资源，对科技创新人才成长进行纵向比较，形成跟踪和测评。进一步通过建立创新人才培养模式的动态监测系统，不断优化科技创新人才的培养体系和科学教育资源配置。为创新人才培养提供数据支持和理论依据，为学生科技社团培养创新人才机制提供技术支持。

结　语

学生科技社团是实践育人，学生个性化、自主发展的先锋，是培养学生科学兴趣、创新意识和创新能力的有效途径。学生科技社团为有潜质、学有余力的学生打通了创新人才绿色成长通道，提升了学生科学素质，促进了教育均衡发展。学生科技社团应分层分类管理，从制度上保障社团高位发展；通过整合资源，提升科技教师专业水平，加强创新人才培养梯队建设，搭建三维协同创新育人平台；凸显实践育人、自主发展的学生科技社团创新能力培养新途径。擦亮高水平学生科技社团品牌，为我国实现创新人才自主培养，建设人才强国，努力成为世界主要科学中心和创新高地，为实现中华民族的伟大复兴而贡献力量。

参考文献

[1] 万劲波：《面向未来培养创新人才》，2021 年 12 月 6 日，https：//m. gmw. cn/baijia/2021-12/06/35362137. html。

[2] 闫冰：《加快培养创新型人才　为高水平科技自立自强提供人才支撑》，2021 年 11 月 15 日，http：//innovate. china. com. cn/web/gxcx/detail2_ 2021_ 11/16/3125484. html。

[3] 郑永和、王晶莹、李西营、杨宣洋、谢涌：《我国科技创新后备人才培养的理性审视》，《中国科学院院刊》2021 年第 7 期。

[4] 《培养创新人才　汇聚强国力量》，百家号，2019 年 9 月 26 日，https：//baijiahao. baidu. com/s？ id=1645706833304025521&wfr=spider&for=pc。

[5] 张培培：《依托科技社团培养学生创新能力初探》，《扬州教育学院学报》2019 年第 4 期。

[6] 王瑞、靳大林、蒋立春：《科技社团活动培养未来创新人才的新探索》，《试题与研究：高考版》2019 年第 20 期。

[7] 郑永和：《探索科技拔尖人才培养新模式》，澎湃新闻，2022 年 4 月 24 日，https：//www. thepaper. cn/newsDetail_ forward_ 17785889。

国内体育科普基地建设现状、现实困境与优化策略

赵生辉　苏宴锋　耿文杰*

摘　要： 本文运用文献资料法等，对国内体育科普基地建设现状、现实困境与优化策略研究进行梳理与反思。研究发现，我国体育科普基地类型与数量：政府主导类106所、社会主导类9所、高校主导类12所、医院主导类4所、联合主导类13所。在推广宣传方面：国内体育科普基地运用短视频宣传能力弱，以文章形式科普占据宣传主体地位，社会主导类科普基地最重视宣传。其中存在如下问题：体育科普基地主体结构不平衡、体育科普基地转型建设不足、体育科普资源数量与质量堪忧、制造能力不足等。提出发展策略：理顺体育科普管理体制，重视体育科普供给侧运行机制；充分利用政府主导类体育科普基地潜力，激活科普资源研发和制造的创新驱动；拓宽多元化投资渠道，激发社会主导类体育科普基地的科普活力等。

关键词： 体育科普基地　科普能力　科普机制

* 赵生辉，上海体育学院硕士研究生；苏宴锋，上海体育学院科研处副研究员；耿文杰，上海体育学院硕士研究生。

2016年，习近平总书记提出“科技创新、科学普及是实现创新发展的两翼，要把科学普及放在与科技创新同等重要的位置”。体育科普事业需要借助体育科普基地，提高科普效率和水平。近两年，国务院批准“国家科普示范基地”和“国家特色科普基地”的建设发展，以助力科技创新，加快社会主义现代化体育强国建设。由此可见，体育科普基地的建设成为贯彻落实《体育强国建设纲要》《“十三五”国家科普和创新文化建设规划》等重要文件精神的重要举措与关键路径。

“十四五”时期，需要科学分析、准确判断体育科普的发展新形势，聚焦体育科普基地建设现状和现实困境，深化体育科普供给侧改革创新。然而，我国体育科普基地建设仍处于高投入低产出的粗犷式发展模式，科普能力不足成为制约我国体育科普事业发展的主要因素。因此，系统梳理国内体育科普基地建设的现状，反思困境和问题，探索体育科普基地建设的优化策略，促进国家体育科普能力提升，为我国体育科普发展提供切实可行的理论方法和实践尝试显得尤为重要。

一　相关概念辨析

体育科普全称体育科学普及，而体育科学，是对研究体育现象和体育规律的学科群的统称。对于“体育科普”国内目前还没有统一的定义。

体育科普是科普的子概念之一。参考《科技传播与普及概论》中对科学普及的定义，结合体育所具有的实践性与参与性的特征，本文认为：体育科普是在适宜的活动中运用传播媒介，促进大众了解体育科学知识、科学运动方法，培养科学运动思想、科学运动精神的过程。

2021年国家体育总局和科学技术部制定并发布《国家体育科普基地管理办法》，提出体育科普基地是展示体育科技成果与发展实践的重要场所、设施和单位，是面向公众开展体育科技知识普及，宣传体育科技成就，提高全民科学健身素养的重要阵地。这是第一次以正式文件的形式提出体育科普基地的相关概念，因此选其为本文对体育科普基地的定义。

二　我国体育科普基地建设现状

（一）体育科普基地类型与数量

本文对全国各省区市体育局及其下属单位、体育博物馆、各大体育院校的网站及公众号等资料，以及各省区市的科普教育基地名单进行检索，整理出符合条件的科普基地共144所。按照基地单位（依托单位）的所属主体，将本文收集的体育科普基地分为政府主导、社会主导、高校主导、医院主导、联合主导五种模式（见图1）。

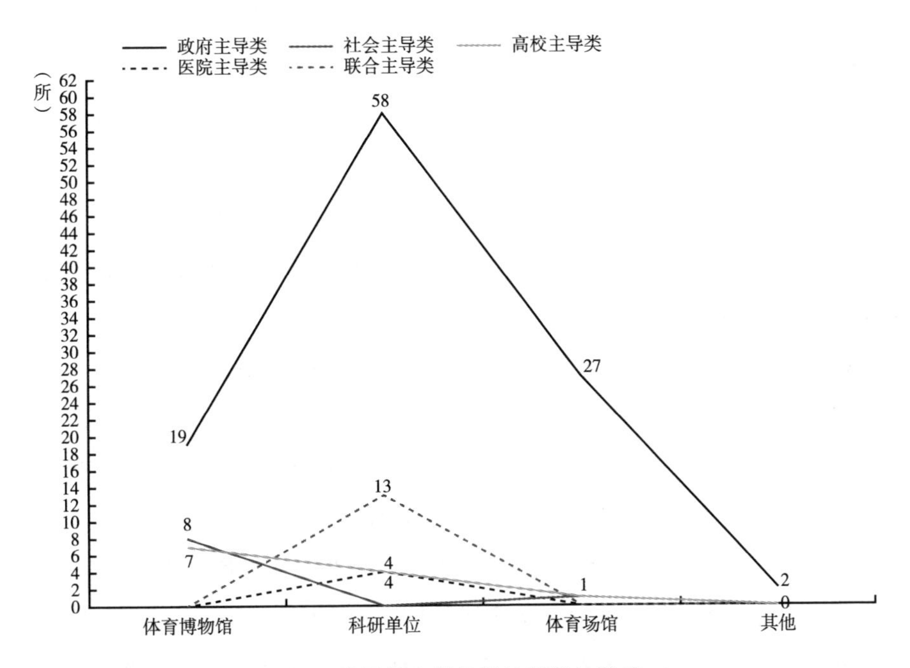

图1　我国体育科普基地类型与数量

1. 政府主导类体育科普基地（共计106所，约占总科普基地的74%）

政府主导类体育科普基地以各地政府、体育局、文物局及其下属事业单位为依托建设，在管理方面都设体育科普工作管理部门，专职体育科普队伍完整。在经费来源上大部分以全额拨款为主，少部分基地是差额拨款和营收自负。

公立体育博物馆共有19所，约占政府主导类基地的18%。由政府决策投资建立的体育博物馆，属于全额拨款事业单位，有体育文物收藏、奥运历史研究和体育科普教育三种基本属性，也是集陈列、研究体育文化实物等功能于一体的文化教育场所。

政府主导类体育科研单位共有58所，约占政府主导类基地的55%。主要包括各省区市建立的体育科学研究所以及国民体质监测中心。体育科研单位一般软硬件设施齐全，在财政上没有太大压力，并且能够配备相应的体育科普专职人员以及管理人员。

体育场馆及其管理运营单位，共27所，约占政府主导类基地的25%。均为各地体育局（文旅局）下属单位，工作内容以场馆运营与开展群众体育活动为主，向公众开展体育科普和健康宣讲活动，在人员配备上以场馆运营管理人员为主，专职科普人员较少。

最后为由政府主导，但又无法归类于上述几种类型的体育科普基地。这类基地数量较少，分别是国家体育用品技术监督检验中心科普基地、黑龙江省素质体育机器人运动科普基地。

2. 社会主导类体育科普基地（9所，约占总科普基地的6%）

社会主导类体育科普基地博物馆有8所，体育场馆1所。包括除去政府、学校、医院投资，由社会力量自行建设发展的体育科普基地。社会主导类体育科普基地中以博物馆为主，没有体育科研单位。

3. 高校主导类体育科科普基地（12所，约占总科普基地的8%）

高校主导类体育科普基地中7所博物馆，4所体育科研单位，1所体育场馆，分别占高校主导类基地的58%、33%、8%。以高校体育学院资源为依托建立的体育科普基地，将高校内所拥有的实验室、博物馆、体育场地等资源向公众开放。其中，高校主导类体育科普基地以博物馆为主，以科研单位为辅。

4. 医院主导类体育科普基地（4所，约占总科普基地的3%）

医院主导类体育科普基地是指以医院的医疗资源作为依托，向群众科普体育健康知识的科普基地，该类基地全是体育科研单位，且基本是响应“体医融合”政策所建立的。

5. 联合主导类体育科普基地（13 所，约占总科普基地的 9%）

联合主导类体育科普基地是指政府、医院、学校以及企业间两部门合作建立管理的科普基地。该类体育科普基地标准一般较高，软硬件设施齐全，在财政上没有太大压力；在人员配置上，也都配有专业科普人员，专业性较强。政府与医院联合主导 8 所，政府与高校联合主导 3 所，政府与企业联合主导 1 所，高校与医院联合主导 1 所。

（二）科普基地网络传媒推广宣传情况

目前，短视频推广宣传技术在政府类体育科普基地中运用得较少。政府主导类体育科普基地中 101 所基地开设科普公众号，18 所基地开设推广网站，仅有 4 所基地开设官方抖音号。14 所基地同时开通公众号与官方网站；仅 3 所基地同时开通公众号与抖音平台；只有陕西体育博物馆同时开通公众号、网站、抖音三个传媒平台。101 个公众号中，仅 12 个账号使用视频号功能，其余的账号均是采用科普文章的方式进行体育科普；18 家网站中仅有 5 家有视频科普栏目，其余网站也同样只采用科普文章的形式进行科普（见图 2）。

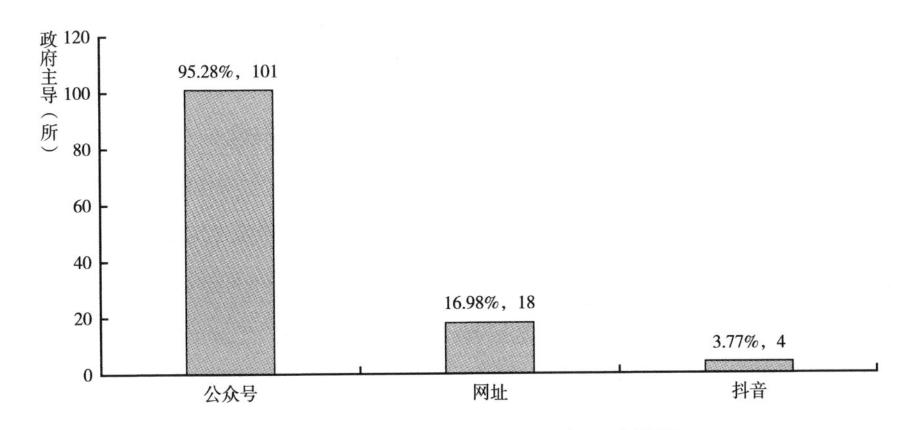

图 2　政府主导类体育科普基地的推广方式情况

社会主导类体育科普基地由于涉及盈利问题，对本单位的推广宣传非常重视，网站与公众号的内容丰富程度远大于政府主导类体育科普基地，但是目前在视频科普推广上还是不足。例如南通风筝博物馆、洛阳围棋博物馆在网站上放置相关科普视频对基地进行宣传介绍，其余几家基地仅仅用文字图片介绍馆内展品。社会主导类体育科普基地微信公众号使用率达 100%，网站使用率达 44.44%，抖音使用率达 33.33%（见图 3）。

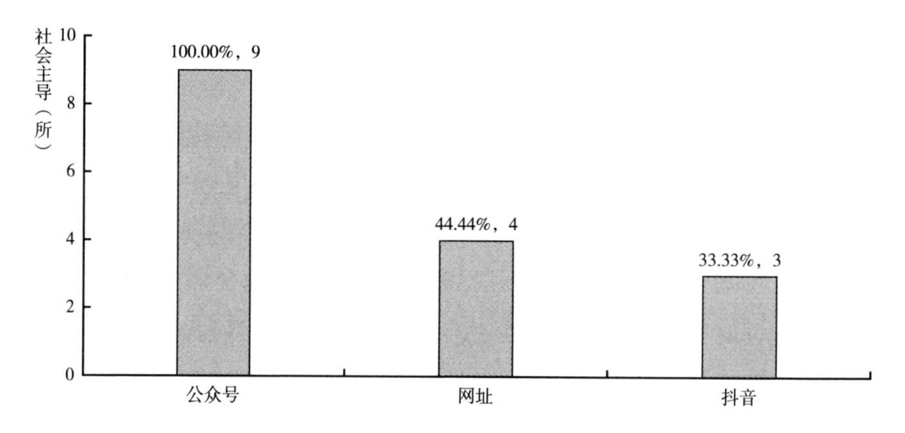

图 3　社会主导类体育科普基地的推广方式情况

医院主导类体育科普基地都选择微信公众号作为唯一推广渠道（见图 4），均是挂靠医院的公众号，其中大多是对医院工作内容汇报和科普医学健康知识，对体育知识科普较少。高校主导类体育科普基地中有 10 所开设微信公众号（见图 5），仅有 1 所未开通。例如湖北第二师范学院体育学院仅开设网站而未开设微信公众号，中国红色体育馆同时开设微信公众号与抖音账号。联合主导类体育科普基地均开设有微信公众号且公众号与网站大多是挂靠使用依托单位的账号。临沂市国民体质监测中心在开设公众号的同时，也有专门的网站进行推广宣传。

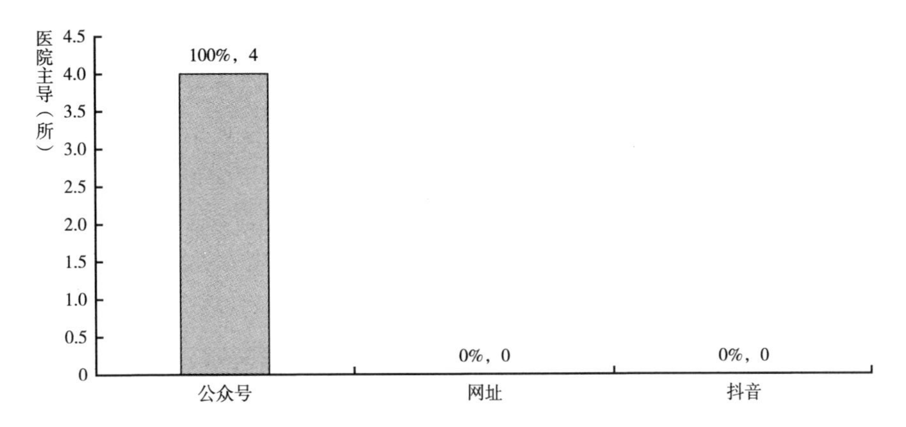

图 4　医院主导类体育科普基地的推广方式情况

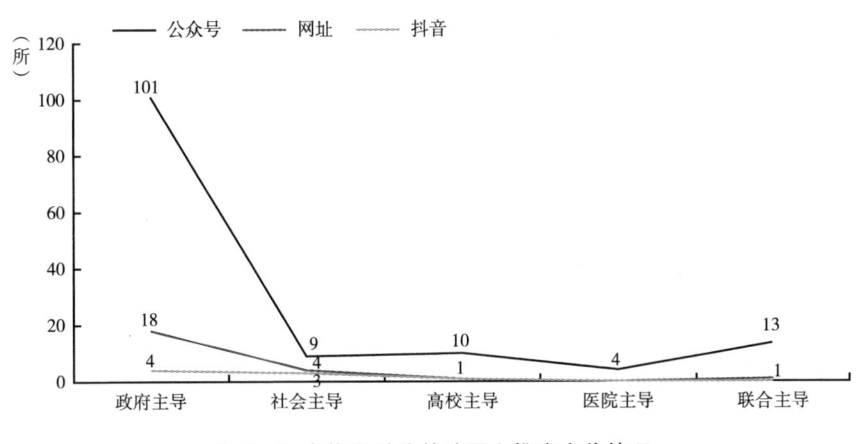

图 5　国内体育科普基地网上推广宣传情况

三　国内体育科普基地建设的现实困境

（一）体育科普基地主体结构不平衡：社会、高校、联合主导类科普基地数量空缺严重

政府主导类体育科普基地占据主要地位，除政府主导类以外的其他类型体育科普基地明显不足。政府主导类体育科普基地共计 106 所，约

占总数量的73%。数量最多、占比最大的是体育科研单位，以当地体育局为引导，科普经费依靠财政投入。数量上仅次于体育科研单位的是体育场馆单位，主要负责地区社会体育工作与大型体育场运营工作，经费包括当地场馆运营收入与政府拨款。这两类属于地方体育局主管，且数量明显高于其他类型基地，也就导致了国内体育科普基地基本结构的不平衡。

（二）体育科普基地转型建设不足：科普手段和传播媒介与技术结合应用薄弱

就当前抖音平台中体育科普的建设状况来看，大部分体育科普基地转型的认知不足，转型思路单一，只是把短视频平台作为一种传播渠道的叠加，以至于存在媒体融合浅、内容生产不足、科普精品匮乏、传播方式老化、传播效果不佳、转型内生动力不足等问题。这意味着在新信息传播技术的推动下，体育科普工作在主体、内容、结构、形式、服务等方面都面临着重大调整。

（三）体育科普资源数量与质量堪忧：研发、制造能力不足等问题显现

全国范围内体育相关的科普基地数量不多，形式上多以社区、大型体育场馆为主，以及少量体能训练中心、运动康复中心基地。能胜任体育科普工作的专业人员不足，体育科普工作大多都是由社区医生、场馆管理人员、体能训练师、康复训练师进行，专门的社区体育指导员、体育科普基地指导员数量很少。同时，能出版高质量体育科普图书、音像制品的企业数量稀少，很难适应公众不断增长的体育科普需求。

（四）体育科普形式陈旧：线上宣传运作乏力

现有的体育科普基地科普形式太过单一，传统的科普讲座、科普宣讲仍然占据主流。其特点是以集中讲解式的点对面单向传播为主。科普场馆讲解员的体育学科素养、科普表达方式及科普转化能力可以直接影响科普效果。

从各类型体育科普基地的讲解工作中发现，双向交流互动和分层表达理念实践较少。尽管体育场馆和体育科普基地开始探索科普工作信息化的实现途径——选取微信、微博、网站等媒介作为宣传平台进行线上科普讲解与宣传，但受体育科普主题选取能力、受众分析精准度、采编水平、信息技术等影响，目前线下宣讲、讲座、解说等科普形式仍是体育科普基地的主要传播渠道。

（五）体育科普缺乏统一平台建设：科普数据资源零散

目前，我国体育科普基地没有统一的运作平台，各类型的体育科普基地无法将优势科普资源整合。部分地区已经开始尝试建立科普基地的联盟，搭建科普基地平台。例如中国气象局、中国气象协会联合科技部在 2018 年建立全国气象科普教育基地平台和信息网，公开所有气象科普教育基地的信息，并开设了全景参观功能，在气象科普工作方面取得了较大的成绩。因此，建立体育科普信息库，完善体育科普信息网络性与互通性将是未来提升国家体育科普能力的重中之重。

四　我国体育科普基地建设的优化策略

（一）理顺体育科普管理体制，重视体育科普供给侧运行机制

国家体育总局牵头，会同科技部、文化、财政等多部门成立全国体育科普领导小组与工作小组，负责协调国家体育科普基地建设与培育、大型体育科普活动、体育科普项目。在体育科普专项工作组参与下完善各级体育科普基地联席会议制度、科普效益考核表彰制度、统筹社会投资与拨款使用制度等，形成各类型科普基地根据特点区别筹划、分工合作的管理模式与运营体系。充分利用体育高等院校、体育科技园、产业园等优势资源，加强体育科普供给侧的多方联动，优势互补，形成合力，广泛开展国家体育科普基地设施建设与示范基地培育工作、体育科普宣

传教育工作、体育科普人才培养工作、体育科普管理体制与运行机制的研究与完善工作。

（二）充分利用政府主导型体育科普基地潜力，激活科普资源研发、制造的创新驱动

公众体育科普服务是政府主导类体育科普基地的重要社会职能之一，要深入挖掘政府主导型体育科普基地科普潜力，合理利用体育科普资源。我国将全民健身上升为国家战略后，各省市都已建立开展体育科普的基地或单位，并且将宣传普及体育健康知识，提高全民科学健身素养列入工作计划。普及体育科学知识，提高全民科学运动能力和素养，需要社会与行政协同发力加强体育科普基地的监管，更需要充分释放现有政府主导类体育科普基地所拥有的优质体育资源与科普资源。

（三）拓宽多元化投资渠道，激发社会主导型体育科普基地的科普活力

现阶段我国体育科普基地发展的主要矛盾是大众对体育历史、各类运动知识的科普需求增长与体育科普产品的供给不足之间的矛盾。党的十九大明确现阶段我国经济发展正在从高速增长阶段转入高质量发展阶段，仅凭当地政府财政拨款无法满足公众日益增长的对美好生活的科技需求；科普教育是公益事业，在服务手段革新、服务内容创新以及科普人才培养、团队建设等方面也需要财政保障。因此鼓励引导更多社会力量加入体育科普基地的建设工作；加强引导体育相关企业、社会组织、个人等加入体育科普的工作；加大对科普的支持与投资力度势在必行，建立政府财政统筹的科普教育专项资金予以统筹管理显得尤为重要。

民间资金、社会捐助逐渐成为重要经费来源。社会资金的注入是科普财政的重要补充，也是体育科普社会化的直接体现。例如《福建省科学技术普及条例》颁布和施行就有着广泛的积极影响：福建省政府可以通过政策条例，鼓励社会各界的资本加大对体育科普基础设施及科普制造业的投入。另外，以小规模财政投入为杠杆撬动大量社会资金，促进体育科普投资市场化、体育科普产业社会化、体育科普产品精准化，实现政府、市场与社会共同支撑体育科普事业发展的大格局。

（四）探索科普对象需求式体育科普，兴办联合主导类体育科普基地

打破传统的观念束缚，积极兴办多主体合作的联合主导类体育科普基地。单独依靠体育部门已经无法满足大众体育科普需求，因此探索政企、政校、政医合作建立体育科普基地的运作模式至关重要。例如，体育科普、体育博物馆科普人员往往缺乏运动医学知识，而医院的科普人员在运动技能知识方面也有所不足，各部门联合组建体育科普基地，整合优势资源，将提升体育科普基地科普内容的全面性，更利于体育科普。

强化各类型科普主体的引导性，针对科普对象开展需求式体育科普工作。现代公众体育科学知识大幅提高和科普主体自身局限性，决定体育科普基地的科普形式不再是单向填充。了解公众的科普需求，解答公众的疑惑，构建体育科普反馈机制将是我国体育科普工作的重要组成部分。不同的对象对体育科普的需求不同，例如年轻人可能对于如何提高自己的运动水平方面更感兴趣，而中老年人可能对体育促进健康方面的内容更感兴趣，等等。

（五）建立健全科普效果评估制度，强化体育科普“数据化”的制度与政策支撑

目前，我国注重科普后的社会效益评估，缺少对体育科普基地的评估。体育科普基地评估工作，涵盖体育科普单位研发设计阶段的备选方案与预期规模，还应涵盖建成运营后的经费与投入、维修改造方案、专职人员配置、管理方式与能力、内容形式等，并对科普效果、科普能力、科普形式等问题提出具体指标、数据。

通过评估可以更直观地了解大众对展品喜爱程度，明确展厅布置和内容设计的不足，获悉科普工作的缺陷和专职讲解员配置的不合理因素。群众参议，可以切实提高科普内容、形式、方法的趣味性、实用性和科学性，还有

助于体育科普基地环境、服务水平的分析和评价。在信息数据的支撑下，改善体育科普工作变得更加有迹可循。

（六）运用数字网络技术，建立统一的体育科普信息平台

整合全国各类体育科普基地信息数据库，并保持体育科普基地高度网络化和开放性，确保体育科普前沿动态及时、便捷、准确地传达给社会大众。目前，体育科普基地平台化建设，主要采取以下两种方式。

其一，多元主体协同打造体育科普平台。具有代表性的是“科普中国”的创立，它通过整合中国科协、研究机构、新闻媒体、行业部门及用户群体等主体，构建信息化的科普平台，取得了较好的效果。

其二，科普基地通过嵌入短视频平台，成为平台中体育科学知识的生产者和传播者，借助平台力量实现品牌传播和价值增加。短视频平台具有移动化、社交化、日常化等特点，时效性高、覆盖面广、传播力大、渗透性强等传播优势，配合大数据运行机制，更加精准地了解用户的体育科学知识需求，分析用户知识偏向和阅读习惯，提供形式多样化、内容个性化的知识服务，满足用户精神文化需求。

参考文献

[1] 李俊：《安阳市科学普及现状及改进对策研究》，郑州大学硕士学位论文，2020。

[2] 王燕华、乔鹏、徐伟杰等：《加强科普基地建设提升高校社会服务职能》，《实验室研究与探索》2020 年第 2 期。

[3] 张兆斌、董宏伟：《体育、体育科学及相关概念辨析》，《沈阳体育学院学报》2010 年第 5 期。

[4] 曹晔华：《新媒体环境下科技传播人才的素质模型建构与高校创新培养研究》，中国科学技术大学博士学位论文，2015。

[5] 朱星谕、赵宏、周国基等：《构建广州市科普基地认定和评估指标体系研究》，《科技管理研究》2020 年第 7 期。

[6] 陈套：《我国科普体系建设的政府规制与社会协同》，《科普研究》2015 年第 1 期。
[7] 梁宵、高晓波：《我国大型体育场馆科普教育功能实现中的政府应答》，载《第十一届全国体育科学大会论文摘要汇编》，2019。
[8] 刘海平、汪洪波：《“体医融合”促进全民健康的分析与思考》，《首都体育学院学报》2019 年第 5 期。
[9] 吕俊：《基于求职者视角的科普组织吸引力及其影响机制研究》，中国科学技术大学博士学位论文，2019。
[10] 胡俊平、钟琦、罗晖：《科普信息化的内涵、影响及测度》，《科普研究》2015 年第 1 期。
[11] 司楠：《新时期我国科普工作的对策研究》，郑州大学硕士学位论文，2011。
[12] 王大鹏、黄荣丽、陈玲：《科研与科普结合历史视角下我国科研人员科普能力建设思考》，《中国科学院院刊》2020 年第 11 期。
[13] 李婧、袁玮、许佳军：《科普基地标准研究初探》，《世界科学》2008 年第 7 期。
[14] 王兴胜、王孚：《高校自然博物馆科普能力的提升策略——以沈阳大学自然博物馆为例》，《沈阳大学学报》（社会科学版）2018 年第 6 期。
[15] 石璞、杨昕雨、邵春骁：《公共图书馆开展体育科普工作的实践与思考——以杭州图书馆运动主题分馆为例》，《体育学刊》2021 年第 5 期。
[16] 张军、刘艳：《浅析科普场馆展示形式、内容、手段的创新》，《科学大众》2008 年第 8 期。
[17] 李欢、蔡瑞林、张波：《微信息背景下江苏科普工作转型研究》，《科技管理研究》2018 年第 21 期。
[18] 彭国华、庞俊鹏：《新时代背景下中国农村公共体育服务发展的路径选择》，《武汉体育学院学报》2019 年第 2 期。
[19] 向燕：《政府投资型科普教育基地运行管理中存在的问题及对策研究》，华南理工大学硕士学位论文，2013。
[20] 刘伟凡、汤乐明、严俊：《北京市科普基地吸引力影响因素分析》，《科技管理研究》2020 年第 23 期。
[21] 顾建民主编《高校科普工作论》，中国人民大学出版社，2015。

科普教育研究

利用学会科普资源助推“双减”工作试点项目研究*

季 慧 卫 征 芦祎霖 蒋捷云**

摘 要： 为助力全国中小学生“双减”政策的落实、提升青少年科学素质，中国遥感应用协会利用学会科普资源制订了“3+1”模式的科普工作试点方案，通过开展普惠性的遥感科普讲座和参观考察活动，并推进优秀青少年测评选拔工作、加强面向中小学的校本课程创新研发、积极调动科技资源加强中小学科技教师培训等，以达到普及遥感科学知识、培养青少年创新能力的目的。该模式试点项目实施效果良好，具有推广应用价值。

关键词： “双减” 遥感 科普 青少年

一 概述

习近平总书记高度重视人才强国、教育强国战略实施，要求坚持面向世

* 该论文被评为2022年科普中国智库论坛暨第二十九届全国科普理论研讨会最佳论文。

** 季慧，中国遥感应用协会科学普及分会副秘书长；卫征，中国遥感应用协会秘书处秘书长；芦祎霖，中国遥感应用协会科技宣传部部长；蒋捷云，中国科学院空天信息创新研究院项目主管。

界科技前沿、面向经济主战场、面向国家重大需求、面向人民生命健康，加快建设世界重要人才中心和创新高地，如2022年10月16日在代表第十九届中央委员会向党的二十大做报告中，强调“实施科教兴国战略，强化现代化建设人才支撑”；在2021年5月28日召开的“科技三会”上，要求“加快建设科技强国，实现高水平科技自立自强”，“我国要实现高水平科技自立自强，归根结底要靠高水平创新人才”；在2016年召开的“科技三会”上，强调“科技创新、科学普及是实现创新发展的两翼，要把科学普及放在与科技创新同等重要的位置”。为贯彻习近平总书记系列重要指示，更好做强做优校内教育、健全学校教育质量服务体系，中共中央办公厅、国务院办公厅2021年7月发布《关于进一步减轻义务教育阶段学生作业负担和校外培训负担的意见》，教育部2021年下半年全面推进中小学全面落实“双减”（指减轻义务教育阶段学生作业负担和校外培训负担）工作；2021年12月教育部办公厅、中国科协办公厅发布《关于利用科普资源助推“双减”工作的通知》，要求“各省、自治区、直辖市教育厅（教委）、科协，新疆生产建设兵团教育局、科协，各全国学会、协会、研究会，相关高校科协，发挥科协系统资源优势，有效支持学校开展课后服务，提高学生科学素质，促进学生全面健康发展，教育部、中国科协决定充分利用科普资源助推‘双减’工作”。

“科研资源是科技资源的子集，是科研机构的核心资源。科研机构如何调动以科研资源为核心的科技资源，推进其科普化进程，在一定程度上影响着实施‘科技资源科普化工程’的总效率”。为积极响应“双减”政策，更好推动实施科技资源科普化助力工程，助力科技创新人才培养，中国遥感应用协会（以下简称“协会”）积极发挥遥感科技优势，着力为科学教育和青少年科学素质提升提供有力支撑。“遥感科学与技术”已被国务院学位委员会和教育部作为交叉一级学科，在2022年9月13日正式纳入《研究生教育学科专业目录（2022年）》，其集中了空间科学、空间技术、光学（包括光谱学）、电子信息、计算机、通信、地理学、地质学、农学、林学、气象学、海洋学、生物学、地球系统科学等众多学科和领域的成果与最新进展，具有多学科交叉、多领域渗透、多维度应用等特色，是当代高新技术的重要组成，正通过政务信息化、民生信息化等深刻改变着人类社会的生产与生活方式，并加速与各领域的主体业务深度融合，支持数字中国深化建设和数字经济创新发展。遥感科学与技术的校园科普具有学科性综合性强、与学校基础性学科联系紧密、应用性强、动手性强、户外户内结合等优势。

二　加强遥感科普顶层设计

为更好组织全国遥感各界和相关社会力量推进科普工作，协会 2021 年提出了“三个面向、两个结合、五个针对”的“十四五”科普工作发展思路，即面向创新驱动发展战略深入实施，面向全民科学素质提升和人才强国建设，面向遥感科技成果转化、数据应用推广与空间信息产业发展；紧密结合中国科协“科创中国”“科普中国”等重大部署和全国科普日、全国科技工作者日等重大活动，紧密结合国家航天局空间科学、空间技术、空间应用等重大部署和“中国航天日”等重大活动；针对政府部门人员，针对潜在参与者、投资者和消费者，针对新闻传媒人员，针对高等学校、职业院校与中小学校学生，针对外交外事人员，广泛而深入地开展科普工作。

协会“十三五”以来积极承担中国科协“科普中国”任务，成立了协会“科普中国”专家组。依托湖南省浏阳市科协和浏阳市第五中学，积极筹措社会资源，着力探索面向乡镇地区科普新模式，创建了浏阳艺术科技馆，2020 年 5 月 9 日正式运行并获批“湖南省科普示范基地”、“科普中国共建基地（2020~2021 年）”和“中国遥感应用协会科普基地”、“中国卫星导航定位协会科普基地”、“中国通信工业协会科普基地”等；2021 年下半年启动二期建设；邀请中国科学院王赤院士等专家开展 10 多场线下或线上科普讲座，并构建了 360 度全景数字展馆，对教学成效提升和社会宣传产生巨大影响。在此基础上，协会进一步向湘赣革命老区、欠发达地区拓展，如 2022 年 6 月在邵阳市设立了“中国遥感应用协会邵阳学会服务站”，并推动邵阳市在 2022 年 9 月成立了全国第一个地市级遥感社团邵阳市遥感应用学会等。协会积极配合“中国航天日”“全国科普日”等开展科普活动，如在国家航天局指导下，2019 年 4 月 23 日在长沙举办了遥感应用科普大讲堂；在中国科协指导下，2018 年 9 月 15 日 ~10 月 21 日在武汉大学万林艺术博物馆举行了“慧眼寰球”遥感科普交互展；在北京、天津、河北廊坊和唐山、山东济南、河南南阳、湖北武汉、湖南长沙、常德和郴州、广东深圳、广西柳州、云南昆明等地举行 10 多场航天暨遥感科普大型展览，观众人数累计超百万人次，并形成“航天梦嘉年华”等品牌；在海口、长沙、哈尔滨、成都、滁州、南昌、乌鲁木齐、德清、宁波、西安等地和河北省所有 13 个地市，组织举行了 20 多场大型教育培训或用户沟通交流活动，数千人次参加；在内蒙古呼和浩特、广东五华、山东临沂等地试点建设了一批主要展示航天、遥感乃至军工等方面成果的固定展馆。

协会也在“十三五”期间组织编撰出版了《感知地球——卫星遥感知识问答》，被科技部科技人才与科学普及司评为 2020 年度全国优秀科普作品；与江苏、湖南、江西、浙江、四川、辽宁、吉林、北京、陕西、山西、安徽、山东等 10 多个省（区、市）科协，长沙、邵阳、怀化、湘西、张家界、赣州、浏阳等市县级科协，以及武汉大学等高校科协广泛联系和调研，形成了《湘赣科普工作新时代高质量发展研究报告》等成果。

三 “3+1”模式的科普工作试点方案

为结合“双减”工作推动协会科普资源进校园，协会进一步创新提出了“3+1”模式，并积极开展实践验证，确保国家层面形成的遥感科技与技术成果能够有效、及时地惠及青少年学生乃至中小学教师。

（一）开展普惠性的遥感科普讲座和参观考察活动

协会策划开展各类专题或者综合性主题活动，通过科学互动实验体验、科普短片和多媒体展示、科普展厅等多种形式组织青少年参加综合科学研究实验室和野外台站的实地考察，系统全面地引导，拓展青少年学生科学研究视野，提升科学研究兴趣。青少年认知一般范围广、兴趣多，更倾向于和身边熟悉的事物关联认知，而科学研究是更关注聚焦在一个“问题点”上深入探究，如果一开始就让青少年接触一个很深入的“点”，缺乏基础知识和身边事物的关联，对学生来说就十分艰涩难解，很容易挫伤其学习科学的积极性。而以遥感为主线，兼顾多学科多领域，丰富多彩的各类主题活动就很好地解决了这个问题。协会充分利用广大会员单位的科技资源，如科技部遥感科学国家重点实验室、地面场站、院所厂房等，围绕遥感科技发展及应用主线，兼顾遥感与通信、导航天地一体化应用，设计特色科普线路，注重多学科交叉融合，开展互动性极强的科学考察活动。同时利用协会的院士专家团队和科普专家资源，多方开展遥感相关科普讲座。

1. 院士专家报告

协会依托“科普中国”专家组，积极组织“两院”院士和权威专家到中小学开展座谈交流活动，将专业领域的知识、重大成果结合当今时事热点为广大师生提供高质量的专题科普报告。截至 2022 年 11 月底，已完成 16 场专家报告，其中 6 场为院士领衔团队完成（见图 1、表 1）。

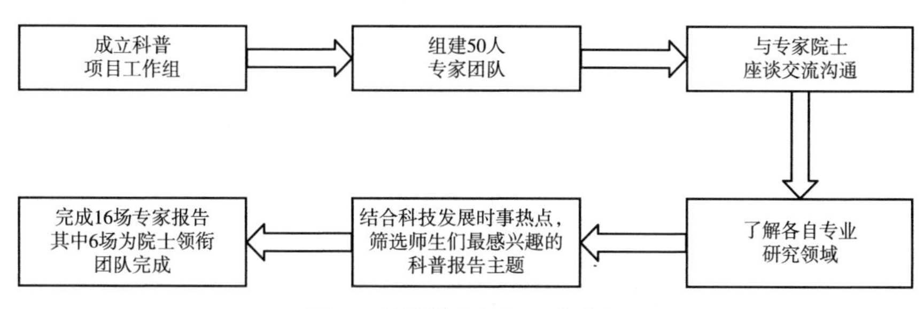

图 1　科普讲座组织工作流程

表 1　遥感科普报告一览

序号	专　　家	报告名称
1	中国科学院童庆禧院士	《和同学们谈遥感》
2	中国工程院周卫院士	《珍惜地球资源　共建美丽家园》
3	国际宇航科学院罗格院士	《遥感在水利领域的应用情况》

续表

序号	专　　家	报告名称
4	中国地质调查局西安地质调查中心科研专家	《寿比南山,南山究竟“寿”几何?》
5	中国地质调查局西安地质调查中心科研专家	《健康土壤什么样?》
6	童庆禧院士团队——中国科学院空天信息创新院遥感卫星应用国家工程实验室黄长平副研究员	《探秘天空之眼:遥感卫星》
7	中国科学院空天信息创新院遥感科学国家重点实验室张颢副主任	《天眼看世界——遥感的过去和现在》
8	郭华东院士团队——中国科学院空天信息创新院国际自然与文化遗产空间技术中心付碧宏研究员	《地球空间大数据助力世界名录遗产保护与可持续发展》
9	中国科学院卫星导航总体部副总工程师袁洪研究员	《北斗系统与北斗精神》
10	中国科学院空天信息创新院广州园区王天武研究员	《太赫兹技术——机遇与挑战》
11	中国科学院空天信息创新院广州园区王振友副研究员	《人工智能发展历程》
12	中国科学院上海技术物理研究所姚碧霂副研究员	《合而有间像乐高一样守序又灵活的磁性》
13	中国科学院空天信息创新院广州园区方广有研究员	《电磁波的发现与中西近代文明发展》
14	中国科学院上海技术物理研究所青年科学家成龙副研究员	《从温室气体到“双碳”转型》
15	国际宇航科学院院士中国科学院空天信息创新研究院顾行发研究员	《遥感科学与技术和空间信息应用》
16	中国航天科技国际交流中心周武研究员	《航天放飞中国梦》

2. 积极开展丰富多样的科普活动

如基于贝罗 SMCR 传播模式的理论框架设计遥感科普活动，从信息源（科研专家老师）、接受者（学生）、信息（遥感科学知识）和通道（科普传播媒介）4 个方面（见图 2），分析了遥感科普活动的特点，按照遥感科普活动设计七大原则，即理论性、科学性、趣味性、互动性、前沿性、拓展性和关联性（见图3），选择线上线下结合，组织学生到科研机构参观实践，邀请科研专家到学校做科普讲座，组织科普实验器材模型到学校展出，引导学生亲自操作实践等活动方式。

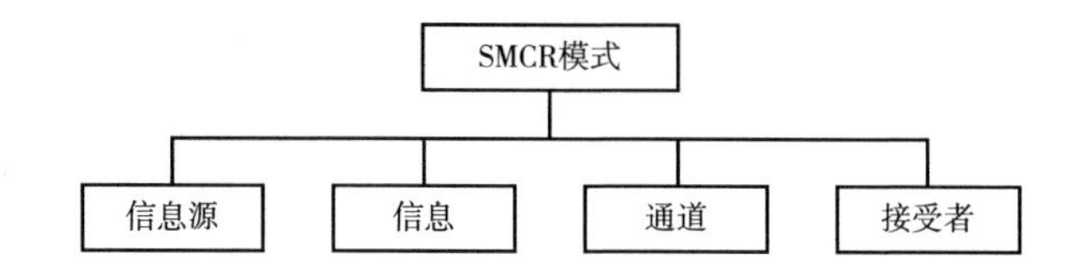

图2　基于贝罗 SMCR 传播模式的理论框架设计遥感科普活动

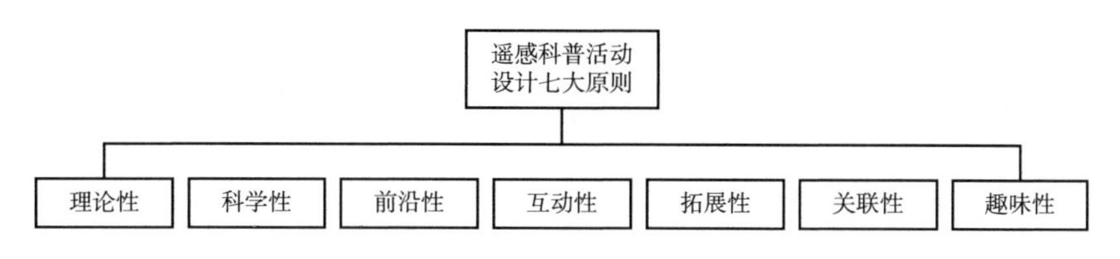

图3　遥感科普活动设计七大原则

协会科普团队根据前期调研结果，编写活动计划表，制定科普人员科普工作规划，培训25名科普工作人员，准备科普宣传资料，科普活动宣传品设计制作，科学模型，现场活动物料，实验室设备器材，联系各单位院所学校，沟通安排活动日程。组织了10场校园活动、院所开放日、航天日线上线下科普活动，覆盖中小学10所，受益青少年线下累计1000人次，线上累计7500人次（见表2）。

表2　协会开展遥感科普活动情况

序号	科普活动内容	图　片
1	昌平二中师生到空天院参加实践活动	

续表

序号	科普活动内容	图片
2	牛栏山一中学生到空天院参加空天科学实践活动	
3	北师大附中师生到空天院参加科普活动	
4	昌平一中师生参观遥感卫星应用国家工程实验室	
5	空天院广州园区科学家参加“广州院士专家校园行”科普活动,走进广州七中	
6	爱科学,向未来——上海技物所2022年公众科学日成功举办	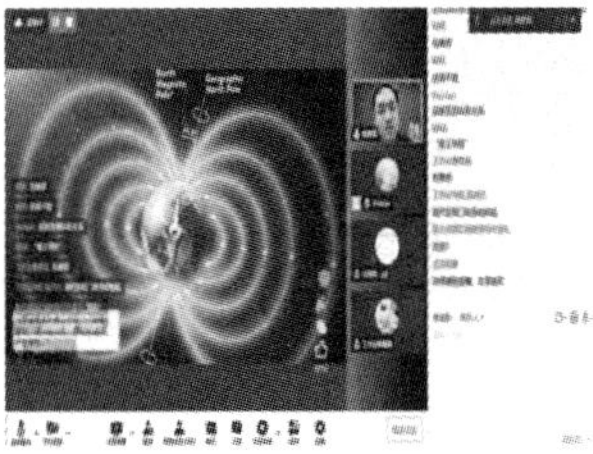

续表

序号	科普活动内容	图　片
7	西安地调中心开展“世界地球日”科普活动宣传科学走进西安碑林南门小学	
8	武汉大学实验室开放日：种下科学种子，点亮科技美梦，走进武汉大学第一附属小学	
9	广西钦州市第四中学，广西融水苗族自治县民族小学——广西中小学科学营走进空天院	
10	牛栏山一中和北京一零一中学学生参加科技节	

（二）推进优秀青少年科学测评选拔工作

立足科普工作，协会积极组织选拔优秀青少年学生进一步深入参加科技部遥感科学国家重点实验室等单位或机构开展的科学探究相关工作，如遥感科学实验的数据采集、数字地球展示平台与应用、可见与近红外光谱测量仪器及科学实验、叶绿素测量仪和科学实验、微波辐射实验展示、基于国产高分系列卫星影像的野外作业、商业遥感卫星应用设备实验、虚拟现实实验、地质地球深部地磁探测实验、地理水文降雨模拟实验等，形成一套完整成熟的青少年科技人才早期培养方案和实践运作机制，及时发现并稳妥培养优秀的青少年科技人才。同时，协会也注重培养国家相关科研机构的科学家与青少年学生的沟通交流能力，并努力增强广大遥感科技工作者主动运用科学知识软实力服务青少年科普工作的公益意识。

尤其是利用科技部遥感科学国家重点实验室等单位提供的科学探究学习项目，通过导师学生双向选择，并实行多导师指导制，组建了4个国家重点实验室科学探究小组，培养学生12名，学生提交研究报告4篇，顺利完成了公开答辩。如促进参与项目的学生更好认知光的偏振特性、电磁波与不同地物的作用机理、观测仪器的使用方法、卫星遥感的数据获取方法及处理、解译、分析技术等。所有参与学生均表示通过精心组织的遥感科学探究和相应的科研实践活动，在掌握大量科技知识的同时，还更好地培养了科学思维方式、科学探知方法和团队协同意识。

“当科学家是无数中国孩子的梦想，我们要让科技工作成为富有吸引力的工作、成为孩子们尊崇向往的职业”，习近平总书记的这段讲话，表达了对青少年的殷切希望。开展科技人才早期培养工作，是国家未来科技竞争力的关键所在。通过上述的理论研究与实践工作，为有浓厚科技兴趣、远大科研志向和良好可塑性的中学生，创造了良好的机会走进国家和国际级的遥感科学国家重点实验室，并和国内外知名科学家一起研究讨论、实验探索，很好锻炼了学生的文献阅读、实验实践、分析归纳、协作配合、论文写作等五大能力。科学探究实验项目设计得简单有趣并贴合实际生活，进一步激发了学生们对参与遥感科学与技术发展的热情，形成了强大的自学驱动力，如为了更好分析数据，有学生自学C++、python等编程语言，研制了功能优异、运行良好的软件工具并申请到专利。国家级科研机构优越的软硬件条件和大批卓越科学家的钻研精神、渊博知识、专业态度等也激发了学生的创新激情，如有学生基于实验成果形成了研究遥感科学与技术相关应用的优秀论文等（见图4、表3）。

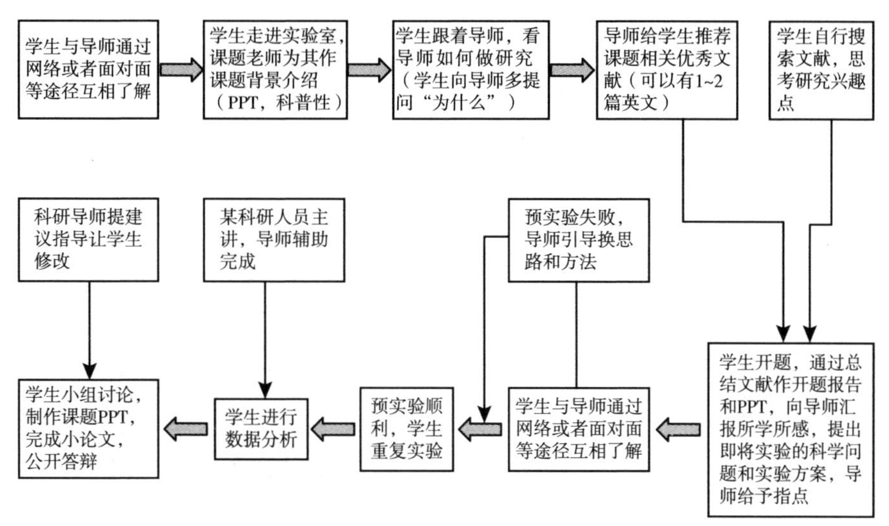

图 4　实验室科学探究学习流程

表 3　科技部遥感科学国家重点实验室科学探究项目

序号	参与国家重点实验室科学探究内容	图　片
1	天空光偏振特性初探项目培养方案	 
2	多源卫星遥感数据获取、处理及应用示范	

续表

序号	参与国家重点实验室科学探究内容	图　片
3	多时相遥感数据对城市水源的监测——以十三陵水库为例	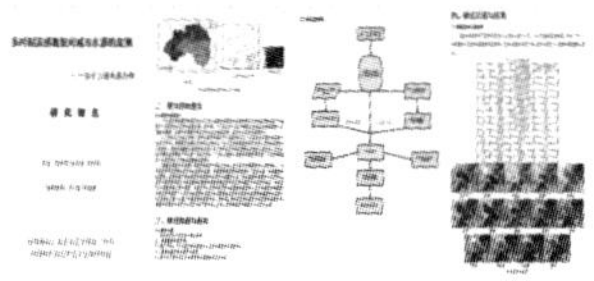 
4	基于Landsat8卫星影像的北京市城市热岛分布及影响因素研究	

（三）加强面向中小学的校本课程创新研发

近20年来，美国、英国、德国、日本等发达国家早已将遥感科学与技术应用到地理和其他学科的教育教学中，而我国面向中小学推进遥感相关教育教学的研究还颇有不足。“总体上来看，经济越发达的国家，其地理信息技术在中学地理教学中的应用就越早，相关研究成果也越丰富。”协会通过系统设计、创新研发遥感服务地球表层系统科学的系列校本课程，利用在校建设的高端科学探索实验室，组织开展科学文化交流沙龙或者互动课程，在青少年的成长教育中普及前沿科学，在前沿科学的教育中启发青少年灵感与热情，使教育与科学紧密结合、日常教育与科学普及有机融合，从而为大规模有效培养青少年群体提供了有益支撑。尤其是围绕“开拓空间视野，了解遥感科技，放眼人类世界，共建美好家园”核心主题，按照从科研到科普、科普到科教、科教到课程的三阶转化模型（见图5、表4），积极组织研制面向青少年的“遥感科学与技术系列科学课程”资源。

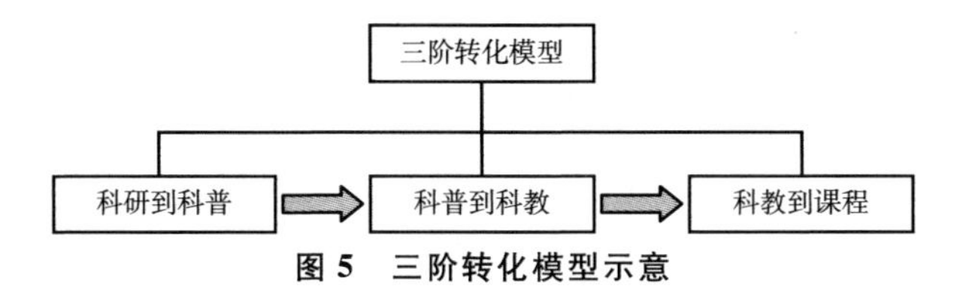

图5　三阶转化模型示意

表4　三阶转化难点及解决方案

科研到科普		科普到科教		科教到课程	
转化难点	解决方案	转化难点	解决方案	转化难点	解决方案
1. 遥感科研团队参与科普工作的模式缺乏系统性	借鉴优秀科普案例成果结合遥感科普工作的特点，总结出适合遥感学科的在中小学科普转化模式和方案给科研团队参考	1. 遥感科教形式单一	丰富科普活动形式，充分运用线上线下活动，及新媒体的科教形式	1. 遥感可应用案例、课程案例设计缺乏	组织科研科普专家进行遥感科学探究校本课程设计
2. 科研理论转化为科普知识如何与学生兴趣点结合	事前做好调研和案头工作，科普传播案例结合时事热点，和学校学科知识有结合点，有故事性，有启发性，比较容易引起学生兴趣	2. 遥感科教意识不足	增加科教活动广度，让群众了解遥感的作用	2. 教学中遥感应用研究深度不够	科研科普专家可在校本课程设计中，结合学生的知识结构和层次，加入一些多学科交叉的拓展性、启发性的遥感应用理论知识，同时还可以应用遥感软件来进行案例教学和实践探究
3. 科研向科普转化平台少，激励机制不完善	以“双减”为契机，为科研团队拓展科普转化平台，提高科普渠道，提高媒体曝光率，完善科普激励机制，调动科研专家的科普积极性	3. 遥感科普知识如何与学科教育相融合	遥感技术应用案例可以应用到生物、物理、地理等课程教学开发中，例如，遥感图像可以形象直观化地展示地理现象和规律，可以用作先进的教学用具来加强地理学、光学知识在遥感领域的应用，可以在物理课程中作为启发性案例	3. 一线教师对遥感应用案例教学经验不足	1. 加强教师培训，增加教师与科研院所、科研专家交流机会 2. 研究科研科普专家参与教学的方案 3. 编制系统的课程教学方案，指导教师教学

协会成立科普项目工作组，深入北师大附中、北京中学、兴华中学、牛栏山一中等10余所学校开展需求调研工作，与师生开展座谈，组织填写了300余份调查问卷，了解老师和同学们的科技知识需求兴趣，组建课程研发团队，编写课程内容计划表，结合疫情防控要求，准备线上线下课程应急预案。编写科学课程方案5份，完成2项科学课程教学，实施授课4课时，2021年11月至2022年6月累计共实施16小时课程（见表5）。

表5　科学探索实验室校本课程

序号	课程内容	图　片
1	牛栏山一中智能实验室航天遥感课程	
2	牛栏山一中物联网实验室课程——基于Arduino单片机的土壤状态监测系统	

（四）积极调动科技资源加强中小学科技教师培训

开展对中小学科技教师的遥感技术等培训，提升科技教师的地球科学理念，丰富其科学知识，促进中小学科技教育机制转换创新。一个优秀的科技教师可以影响数十上百名学生，所以针对理科科技教师开展遥感、电子、地理信息等培训，使其了解前沿科技发展的方向，提升科教技能，对于发掘培养具备科学家潜质的青少年群体意义重大。协会组织了中小学科学教师到中国科学院空天信息创新研究院、地理科学与资源研究所等多个科研院所的国家重点实验室参观学习和参加科学实践，累计参观6个科研院所，培训教师300人次（见表6）。

表6　中小学科技教师培训活动

序号	活动内容	图　片
1	昌平区中小学教师到中科院空天院遥感卫星应用国家工程实验室参加培训	
2	昌平区中小学教师到中科院地理所参加培训	
3	顺义区高中生物教师实验高级培训班	

四　效果评价

面向全民素质提升和教育现代化建设要求，在习近平新时代中国特色社会主义思想指导下，秉持科学发展观，以“开拓空间视野、了解遥感科技，放眼人类世界、共建美好家园”为宗旨，聚焦人类可持续发展、绿色减碳发展和我国第二个百年目标顺利实现，以专家讲座、校园遥感科技节、科普课程研发、教具研制等方式生动地向中小学生普及遥感科技及其在自然资源、生态环境、气候变化、粮食安全、能源安全、防灾减灾等领域的应用知识。尤其是通过协会邀请权威专家进行生动有趣的讲解和组织丰富多彩的实践活动，培养青少年对于遥感科学技术的认知，普及绿色智能时代发展勇于创新的理念。

为持续开展各类遥感科普活动奠定基础，在内容和方式上不断创新方式方法，形成大科普工作新常态。为提高国家公众科学素养，青少年了解科学、热爱科学、投身科学的科技人才早期培养，一线前沿科技资源科普化和科普资源有效利用，机制体制合作模式和资源融合共享方面创新创造更大的社会效益。本项目完成的科普顶层设计活动方案、科学课程、科普教具、展品和科普品牌为学会相关研究所等会员单位、项目主持单位、相应专家等共有。

一是完成16场专家报告，其中6场为院士领衔团队完成。组织了10场校园活动、院所开放日、航天日线上线下科普活动，覆盖中小学10所，受益青少年线下累计1000人次，线上累计7500人次。

二是组建了4个国家重点实验室科学探究小组，培养学生12名，学生提交研究报告4篇，顺利完成了公开答辩。

三是围绕“开拓空间视野、了解遥感科技，放眼人类世界、共建美好家园”核心主题，研制面向青少年的“遥感科学与技术系列科学课程”。编写科学课程方案5份，完成2项科学课程教学，实施授课4课时，2021年11月至2022年6月累计共实施16小时课程。

四是组织中小学科学教师到 6 个科研院所的国家重点实验室参观学习和参加科学实践，累计培训教师 300 人次。

开展带有普惠性质的各类科普讲座和活动，拓展青少年科学视野。策划开展各类专题或者综合的主题活动，通过多种形式组织青少年参加综合科学研究实验室和野外台站的实地考察，系统全面地引导和拓展青少年学生科学研究视野，提升科学研究兴趣。通过科学测评选拔出部分优秀青少年参与国家重点实验室科学探究学习，同时培养国家重点实验室科研人员与青少年学生进行交流的能力，增强用科学知识软实力服务青少年科普工作的公益意识。

中国科学院空天信息创新研究院、科技部遥感科学国家重点实验室等学会单位支撑中学科学探索实验室校本课程研发，通过设计研发地球遥感科学系列校本课程，在前沿科学教育中启发青少年科学灵感以培养有大批科学家潜质的青少年群体。

结　语

协会在中国科协“十四五”科普工作顶层设计指导下，利用我国遥感领域的广大科普资源，形成了“3+1”模式的科普工作试点方案，通过开展遥感科普讲座，参观活动，选拔学生进入国家重点实验室参与科学创新课题，开展科学探索实验室校本课程、科技教师培训等方式，助力“双减”，普及了遥感科学知识，培养了青少年创新能力和科学思维。该科普工作试点模式，从广度来看，遥感科普形式多样，参与科普的科研专家众多，惠及全国近万名师生，从深度来说，调动了院士团队和国家重点实验室的高端科研资源，不仅有通俗易懂的遥感知识普及，还有深入的科学实验探究过程，同时科技教师培训和遥感校本课程的研发也使遥感科普助力“双减”形成一个可持续性的长效机制。在科普工作过程中总结出来的遥感科普活动设计七大原则，地球遥感科学系列校本课程研发的三阶转化模型，也为今后利用科普资源助力“双减”工作提供了一些参考，“3+1”模式的科普工作试点方案取得了良好的效果，值得推广。

参考文献

[1]《高举中国特色社会主义伟大旗帜　为全面建设社会主义现代化国家而团结奋斗》，新华社，2022年10月16日。

[2]《加快建设科技强国　实现高水平科技自立自强》，《求是》2022年第9期。

[3]《全国科技创新大会　两院院士大会　中国科协第九次全国代表大会在京召开》，《人民日报》2016年5月31日，第1版。

[4] 教育部办公厅：《中国科协办公厅关于利用科普资源助推“双减”工作的通知》（教基厅函〔2021〕45号），2021年12月2日。

[5] 敖妮花：《科研机构推动科技资源科普化的思考》，《科普研究》2022年第3期。

[6] 国务院学位委员会、教育部：《关于印发〈研究生教育学科专业目录（2022年）〉〈研究生教育学科专业目录管理办法〉的通知》（学位〔2022〕15号），2022年9月13日。

[7] 钟科平：《让科技工作成为被尊崇向往的职业》，《科学导报》2018年第38期。

[8] 刘忠林：《地理信息技术在中学地理教学中的应用研究》，东北师范大学硕士学位论文，2011。

[9] 王娅静：《遥感在中学地理教学中应用研究综述》，《科技风》2021年3月。

“双减”背景下，利用创客教育赋能学生成长的探索与思考*

——以河南省科技馆新馆青少年创新教育区为例

张　晔**

摘　要： 2021年7月，中共中央办公厅、国务院办公厅印发了《关于进一步减轻义务教育阶段学生作业负担和校外培训负担的意见》，引起社会高度关注。河南省科技馆新馆青少年创新教育区正是在此背景下应运而生。河南省科技馆新馆青少年创新教育区以创客教育为核心，主要面向4~18岁青少年，以培养青少年成为科技创新明日之星为使命，培养青少年多视角、跨学科解决问题的综合能力，旨在打造青少年创新教育新生态，为填补“双减”政策下学生的课后空白提供了一个优质的新选择。

关键词： “双减”　青少年创新教育区　创客教育

---

* 该论文被评为2022年科普中国智库论坛暨第二十九届全国科普理论研讨会优秀论文。

** 张晔，河南省科学技术馆助理工程师。

2021年7月，中共中央办公厅、国务院办公厅印发了《关于进一步减轻义务教育阶段学生作业负担和校外培训负担的意见》（以下简称“双减”），引起社会高度关注。“双减”工作是党中央站在实现中华民族伟大复兴的战略高度和政治高度做出的重要决策部署，是构建教育良好生态，促进学生全面发展、健康成长的国之大计。

河南省科技馆新馆青少年创新教育区正是在此背景下应运而生，青少年创新教育区位于场馆主体建筑一层夹层，以创客教育为核心，主要面向4~18岁青少年，以培养青少年成为科技创新明日之星为使命，培养青少年多视角、跨学科解决问题的综合能力。河南省科技馆2187平方米的青少年创新教育区配合净布展面积2918平方米的“创享空间”展厅，建成后将是国内外最大规模、最为先进的青少年创新教育、创客教育综合实践基地之一。笔者作为河南省科技馆新馆展览教育部工作人员，深度参与了青少年创新教育区的规划建设过程，截至2022年10月，青少年创新教育区已基本完成课程及活动开发工作，正在准备试压运行，本文将以河南省科技馆青少年创新教育区为例，分享我馆利用创客教育助力“双减”落地，赋能学生成长的思考与实践。

一 “双减”背景下，开展创客教育的重要性

“双减”政策是一次针对义务教育阶段积弊甚深问题做出的系统性纠偏，它的根本要义就是使教育回归育人初心，尊重和关爱学生的生命本性，培育学生丰富多彩的社会属性与个性，促进学生的全面可持续发展。“双减”在切实为孩子减轻负担的同时，也对教培行业的发展带来了深刻影响。政策驱动下，素质教育、回归教育初心势在必行，素质教育成为热点。创造性能力、自学能力、终身学习能力、审美观念与能力等方面成为教育重点。并且新一轮全球科技和产业革命来临，社会对综合型创新人才的需求大幅增加，素质教育是综合型人才培育的重要组成部分，也是中国打造科创强国的未来人才必不可少的培养要素，而这些恰恰与创客教育的初衷一致。

创客教育是融合了体验教育、项目学习法、创新教育、DIY 理念，以信息技术的融合为内核的一种教育形式。创客教育是以项目式学习的探究体验过程为导向，致力于在开放创新、实践共享的理念指导下，培养创新人才的新型教学模式，其最终目标是培养学生的创新能力、形成创客文化。与应试教育相反，创客教育注重孩子学习的过程，而不单把注意力放在结果上。创客教育强调学生运用所学知识，通过实践体验，增强探索精神和创新意识。众所周知，孩子天生就有好奇心和探索精神，他们每天都有十万个为什么，热衷于探索未知的事物。创客教育，就是为孩子提供全新的学习模式，让孩子在探索中成长，在玩乐中学习，从而让孩子成为更好的自己。

在此背景下，各个科普场馆都立足“科普为民、科普惠民”的初心和使命，进行了创客教育的有益探索和实践。河南省科技馆也积极顺应新时期科普工作的新需求，从新馆规划建设之初，就牢牢把握政策红利，始终将“国际一流、国内领先”作为建馆目标，按照现代科技馆体系发展“十四五”规划要求，不断深化科普资源供给侧改革，着力打造了青少年创新教育区，旨在推进创客教育在中原大地落地开花。

二　青少年创新教育区在开展创客教育，赋能学生成长方面的四大特色

（一）特色一：不同展教资源梦幻联动，打造国内外最大规模的创客教育综合实践基地

“双减”政策让学校教育传统育人模式面临了新的挑战，对科技馆及其他科普类场馆发挥社会教育主阵地作用提出了新的要求。2021 年 9 月，国务院印发《中国儿童发展纲要（2021—2030 年）》，提出“加强社会协同，注重利用科技馆、儿童中心、青少年宫、博物馆等校外场所开展校外科学学习和实践活动”；2021 年 11 月教育部办公厅、中国科协办公厅印发《关于利用科普资源助推“双减”工作的通知》，提出“发挥科协系统资源

优势，有效支持学校开展课后服务，提高学生科学素质，促进学生全面健康发展”；2022 年 3 月，教育部印发《义务教育课程方案和课程标准（2022 年版）》，其中义务教育科学课程标准（2022 年版）要求“要发挥各类科技馆、博物馆、天文馆等科普场馆和高等院校、科研院所、科技园、高新技术企业等机构的作用，把校外学习与校内学习结合起来”……

面对“双减”背景下开展科普教育的新形势、新要求，河南省科技馆主动作为，整合自身丰富的展教资源，为学生打造了一个动手动脑、创新创造的创客教育新平台。

河南省科技馆新馆设置了“宇宙天文”“动物家园”“童梦乐园”“创享空间”“探索发现”“智慧人类”“交通天地”“人工智能”八个常设展厅。八个常设展厅中都设有教育专区，用来开展科普剧、科学秀等科学教育活动，并且都设计了与展厅展品相结合的科学教育活动。青少年创新教育区作为展厅教育专区的有益补充，在课程设置、活动形式、运营方式等方面与各个展厅的教育专区有所区别又互为补充。

青少年创新教育区位于科技馆主体建筑一层夹层东翼，规划面积 2187 平方米，设置有主题课室区，主题活动、比赛区以及创意走廊区。主题课室区共设置了 12 间不同主题的教室。虽然其在物理空间上是独立的，但是它的课程内容涵盖了天文、自然、文创、艺术、科技、编程、电子、人工智能、SDGs 等多学科知识。这些课程内容与八个常设展厅的主题是对应的，是它们的有益延伸和补充（见图 1）。

河南省科技馆八个常设展厅之一的创享空间展厅是目前全国最大的以创客教育为主题的展厅，青少年创新教育区与创享空间展厅又如何区分定位？

河南省科技馆将青少年创新教育区作为创享空间展厅的体验延展。创享空间展厅的运营时间与展馆运营时间一致，基本上是早上 9 点到下午 5 点，教育课程以单次体验为主，课程多为短期课程，面对的对象主要是学校群体和家庭团体，目标是探索启发；而青少年创新教育区在闭馆后仍可对外开放，课程以中长期课程为主，学期为半年期或一年期，采用项目制学习方

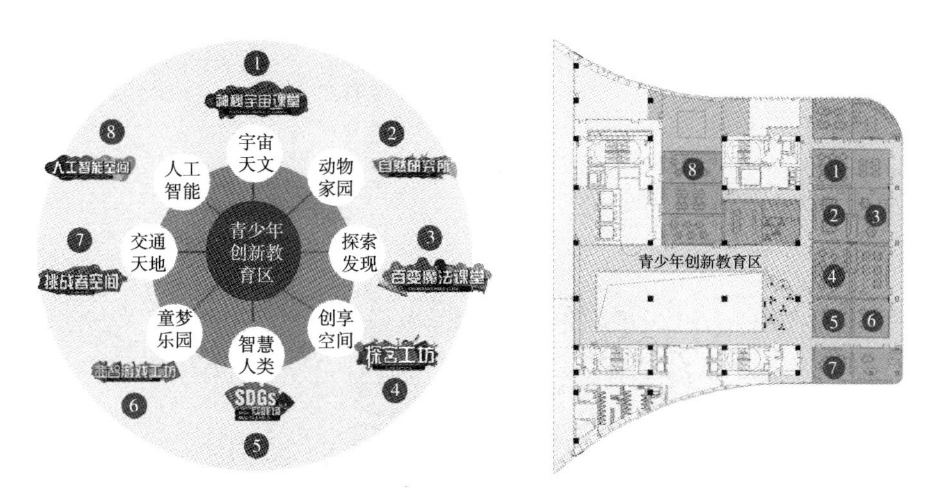

图1　青少年创新教育区教室主题与八大常设展厅主题的对应关系

式，面对的对象主要是寻求专业发展的教师、学生个体及学校群体，目标是系统提升。2187平方米的青少年创新教育区配合净布展面积2918平方米的“创享空间”展厅，建成后将是国内外最大规模、最为先进的青少年创新教育、创客教育综合实践基地之一。

如此，河南省科技馆让馆内丰富的展教资源实现梦幻联动，打造国内外最大规模的创客教育综合实践基地。希望从繁重课业负担和校外培训负担中解放出来的孩子们在这里可以尽情释放他们的创新激情，畅快交流他们的奇思妙想，自由展现他们的发明创造，真正收获快乐、启迪智慧，并且让创新教育区持续为创享空间及其他空间进行展品开发，孩子们不仅仅是受益者，而且可以成为开发者、创造者（见图2）。

（二）特色二：开展项目化学习，让学生处于学习的主体地位

项目式学习英文全称是Project-based Learning，简称PBL，是当前创客教育中最热门的一种教学模式。项目化学习是西方广泛应用的教学方式，是在老师的指导下，以学生为主体，以项目为主线的教与学的方式，其在实践

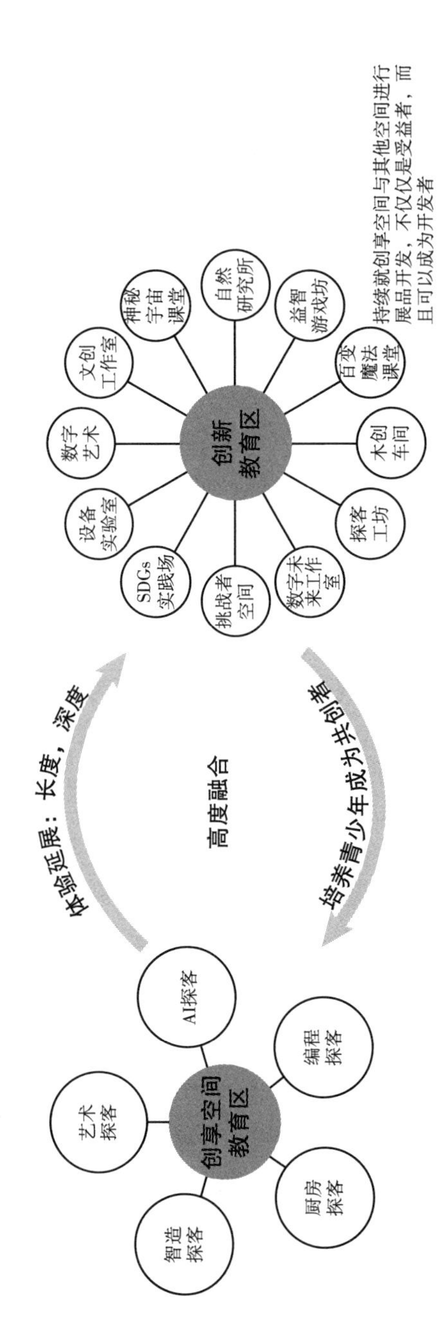

图 2　青少年创新教育区与创享空间展厅的关系

中可以被分解为以下五个阶段：设定目标、确定计划、有序实施、项目评估和反馈提高。

开展项目化学习的创客教育是一种未来教育的趋势，是与“双减”背景下国家倡导的培养学生核心素养相一致的课程方法。与传统教学相比，项目式学习具有以下优势。

1. 学生参与度高，学习主动性强

河南省科技馆在青少年创新教育区规划之初，就在课程设计、空间规划方面注重以学生为主体，激发他们的学习兴趣。利用创新教育区的座椅、墙体等公共空间打造了很多作品展示区，让学生有机会将自己在课堂上的作品或者发明创造进行展示。还有意识主动结合中小学生全国性竞赛名单来设计教育活动，比如以“全国青少年人工智能创新挑战赛”“世界机器人大会青少年电子信息智能创新大赛”“少年硅谷——全国青少年人工智能教育成果展示大赛”“明天小小科学家”奖励活动，“全国青少年无人机大赛”等赛事活动为指引，规划了“智能编程”“机器人搭建”主题教室，并设计有比赛对战区域，让学生们可以随时测试作品，模拟对战，从发展的角度审视学生的能力发展，宣传学生的学习内容和效果。

2. 锻炼学生高阶思维，有助于他们解决现实问题

项目式学习的核心是解决问题，学生需要构思方案，不断探究验证，获取最佳的解决方案。判断、评价、分析推理这些高阶思维能力，在项目式学习过程中得到充分的锻炼。科技馆在创新教育区开辟了一间“研发工作室”主题的教室，以项目化学习为主，让学生观察并尝试解决生活中的问题。比如科技馆设计了系列课程“气候变化与我们的生活”：前 2 节课程带领学生研究气候变化的成因及影响，通过画思维导图、制作海报等方式让学生有机串联起大气循环、水循环、生态系统等知识，并为气候问题设计探究项目和流程，来验证自己的猜想；接着设计了 4 节课引导学生从日常生活衣食住行等细微处切入，探究气候问题与我们日常生活的关系，学生会发现小小一杯牛奶，简单一块布料，背后也涉及碳排放，从而启迪学生从日常生活中的小事着手，做“家庭锁碳者”，做“绿色出行者”；最后，引导学生进一步发

挥想象力和创造力来设计未来的生活，学生们会利用前面所学知识，再结合自己的奇思妙想，设计出未来新能源节约型学校，动手设计并制作自来水净水器，发挥主观能动性运用知识解决问题。项目式学习让学生体验的是决策者角色，为以后的学习、工作、生活奠定基础的推理逻辑，并能够推理论证，使自己遇到任何问题都不会盲从，始终保持独立思考的清醒头脑。

此外，科技馆还规划了“SDGs 实践场”主题教室，以联合国的 17 项可持续发展目标为核心内容进行设计，鼓励学生参与到解决现实问题的行动中去。相关试验研究发现，学生们也普遍乐于付出时间精力来解决项目中的具体问题，高质量的项目式学习对学生的学习成效发挥了正向的激励作用。

3. 有助于培养学生的团队协作和沟通能力

未来社会的精英必须具备的核心竞争力之一就是团队协作和沟通能力，由于个体能力的有限性，每一个个体都无法掌握所有的学科知识，必须在知识的“博”与“精”之间取舍，此时交流与协作就变得格外重要。沟通协作能力在项目式学习中就有充分的锻炼机会。传统教学以老师的单方面灌输为主或者严重依赖教材，学到的知识无法流动，无法活学活用。科技馆在课程设计中，小组成员间的团队协作贯穿始终，每个人都需要进行多次有效沟通，表达自己的观点，合理分工，以达到最终的成果呈现。在评价环节，设计了作品的展示、书面或口头的总结报告等内容，更有助于学生锻炼口头表达能力和书面表达能力。

时代在变，教育教学方式也要变，这样才能跟上社会的步伐，更好地为社会培养优秀人才。

（三）特色三：引进国际顶级课程，助力河南的青少年走向世界

为了培养青少年的国际视野，河南省科技馆首创了世界联合创新开发机制，与世界探客教育联盟成员中权威、顶级的 23 个科技馆（教育机构）及 97 位探客开发者教育者联合开发课程。合作单位包括美国旧金山探索馆、美国硅谷创新馆、加拿大安大略科学中心、意大利达芬奇科技馆等世界知名科普教育机构。

在课程设计标准方面，河南省科技馆秉承“洋为中用，自主创新”的原则，参照了我国小学及初中教育标准，又结合美国下一代科学教育标准，以有利于培养孩子们的国际视野，助力河南的青少年走向世界（见图 3）。

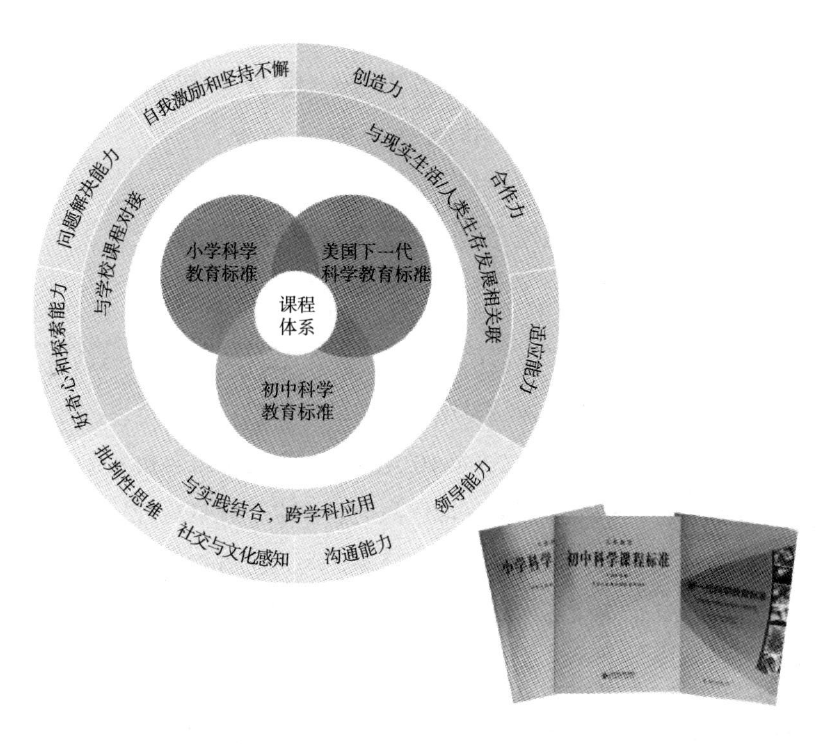

图 3　青少年创新教育区课程设计参照标准

（四）特色四：巧妙融入河南元素，让优质本土文化浸润学生的心灵

河南是中华文明的核心发源地，文化底蕴深厚，科技馆在设计课程时就注重文化与科技的融合，在课程中巧妙融入河南元素，凸显本土特色。以青少年创新教育区“文创工作室”教室的长期课程——陶瓷诞生记为例，课程串联小学二年级下册科学课程“从自然世界到人工世界”，课程设计让孩子们通过陶土等材料进行捏造，并进行不同时间的烘烤，以此来了解材料在高温下的形态变化。在此基础上，在课程内容中还介绍了河南闻名中外的

“官、汝、钧”三大名窑系，包括出现的历史时间、各自特点及代表作品，让孩子们进行赏析，弘扬本土文化，让优秀的传统文化和本土文化滋润孩子们的心灵。

三　展望未来，不懈追求——青少年创新教育区可持续发展的思考

（一）规范运行，总结经验，打造创客教育行业标杆

2022 年 3 月，教育部、国家发展改革委和国家市场监管总局发布了《关于规范非学科类校外培训的公告》，就非学科类校外培训的资金管理、合同管理、资质条件、场地、设施、消防等方面进行了规范，各地也及时出台了相关细则落实。截至 2022 年 10 月，河南省还未出台相关细则，但青少年创新教育区将严格按照国家三部门的公告要求，规范运行，先行先试，以打造行业标杆为目标，不断摸索总结经验，为河南省相关运行规范的出台积累经验，以提升学生核心素养为己任，真正让创客教育成为学校教育的有益补充。

（二）主动作为，长远规划，建立双向奔赴的“馆校结合”长效机制

下一步，配合“双减”政策，河南省科技馆将主动作为，优化服务供给，加强与教育主管部门、中小学校合作，借助于河南省科技馆丰富的展品资源和青少年创新教育区优质的课程资源，打造中小学科学教育实践基地，通过“走出去”和“请进来”两种方式，建立“馆校结合”长效机制。

青少年创新教育区团队将带着优质创客课程及活动内容走进学校，承担兴趣类课后服务活动，也将邀请部分科学教师走进科技馆，开展“科技馆里的科学课”等活动，并提供教师培训等机会，加强馆校合作，实现双向奔赴，紧密合作，共同助力学生健康、快乐成长。

（三）多点开花，塑造品牌，不断丰富创客教育的形式

青少年创新教育区想要实现可持续发展，必须不断丰富服务内容与形式，未来河南省科技馆将规划特色活动、主题课程、系列展演、文创衍生四大经营板块，多点开花，塑造品牌。借助河南省科技馆毗邻象湖的优势地理位置，打造“象湖生态日”等特色研学活动，在课程设计和活动设计中，不断突出河南特色和河南省科技馆自身特色，打造独一无二的品牌。与学校、企业、媒体等其他社会力量共同开发、营销，实现资源和优势互补、提升品牌影响力。

参考文献

[1] 祝智庭、孙妍妍：《创客教育：信息技术使能的创新教育实践场》，《中国电化教育》2015 年第 1 期。

[2] 赵呈领、申静洁等：《一种整合创客和 STEM 的教学模型建构研究》，《电化教育研究》2018 年第 9 期。

[3] 王佑镁、郭静：《设计思维：促进 STEM 教育与创客教育的深度融合》，《电化教育研究》2019 年第 3 期。

[4] 卢小花：《项目式学习的特征与实施路径》，《教育理论与实践》2020 年第 8 期。

[5] 赵慧勤、王兆雪、张天云：《面向智能时代“4C 能力”培养的创客课程设计与开发：基于 STEAM 理念的实施路径》，《远程教育杂志》2019 年第 1 期。

[6] 王乐乐：《“双减”政策为科普带来新机遇和挑战——以江苏科技馆创客教育为例》，《科学教育与博物馆》2022 年第 3 期。

[7] 王小明：《深化科普资源供给侧改革，构建高质量、高效能的现代科技馆》，《自然科学博物馆研究》2022 年第 1 期。

“双减”背景下科普教育活动的思考与探索

陈建龙*

摘　要： “双减”政策颁布的目的是通过加强学校教育，提高课堂教学质量，优化作业布置，减轻学生的学习负担、增加课余自由时间，提高学生课外教育活动的质量，达到提升学生的综合素质和科学素养，构建素质教育良好生态的目的。本文通过拓展科普教育活动场所、丰富科普教育活动的形式、提升科普教育活动特色、提高科普教育活动质量、研发科普教育活动品牌等方面的探索，思考在“双减”背景下，如何通过提升科普教育资源服务能力，多渠道、多形式地开展科普教育活动，助力“双减”政策实施，为学生提供高质量的科普教育服务，引导学生主动学习、主动探究，从而提升学生整体科学素养，夯实科技强国之基。

关键词： 科学教育　“双减”　科普活动　科学素养

长期以来，在升学压力下，为了考出好成绩，学生只会闷头读书，

* 陈建龙，广州市科学技术发展中心（广州青少年科技馆）科普辅导员，助理馆员。

学习轨迹只有学校上课和回家做作业，课余休息时间到校外培训也成为常态，很多人整天只与课本、作业、考试打交道，不仅缺乏自主支配的时间，休息与体育锻炼的时间更被大幅度压减，学校由于升学压力，往往重教书，而轻育人，素质教育的推进举步维艰。学生学业负担过重是中国中小学教育面临的突出问题之一，减轻学业负担、提高教学质量，推行素质教育成为推动中国教育改革的重要课题。2021 年 11 月，中共中央办公厅、国务院办公厅印发的《关于进一步减轻义务教育阶段学生作业负担和校外培训负担的意见》（以下简称“双减”），明确提出加大教育改革力度，推动学校教学质量和教书育人水平进一步提升，作业布置更加科学合理，通过统筹校内校外教育资源，统筹课内课后两个时段，对学校教育教学安排进行整体规划，全面系统打造学校素质教育、教书育人生态环境，有效减轻义务教育阶段学生过重的作业负担和校外培训负担。

一 “双减”背景下校外科普教育的前景

“双减”政策的颁布，学校教育教学的改革，作业总量和时长的全面压减，校外学科培训热度逐步降温，这些变化不仅进一步对学校教育教学质量的提升有了更高要求，也让学生有更多自主支配时间去选择自己喜爱的活动。在“双减”背景下，如何引导学生做好课后时间规划，充分利用好课余时间提升自我素养成为学生和家长们的迫切需求。

科普场馆作为学习型社会建构的重要载体之一，作为校外非正式教育场所，相对学校固定教学模式来说，其非正式学习环境、真实的模拟场景、灵活的辅导形式、新颖的教学方法、良好的可视化效果等科普教育优势，吸引了众多学生和家长的关注，通过满足个性化、多样化的教育需求，给学生、家长以及教师带来了探究性强的教育体验，在促进学生全面发展、健康成长方面有着重要的作用，受到了学生、家长与老师等各方面的认可。毛泽东主席曾经说过：“人类总得不断地进行实践，得出经验，获取知识，有所发明，有所发现，有所创造，有所前进。”① 校外科普教育活动最大的优点就是可以将课堂上学到的理论知识应用到生活实践中，通过发掘学生的爱好与兴趣，锻炼学生的独立思考能力和动手能力，激发学生对科学技术的探索兴趣，提高学生主动探究科学真理的动机。

二 “双减”背景下科普教育活动的探索

（一）拓展科普教育活动场所

科普教育场所是实施科普教育活动的空间载体，是具有科普和教育功能的活动空间。一般我们说的科普教育场所包括了青少年宫、儿童活动中心、科技馆、博物馆等公益场馆，这些科普教育场所都具有综合性、开放性、灵活性等特点，通过形式多样的科普活动、丰富多彩的科普内容、立体多层次的科普教育方式吸引了众多学生前来体验学习。

而随着经济的发展、科技的进步、科普观念的普及，社会上的高新科技企业、科技园区、农业种植养殖示范基地等科技龙头单位也创办科普展示教育基地，通过展示他们的科技力量、举办科普实验课，为学生提供更专业化、更高水平的科技知识及相配套的科普教育活动。

这些科普教育场所与学校课堂教学相比，科普教育内容的设置一般以学生为中心，以培养学生兴趣为目标导向，注重学生个体的差异，调动学生学习的主观能动性，给予学生充分的独立自主思考的空间和动手操作机会，更利于激活和开发学生的创新潜能。

因此，职能部门应鼓励支持和引导社会力量加入科普教育工作中，充分发掘利用社会科普资源，通过开展科普教育基地申报、认定等工作，吸纳社会中具有创新科普教育理念的教育团体为学生提供高质量科普公共服务，从而推动学生科学素质不断提高。

---

① 《毛泽东文集（第 8 卷）》，人民出版社，1999，第 325 页。

（二）丰富科普教育活动形式

1. 走进科普教育基地，探索科技力量的秘密

在“双减”背景下，学生有了更多可自由支配的时间来增长见识和开阔视野，走进科普教育基地、探索科学技术的秘密将是一个不错的选择。科普教育基地通过展示具有丰富科学原理的科普展品、科学展览，开展创客教学活动、DIY创作实践等内容，丰富学生科学知识的同时，使学生感受科技创新的力量，不仅可以提高学生学科学的兴趣，还可以激发学生对科技奥秘的求知欲和探索精神，促使学生萌生更多的创意想法，而科普教育基地能为学生的创造潜能的实现提供思考素材和操作空间，对于启发创造性思维、培养观察问题、分析问题、解决问题的能力，激发学生的创新意识都很有教益。

2. 举办科普特色教育活动，激发学科学好奇心

好奇心是人的天性，兴趣是最好的老师，培养学生的科学兴趣，增强学生的科学好奇心是促使他们学好科学必不可少的内在驱动力。在“双减”政策实施下，学生的课余时间增多，更方便参加各类教育活动增长见闻。因此，科技馆、儿童活动中心、少年宫等科普教育场馆增加了许多富有特色的科普教育活动以满足学生课外学习体验的需求，包括适合亲子互动体验的科普基地自由行、科普夏令营，科技大咖宣传科普知识的科普沙龙讲座，多形式、重体验、齐参与的科普嘉年华，同台竞技、能者胜的科普知识竞赛，等等。配合每年一次举办的全国科普日、科技活动月等科普盛宴，吸引了许多学生和家长对科普教育的持续关注，不同形式活动的开展，不仅能激发学生探究科学知识、追求科学真理的好奇心，还能促进学生理解科学知识、体会科学方法、感受科学精神，从而树立起爱科学、学科学的科学意识，培养和提高学生的科学素质。

3. 科技活动进校园，丰富中小学课外科普教育内容

在“双减”背景下，学生作业负担减轻了、课余时间增加了，有更多的时间可以走出校园前往科普教育基地体验科技力量、学习科普知识。然

而，中小学生更多的时间还是在学校中，因此除了引导学生“走出去”，各中小学更应该“引进来”，各级科普教育基地可根据教学大纲内容，与中小学联动策划开展广泛的科学调查体验，开发以机器人、人工智能、航天航空为主题的多种科普实践活动，通过开发活动指南和资源包，为中小学科技周、社团活动、劳动教育、校外研学活动提供资源支持和服务。特别是各科技馆的科普大篷车也能发挥“流动科技馆”的优势，携带包含丰富科学原理的特色科普展品进入校园与学生互动，引导他们探索科学真理。

此外，各级科普教育基地、科创团队、科普专家志愿团配合学校开展课后服务并提供专家资源，组建科技专家队伍深入中小学通过举办科普学术讲座、开设科技选修课、指导科技实践等活动，为中小学开展科普活动提供智力支持与服务，从而丰富学生课外科普教育内容。

（三）提升科普教育活动特色

1. 线上线下结合，打造数字化科普教育活动平台

线下参观科普教育场所虽然能获得真实的现场体验感，互动效果也比较明显，但是受限于固定的开放时间与场所，科普展品与展览的更新也有一定的周期。因此，在“双减”背景下，各科普教育场所在开展线下科普教育活动的同时，还需积极发挥线上资源平台的优势，通过云平台、云体验、云互动等方式，结合抖音等新媒体的超时空性、内容个性化、及时性等优点，以互联网技术、数字技术打造数字化科普教育平台，使科普知识能通过电脑、手机、平板电脑等终端，跨越地理界线全天候呈现出来，让学生在课余时间随时随地都能参与线上科普教育活动。

2. 利用仿真虚拟技术，多维度开展科普教育活动

（1）虚拟现实技术，让科普教育活动更真实

随着计算机技术和仿真虚拟技术更新迭代，虚拟现实技术（Virtual Reality，VR）应用于科普教育领域日趋成熟，通过把科普教育场景用仿真虚拟技术搭建模拟感知的多维环境，为观众提供一个逼真的三维视觉、触觉、嗅觉等多种感官体验的虚拟世界，把科普知识的各种科学原理、科学现

象、自然奇观等内容模拟呈现出来，使处于虚拟世界中的人产生一种身临其境的感觉，从而使科普知识从课本上“活了”过来，既弥补了传统教育资源单一、枯燥、乏味等不足，逼真的三维虚拟场景又能提高学生学习科普知识的兴趣，激发他们的学习热情。

（2）增强现实技术，增强科普教育活动感官体验

增强现实技术（Augmented Reality，AR）则是另外一种可应用于科普教育活动的虚拟技术，AR 技术促使了真实世界信息和虚拟世界信息内容叠加呈现，在同一个画面以及空间中同时出现进行互动，并能被人类感官感知，从而实现超越现实的感官体验。

在科普教育场所，通过计算机虚拟技术扫描与重构科普展品，就可以把展品的构造进行 360°三维展示，配合显示技术动态显示展品的科学原理，还能结合全息影像技术，叠加投射虚拟人物的全息影像与观众进行讲解和互动。AR 技术的引入能满足用户在现实世界中真实地感受虚拟空间中模拟的事物，增强科普展品使用的趣味性，提高科普教育活动的互动性，通过多感官刺激增强学生学习科普知识的体验。

（3）元宇宙，搭建沉浸式科普教育互动学习空间

近期比较热门的元宇宙（Metaverse），它是基于扩展现实技术提供沉浸式体验，基于数字孪生技术生成现实世界的镜像，基于区块链技术与人工智能技术搭建体系，多元化利用人机交互方式将现实世界与虚拟世界进行链接与创造、通过映射与交互构建而成的虚实融合的数字生活空间。未来，随着技术的发展，我们就可以在元宇宙世界中开展科普教育活动，来自不同地方的老师、学生和策划者通过虚拟技术突破空间的限制连接在一起参与、体验、互动交流，从而实现不同地域科普理念的碰撞和交融。元宇宙技术的应用，能让学生在沉浸式的模拟世界进行真实互动交流，在欢乐的氛围中学习科普知识，并能提高学习科学的兴趣与动力，增进学术交流，丰富科学知识，从而培养科学思维，提升科学素养。

（四）提高科普教育活动质量

1. 打造科普教育资源共享平台，增强各类科教基地科普服务功能

科普教育活动一般都在科技馆、少年宫、博物馆等科普公益教育场所开展，随着社会对科学普及的重视，科创公司、科研院所、科技研究基地等科技研究机构也积极投身到科普教育中，它们相对于科普公益教育场所拥有更前沿、更尖端的科技人才，代表着行业中最先进的技术力量。因此，寻求科普教育资源合作机制，打造科普教育资源共建共享平台，推进馆校共建、校企共建的机制，吸引社会不同领域的科普教育力量搭建科普教育资源汇集平台，设计制作“助推‘双减’”的科普资源包，开展线上线下双向科普服务，增强科普教育基地的科普服务功能，扩大专、兼职科普人员队伍，多渠道鼓励科研人员参与科普教育工作，各方科普教育力量互通有无，纵向一体、横向协同，高效合作协同育人，通过汇聚、宣传和推送各类面向中小学的优质科普教育资源，增加学生校外科普学习的渠道，从而助力“双减”政策的扎实推进。

2. 加强师资力量组建、培养后备科普教育人才

韩愈在《师说》中提出：“师者，所以传道受业解惑也。”教师作为教书育人的专业工作者，承担着为学生传授道理、教授学业、解答疑惑，同时还承担以身作则、言传身教，引导学生塑造健康人格的重要作用，可以说，每一个成功的学生背后都有一位优秀教师的指导。在“双减”背景下，大力发掘科普教育资源的同时，还需要加强科普教育师资力量的组建，培养足够的后备科普教育人才。以往学校的科学课都是由一些理工专业的老师兼任，而科普教育更需要多学科综合型的老师。因此，培养具有科普教育特长的综合型老师才能更有效推进科普教育的发展，各级中小学除了发掘有潜力的老师外，可依托高等院校、科普院校、科教企业等教育力量，通过科普培训实践基地开展科普教育师资培训，培养科普教师的高阶思维，通过培训交流、研学实践等活动，不断提高科普教师科学素质、教学水平和专业实践能力，从而不断提升科普教育活动的教学质量。

3. 加大科普教育经费投入，提升优质科普教育资源服务能力

科普教育工作是一项社会公益性事业，是全社会的共同任务。《中华人民共和国科学技术普及法》明确规定，应当将科普经费列入同级财政预算，逐步提高科普投入水平。发展科普教育事业，需要大量经费投入，科普展品的研发与制作、科普教育活动的策划、科普教育人才的培养等，每一项都需花费大量人力物力、资金，科普教育工作往往需要长期投入，才能小见成效，因此很多时候都得不到足够的重视。但是，没有科普教育的发展，没有科普教育弥补学校学科教育的不足，学生的创新精神和实践能力就得不到全面的发展，发展科普教育是提高学生科学素质与科学知识、提升科技实践能力不可或缺的一环。因此，只有不断加大科普经费的投入，持续推进发展科普教育，才能提高科普教育资源的质量，提升科普教育场所的服务能力。

（五）研发科普教育活动品牌

1. 创新科教 IP 合作机制，提升科普教育活动形象

IP 是什么？IP 就是 Itellectual Property，知识产权，它是所有成名文创（文学、影视、动漫、游戏等）作品的统称。而一个优秀的文创 IP 产品，不仅能带来品牌效应，让这个品牌深入人心，还能带动衍生品市场的蓬勃发展，如迪斯尼的米老鼠 IP 品牌的内容收入是 7 亿美元，它的 IP 衍生品收入却达到了惊人的 696 亿美元，是内容收入的 99.4 倍。可见，一个优秀的 IP 品牌不仅可以有更高的人气和知名度，更能带来可观的市场关注度和经济效益。

因此，科普教育活动的策划，应寻求适合的知名的 IP 品牌进行合作，如中日制作介绍人体奥秘的动画《工作细胞》、由 100 多位行业专家与科学家审核把关的儿童科学启蒙动画《阿嘟白泽：这是什么》、科普类动画《吉娃斯爱科学》等动画作品里的卡通形象，通过配合科普教育活动的宣传与互动，展示相应的具象化的 IP 形象、IP 衍生品，利用 IP 形象的知名品牌效应，吸引 IP 品牌原有的受众群体，能帮助科普教育活动在短时间内提高其知名度和受欢迎度，得到更多人的关注，吸引更多人的参与，从而达到传播

速度和社会效益的最大化。另外，科幻电影上映期间也是宣传科普知识的重要机会，如在科幻大片《流浪地球》上映期间，中国科学技术馆通过“中科馆大讲堂”邀请知名专家学者开展多场“从《流浪地球》开始谈人类向宇宙开启的新征程”“《流浪地球》中的航天科技”“《流浪地球》中的基础物理”等主题科普讲座，结合电影中的情节、场景，介绍其中蕴含的科学原理、科学知识，并教授正确的科学论证技巧，《流浪地球》的电影 IP 与科普讲座的结合不仅带领学生体验挖掘电影情节中所蕴含的科学知识的乐趣，而且让他们从电影中学习到航空航天和物理力学的知识，同时，紧张、刺激的电影情节也带动了他们主动学习的兴趣，更能进一步提升他们的科学素养。

2. 打造科教文创 IP 产品，提高科普教育品牌软实力

科普教育活动与 IP 品牌合作虽然能短时间内提升知名度和关注度，但是产生的影响力受限于 IP 产品的热度和受欢迎度。科普教育活动如想有稳定的影响力与固定的粉丝群体则必须开发出自有的原创 IP 品牌和文创产品。文创产品全称“文化创意产品”，是创意产业的具化，文创产业是以创造力为核心的产业，科普文创产业已成为提高公众科学素养的重要投入方向。如河南博物院通过复原贾湖骨笛等各类音乐文物，举办古乐演奏音乐会，受到了市民的热捧，门票一抢而空；由文物“妇好鸮尊”衍生而来的考古盲盒、冰激凌、冰箱贴等更成为最受大众欢迎的“潮玩”产品。而故宫博物院文创 IP 品牌“故宫猫”，创作团队参考生存于故宫中的猫设计出了包括大内密探在内的“故宫猫”系列产品，并以纪录片、绘本等多种形式制作了丰富多彩的“故宫猫”衍生品，使得“故宫猫”的 IP 价值得到了进一步提长，为故宫带来了丰厚的商业价值。公开资料显示，故宫文创产品 2016 年营业额近 10 亿元，2017 年，营业额已经达到 15 亿元。从这些数据可以看出，一个优秀的文创 IP 品牌能带来高人气、高关注度，还有巨大的市场潜力和价值。

因此，打造以科教内容为核心的科教文创 IP 品牌，结合文创 IP 品牌开发和设计相应的科普讲座、科技沙龙、科普夏令营、科普实验课等科普教育活动，不仅有利于树立科普教育良好的品牌形象，而且文创 IP 品牌的聚众

效应更有利于科普文化的有效传播，打造科教文创 IP 品牌与文创产品，有利于开拓科普教育市场，吸引更多的群众特别是年轻人的关注，从而提高科普教育活动的热度和参与度。

结　语

“双减”背景下，虽然学校上课时间和作业总量大幅压减，但是教学要求的提高、素质教育标准的提高，对学生的全面发展的要求将越来越严苛，课余时间的增加，要求学生需认识到自己才是学习的主体，需要主动学习课堂以外的科学知识以丰富头脑知识库。科普教育活动作为学校教育活动以外的有力补充，推广传播科普教育将是未来一个时期素质教育发展的必经之路，以丰富有趣的科普内容、通过多种多样的活动形式传播科普知识，将有利于扩大科普教育的覆盖面，有利于学生增长科学知识及促进学生智力发育。现今，终身学习已成为现代人必备的素养，加强科普教育，充分挖掘和利用科普资源创造更大的教育效益是值得不断探究的课题，科普教育活动场所将是对公众终身学习有着重要作用的科技前沿阵地，将有利于进一步培养科学素质、提高公众的科学文化水平，并在实现提升全民科学素质工作方面发挥重要作用。

参考文献

[1] 胡婷婷：《科技馆针对青少年开展科普教育活动的思考与实践——以重庆科技馆“防灾训练营”系列活动为例》，2014（安徽·芜湖）全国科技馆发展论坛论文集，2014。

[2] 卞飞、孟庆虎：《科技馆是提升青少年科技素质的重要阵地及思考》，《科技论坛》2011 年第 23 期。

[3] 刘军：《流动科普展览的发展与创新》，《科技向导》2010 年第 35 期。

[4] 刘玉花、谌璐琳、莫小丹：《新格局下科技馆体系共建共享机制研究》，《自然

科学博物馆研究》2022 年第 1 期。
[5] 徐雁龙：《关于科技资源科普化的思考与实践——以中国科学院为例》，第二十七届全国科普理论研讨会，中国科普研究所，2020。
[6] 张婕：《科技馆科普文创产品开发困境与解决策略》，《2019“一带一路”科普场馆发展国际研讨会暨中国自然科学博物馆学会年会论文集》，中国自然科学博物馆学会，2019。

“我能成为科学家”：场馆教育促进青少年科学身份认同的实施路径[*]

——以英国科普场馆为例

陈奕喆[**]

摘　要： 科学身份认同会影响青少年选择科学生涯道路，而其形成受科学教育情境影响。科普场馆具备的丰富物质资源、关系资源和观念资源为青少年科学身份认同建构提供契机。本研究对英国纽卡斯尔生命中心和自然历史博物馆教育专员开展半结构化访谈，归纳英国科普场馆促进青少年科学身份认同的实施路径。英国场馆在理念层面兼顾人本取向与社会公平，关注科学身份的自然生发与广泛群体的公平机会，并形成了真实模拟科学流程和方法，具身感知科学与社会互动，在科学探究全过程提供支持，以及以科学研讨提供发声机会的教育策略。这启示我国科普场馆回归教育理念的人本底色，以科学本质创新教育策略，构建促进身份认同的场馆情境。

关键词： 科学身份认同　英国　科普场馆

* 本文为中国科学技术馆“科学教育发展战略研究与实践开发项目”（项目编号：2021070505CG070803）研究成果。

** 陈奕喆，上海交通大学教育学院硕士研究生。

随着新一轮科技革命和产业变革深入发展，科技创新正在国家综合实力竞争中释放巨大能量。《全民科学素质行动规划纲要（2021—2035年）》指出要“培养一大批具备科学家潜质的青少年群体，为加快建设科技强国夯实人才基础”。然而，国内外实证研究均表明引导青少年投身科学生涯正面临挑战。青少年认可科学的趣味性和科学家的工作价值，但渴望成为科学家的人数较少，且数量随年龄增长进一步下降。《“十四五”国家科学技术普及发展规划》强调“激励青少年树立投身建设世界科技强国的远大志向”，构建“校内、校外有机融合的科学教育体系”。科普场馆以互动性鼓励自由探索，以具身性支持自主建构，正成为青少年提升科学素养，树立科学理想的重要场域。因此，本研究立足具有影响力的国外科普场馆，聚焦其如何在场馆教育活动中促进学生科学身份认同构建，以期为我国科普场馆支持青少年群体崇尚科学、参与科学、投身科学提供有益经验。

一 打开黑箱：身份认同助力生涯探索

《科学教育研究手册》指出，身份认同是独立个体随着时间推移与社会世界复杂性的相互作用来构建抱负和认识的过程。身份认同会影响个体所做的生涯道路选择。科学身份认同将在很大程度上促进学生维持科学学习毅力并追求科学事业。国外已有研究构建了科学身份认同内涵框架，包含表现、能力、认可和兴趣四个维度。拥有积极的科学身份认同意味着学生具备完成科学任务的信念，具备以科学的方式构建知识、解决问题的能力，并认可自己能像科学家一样工作，同时对参与科学学习有充分意愿。科学身份认同是学生从教学被动接受者向生涯主动追求者转变的重要契机，对此展开探索将有助于打开“科学教育—科学生涯”的“黑箱”，为青少年科学职业理想培育寻找贯通路径。

个体科学身份认同的形成受所处科学教育环境的影响。纳西尔（Nasir）和库克斯（Cooks）具体指出物质资源（环境中的物品和对象）、关系资源（环境中的社会人际关系）和观念资源（对个体与环境的关系认识、价值判断和行动意愿）是促进身份建构的影响因素。科普场馆作为典型的非正式科学教育环境，具有提供多元科学情境、展现多种科学角色的巨大潜力。学生在科学教育环境中的充分参与对形成积极的科学身份认同至关重要。我国学者对科学身份认同的研究起步较晚，在积极考察我国青少年科学身份认同现状和群体特征的同时，在正规课堂之外的学习情境中探索学生科学身份认同发展路径也开始得到学者关注。科普场馆作为具备开放性和自主探索性的学习场景应进一步变革教育策略，助力科学生涯。

英国的科普场馆历史悠久，涵养了深厚的教育文化。英国自然历史博物馆（Natural History Museum）成立于1881年，在教育、研究和收藏等方面贡献卓著且富有特色。纽卡斯尔生命中心（Center for Life in Newcastle）是英国创客博览会主会场，为青少年探索和享受科学提供多元支持。本研究以英国这两大各具特色的科普场馆为对象，与其场馆教育部门的主要负责人开展半结构化访谈〔纽卡斯尔生命中心（L），自然历史博物馆（N）〕，并结合教育活动相关资料，参考学界对科学身份认同形成影响因素的研究成果，归纳不同类型科普场馆促进青少年科学身份认同的实施路径和国际经验。

二　英国场馆促进科学身份认同的路径框架

面向青少年科学身份的个性化探索和自主建构，英国两大科普场馆发展出了具有特色的实施路径（见图1），实现了教育理念和教育策略的衔接与统一。在理念层面持续追问场馆的育人本体价值，并致力于科学身份发展的公平机会；在策略层面实现内容和实践的贯通，为学生深度参与科学探索，不断发展科学认同提供创新方案。

（一）教育理念：人本与公平兼顾

对人的关注使英国科普场馆的教育理念呈现出厚重的人文底色。场馆既秉持人本取向，聚焦青少年作为个体人的自主权，充分尊重个人科学身份的发展脉络与主动选择；也兼顾社会公平，为处于特定群体中的青少年获得平

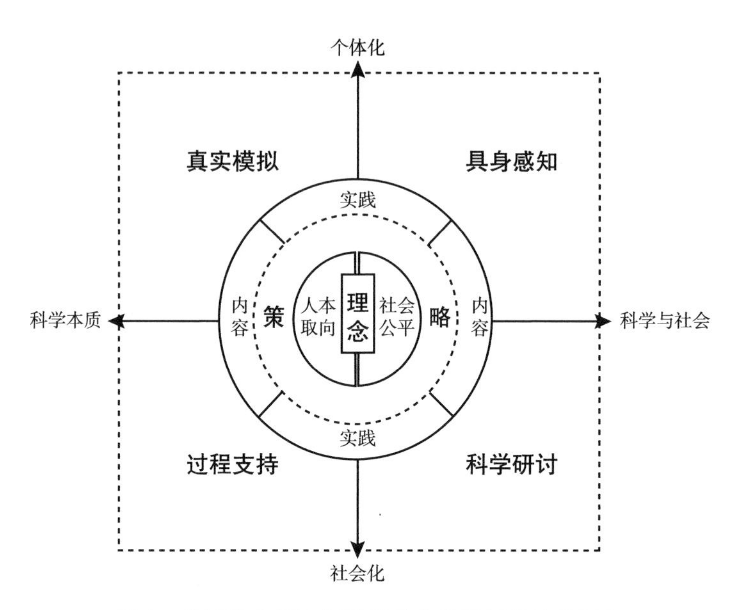

图 1　英国科普场馆促进科学身份认同的路径框架

等机会而不懈努力。

1. 护航科学身份的自然生发

在英国的两个科普场馆中，青少年科学身份建构的自发性是极为凸显的场馆教育理念。自发性意味着科学身份并非由外部教育主体施加给学生。场馆教育者“不认为培养科学家是我的职责”，“对任何一个孩子说‘你应该成为一名科学家’是非常不道德的行为”（L）。青少年所形成的科学身份认同是基于个体深度探索而自由决策的结果。在这一理念的观照下，学生成为科学身份探索过程中的核心主体，科普场馆教育活动所发挥的作用是帮助学生在面临生涯选择时“更有可能认为我可以从事科学，而非科学与我无关”（L）。场馆提供了丰富的科学学习体验，学生能够在个性化的身份建构路径中“选择自己感兴趣的科学问题”（N），从而“在场馆营造的开放氛围中自己做出决定”（L）。纽卡斯尔生命中心和自然历史博物馆在场馆教育实践中以开放包容的理念展现出了对青少年身份建构的充分尊重，从场馆活动设计的变革创新入手为自主探索奠定基础，从而为青少年自然生成科学兴趣和科学认同创造空间。

2. 面向广泛群体的公平机会

在聚焦学生个体场馆学习经历之余，使更广泛群体享有科学身份发展的公平机会亦得到了英国科普场馆的关注。当前，国外针对科学身份认同的已有研究广泛聚焦女性、少数族裔、低收入人群等代表性不足群体。借助源于布迪厄（Bourdieu）的社会资本理论，英国场馆运用阿奇尔（Archer）等人提出的科学资本概念以归纳与科学相关的各类经济、社会和文化资本。研究发现，对科学资本积累不足的家庭而言，“科学话题很少出现在家庭对话中，从而使青少年更易形成科学与己无关的片面认识”（L）。从这一视角出发，纽卡斯尔生命中心致力于使弱势群体背景的青少年能够获得对科学的更充分认识和对自我可能性的更全面探索。场馆积极寻求“与地区内贫困学校和弱势群体社区合作”（L），采用在线共享形式汇集科学实验、趣味制作等数字化科学学习资源，并“以社交媒体为载体搭建科学研讨平台”（L），使弱势群体背景的青少年能平等接触科学学习社群，使科学面向更广泛对象成为可获取的开放领域，而非部分阶层群体的特权资本。

（二）教育策略：内容与实践并重

在英国两大科普场馆中，教育活动以发挥青少年主动性为重要原则，致力于引导学习者充分利用场馆资源深入理解个体的科学身份。具体而言，场馆教育策略包括内容与实践两个侧面。内容维度反映了场馆对其具备的物质资源和文化资源的组织逻辑，包含了科学自身的本质特征和科学与外部社会的关系互动。实践维度聚焦多样的科学内容以何种方式作用于青少年个体。场馆充分兼顾了关系资源和观念资源对学生身份塑造的作用，使青少年在社会化取向与个体化探索的平衡中享有多元机遇，获得有效支持。英国科普场馆的教育策略形成了包含四象限的整体框架（见图1），为青少年科学身份全方位发展奠定基础。

1. 真实模拟：流程和方法的实践

第一象限的教育策略关注学生个体对科学本质的深入体验。英国科普场馆充分利用各类展品、模型等物质资源开展科学实践活动，将科学研究的基本流程作为青少年科学探索的指导原则，在此过程中充分调动观念资源，鼓励学生像科学家一样思考，掌握科学探究的初步方法，理解循证科学和实证研究的基本逻辑，并获得科学问题解决的初始经验。在自然历史博物馆的“探索”空间（Investigate）中，场馆教育者采用一种名为“描述—反思—推理”（Describe-Reflect-Speculate）的教学策略，这一流程“包括了科学实践的基本步骤”（N），首先在描述阶段收集外观特征的相关数据，随后在反思阶段就未知事物特征与已知事物开展比较，最后在推测阶段对事物的类别与属性做出判断。场馆教育者是青少年开展科学探索的重要关系资源，为学生提供必要支持，“通过引导性问题鼓励青少年开展科学观察和探究”，同时“不断询问学生对产生的结论提供了哪些支持性证据”（N），激发学生在证据和结论的循环往复中理解科学研究的基本特征。科普场馆使青少年有机会在特定情境中模拟科学工作，“扮演科学家所处的角色”（N），在此过程中思考个人知识、能力和兴趣，并不断反思科学身份发展的可能性。

2. 具身感知：科学与社会的互动

第二象限的教育策略为个体深刻领悟科学及其与社会的互动创造契机，在此过程中，英国科普场馆充分利用情境特征，汇集多重感官刺激，着力打破科学和社会议题与个体生活的隔阂，营造青少年身心投入的科学学习氛围。首先，场馆内丰富的展品和对象等物质资源为科学知识掌握提供更具象的体验。自然历史博物馆对标国家科学课程标准为教学提供辅助。如“学校教师提前联系场馆准备标本和模型，并将学生带入博物馆进行授课”（N），学生可以近距离观察、触摸，从而“获得相较于课堂讲授更为真实的学习感受”（N）。其次，场馆作为科学内容高度集中的场域，积极融入科学影响社会的相关案例，使学生身临其境地“置身于”科学和社会现象之中，从心理维度建立对科学的关联和运用科学解决社会问题的责任感。自然历史博物馆“破碎的星球”（Our Broken Planet）展览展出了 1973 年泰晤士河中装满塑料垃圾的渔网，并引导参观者回顾自己的出生年份，从而真正理解白色污染对环境长期的影响。纽卡斯尔生命中心的“你好世界”（Hello

World）区域让参观者俯瞰直径 7 米的地球模型“盖亚”（Gaia），尽可能还原宇航员从太空遥望地球的直观感受，从而“改变参观者对世界、人类和可持续发展的观念”（L）。最后，场馆在教育活动实施中创造了极富仪式感的科学参与体验。纽卡斯尔生命中心在儿童进入实验室时为他们穿上实验服并佩戴手套和护目镜，致力于使儿童获得真实的科学家体验，形成“我属于实验室，我能成为科学家”（L）的自我认同。场馆将仪器设备、衣着穿戴等物理元素与青少年的科学价值认同等观念相互交织，成为场馆独特的科学参与体验，“创造了影响学生发展的重要科学记忆”（N），推动青少年建构自我的科学身份。

3. 过程支持：成功与失败的循环

第三象限的教育策略融入了科学身份建构的社会交互视角，不仅包含个体如何看待自身，还包含在特定科学情境中外部他人对个体的行为表现所做出的认可。从科学本质的视角出发，真理和谬误是认识过程中不可避免的一对矛盾。英国科普场馆关注科学实践中可能的失败和挫折对青少年科学身份建构的影响，并力求在社会化情境下为青少年提供支持。“过程驱动”是英国两个科普场馆具有共识性的教育策略。“重要的并非达成既定目标，而是在过程中有何收获”（L）。秉持这一理念，场馆将正确面对科研失败作为传递给青少年的重要观念性资源。在纽卡斯尔生命中心的“创意空间与制作工作室”（Creativity Zone and Making Studios）中，场馆针对特定任务仅提供简单的提示，由学生直面可能的困难，并尝试自己解决问题。无论学生最终能否成功完成任务，生命中心都鼓励青少年把“为解决问题所做的一切努力都作为收获”（L）。与之相似，自然历史博物馆认为在场馆科学探究中“获得正确的答案并不是最重要的”（N），学生在经历完整的“描述—反思—推断”流程后得出了错误的结论，场馆教育者依然会充分肯定学习者的过程收获。除了场馆教育者与青少年建立有效的支持关系，家庭是青少年自身具备的重要关系资源，场馆鼓励家庭成员共同参与，见证儿童投身科学的重要时刻，使儿童的社会支持系统能有效助力其在科学道路上开展探索。

4. 科学研讨：输入与输出的共振

在第四象限中，以科学参与为宗旨，英国科普场馆力求青少年的场馆经历能融入对科学议题的主动思考和大胆发声，同时场馆汇聚科学相关的社会关系和人力资源，使学生能在多元主体构成的科学学习社群中有所贡献，实现知识输入和创造性输出的有效平衡。从输入端来看，英国两个科普场馆均在促成青少年接触科学家方面有所行动，使科学家从遥不可及的外部主体转变为深入接触的人际资源。纽卡斯尔生命中心的“科学轻松谈”（Science Speakeasy）活动邀请科学家进入场馆与学习者组建小型研讨团体，就科学和社会领域的争议性话题开展探讨。而自然历史博物馆就所呈现的科学内容“与科学家进行了大量磋商”（N），并积极呈现当代科学家所做的工作，使学习者能接触鲜活的科学观点和科学家群体。从输出端来看，生命中心有意“颠覆传统策略中由科学家主导的方式”，“使学习者之间能形成有效的科学对话”（L），重构科学讨论中的参与权和话语权，为每一位场馆学习者赋能，使其从科学内容的“消费者”转变为科学观点的“生产者”，在思维碰撞中不断迭代与检验个人的科学知识和理解，在潜移默化中强化个体和科学的关联性感知，在与自身生活息息相关的科学议题探讨中形成科学参与的自信心和责任感。

三　经验与启示

伴随着《全民科学素质行动规划纲要（2021—2035年）》将“建立校内外科学教育资源有效衔接机制”作为青少年科学素质提升行动的重要组成部分，科普场馆成为推动青少年群体增强科学兴趣，建构身份认同，树立科学理想的重要一环。弘扬科学家精神、传播科学思想、倡导科学方法亦成为科普场馆教育功能发挥的重要抓手。英国两大科普场馆的实践经验为我国场馆促进青少年科学身份认同的实践进路探索提供了启发。

（一）彰显人本底色的理念回归

在场馆教育理念和方法不断创新的同时，对场馆科学教育本体价值的思考更应走向台前，成为引导其育人职能有效发挥的核心脉络。从英国两个科普场馆的教育实践来看，场馆为青少年留有充分空间实现自我与科学的对话，并对多样化的身份建构结果和各异的个体决策展现出了极大的尊重。与此同时，通过在线资源共享的形式，场馆助推着更广泛群体能公平获得科学身份探索机会。我国科普场馆在青少年科学认同培育方面正发挥着越来越大的作用，如何在场馆情境中对学生施加合理有效的引导也将成为各类场馆亟须回答的问题。我国在科技兴邦的发展征途中积累了底蕴深厚的科学家精神，“爱国、创新、求是、奉献”“探索、理性、质疑、实证”等科学家气质品质应当成为引导我国青少年科学身份认同的宝贵财富，融入场馆教育活动，使之展现更丰富的科学愿景、价值观和科学家工作。在此基础上，科学教育资源的区域分布不均衡问题依然存在，以互联网为载体的资源共享形式同样值得我国场馆借鉴，使弱势青少年群体能在更多支持、更多选择中获得生涯发展的更多可能。

（二）围绕科学本质的教育策略

作为正规学校课堂之外青少年接触科学的重要场所，科普场馆所传递的科学思想、方法与精神会成为学生理解科学本质、探索科学身份认同的重要锚点和参考系。在英国两个科普场馆中，教育活动融汇了场馆对科学本质诸多维度的理念：重视观察和推理；秉持循证科学的基本思想；辩证看待真理与谬误。对我国科普场馆而言，青少年科学身份认同的建构应建立在对科学的深入认识和系统思考基础上，这一理念应融入场馆教育活动开展和人员队伍建设的全过程。一方面，场馆在活动设计与实施中适度规避浮于浅表的科学现象，而更多挖掘科学内容背后的本质、原理和思想，有意呈现值得思辨的科学议题，以此激发青少年科学探究兴趣。另一方面，我国当前场馆教育工作者对科学本质的理解水平整体有待提高，场馆教育者的专业发展过程中应设置科学本质相关教学模块，提升科普场馆人员为青少年群体提供引导和支持的能力与素养。

（三）促进身份认同的情境构建

科普场馆集中了支持科学学习的多样资源，从而营造了独特的一体化科学学习情境。物质资源、社会资源和学术文化资源均能通过科普场馆这一载体作用于青少年群体。就科学身份认同的建构而言，能力、表现与认可是三大相互关联而又彼此影响的维度。能力涉及科学知识和理解，表现强调科学参与和实践，认可包含个体取向和外部取向。面向青少年身份认同，有效分配场馆集成的各类科学资源，实现场馆学习情境重构应成为科普场馆的宏观教育策略。在两个英国场馆中，能力、表现与认可在不同层面对学生探索科学身份发挥作用。场馆利用实物展品促进学生获取深入而真实的科学知识理解。在专门性教育空间中开设的实验活动使学生在问题解决中体验科学乐趣。而科学研讨会等社会化学习情境的创设使青少年有机会获得群体性科学社群的评价和认可。在我国科普场馆中，如何有效传递科学知识、促进概念理解已得到学者的关注，对场馆科学实践活动和教育空间的创新设计同样进行了探索，我国科普场馆应着重发挥特色教育空间和实验室的作用，使青少年有机会参与科学探究活动，在此过程中检验和发展个体科学身份。同时，场馆应促进科学家群体、社会公众、家长群体等多元主体以场馆为载体对青少年科学探索施加影响，通过科学公开课、研讨会、亲子活动等形式构建助力科学身份认同的多重合力。

参考文献

[1]《全民科学素质行动规划纲要（2021—2035 年）》，中国政府网，2021 年 6 月 3 日，http：//www.gov.cn/zhengce/content/2021-06/25/content_ 5620813.htm。

[2] Archer L.，Moote J.，MacLeod E.，Francis B.，DeWitt J. ASPIRES 2：Young people's science and career aspirations，age 10-19［R］. London：UCL Institute of

Education, 2020.

[3] 翟俊卿、祝怀新：《我国中学生科学职业理想的调查与分析》，《科普研究》2015 年第 1 期。

[4] 黄瑄、李秀菊：《我国青少年科学态度现状、差异分析及对策建议——基于全国青少年科学素质调查的实证研究》，《中国电化教育》2020 年第 12 期。

[5] 《"十四五"国家科学技术普及发展规划》，2022 年 8 月 16 日，https：//www. most. gov. cn/xxgk/xinxifenlei/fdzdgknr/fgzc/gfxwj/gfxwj2022/202208/t20220816_ 181896. html。

[6] Tal T. , & Morag O. School visits to natural history museums：Teaching or enriching? [J] . Journal of Research in Science Teaching, 2007, 44 (5)：747-769. https：//doi. org/https：//doi. org/10. 1002/tea. 20184.

[7] Lederman N. G. , & Abell S. K. Handbook of research on science education (Volume 2) [M] . Routledge, 2014.

[8] Tucker-Raymond E. , Varelas M. , Pappas C. , Korzh A. , Wentland A. "They probably aren't named Rachel"：Young children's scientist identities as emergent multimodal narratives [J] . Cultural Studies of Science Education, 2007, 1.

[9] Estrada M. , Woodcock A. , Hernandez P. R. , & Schultz P. W. Toward a model of social influence that explains minority student integration into the scientific community [J] . Journal of Educational Psychology, 2011, 103：206-222. doi：10. 1037/a0020743.

[10] Barton A. C. , & Tan E. We be burnin'! Agency, identity, and science learning [J] . Journal of the Learning Sciences, 2010, 19 (2)：187 - 229. doi：10. 1080/10508400903530044.

[11] Zahra H. , Gerhard S. , Philip M. S. , Marie-Claire S. Connecting high school physics experiences, outcome expectations, physics identity, and physics career choice：A gender study [J] . Journal of Research in Science Teaching, 2010, 47 (8) .

[12] Carlone H. B. , Scott C. M. , & Lowder C. Becoming (less) scientific：A longitudinal study of students' identity work from elementary to middle school science [J] . Journal of Research in Science Teaching, 2014, 51 (7) .

[13] Nasir N. I. S. , & Cooks J. Becoming a hurdler：How learning settings afford identities [J] . Anthropology & Education Quarterly, 2009, 40 (1) .

[14] Falk J. H. Identity and the museum visitor experience [M] . 2016, London：Routledge.

[15] Brown B. A. , Reveles J. M. , & Kelly G. J. Scientific literacy and discursive identity：A theoretical framework for understanding science learning [J] . Science Education, 2005, 89.

[16] 王庆、姚宝骏：《中学生科学身份认同的现状及群体特征》，《教育测量与评价》2021年第9期。

[17] 黄璐：《基于网络的科学探究促进小学生科学身份认同发展的研究》，华东师范大学博士学位论文，2020。

[18] Wade-Jaimes K., King N., & Schwartz R. "You could like science and not be a science person": Black girls' negotiation of space and identity in science [J]. Science Education (Salem, Mass.), 2021, 105 (5).

[19] Kane J. Young African American boys narrating identities in science [J]. Journal of Research in Science Teaching, 2016, 53 (1).

[20] Archer L., Dawson E., DeWitt J., Seakins A., & Wong B. "Science capital": A conceptual, methodological, and empirical argument for extending bourdieusian notions of capital beyond the arts [J]. Journal of Research in Science Teaching, 2015, 52 (7).

[21] Natural History Museum. Our Broken Planet: How We Got Here and Ways to Fix It [EB/OL]. 2020年12月3日, https://www.nhm.ac.uk/visit/our-broken-planet.html.

[22] Center for Life in Newcastle. Gaia-Earth [EB/OL]. 2021年10月21日, https://www.life.org.uk/events/gaia.

[23] Bucholtz, M., & Hall, K. Identity and interaction: A sociocultural linguistic approach [J]. Discourse Studies, 2005, 7 (4-5).

[24] Calabrese-Barton A., Kang H., Tan E., O'Neill T. B., Bautista-Guerra J., & Brecklin C. Crafting a future in science: Tracing middle school girls' identity work over time and space [J]. American Educational Research Journal, 2013, 50 (1).

[25] Center for Life in Newcastle. Science Speakeasy [EB/OL]. 2019年2月14日, https://www.life.org.uk/_assets/media/editor/science-speakeasy-brochure.pdf.

[26]《全民科学素质行动规划纲要（2021—2035年）》，中国政府网，2021年6月3日，http://www.gov.cn/zhengce/content/2021-06/25/content_5620813.htm。

[27]《关于利用博物馆资源开展中小学教育教学的意见》，中国政府网，2020年9月30日，http://www.gov.cn/zhengce/zhengceku/2020-10/20/content_5552654.htm。

[28] 章梅芳、张馨予：《以弘扬科学家精神为核心，大力发展科学普及》，《中国科技论坛》2022年第2期。

[29] 郑美红、任思睿、任磊、苏波波、滕飞：《公民科学素质中的科学精神及其测量》，《科普研究》2021年第2期。

[30] 李秀菊、邵慧、刘晟：《科普场馆教育工作者的科学本质观调查研究》，《科普研究》2019年第5期。

[31] Carlone H., & Johnson A. Understanding the science experiences of successful

women of color: Science identity as an analytic lens [J]. Journal of Research in Science Teaching, 2007, 44 (8).

[32] 杨棋雯、王兆玮、刘洪丽、俞炯：《关于观众在科普场馆中科学知识理解的研究——以上海自然博物馆“千足百喙”展项为例》，《科学教育与博物馆》2015 年第 5 期。

[33] 聂海林：《科技类博物馆公众参与型科学实践平台建设初探》，《科普研究》2016 年第 1 期。

“四化一体”的科普与教育融合发展路径研究

董　倩*

摘　要： 科普与教育融合是提升国民科学素养的重要路径，有利于为国家创新发展、建设科技强国提供恒久动能。然而，受应试教育影响，大众对科普与教育融合重视度不高，导致科普与教育融合难以发挥提升学生创新能力、科学精神、批判性思维等作用。本文构建“四化一体”的科普与教育融合发展路径：①目标综合化：科普目标与教育目标共生；②内容共享化：活动串联与模块定制结合；③组织协同化：多方主体与多元路径并举；④评价多元化：融合结果与活动过程并重。为促进个体全面发展、提升全民科学素质提供案例支持、路径参考与系统化解决方案，发挥科普与教育融合的价值。

关键词： 科学普及　科普教育　科普与教育融合　“四化一体”

一　问题的提出

科普与教育融合发展是我国“十四五”时期激发人才创新活力的重要

---

* 董倩，北京师范大学教育学部博士后，北京大学教育学院教育学博士。

政策方向，也是全国人大常委会修订《中华人民共和国科学技术普及法》工作计划的重要支撑部分，对于促进学生全面健康发展，提高全民科学素质服务高质量发展具有重要价值。2021 年，习近平总书记在两院院士大会和中国科协十大上的重要讲话指出，“当今世界的竞争说到底是人才竞争、教育竞争。要更加重视人才自主培养，更加重视科学精神、创新能力、批判性思维的培养培育。”然而，公民科学知识水平偏低、在生活和工作中处理问题时缺乏科学知识与科学精神等问题制约着大众科学素质的提升、社会的可持续发展。科普与教育融合的研究有利于培养科技人才后备军，培育全民科学素质提升，为推进科普规范化建设提供有力举措。科普与教育融合既能以科普助推“双减”工作，又有益于落实“五育并举”全面发展要求，因此，科普与教育融合发展路径的构建对服务科教兴国战略和可持续发展战略，助力《全民科学素质行动规划纲要》中提出的“提高全民科学素质服务高质量发展”目标发挥着基础性、先导性作用。

科普与教育融合是一个复合概念，尚未形成明确、公认的学术概念，只有构建科普与教育融合的概念理解认同，才能更好地将其转化为政策与实践可能。因此，本文需要探讨的研究问题是：科普与教育融合的概念是什么？科普与教育融合的路径是什么？

二 科普与教育融合的概念界定

科普是指科学技术普及，学者们从教育学、传播学、法学等多维度对概念进行厘定。本文的科普是利用各种传媒以浅显的、通俗易懂的方式，让公众接受自然科学和社会科学知识，推广科学技术的应用，倡导科学方法，传播科学思想，弘扬科学精神的活动的社会教育。教育是培养人的活动，包括学校教育、家庭教育、社会教育三种类型。由上可知，科普作为社会教育的一种，是教育的下位概念，科普与教育融合概念中的“科普”和“教育”存在概念交叠。因此，本文将科普与教育融合中的“教育”界定为学校教育、家庭教育以及除科普之外的社会教育。从广义上看，科普与教育融合是科普与各类教育形态的活动融为一体的创新教育方式。从狭义上看，科普与教育融合概念中的“教育”专指学校教育。科普与教育融合是社会教育与学校教育活动融为一体的创新教育方式。

三 “四化一体”的科普与教育融合发展路径

基于科普与教育融合的概念界定，提出目标综合化、内容共享化、组织协同化、评价多元化“四化一体”的科普与教育融合发展路径（见图1）。

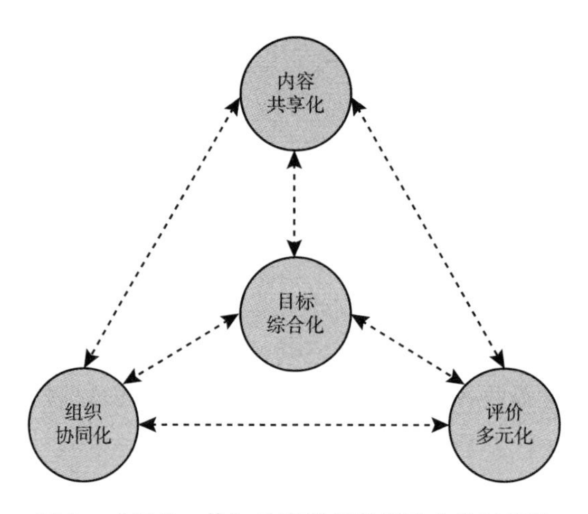

图1 “四化一体”的科普与教育融合发展路径

（一）目标综合化：科普目标与教育目标共生

科普与教育融合发展的目标综合化是指确立的目标既要满足科学普及的需求，又要符合教学目标，即要整合科普与教育目标，形成系统性、整体性的目标。既要注重对科普新理论、新技术、新原理的理解掌握和消化吸收，又要观照教育中知识与技能、过程与方法、情感态度价值观的培养，平衡不同发展取向的工具性秩序与建构共识形成凝聚的表意性秩序的相互作用，达成以科普育人、促进人的全面发展的综合化目标。

其一，重视科普目标与学校教育的综合联结。高校层面要注重发挥学生的主力军作用，促进“科普”—“教育”—“自我”目标的共生发展，不仅要发挥大学天然的文化输出作用，包含科学方法、科学本质、科学思想、科学精神及处理问题能力等科学素养的输出，而且要让学生成为主动“参与者”，通过掌握的知识与技能服务社会，形成严谨求实的科学态度。从学科视角出发，以物理为例，物理教育和物理科普的共同目标是让受众认识物理，通过学习物理知识，掌握科学方法、领会科学思想、培养科学精神，但是二者有所差异，教育如同“插秧”，面向特定对象系统培养，科普更像“飞播”，针对不确定群体的碎片交互，需要将二者综合化。

其二，注意知识、技能、情感多维目标的系统实现。中小学方面，要注重科普知识与学校教学多维目标的融合扩展，促进“知识”—“技能”—“情感”目标的螺旋进阶。如泸州市中小学开展的国家级生命科普教育活动，既要测定知识目标（人体构造、胚胎发育、急救、青春期、显微镜、虚实融合）的达成度，又要监测能力目标（急救、青春期应对、自我保护、显微镜使用、虚拟现实操作）、情感目标（珍爱生命、感恩、自信、团队合作、科研启蒙、奉献、尊重残疾人）的达成度，形成科普与教育融合的综合化目标体系。此外，教育目标要符合国家战略要求、满足各级各类机构需要，匹配大部分个体知识、能力、情感需求。

因此，科普与教育融合发展的目标综合化不仅要满足科普领域工作者追求的科学知识获得、科学方法掌握、科学精神养成实践需求，又要发挥教育工作者在实现知识与技能、过程与方法、情感态度价值观三维的引领性、驱动型引擎作用，以实现培养德智体美劳五育并举、全面育人的综合化目标。

（二）内容共享化：活动串联与模块定制结合

科普与教育融合发展的内容共享化旨在以活动为核心，通过梳理并共享科普主题板块的知识点与学校课程教育标准化教材中的知识点，共享参与者以往学习经验与生活常识，寻求契合点，通过“知识嫁接、活动串联、模块定制”实现多主体、多场域的内容共享，平衡共性与个性，兼顾公平与效率，促进科普与教育融合惠及更多人群与地区。

其一，基于主题设计模块化活动，依据课程进行不同模块课程组合。上海科技馆开展基于科技馆受众的疫情防控科普课程设计时，在定位受众群体后，调研学生初始能力及认知风格发现，学生具有一定生活常识、喜欢动手试验等。在此基础上，将疫情防控与科学课中的生命呼吸知识点进行嫁接，确立认知呼吸系统的课程名称，注意课程设计中活动的互动性、体验性、趣味性，以呼吸这一知识点串联所有活动设置，定制出达人讲座、DIY/实验、蘸取参观、科学 live、科学课程等模块，以便在科学教师的指导下根据受众兴趣或偏好，选择与课程主题搭配的模块定制内容。

其二，基于主题研发多版本活动，根据条件进行不同版本活动巡展。广东科学中心“战役——抗击新冠肺炎”主体展中，以病毒学、传染病学、医学、科普教育等课程知识点为基础，配套开发图文、展品、动画等展览内容，设计“病毒自白”“病毒与人类的演化博弈”“我们的未来”三大主题，构建现场辅导体验、定时定点展示、专题科技课等模块，并预定出完整版、简易版、蓝图版三个版本的巡展模式。完整版内容全面，多感官体验丰富，能系统呈现病毒主题知识内容，有利于满足不同主体的学习需要；简易版侧重图文展示，辅以少量动画、实物展品，易于维护，有利于科普进乡村、进山区；蓝图版通过共享版权，有条件地授权相关方进行复制，开展巡展，在资源流动建立连接的过程中，满足多方需求，提升了科普与教育融合资源的有效利用率，兼顾经济性与公益性。

（三）组织协同化：多方主体与多元路径并举

科普与教育融合发展的组织协同化旨在以专业化人员培养，带动组织内部制度化建设、确立科普与教育融合发展路径，促进科普与教育融合的协同共振。目前科普主体能力建设差距、科普工作治理效能不足、科普政策路径建设不完善是科普与教育融合发展的突出短板，迫切需要相关组织跨界融合，构建基础制度、治理体系和治理工具是落实新发展理念、构建新发展格局，推动高质量发展的体系保障。

其一，发挥多主体主动性。从主体角度，现有主体更多是政府、科协、高校、中小学，各方力量都有其优势及局限性，需要多方主体优势互补。譬如，为挖掘科普与教育合作服务深度，各地开展馆校结合、馆企结合等项目，建立了地区科普力度评价指标体系，但在具体的课程开发、师资培训、活动开展等方面尚未建立规范化的标准，在协同推进、协调一致等标准化体系建设方面有待增强。从媒介角度来看，互联网成为科学普及主阵地和主平台的步伐加速，培养具有数据化思维、杠杆化思维、生态化思维、互联网+思维的团队，建立科普与教育融合的数字化、信息化传播的体系方面有待加强。

其二，协同多路径规范性。组织协同主要包括行政计划式路径、指导服务式路径、监督服务式路径三种。一是行政计划式路径，通过行政命令，加强科普与教育主体的使命担当，以专业培训引导相关主体的专职、兼职人员提高专业知识与技能水平，提升工作投入度、认同感、责任感；二是指导服务式路径，借助会议、座谈等交流平台，帮助搭建科普与教育及相关组织之间对话的桥梁，寻求社会需求与组织合作契合点，形成一体化部署，弥合相关组织边界的壁垒，创新激励机制形成合力，构建政府、社会、科普机构、学校、市场等各级各类主体共同参与的科普与教育融合模式，助力实现科普与教育两翼齐飞的大格局；三是监督服务式路径，在组织协同化发展过程中，以专家智库为核心团队，探索科普与教育融合的重要因素及其相互关系、运行方式与变化规律，建立健全制度政策建设与评价体系，通过多通道监督评价收集问题与反馈，服务多元主体、各类组织合作多赢。三种路径并行推动我国科普与教育融合的结构优化、效能提升、业态升级，助力我国科普与教育融合的标准化、国际化发展，形成共享共建的协作生态圈。

（四）评价多元化：融合结果和活动过程并重

科普与教育融合的评价多元化包括多元主体的活动评估、媒介评估、能力评估等。由于科普与教育融合的评价涉及多方主体、多个环节、多种渠道，因此评价方式更为多元。

评价要注意主客观多元视角，融合过程与结果评价。不同学者的评价视角主要包括如下三种：一是有学者从需求和投资视角评价科普与教育融合活动的效果；二是从评价方法角度来看，Kulgemeyer 和 Schecker 开发了科学传播能力的定性评估方式；三是基于研究目的，开展适恰的多元维度及指标体系构建，例如何丽构建了科普创新投入、科普创新管理、科普创新产出、市场营销、技术创新、科普活动等 6 方面，16 项指标的评价体系，开展综合测度。三种视角均侧重科普与教育融合的结果性评价，对于融合中的受众过程性评价有待加强，譬如针对不同年龄参与者进行多个时段的经验取样获得参加时长、自评、同伴互评等多元数据，采用最佳互动、最佳探索、最佳团队等多元评价标准做出判断。未来科普与教育融合的评价一方面可以根据不同主体的不同需求，开展科学、适当的理论与实践相结合、主观与客观并重的多元化评价方式，另一方面要注意结果与过程的双重评价，即不仅重视最终学习效果的结果性评价，而且要注意不同内容及活动及其串联的过程性评价，从而为科普与教育融合提供启示与建议，助力科普与教育融合的可持续、高质量发展。

目标综合化、内容共享化、组织协同化、评价多元化的“四化一体”的科普与教育融合的发展路径是激发人才创新活力、提高全民科学素质服务高质量发展的创新探索，四个方面相互协调，相互影响，相辅相成，共同推动科普与教育融合的战略格局，为国家创新发展提供恒久动能。

参考文献

[1] 林斯坦：《加强国民科学素质培养探略》，《中国教育学刊》1999 年第 6 期。

[2] 杨文志、吴国彬：《现代科普导论》，科学普及出版社，2004。

[3] 杨文志：《科普供给侧的革命》，中国科学技术出版社，2017。

[4] 王萌：《当代科技场馆提升科普效能的路径探析》，《科技传播》2021 年第 8 期。

[5] 赵娜：《新冠病毒疫情下高校化学科普教育探析》，《包装工程》2021 年第 S1 期。

[6] 陈征、魏红祥、张玉峰、郑永和：《创新与普及两翼齐飞，科普与科教同频共振》，《物理》2021 年第 7 期。
[7] 赵宏贤、刘岚、罗礼容、陈蓉、范光碧、朱瑞森、先德海：《“专业+”视野下生命科普教育研学课程研发与测试》，《教育教学论坛》2020 年第 39 期。
[8] 郭奕辰：《基于科技馆资源的疫情防控科普课程开发》，《上海教育科研》2020 年第 5 期。
[9] 黄亚萍：《科普巡展研发推广的创新实践与发展对策》，《科技管理研究》2021 年第 14 期。
[10] 郑永和、杨宣洋、徐洪、卢阳旭：《“两翼理论”指导下科普事业发展路径的思考》，《科普研究》2022 年第 1 期。
[11] 朱相宇、杨阳：《国内外科普研究回顾与展望——基于 SCI/SSCI/CSCD/CSSCI 文献的分析》，《创新科技》2021 年第 2 期。
[12] 齐培潇、郑念、王刚：《基于吸引子视角的科普活动效果评估：理论模型初探》，《科研管理》2016 年第 S1 期。
[13] Kulgemeyer C., Schecker H. Students Explaining Science-Assessment of Science Communication Competence [J]. Research in Science Education, 2013, 43 (6).
[14] 何丽：《企业科普能力指标体系构建》，《科研管理》2015 年第 1 期。

“双减”政策下，能“心理按摩”的创新型科普剧在教育中的作用及策略

杜　琳*

摘　要： 本文探讨如何通过馆校企深度融合“搭戏院”，利用能“心理按摩”的创新型科普剧助推“双减”工作，在提高青少年科学素养、观察能力、表达能力、逻辑思维、团队协作能力、想象力与创造力的同时，打开学生的心扉，进行心理健康教育，减压疏导，助其更加自信、乐观地适应社会的变化和生活。

关键词： “双减”　创新型科普剧　身心健康　科学素质　馆校结合

现代社会科技发展日新月异，是信息爆炸的时代，学生的学习压力也随之越来越大。学习压力大容易带来诸如焦虑、叛逆、烦躁、沮丧、自卑、压抑和自闭等负面心理问题，同时，学习时间过长或学习任务过重还挤压了学生发展业余爱好的时间，限制了学生多方面发展的空间。有的学生还因为久坐不运动身体素质变差，甚至出现头晕、失眠、恶心和呕吐等不适症状。因此，如何降低学生过重的学习压力和提高学生的身心健康是目前迫切需要解决的现实问题。科技馆作为青少年科普的前沿阵地，在学生素质教育上发挥

* 杜琳，广西科技馆展教部副部长，信息系统项目管理师（副高级）。

着重要作用，可以通过科技馆和学校的联动合作，为学生搭建创新型科普剧创作和表演的平台，在拓宽学生科学视野和丰富科学知识的同时，发展和提高学生语言表达、文字创作和创新思维等方面的能力，培养学生勇于探索科学问题和乐观、热爱生活的精神。

一 “双减”政策下，馆校合作具有促素质“双增”的重要作用

中共中央办公厅和国务院办公厅于2021年7月印发的《关于进一步减轻义务教育阶段学生作业负担和校外培训负担的意见》，其主要内容就是要有效减轻义务教育阶段学生过重的作业负担和校外培训负担（即“双减”）。简而言之，给学生减负，深化素质教育。在推出“双减”政策之前，2021年6月国家便推出了《全民科学素质行动规划纲要（2021—2035年）》，强调要提高全民的科学素质水平，为进入创新型国家奠定基础。

以往，校外学科培训机构加剧了超前教育、过度教育的现象，学生被沦为可怜的“做题机器”，阻碍了创新型人才的培养。“双减”减去的是学生额外的负担，其目的是增加学生自主探索、培养兴趣、强健身体的机会，以促进青少年的德智体美劳全面发展。

如果用“粥”来比喻社会财富，“煮粥”表示创造财富，“分粥”比喻社会财富的分配。有人会认为，“双减”之下，社会财富仍然稀缺，僧多粥少，实际竞争并不会因为“双减”而缓和。这种思维模式依然固化在“粥就这么多”的想法上，也就是说，在唯分数论的思考方向上还是考虑怎么让孩子从考试中“冲出来”，于是拼命报昂贵的课外培训班。但面对飞速发展的时代，我们需要“做出更多粥”的人去开拓新的领域，把社会财富的规模做大。只有在基础学科教育之上加强创新能力培养，才能让我们的人才在未来竞争中脱颖而出，在“僧少”的低生育率时代，生产更多的“粥”。

把“财富蛋糕”做大，仅靠学校等教育的力量是有限的。为充分运用科普资源助推“双减”工作，2021年12月，教育部办公厅、中国科协办公

厅联合印发《关于利用科普资源助推“双减”工作的通知》，提倡引进科普资源到学校开展课后服务，组织学生到科普教育基地开展实践活动，联合加强学校科学类课程教师培训等，为馆校合作进一步指明了方向。

二　馆校深度融合，探寻科普助推“双减”的“灵丹妙药”

近年来，馆校结合形式丰富多彩，科普专家演讲团进校园、校园科技周、青少年科学节、研学旅行、趣味科学课堂、各类科技竞赛、科普大篷车进学校等，对提高青少年科学素质、营造崇尚科学的社会氛围起到了很好的作用。但在较常见的科普形式中，学生往往只是科普的对象，是“顾客”。如何加强馆校合作，有效变客为主，避免“为科普而科普”的科普教育现象?

自2012年起，广西科技馆每年举办青少年科普剧竞赛。笔者组织了多届科普剧竞赛后发现，让学生在课后参与编、演集科学性、知识性、趣味性、艺术性于一体的科普剧，做科普的主角，而不仅仅是科普的对象，正是充分利用科普资源助推“双减”工作的“灵丹妙药”。

学生参与设计、表演科普剧，通过探究科普形式以及科学问题，在“问题””兴趣”双重动力的驱动下，亲身参与体验，从而获得“直接经验”，不仅可以激发对科学问题进行探索的主观能动性和树立未来从事科学研究的理想，还能一定程度上培养学生的创新思维和团结协作能力。

三　编、演能“心理按摩”的创新型科普剧，是促进身心健康的“奇效良方”

科普剧是将科学知识经过艺术加工，由富于视听的舞台戏剧进行演绎的一种科普形式。它将科学与艺术有机地融合，以社会关注、百姓关心、群众好奇的热点话题为题材，辅以相关的科学实验、舞台表演、视频音频资料等，配以相应的剧情，通过艺术表演的形式弘扬科学精神，掌握科学方法，学习科技知识。

通过戏剧演绎方式进行科普活动具有许多优点：一方面学生参与科普剧设计，可以增长见识，学习与剧情相关的科学精神及科学知识；另一方面通过戏剧表演可以开发学生创新思维和创作能力，加强学生语言表达和观察能力，提升与人沟通和协作技能，培养判断事务和解决实际问题的能力，还可以打开学生的心扉，助其更加自信、乐观地适应社会的变化和生活。

（一）科学释放“内心戏”，克服不良情绪

不知何时起，“社恐”一词已在青少年中流行。面对高速发展的社会和学业的压力，部分青少年或多或少存在焦虑、抑郁、失望、自卑、厌学以及与人沟通障碍等心理问题，对青少年的健康成长造成了严重阻碍。戏剧除了可以作为一种艺术形式让人观赏，进行娱乐、审美之外，还可以作为一种教育手段或方式，对那些不能够打开心扉、压力过大的人进行戏剧教育与“心理按摩”。有研究显示，戏剧治疗作为一种新的心理疗法，在青少年心理健康治疗中能起到心理疏导的作用，帮助有心理问题的青少年缓解心理问题乃至康复。以此类推，融入心理健康相关科学知识的科普剧，经专业人士设计、辅导，将有利于助力青少年通过角色体验、融入剧情，隐性接受心理健康教育及“心理按摩”。我们可以将乐观向上、积极上进的正能量剧情融入科普剧，例如融入不畏挫折、坚强勇敢、迎难而上的剧情，让学生在演戏中产生情感上的共鸣，通过好玩、欢快的戏剧表演来克服害羞、胆怯、紧张、迷茫、消极的情绪，逐渐打开内心，释放自我，塑造正面的人格特性，更加自信、乐观地适应社会生活。

（二）打败游戏等“对手戏”，促进身体健康

随着信息技术的发展，不少青少年沉迷于网络游戏、网络小说、短视频、电视剧、综艺娱乐等，不仅对青少年的身体健康特别是眼睛发育极为不利，而且消耗学生的学习精力与积极性，进而严重影响学生的学习成绩。笔

者在交流中发现，许多参与过科普剧竞赛的老师认为，课后排练融入科学精神等正能量的科普剧，可以帮助学生树立科学理想和目标，进一步激励其朝着理想目标而努力学习。同时，通过剧中的跳舞、唱歌等肢体动作活动手脚，锻炼身体，可以让青少年减少接触游戏等，避免因沉迷网络而长期固定坐姿，从而保护颈椎与眼睛，一举多得。

（三）“戏友”合作无间隙，提高团队合作能力

当下许多家庭多个大人围着一个孩子，他不需要“让”，不需要“等”，所有的事情都以他为主，孩子常常是以自我为中心，不知道还有别人。一个科普剧需要学生与团队成员一起排练合作完成。一起排过科普剧的“戏友”，更容易建立友情，形成互相帮助、团结友爱的集体氛围和协同完成共同目标的观念。排演科普剧可帮助青少年提高团队合作精神，培养良好的人际交往能力。

（四）少时多演“戏”，长大不追“戏”

在科普剧排练的参与过程中，通过模仿身边的人和事，体验不同角色的互换，了解戏剧的奥秘，体会人设的打造，培养青少年从不同的视角和立场出发，全面客观看问题的意识，避免追星追网红、沉迷网络游戏，预防各种套路诈骗，不断提高对社会和人类行为的认知水平，增强其社会适应能力。

（五）科普戏里找创新，培养想象力与创造力

如何通过某种创新形式展现枯燥的科学知识是科普剧需要解决的关键问题。通过音乐剧、舞蹈剧、木偶剧、戏曲等创新形式将科学知识再加工的科普，让青少年可以在编剧、排戏的过程中启发联想，激发灵感，丰富想象力与创造力，从而进一步培养创造新事物、解决新问题的能力。

（六）层出不穷的科普“戏”，激发科学兴趣

科普剧涉及的科学知识面广，青少年通过设计、自导自演科普剧，不仅可以学到科学知识，扩大知识面，开阔眼界，还能以第三视角潜移默化地加深对科技知识的理解，增加学科学、爱科学的兴趣。

著名学者余秋雨曾说，“一个孩子如果没有机会从小学习表演，将来很难成为有魅力的社会角色。让孩子参加戏剧表演，不是培养文艺爱好者，而是要赋予孩子们一种社会技能”。笔者在多年的科普剧工作中，与许多老师、家长、评委等进行过访谈，许多组织、参与过科普剧的老师普遍认为，科普剧是一种润物无声的教育形式，青少年在亲身参与、体验中，通过浸润式的科学素质教育，理解力、表达力、思维力以及合作能力会得到锻炼和提升，人文底蕴、艺术修养都能获得提升。笔者对多名家长和学生就科普剧对学生克服不良情绪、促进身体健康等5个方面的作用展开了调查，受调查者普遍认同科普剧对青少年丰富科学知识，德、智、体、美、劳全面发展起到了有效的作用。

四　馆校合作打造科普“戏院”

如何更充分利用创新型科普剧助推“双减”？笔者建议馆校合作打造科普“戏院”，深度融合科普场馆与学校的资源，为学生搭建创新型科普剧创作和表演的平台，使青少年能够在轻松愉悦的文化氛围中健康成长。

（一）对标课标，量身定制戏本

创作科普剧，是科普场馆工作人员的日常工作，但以往的编剧大部分是场馆工作人员，选材、故事情节、台词等很少聚焦课标重点科学概念，不一定适合学生、学校的内在需求。而学校教师每天与学生紧密接触，对学生的喜好、需求、个性等甚是了解，通过馆校深度合作，由熟悉学生的教师按需聚焦课标“下单”，由馆方创作人员们精心创作，并联手心理健康专家，有针对性地将心理健康相关科学知识、促进正能量的剧情融入科普剧，创作适合该校该年级甚至该班的好戏本，寓教于乐。

（二）选戏角，分戏份，改戏本

馆方辅导员进学校，协助科学课程老师挑选喜欢演戏、有特长、积极参与的学生做主角，鼓励胆小、害羞、怯场等学生做配角，根据学生性格等特点安排戏份，鼓励、引导、协助青少年勇于创新，对剧本进行二度创作，提高学生参与度及成就感。

（三）排大戏，养“戏精”

课后，辅导员们化身编导，以馆方辅导员为主、校方教师为辅，组织学生排戏，言传身教如何排演好一出戏，帮助学生入戏，鼓励学生创新改戏，帮助教师学会排戏，把课堂变为“戏说科普”的舞台。营造轻松愉悦的氛围，让学生在戏剧中遨游，在游戏中排戏，在排戏中学习，边学习边玩游戏。同时，根据不同班级学生的特点，按需安排心理健康专家在排戏的过程中以剧情设计、语言鼓励、肢体运动、氛围营造等形式，“隐性”为青少年进行心理疏导，帮助其减缓学习压力，获得成就感及认同感，克服性格弱点，完善自己的性格，收获更多的正能量。

（四）搭“戏台”飙戏

台上一分钟，台下十年功，在同学们精心排练之后，展示成果、获得肯定是非常重要的。在科普场馆搭台举办科普剧竞赛、在场馆剧场开设周末科普剧院等，通过文化搭台、科普唱“戏”，让同学们在科普剧的大舞台上演绎自己的精彩，在观看和表演的过程中，锻炼自我，获得成就感，感受科学精神，学习科学知识，在心中埋下热爱科学热爱生活的种子。

（五）老戏骨说戏，助力编导养成记

由科普场馆举办科普剧培训班，统筹制订教师培训计划，精心设计培训课程，邀请专家大咖开展科普剧创作与表演培训。通过理论讲座与互动实践交流相结合的方式，向学校教师普及相关理论和基础知识，帮助教师掌握科

普剧的选题、编剧、导演和表演的创作全过程，共同促进科普剧的校园推广与发展。

（六）跨界科普，戏说创新

戏曲是中国传统的文化瑰宝，凝聚着中华民族优秀的文化精神。可向各界传统戏曲专家取经，结合黄梅戏、皮影戏、京剧、昆曲等戏曲以及木偶剧等，巧妙地融入科学知识，使科学与传统文化相融相促，彰显时代气息和创新思维。例如我们读过无数健康科普读物，可很少看过黄梅戏版的科普戏，在有些地方，当地卫健委与黄梅戏剧团联合创作，将高血压等疾病科普结合黄梅戏搬上巡演舞台，搬进村卫生室，用戏曲唱出卫生惠民政策，用戏剧展现健康科普知识，深受群众喜爱。还有些地方借助非物质文化遗产——皮影戏讲述了唐僧取经路上猪八戒因贪吃误食毒品的故事，提醒大家毒品多变、善于伪装，一定要谨慎识别，否则追悔莫及。

非物质文化遗产是珍贵的，是一个国家和民族历史文化成就的重要标志。信息飞速发展的时代，皮影戏的观众日益减少，皮影戏面临着消亡的危险。然而这不仅仅只是皮影戏才有的现象，而是所有非物质文化遗产的现象，所以通过融入科学等新的元素，既可以提升同学们的科学素养，陶冶情操提高品位，又可以鼓励青少年传承、保护非物质文化遗产，带动更多人去欣赏中华民族的传统艺术，让它走过了千年时光后，还能世世代代流传下去！

结　语

演员不动情，观众不共鸣；演员不动心，观众不入心；演员不动神，观众便走神。舞台剧对演员的要求较高，通过馆校合作打造科普“戏院”，集众家之长，利用课后时间培养“十八般武艺样样精通”的“戏精”，你唱罢来我登场，源源不断将科普剧创新延续下去，恰可共谋双减“一盘棋”，共唱科普“一台戏”！

参考文献

[1] 鲍丹禾：《“双减”将助力青少年科技创新人才的培养》，《现代教育报》2021 年 10 月 12 日。

[2]《教育部办公厅 中国科协办公厅关于利用科普资源助推“双减”工作的通知》，中华人民共和国教育部网站，2021 年 12 月 2 日，http：//www.moe.gov.cn/jyb_ xwfb/gzdt_ gzdt/s5987/202112/t20211217_ 588138.html。

[3] 黄子义、唐智婷、姜浩哲：《馆校结合视角下科普教育的治理逻辑——以上海自然博物馆“博老师研习会”项目为例》，《科学教育与博物馆》2020 年第 Z1 期。

[4] 李娜：《戏剧疗法在青少年自我认知小组工作中的实践研究》，湖南师范大学硕士学位论文，2019。

[5] 李晓征、黄铭实、王飞：《浅析青少年参与科普剧表演对综合素质提高的作用》，“2020（第六届）科学与艺术”研讨会，2020。

[6] 朱幼文：《“馆校结合”中的两个“三位一体”——科技博物馆“馆校结合”基本策略与项目设计思路分析》，《中国博物馆》2018 年第 4 期。

元宇宙视域下青少年科普教育资源构建探索

刘 烨 尹依梦 李 焱*

摘 要： 科普教育是青少年科学素质培养、创新能力培养的重要途径。元宇宙作为数字经济时代新兴技术聚合构建的新型社会时空结构，为教育信息化迈入数字化转型提供新的思路。本文一方面从元宇宙视域下分析校园、家庭和社会三个维度的科普教育路径，另一方面探究构建科普教育资源的新要求及设计理念，整合学习内容、学习环境与学习活动，将其与青少年认知、青少年感知情境融为一体，提升青少年对科普知识的学习热情。

关键词： 元宇宙 科普教育 沉浸式学习

一 引言

元宇宙一词诞生于1992年的科幻小说《雪崩》，小说描绘了一个庞大的虚拟现实世界，在这里，人们戴上耳机和目镜，找到连接终端，就能够以虚

* 刘烨，河北经贸大学管理科学与工程学院讲师；尹依梦，河北经贸大学管理科学与工程学院硕士研究生；李焱，河北经贸大学管理科学与工程学院副教授。

拟分身的方式进入由计算机模拟、与真实世界平行的虚拟空间，用数字化身来控制，并相互竞争以提高自己的地位。在原著中，元宇宙（Metaverse）由 Meta 和 Verse 两个单词组成，Meta 表示超越，Verse 代表宇宙（universe），由此可见，元宇宙可以理解为“超越宇宙”的概念，一个平行于现实世界运行的人造空间，是互联网技术结合 AR、VR、3D 等技术支持的虚拟现实的网络世界。

2007 年元宇宙首次受到人们的关注，来自哈佛大学、麻省理工学院等高等院校与谷歌、微软等互联网企业提出建立元宇宙路线图项目。2017 年比特币交易所创始人提出“以区块链驱动元宇宙”使得元宇宙领域有了突破性进展。2021 年是元宇宙元年，Soul App 在行业内首次提出构建“社交元宇宙”，8 月海尔率先发布的制造行业的首个智造元宇宙平台，涵盖工业互联网、人工智能、增强现实、虚拟现实及区块链技术，实现智能制造物理和虚拟融合，融合“厂、店、家”跨场景的体验，实现了消费者体验的提升。2021 年 12 月 27 日，百度 Create AI 开发者大会发布元宇宙产品“希壤”。一时之间“元宇宙”的出现引发教育领域的关注。“教育元宇宙”引发研究热潮，目前相关研究认为教育元宇宙在情景化教学、教学研训场景等方面具有应用潜力，可以降低情感学习的触发门槛，提升学习效能，为学习者提供更加智能的教学服务与体验，为教育教学领域的发展注入新的活力。

国务院在 2021 年印发的《全民科学素质行动规划纲要（2021—2035 年）》中明确指出“十四五”时期“重点围绕践行社会主义核心价值观，大力弘扬科学精神，培育理性思维，养成文明、健康、绿色、环保的科学生活方式，提高劳动、生产、创新创造技能”。由此可见科普教育是向人们普及科学知识、科学技术发展、科学技术应用的重要传播媒介，是营造热爱科学、崇尚创新的社会氛围，提高全民科学素质，建设社会主义现代化强国的基石。青少年是承载祖国建设的接班人，少年兴则国家兴。构建多元化的青少年科普素质教育平台可以提升科普信息化，提升科普教育成效，激发青少年学习科学知识的兴趣，引导青少年讲科学、爱科学、用科学，树立青少年正确的科学思想与探究精神。本文主要在元宇宙视域下探究科普教育有效路径，并探究构建科普教育资源的新要求及科普资源设计，为打造场景式、体验式、沉浸式科学素质教育生态，提高青少年科学素质服务高质量发展做出积极贡献。

二　元宇宙视域下科普教育路径

元宇宙作为数字技术聚合构建的新型社会时空结构，向人们展现“虚拟生存”的生态途径，为全民科普教育资源提供沉浸式体验。元宇宙视域下，可以将传统的科普教学、科普讲座、科普视频升级为“万物皆备于我”的沉浸式专属场景，构建虚拟仿真教学环境、平台或者社区，实现由青少年打造的去中心化世界，借助区块链、云计算等各种互联网新技术，积极开展科普教育。有研究表明，借助元宇宙开展教育将成为基于第三代互联网与真实社会各属性与要素紧密联系的新型教育形态，以交互为中心、以突破各类边界（时空、关系、交流、情感边界）为特征。本文从校园、家庭和社会三个维度探究元宇宙视域下科普教育路径。

（一）校园

元宇宙与教育的结合是元宇宙最重要的应用之一，是教育教学方式多元化发展的必然趋势。已有研究表明 VR 环境下可以促进学习者对科学概念的理解，并且可以实现交互感、沉浸感和临场感的学习体验。目前虚拟校园已经成为校园信息化的重要组成部分，通过虚拟校园复制真实的校园环境，让学生身临其境地体会校园氛围，已经被普遍推广。2015 年美国纽约大学开发了相关应用，用户可以通过 AR 参观虚拟的纽约大学，了解教学楼的各项功能设置。2020 年，在新冠疫情的影响下，有些学校为毕业生们举办了一场 VR 线上毕业典礼，学生可以任意选择自己的人物形象合影留念。随着科技的进步，“元校园”正在逐渐变为现实，我们不仅可以真正实现 1∶1 的环境复刻，还可以通过虚拟空间完成传统意义上的线下教学活动。经济学家朱嘉明认为，过去学习是为了创造，现在学习的过程本身就是创造，而元宇宙可以打破教育的时间和空间边界，实现传统教育模式的升级和教学资源的平衡，最终让终生学习、跨学科学习、循环学习以及人机互相学习成为可能。由此可见，在对青少年进行科普教育时，可以在物理、化学、生物等以实验为基础的学科中构建模拟仿真实验环境，实现虚拟授课，对于操作难度系数高、实验设备昂贵的实验，利用虚拟教学的方式可以为科普教育教学的发展提供更多的新空间，更大程度地激发青少年获取科学知识的热情。

（二）家庭

家庭是青少年的第一课堂，家庭教育在科普教育工作中扮演者非常重要的角色。在家庭环境中开展科普教育可以利用各种各样的资源，例如图书、数字电视、VR 眼镜、互联网模拟游戏等。元宇宙的概念这两年如此火爆，但是对于整个家庭来说又稍显陌生，如何能够让青少年理解如此专业的词汇少不了图书的帮助，让孩子们在听故事之中了解元宇宙的基本知识，对于元宇宙的概念以及原理有着一个相对的了解，激发他们对科学知识的探索精神。元宇宙虚拟空间是基于互联网技术的，而现代互联网技术的发展给元宇宙的构建提供了一个巨大的平台，各大公司也都在平台上推出了自己的项目。青少年可以通过这些平台体验虚拟世界的乐趣，了解科学知识的博大精深。进入虚拟世界需要有必要的穿戴设备，很多青少年都看过各种动感电影，而他们穿戴的眼镜等都是进入虚拟空间的工具，现代科技的发展将这些带入了生活之中，为科普工作的推广提供了更广阔的空间，将科普教育和家庭生活娱乐完美地融合在一起。

（三）社会

2022 年 5 月 20 日，以“动感元宇宙　动漫谱新章”为主题的 2022 年“全国科技活动周”咏声动漫科普研学活动在广州咏声动画科技馆举行。活动现场，青少年朋友还走进咏声动漫元宇宙体验馆进行体验。作为全国首家超写实虚拟人线下体验咖啡馆，该馆集成虚拟人 AI 交互科普体验及线下消费场景，在这里可以与虚拟人店长“跨次元”互动。咏声元宇宙创客项目将让青少年跟随课程化身为“元宇宙创客”，通过面部捕捉、动作捕捉、顶级特效技术、虚拟现实（VR）/增强现实（AR）、TTS深度声音定制系统等元宇宙技术，以沉浸式体验获得创作元宇宙虚拟内容和体验元宇宙技术的乐趣。在元宇宙视域下科技馆、科普教育基地、图书馆可以开展丰富多彩、多种形式的主题活动，与学校、家庭教育相互衔接，引导青少年体验科学探究，提升青少年学习科学知识的兴趣。

三　元宇宙视域下科普教育资源构建

（一）技术探索

元宇宙三大特征是与现实世界平行、反作用于现实世界、多种高技术的综合，其本质上是对现实世界的虚拟化、数字化过程，需要对内容生产、经济系统、用户体验及实体世界等内容进行大量改造。在元宇宙视域下科普资源构建需要融合以下新技术。

其一，运用5G/6G网络、人机交互技术打造沉浸情境，从不同维度实现多元立体视觉、深度沉浸。由于青少年已经习惯和认同互联网中虚拟的社交行为，因此这种深度沉浸形式可以打造全景式科学知识场域，构建漫游宇宙、历史穿越、地质勘探等不同形态的学习场景，提升青少年兴趣，寓教于乐。此外，青少年既可以以个人形式在元宇宙空间中随时随地参与科学活动，也可以以家庭或团队形式参加，在人际社交模式下形成团队创新精神，培养用户团结协作能力。

其二，运用云计算、人工智能技术、区块链技术、3D建模技术在实验教学与多学科融合教育背景下，增强用户角色互动性，做到用户全方位地获取认同感。青少年可以在元宇宙空间中开展科学探究、科学实验、科学设备仪器体验等，将深奥的科学知识变得通俗易懂，培养用户动手能力、探索发现能力。

其三，运用视觉技术、全息投影技术与语音识别技术，激发用户对科学和技术的浓厚兴趣，增加趣味性。例如，青少年在图书馆畅游时可以通过即时搜索找到感兴趣的书籍，然后留下自己的想法与超越时空的其他阅读者交流交换思想；青少年在全息元宇宙科普教育中伸手即可触摸宇宙太空中的星星，感受时空的弯曲，太空的奥秘；青少年随时随地找到自己感兴趣的领域，发现并开发文创数字产品开启科学知识闯关模式……。通过构建一系列科普主题活动，增强科学知识趣味性，调动青少年热爱科学、使用科学、利用科学的积极性，培养青少年创造性思维。

（二）资源优化

科学知识的积累是培养青少年创新能力的基础，在青少年科普学习资源构建中需要转变教育理念，做到“激发科学兴趣，丰富想象思维”，让青少年畅游在科学知识的海洋中，善于思考，勤于动脑，激活青少年创新动力。在元宇宙视域下，要求将虚拟现实学习资源整合学习内容、学习环境与学习活动，将学习内容与青少年认知、青少年感知情境融为一体，由此设计立体动态的全息探究内容，虚实融合的再造仿真环境和身心合一的交互体验活动。因此，元宇宙视域下的科普学习资源、学习内容、学习环境和学习活动与 VR 技术的结合，青少年以虚拟化身参与社交、娱乐、学习，拓展青少年学习者接受科普教育渠道，培养青少年科学兴趣和探究精神。

1. 学习资源优化

在元宇宙视域下，学习资源可以通过网络共享空间构建新虚拟教育世界。学习资源的设计需要考虑探索构建灵活、开放的教育模式，考虑将传统的网络科普学习资源与元宇宙虚拟空间融合，并探索运用大数据技术实时更新学习热点、前沿科技，构建具有开放、身份、相互依赖、多元、自治、自生长等特性的元宇宙学习社区，发展社区文化，突破原有科普平台壁垒，促进各领域科学知识资源的共建与共享，让青少年能够充分在学习社区中开展科学知识的学习、交流、互动。

2. 学习内容优化

学习内容的优化需要注重情景化学习、个性化学习、游戏化学习等多元化学习场景应用。首先，运用深度学习、推荐算法等挖掘青少年兴趣方向，满足青少年个性化需求。其次，以科普实验、科普节目、科普游戏等形式内置涵盖生态学、生物学、物理学、化学、地理学、数学概念与规则等主题知识教育模块，根据各学科特性对知识进行筛选，构建科学性的、系统性的学科教育体系，增加科学知识趣味性，营造轻松的科普学习氛围，构建迷人科普盛宴，提升青少年学习热情，激发学生对科学知识的求知欲望。

3. *学习环境优化*

在虚拟现实技术的应用下，依托现有“互联网+教育”模式，将学习环境优化为体验式学习和沉浸式学习。结合青少年心理特点，通过动作捕捉、虚拟现实等技术对人体感官体验再构建，打造声光电全景体感镜像。在元宇宙生态下，青少年可以对此空间进行编辑、做剧本，开展探索世界、采集资源、合成物品及生存冒险等活动，营造青少年自主创建虚拟学习情境的可能，让青少年身临其境地感受到科学精神、科学知识和科学技术成果，培养和提升青少年创造性想象力。

4. *学习活动优化*

学习活动的优化主要以构建人机交互、人人交互、机机交互的全面数字化形态为核心，创设激励机制下的学习任务。利用元宇宙区块链溯源技术，记录青少年学习科学知识的过程，例如将学习进度、科普知识答题测试成绩等学习轨迹转化为积分，青少年可以使用积分解锁下一个学习主题并兑换各类文创产品，激励青少年学习热情。以“从实践中学习”的方式将科学知识传递给青少年，让青少年形成科学的思维方式，逐步指导、提升青少年理解科学知识、应用科学知识解决问题的能力。

结　语

青少年是祖国的未来，科普教育是引导青少年树立正确的科学观与价值观，培养创新精神的重要途径。2021 年元宇宙热议引发教育关注，元宇宙在推动教育智能化、实现教育规模化和个性化方面提供新的思路。在元宇宙视域下利用区块链、云计算、虚拟现实等技术构建科普知识传播、学习和发展的资源平台，打造沉浸式、体验式学习环境，有助于解决传统科普教学、科普视频、科普活动的局限性，激励青少年从心理层面理解知识、接受知识。因此，在元宇宙视域下思考构建科普教育资源需要营造更加多元化的教学模式来拓宽科学知识传播途径，这对青少年科学思维的培养是至关重要的。此外，元宇宙视域下的科普教育需要从校园、家庭、社会三个层面构建倡导科学方法、传播科学思想、弘扬科学精神的教育资源。“元宇宙+科普教育”有助于提升青少年学习科学知识的热情，促进青少年掌握与运用科学方法，提升青少年对科学知识的探索精神与创新精神。

参考文献

[1] 方凌智、翁智澄、吴笑悦：《元宇宙研究：虚拟世界的再升级》，《未来传播》2022 年第 1 期。

[2] 傅文晓、赵文龙等：《教育元宇宙场域的具身学习效能实证研究》，《开放教育研究》2022 年第 2 期。

[3] 钟正、王俊等：《教育元宇宙的应用潜力与典型场景探析》，《开放教育研究》2022 年第 1 期。

[4] 刘革平、高楠等：《教育元宇宙：特征、机理及应用场景》，《开放教育研究》2022 年第 1 期。

[5] 国务院印发《全面科学素质行动规划纲要（2021—2035 年）》，2021 年 6 月 25 日，http：//www. gov. cn/xinwen/2021-06/25/content_ 5620863. htm。

[6] 杨皓、方宇、郑凌莺等：《青少年科普教育对创新能力培养的重要性》，《科技视界》2021 年第 34 期。

[7] 翟雪松、楚肖燕等：《教育元宇宙：新一代互联网教育形态的创新与挑战》，《开放教育研究》2022 年第 1 期。

[8] 杨阳、陈丽：《元宇宙的社会热议与“互联网+教育”的理性思考》，《理论与争鸣》2022 年第 8 期。

[9] 管珏琪、张悦、吴哲、陈宇峰、张坚勇：《基于 VR 的论证教学对初中生科学学习的影响研究》，《电化教育研究》2021 年第 10 期。

[10] 鲁力立、陆怡婕、许鑫：《寓教于乐：元宇宙视角下口头文学类非遗的科普

VR 设计》,《图书馆论坛》2022 年 8 月 1 日,网络首发。

[11] 刘革平、王星:《虚拟现实重塑在线教育:学习资源、教学组织与系统平台》,《中国电化教育》2020 年第 11 期。

[12] 蔡苏、焦新月等:《打开教育的另一扇门——教育元宇宙的应用、挑战与展望》,《现代教育技术》2022 年第 1 期。

[13] Schwier R A. Catalysts, emphases, and elements of virtual learning communities: Implications for research and practice [J]. Quarterly Review of Distance Education, 2001, (1): 5-18.

助力“双减”基于馆校合作构建“1+4+N”科普教育体系的研究与实践

孟庆虎　叶兆宁　张安康*

摘　要：“1+4+N”科普教育体系是山东省科技馆助力“双减”政策全面实施的生动实践。山东省科技馆依托现有场馆资源，根据合作学校现实情况，构建出“1+4+N”模式科普教育体系。该体系基于STEM教育活动体系、TRIZ教育体系、创客教育体系，并融合中小学课标，开发出一批特色“三点半课堂”课后服务课程。通过特色服务课程不但有效促进了学生的全面发展，让学习更有趣，让学生视野更开阔，而且有效解决家长和孩子面临的现实社会问题。充分发挥了山东省科技馆大力普及科学知识、弘扬科学精神、传播科学思想、倡导科学方法的重要作用。

关键词：“双减”　课后服务　科技馆　馆校合作

* 孟庆虎，山东省科技馆展览教育部部长，副研究馆员；叶兆宁，东南大学生物科学与医学工程学院副教授；张安康，山东省科技馆展览教育部科员，助理馆员。

一　研究背景

（一）义务教育减负政策实施

2021年5月21日《关于进一步减轻义务教育阶段学生作业负担和校外培训负担的意见》（以下简称“双减”政策）正式通过，这为全国义务教育阶段减负工作指明了方向。“双减”政策的实施，目的是减少学生的家庭作业量，尽可能地让他们在学校完成作业，另外就是减少学生课外的辅导课程，给孩子多一些自由学习和活动的空间、时间。

1. 减轻义务教育阶段学生作业负担

努力减轻义务教育阶段的学生作业带来的负担，政策明确要求就是减轻学生的作业数量以及做作业的时间。此文件的提出对健全学生作业管理机制、分类明确学生的作业总量、提高教师作业设计质量、加强教师的作业完成指导等提出明确要求。要求合理地调控及设计作业的结构，让孩子尽量在学校把作业完成，不能给家长布置作业，不能让孩子自己批改作业等。

2. 减轻校外培训负担

近年来，教育部多次与有关部门开展联合行动，对校外培训机构进行专项治理，虽取得些阶段性成效，但仍存在一些根本性问题没有得到解决。目前在全国范围内面向中小学生的校外培训机构数量众多，有的地区已达到与学校数量持平状态，且存在参差不齐等状况，如果任其如此发展，必将形成存在于国家教育体系之外的另一个课外教育体系。这次的“双减”政策有一项就是主要针对课外培训机构，文件明确要求各培训机构不能占用法定节假日、休息日进行中小学学科类校外培训，同时文件明确要求学科类教育培训机构不得上市，这将对课外培训机构行业健康发展具有重要意义。近年来存在大量资本涌入校外培训行业现象，投资商疯狂展开“烧钱”大战，广告铺天盖地宣传，对全社会，特别是学生家长，进行“狂轰滥炸”式营销，严重违背了教育的公益属性，破坏了教育正常生态，“双减”政策的实施能够及时让教育属性重回正轨。

3. “双减”政策给学生课外生活提供了更多可能

“双减”政策的实施，使得学生有了更多的可控时间来进行自我安排。学生要全面发展，除了文化课之外，学生本就应该有更多机会和时间去发展自己的兴趣爱好。“双减”政策规定，义务教育阶段应为学生开展丰富多彩的课外活动，在此背景下，更应该拓展学生课外学习空间，为学生开展丰富多彩的科普、艺术、劳动、文体、阅读、各种兴趣小组及社团活动。这才是真正的全面教育，这样做才能让学生得到更好、更长远的发展。这也是教育的“初心”。

（二）国家高度重视公民科学素质的提升

改革开放 40 多年来，随着人民物质生活水平的极大提升，群众对精神文化生活的追求也越来越高，同时科学文化是公民精神文化的重要组成部分，也是公民文明素质的基础和核心。

随着科学技术知识体系的专业化程度不断提升，科学技术的高效益、高智力、高投入、高竞争、高风险、高潜能的特点越来越凸显，对人们的知识和技术素质要求也越来越高。2021 年 6 月 25 日，国务院印发《全民科学素质行动规划纲要（2021—2035 年）》，该文件指出，科学素质是国民素质的重要组成部分，是社会文明进步的基础。公民自身科学素质的提升，有助于公民树立科学的世界观和方法论，其对于不断增强国家自主创新能力和文化软实力、建设社会主义现代化强国，都具有十分重要的现实意义。

同时国家出台的《中国科协科普发展规划（2021—2025 年）》《现代科技馆体系发展“十四五”规划（2021—2025 年）》《中国科协关于新时代加强学会科普工作的意见》《中国科协办公厅关于加强科普标准化工作的通知》等系列政策文件，明确了未来科普工作的目标任务和落实举措。推动《科普法》修订纳入全国人大修法计划，推动科学素质指标纳入 2021 版全国文明城市测评体系，联合教育部印发《关于利用科学资源助推“双减”

工作的通知》，都对未来科普工作提供了前行方向，凸显出国家对于公民科学素质的高度重视。

（三）家长、孩子面临的社会问题

按道理来说，力度如此大的“双减”政策，应该让家长和学生放心，不再焦虑。“双减”政策颁布后，发现家长对教育的焦虑依然存在。只是孩子不同的年龄段，家长焦虑的点不同而已。

1. 孩子放学接送问题

“双减”政策实施后，虽然全国大部分地区出台了中小学生课后延时服务工作相关文件，但是仍存在课后延时服务时间与家长下班时间不对等、部分地区政策执行不到位、政策实施过程中存在偏差等现实情况，这无疑仍是许多家庭不得不面对的问题。

2. 双重减负下家长担心学校课堂效率

学生的学习质量永远都是家长最关心的话题，校内校外“双减”，如何保证学生的学习质量自然成了家长最关心的话题。特别是小学高年级和初中阶段的家长最为担心，尤其是初中家长。站在家长角度有这样的质疑完全可以理解，毕竟目前我们的选拔制度还是以应试选拔为主，还是以看分数为主。在这样的大背景下，想要家长不关心孩子的分数，那是不可能的。学校考试次数下降，作业量减少，对做作业时间做硬性规定；校外补习门槛提高；家长担心孩子学习质量没办法保证，这无疑是家长面临的重要困扰。

3. 对自我教育能力不足的恐慌

失去对教育培训机构的依赖后，父母对孩子课业辅导能力不足的焦虑，本质上是对“双减”之下已经实施的“教育分流”的焦虑，他们担心孩子学习跟不上，只能被动选择上非重点高中甚至是职高。只有少数家长在“双减”政策实施下，有足够的时间和能力去辅导孩子，这无疑让多数家长深感恐慌甚至是自责。有些家长的视线直接转移到“一对一”家教辅导，为孩子花费更多的金钱以求实现成绩的提升，这无疑与“双减”政策的目的背道而驰。

二　山东省科技馆“1+4+N”课后服务科普教育体系的构建

山东省科技馆“1+4+N”课后服务科普教育体系课后服务课程是一种馆校合作的全新实践，是科技馆将展览与教育功能融合的一种全新方式。以丰富的展品资源为依托，结合中小学课程标准，根据不同年级学生特点开发出各具特色的服务课程。通过课后服务课程不但能够培养孩子们的科学素养，增强科学素质，而且通过动手能够加深孩子们对学校课堂知识的理解，达到巩固知识的目的，极大程度上解决了家长和孩子面临的难题。

（一）何为“1+4+N”？

“三点半课堂”充分利用省科技馆科普教育资源，以“1+4+N”模式，即走出去上1堂科普课，请进来开展4大板块科普活动，共建一批“空中课堂”课程，全力打造课后科普服务体系。“走出去上1堂科普课”打破接待学生展厅参观的固定思维，大力加强科普资源输出，以流动科普大篷车校内巡展和科普辅导员进校园为主要形式，将流动科普展品、“流动4D影院”送到学校，并组织科普辅导员赴学校开展“科技有约”等活动；“请进来开展4大板块科普活动”依托省科技馆创客空间、创客工坊和人工智能工作室，邀请周边中小学学生走进科技馆，开展“童心向党”红色教育专题、创新科普教育实践、综合科学实践和科学表演4项科普活动；“共建一批‘空中课堂’课程”借助新媒体力量，打造“云上科普”平台，向有硬件设施的中小学校免费提供资源库，并开设初、中、高三级人工智能和创意编程课程。

（二）教育目标

课后服务科普教育体系的教育目标在于激发孩子们学科学、爱科学的兴趣。现在大部分学校教育仍存在以基本的"教授"和强化训练为主来让学生获得知识的弊端，虽然保证学生在"数量"上的"学会"，却从"质量"上降低学生主动探究、主动学习的能力。所以，开展课后服务科普教育的教育目标正是从教育的这个相对"薄弱环节"入手，结合科技馆自身的优势，设计出能够提高学生自主动手能力、自主探究能力、自主发现问题及解决问题能力，并保持快乐学习能力的科普教育活动。

（三）整体设计

1. 体系的设计

"三点半课堂"课后服务体系以"1+4+N"模式开展，科普教育体系的设计主要基于以 STEM 教育活动体系、TRIZ 教育体系、创客教育系列等。

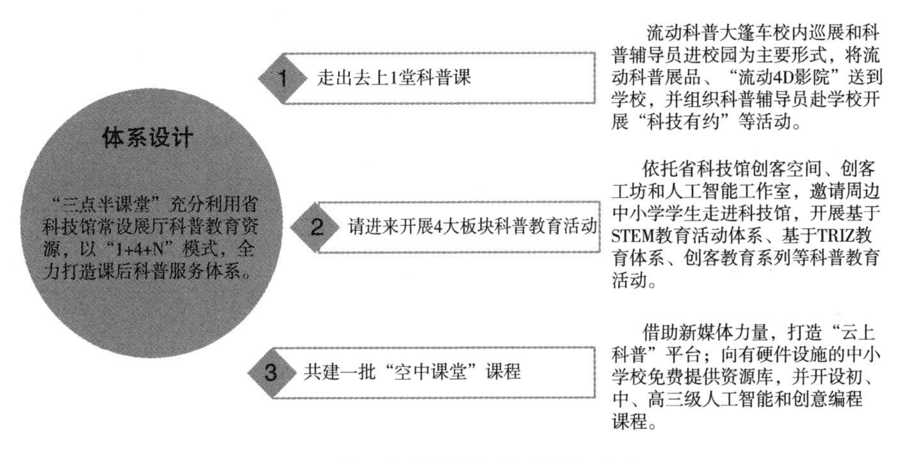

图 1 "三点半课堂"课后服务体系

（1）基于 STEM 教育活动体系

STEM 课程教育活动，指的是由科学（Science）、技术（Technology）、工程（Engineering）、数学（Mathematics）等学科共同构成的跨学科课程。它在整个课程中强调学科知识交叉、教育活动场景多元、问题解决方式多样、强调创新驱动，要求既能体现出活动课程的综合化、实践化、科学化等诸多特征，又能反映教育活动课程回归生活、回归社会、回归自然、回归教育本质的诉求。

教育活动课程设计始终以培养中小学生的必备核心素养为主旨，其主要包括各类学科知识、基本学习生活技能、科学的学习和生活习惯等，强调着力提高学生解决问题能力、创新创造能力、合作与沟通能力、终身发展与学习能力。其主要围绕物质科学、生命科学、地球与空间、设计与技术等四大类别，我们针对不同年龄段学生设计出“云霄飞车”“风力发电”“桥世界”“食物旅行记”“太空体验”等十余项STEM主题课程项目。

（2）基于TRIZ教育体系

TRIZ教育体系是苏联发明家协会主席根里奇·阿奇舒勒（G. S. Altshuller）在1946年开始并逐步建立起来的一套技术创新理论，其中文可以翻译为“发明问题解决理论”。

TRIZ理论的建立，是在全球250多万份发明专利的研究基础之上开展的，并以其独特的技术创新方法、创新思维、创新工具、理论体系及高效的创新成果全球流行。TRIZ教育理论是一种实用且简单、易学的理论，是基于前人的创新经验和现有知识库而形成的创新方法学，通过一定时间的培训和学习，大部分人都可以掌握，十分适合运用于创新教育之中。根据TRIZ 48项发明创新原理，我们设计出相应主题课程，包含“鹿岛灯”“阿奇舒勒的故事”“七色花”“火星小怪兽”“帮马变斑马”等多项活动。

（3）创客系列课程

“创客”是由英文单词“Maker”翻译而来，是指那些根据生活与工作中兴趣和爱好，努力把生活中各种创意转变为现实的人。创客系列课程以创新为核心理念，创新在生活中随处可见，现在我们身边充满了各种各样充满创意的产品，这些被新创造出来的产品不但拥有使用的方便快捷，而且也充满了艺术气息。山东省科技馆在创客系列课程开发过程中，努力将科技与艺术进行融合再造，让课程兼具艺术与科学。目前开发单项课程有20余项，包含：建构类，如“纸牌塔”“小球过山车”等；空气动力学类，如“气球火箭”“旋转的纸”“走马灯”等；艺术类，如“水拓画”“衍纸画”等。其包含了光学、电磁、数学、科普等多类主题。开发主题系列课程有“矿石工作站”“小小建筑师”“玩具里的天空梦”“桥世界——STEM综合实践活动”等。

2. 课程融合式开发

科普场馆的展品资源是一项“跨学科”的学习库，一个融合了科学理论知识、技术工程、数学物理等于一体的资源库。展品多元化为课后教育研究性学习发挥了极大的阵地作用。在课程开发过程中，将课程标准融入课程设计是课程开发内在要求。科技辅导员教师以科技馆展厅展品为依托，将课程设置与学生课堂知识点相结合，充分运用场馆资源，将学校课堂理论与动手实践相结合，充分发挥学生动手实践能力，课堂效果远优于学校传统课堂。以中小学生为主要对象的课后服务课程，紧密结合教育部颁布的最新中小学科学课课程标准及各学科课程标准，开展有深度的课题研究、探讨，针对不同学段对课后服务需求进行相关课程的研发，将科普场馆切实打造为学生的校外“第二课堂”，形成有组织、有体系、有规模的，集日常教学、节假日活动、科技竞赛于一体的课后服务新模式。

3. 教师队伍建设与评价制度建设

教师是学习过程的组织者、引导者和促进者，选拔、培养专业教师，加强对科技馆科普辅导员教师跨学科素养的教育和培训，选出教学能力出众，充分理解和掌握新课标的理念、熟悉和胜任课程的专业教师显得尤为重要。教师作为科学课程的开发者和引导学生到科技馆参加活动的规划及执行者，在课程活动实施中扮演着关键性的角色。定期在科技馆辅导员职工中选拔优秀科技辅导员加入教师队伍，补充教师力量，同时定期为辅导员教师邀请专家进行在岗培训，不断提升专业技能。

没有科学而有效的评价，就没有高质量的教学。在科技馆的科学课程开展中山东省科技馆注重评价反馈体系的构建。教育活动评价的方式分为阶段性评价与总结性评价，在评价内容方面要遵循过程性评价和效果性评价相结合。在评价形式方面包括教师评价和学生反馈评价。教师评价主要包括教师自我评价、教师间交互评价等；学生反馈评价主要是通过课后问卷形式开展，由带队教师、家长来反馈课程情况。通过建立比较完善的评价体系，确保学生的主体地位，从而促进课程教学过程中教师与学生共同完成对知识、能力、情感、价值观的建构。

（四）教学实施

2019年山东省科技馆与山东省实验小学确立互为科学教育实践基地关系。并于下半年组织实施“馆校合作　共育未来”省科技馆与省实验小学馆校合作系列活动，为“三点半课堂”课后服务实践打下良好基础。受疫情影响，2022年，山东省科技馆主要与山东省实验小学建立常态化课后服务模式，“三点半课堂”课后服务内容丰富、形式多样、效果显著，得到了省实验小学老师学生的高度评价。

1. “走出去”模式

在学生下课后，省科技馆科普辅导员教师走进校园，通过携带的展品、实验材料、服装道具等，给学生们“上一堂科学课”。采用“构建基础知识、展品体验、科技制作”等多元活动方式，培养学生的科学素养和科学探究能力。

2. “请进来”模式

为充分发挥科普主阵地的优势和作用，将学生们请进科技馆，把形式多样、内容丰富的科普知识传授给同学们，为同学们搭建近距离学习科学知识、感受科学魅力的平台，通过科普讲解、科普实验课、科普剧场表演秀等，提供优质课后服务活动。

三　实践探究与反思

（一）实践情况

山东省科技馆实施“三点半课堂”课后服务项目以来反响热烈，得到公众广泛认可。“三点半课堂”课后服务项目是科技馆将展览与教育又一次融合的生动案例，截至2022年8月，山东省科技馆已开发各类高质量科普实践课程 18 项，达 36 课时，与周边学校学生开展各类科普课程 70 余场次，受众达 1900 余人次，家长、老师及孩子好评率达 99.99%。山东省科技馆被授予“省级中小学生研学基地”“协同育人教育基地”“省级中小学优秀研学课程”等荣誉称号。

（二）存在短板

1. 受众面相对较小、师资力量较弱

“三点半课堂”课后服务课程应多方位面向公众、学校，但现阶段主要面向科技馆周边中小学学生，受众相对较小。课后服务课程的大力开展离不开师资队伍的建设，要从展教人员的专业性、知识性等技能方面加强培训，加大力度提升师资水平，建立课后服务课程的专业科技辅导员教师队伍，确保课程活动的高质量开展。

2. 缺少完善的监督评价机制

一套完善的课后服务体系必须要有一个重要的环节，即监督评价，课后服务评价体系建设有助于科普教育活动的生态构建。当前科技馆在课程评价反馈方面制度还不够完善，主要原因是科技馆和学校双方都缺乏专业的评价能力，缺少专业评估人员，如科技馆内工作人员专业的局限性和同事之间存在的情感保留等因素，在评价方面不够彻底和客观。

3. 缺乏与合作学校沟通机制

“三点半课程”内容设置方面缺乏与班级教师有效的沟通机制，没有交流就没有有效的信息交换，就不能够深入地了解学生的现实需求。科技馆的辅导员老师与学校老师的交流较少，针对不同的班级课程没有针对性，而学校教师只是在上课过程中起到带队和维持课程秩序的作用，对课程内容缺少关注。

（三）反思与完善

1. 增强师资力量

紧抓队伍素质培养工作，持续开展员工素质能力提升活动，积极参与行业内业务比赛及交流活动；面向课程实施人员开展教育专业培训，采用多样培训方式，既要有对教师队伍进行的整体培训，也要“因材施教”对个别教师进行单人培训，同时要对教师进行教学方式方法等相关教育活动的培训。还要不断挖掘各辅导员教师的自身专业与特长，根据不同专业教师给予相关专业培训；加强与省内各市科普场馆、济南市各中小学的交流合作，邀请优秀科技辅导员教师、中小学优秀教师及各界优秀科普教育工作者进行培训、授课，逐步提升科技馆科技辅导员专业技能水平。

2. 完善制度建设

充分利用场馆资源，建立更加广泛、密切的馆校合作机制；加强与教育行政部门的合作，探索常态化合作机制，形成馆校科普教育学习平台。完善监督评估机制，可以组建中小学老师、教育专家等评价团队，对教育活动团队及课程进行评估。教育专家重点对教育活动方案进行评估，主要在教学的方法与内容方面等进行更专业的鉴定；中小学教师则侧重于教育活动和学校课程的开展情况，客观地评价课后服务是否能够有效地弥补校园课程开展过程中的不足；同时也要通过召开调研会、网络投票等不同方式来广泛获取社会各界不同的意见建议，做到全面客观的评价，促进“三点半课堂”课后服务质量水平的进一步提升。建立与学校有效沟通机制，能够获取服务对象更全面需求，特别是在课程设置方面，根据学校学生的具体需要，结合课标的要求进行有效的课程安排与设置。

3. 进行“三点半课堂”可复制、可推广相关研究探讨

山东省科技馆与济南市中小学“三点半课堂”课后服务体系的建立，是基于管校合作机制的一种全新实践。利用科技馆现有展厅资源、主题活动室以及专业科技辅导员队伍，切实彰显科技馆公益属性，为群众解决现实问题。科技馆可通过这种方式积极向学校提供现有的教育资源，学校也可以充分利用科技馆资源开展相应的课程教育，双方都应该采用“引进来”和“走出去”等多种形式促使科技馆资源的利用率达到最优化。

参考文献

[1] 国务院办公厅：《关于进一步减轻义务教育阶段学生作业负担和校外培训负担的意见》，中华人民共和国中央人民政府官网，最后访问日期：2023 年 4 月 8 日。

[2] 高俊：《中小学校外培训机构存在的问题与治理对策》，《安徽教育科研》2021 年第 5 期。

[3]《国务院关于印发〈全民科学素质行动规划纲要（2021—2035 年）〉的通知》，中华人民共和国中央人民政府官网，最后访问日期：2023 年 4 月 8 日。

[4] 尚亚丽：《中小学 STEAM 课程体系构建研究》，《读书文摘》2019 年第 5 期。

[5] 李大鹏：《阿奇舒勒 TRIZ 教育思想及创新方法研究》，《中国社会科学院研究生院学报》2015 年第 6 期。

[6] Jia C. Application of TRIZ in Innovative Education Course System in Colleges and Universities [J]. The Theory and Practice of Innovation and Entrepreneurship, 2019.

[7] 郑云鹏、郭朋朋：《论高职学生创新能力的培养》，《中国校外教育》2010 年第 9 期。

[8] 孔婷婷、沈长生、冯琳等：《基于面向创客教育的众创空间与生态建构研究》，《科技风》2017 年第 11 期。

[9] 何克抗：《创立中国特色创客教育体系——实现“双创”目标的根本途径》，《中国教育学刊》2017 年第 2 期。

浅谈“双减”政策背景下的乡村音乐教育

王新兰*

摘　要： 本文从音乐教师的视角，结合乡村音乐教学工作的经验与思考，分析了“双减”政策落实前后，社会、家长以及学校层面对音乐教育的不同关注度，及其带来的对乡村学校学生的影响，提出了乡村学校实施音乐教育的理想模式，助力学生学业素养的进一步提升。

关键词： “双减”　乡村音乐教育　学生素养　育人

2021年7月，教育部出台了《关于进一步减轻义务教育阶段学生作业负担和校外培训负担的意见》，旨在减轻义务教育阶段过重作业负担和校外培训负担，提高学校课堂教学质量，优化作业布置，减轻学生课业负担，达到提升学生的综合素养、构建教育良好生态的目的。“双减”政策的实施也同时为音乐教育提供了广阔平台，音乐以其独特的魅力让学生更加轻松地学习，发挥了其提升乡村学校学生整体素质的作用。在此背景下，乡村学校音乐教师应该怎样合理利用身边的优势资源，走出一条独具特色的音乐教育路呢？

---

* 王新兰，安徽省黄山市歙县王村中心学校一级教师。

一　音乐教育的意义和作用

音乐教育是对学生进行审美教育的一种艺术形式，是连接时空的桥梁，是人与人之间交往的媒介，是人类共同的精神家园，更是一种文化的传承、发扬和延续。

音乐教育的作用在于以教学为桥梁，培养学生对美的感受与鉴赏，激发学生的想象与创造，提升学生的人文素养与道德素质，培养德智体美劳全面发展的社会主义建设者和接班人。

中外大家就曾对音乐的作用做了很好的概括。孔子说：“兴于诗，立于礼，成于乐”；雨果也曾经说过：“开启人类智慧宝库的三把钥匙，即数字、字母、音符。”数千年的历史也验证了这一点。可见，音乐教育不光是培养音乐家，更是培养人的综合素质的教育。它的知识面广、综合性强等特性很容易向德、智、体、美、劳渗透，对学生的素质教育起了辅助、促进、协调的作用，可以说音乐教育是素质教育的重要组成部分，它直接关系着学生核心素养的形成。一个国家的音乐教育发展，不仅能提高国民的审美能力，也是国家文化自信的重要体现，还是衡量一个国家综合实力的重要指标。

二　对比实施“双减”政策前后社会对音乐课程的关注度

“双减”前，社会各界对音乐课的认识仅停留在“副科”，在他们眼里，这不是中考考试科目，也只有高考艺考生才有相应的考试，因此是家长乃至学生可以忽略不必挂心的小学科。囿于一些家庭对音乐课认知的不足，一些中小学校就自然地变得急功近利、畸轻畸重了，这就造成了音乐少排课、不排课、不上课现象，而且这种现象十分普遍和严重，即使排课也是被挤占，抑或是“挂羊头卖狗肉”——写在纸上的音乐课而已。于是，在众多的校园里，语数英老师兼职音乐、体育、美术等课程的现象屡见不鲜，专职的音体美老师教语数英也成了常规操作。“语文数学都学不好，还唱什么歌!”“学校作业都没时间做，哪有那闲时间唱歌画画，有那空还不如多做两道题!”诸如此类的责难成了部分家长和老师的共性观点。正因为这样的状况，对于学生来说，音乐课可望而不可即，已然成了他们巴望中“望梅止渴”的那颗“梅”。

社会人们对音乐课的认识不足以及学校对此课程的轻视，从而造成了“一头热”现象——校外艺术培训机构却开办得红红火火。在城市，几乎每个孩子都要学习一门或几门艺体特长课程，就拿黄山市来说，曾经市区的青少年宫、妇女儿童活动中心等培训机构人满为患。“到兴趣班来学习，一方面可以让孩子有一技之长，另一方面，也许可以在高考时走一条捷径。”笔者的同事中，大部分教师的孩子都在培训机构学习至少一门音乐课程，或器乐，或声乐，或舞蹈……但据笔者近几年的调查，乡村学校每个班去校外培训机构接受艺体培训的仅占全班学生数的3%~4%。即便这一小部分学生，也只是因为家庭条件优越或是家长重视，而很少有学生自觉和自愿。经济、地域等条件制约是家庭条件一般的乡村学生的最大阻碍，优秀的音体美教育未能发挥其特点，也无法普及到相对落后的乡村学生当中。

然而，在网络信息发达、电子产品横行的当下，手机游戏、网络小说等产品对孩子们的吸引力是无穷的。在家庭教育缺失、父母疏于管教的情况下，沉溺于手机的孩子并不少见，尤其是近年来，各类少年儿童沉迷手机游戏造成伤害或犯罪的新闻比比皆是。导致这种情况的原因之一就是乡村娱乐条件匮乏，孩子们的精神需求无法得到满足。

国家出台的“双减”政策，就像吹进千万家的一缕春风，让社会各界和各级教育部门对音乐教育的关注度大大提升，及时打破了文化课一边倒的局面，做到了教育的优质均衡。当前，为有效实施“双减”，各校已经采取多种措施保障音乐课正常开展，并且保证了音乐课开足、开齐，真正实现了艺术类课程的“转正”。笔者以本校为例：学校制定了音乐、美术课领导推门听课制度，促使老师对艺术类课程的重视，保障课程的质量；采用“1+N”方式落实课后服务，既确保学生完成相关作业，又在文体、科普、艺术、阅读等多方面为孩子创造了学习的机会和平台。音乐教师的工作态度也有了质的转变：一扫原先懒散的作风，不再“躺平”，开始重视自己的音乐教育教学工作，实效备课、上课，精神状态饱满。

据调查，笔者周边学校美育课服办得有声有色：绍濂学校请了徽州民歌传承人操明花教学徽州民歌；行知小学开设了音乐鉴赏课；新溪口学校安排了编织课程；桂林中心校新开了围棋、音乐等娱乐课程。众多艺术类课程的正常进行和丰富多彩的课后服务活动，不仅拓宽了学生的视野，更提升了学生的自身素养、创新能力和情感体验。

“现在孩子放学回家后基本没什么作业，可以练练琴了，以前根本没时间。”“现在时间宽裕了，准备让孩子学门乐器。”“双减”带来的利好，让家长深有体会。但由于地域和经济条件限制，乡村音乐教育还存在各种各样的问题，亟待解决：乡村音乐教师多以其他任课教师兼职为主，专职音乐教师欠缺；学校教学条件不足，缺乏专业设备，无法为学生创造良好的学习环境；学生音乐素质悬殊，参差不齐，音乐教学无法兼顾，教育工作难以整齐划一地开展；音乐实践活动平台缺乏，学生的眼界和见识仍与城市孩子有差距，这一点极不利于乡村孩子们走出乡村，进入专业的高中和大学学习。

三　面对乡村音乐教育问题实施的基本对策

（一）寻求音乐教育的最佳途径

教育部出台的“双减”政策提出：大力提升教育教学质量，确保学生在校内学足学好。因此，校内外的音乐教学和各类艺术实践活动是对学生实施美育的重要途径。

1. 校内音乐课的教学是培养学生兴趣、实施美育的重要途径之一

我们使用的音乐教材具有思想性和艺术性高度统一的特点，它把积极健康的思想内容和尽可能完美的艺术形式紧密结合起来。教师在教学中应充分

发挥它的思想教育作用，使学生通过对音乐作品的聆听、演唱，从而达到净化心灵、陶冶情操的目的。

2. 校内的课外音乐活动是实施美育不可或缺的另一重要途径

校内的课外音乐活动与校内的音乐课是共生关系，是巩固和强化课堂教学效果的渠道，是发展和培养音乐人才的摇篮。“双减”后，笔者所在学校开设了课后服务的音乐兴趣小组活动，每周五有少年宫的合唱团、乐队、舞蹈队，满足了有音乐才能和兴趣的孩子进一步学习音乐的渴望，为没条件参加校外艺术类课程学习的孩子提供了便利，也减轻了他们的家庭负担。

3. 学校为了让学生学有所用、学有所展所搭建的展示平台是实施美育的又一途径

“双减”后，学生接受的知识不再单一，才艺方面也逐渐凸显，这就需要学校为学生提供实践的舞台，让他们在施展才艺、感悟音乐魅力的同时，又实现自我价值。例如，笔者所在学校在“六一”和元旦举行全员参加的大合唱活动或“校园艺术节活动”，它既有效避免了以往只有优秀生才能参与的局面，又让有一技之长的学生有展示的机会；让孩子与家人分享音乐课学习成果，与家长合作表演课本剧，或者把学会的歌曲、音乐知识、音乐故事等分享给家人；组织学生为敬老院老人表演节目等。这些音乐实践活动其实就是了解美、感受美、表达美、创造美的过程，更是育人的过程。

在这些美育过程中，学生不仅领会了中华民族艺术的精髓，还能形成正确的历史观、民族观、国家观，进一步增强文化自信，为中华民族伟大复兴做出贡献。

（二）创新音乐教育的理想模式

音乐教育的目的在于通过音乐教学陶冶学生的审美情感，加强学生的审美体验，音乐教学方法随着教学实践的变化和教学的发展而发展。“教学有法，教无定法”，这就要求教师充分发挥自己的能动作用和特长，打破固化模式，进行创造性教学，形成创新音乐教育的理想模式。

1. 保障师资力量，提升教育水平

良好的师资力量是有效教育的前提，只有教师拥有良好的音乐素养，才能有效地培养具有一定音乐素养的学生。具体方式可以是招聘专业的音乐老师，或由上级教育部门组织为兼职老师进行音乐专业培训，提升他们的音乐基本功和综合教学能力。

利用QQ群、微信群开展音乐主题沙龙、微信论坛活动，形成区域音乐教研共同体，让优秀的音乐老师在里面分享经验，答疑，带动乡村音乐教师，促进不同地区之间的教师交流与对话，共同探索核心素养、审美素养和人文素养相结合的最佳育人模式。

音乐教师也要重视备课环节，尤其要为自己准备与课堂教学相关的知识，更要了解学生学习阶段与学习思维的发展过程，以及学习的潜力与成长规律。“学然后知不足，教然后知困”，音乐老师还应该不断提升自身的音乐综合素养，把视角打开、放远，应当重视自身能力的加强与完善，因为教师视界的广度，会对学生产生潜移默化的影响。同时，音乐教师还需要增强创新意识，多从课堂教学的角度去探索真正的“以美育人”，注重学生个性化发展，发掘学生的特长与潜力，培养学生的能力，使乡村学生在家庭教育中缺失的部分能在学校接受到教师有效有意的补偿。

2. 充分发掘身边独有的乡土音乐教育资源

中国地域广阔，南北民歌、戏曲内容丰富、各具特色，每个区域都有它独一无二的音乐教学资源，我们要善于开发并加以利用。例如，聘请乡村歌手教学原生态的民间歌曲或戏曲；带领学生亲近大自然听取鸟兽虫鸣、风声溪流、竹海松涛，感受大自然的音乐美。既做到了文化的传承，又感受了城市学校所不具备的独特音乐。

还可以利用得天独厚的农村资源自制教具。音乐老师带头，引导学生，利用现有的材料自制教具，让小教具有趣融入课堂，既让学生们得到动手实践的乐趣，还让学生们体会到城市所不具备的原生态的美。如用竹叶吹曲子，用竹节做编钟、扬琴，杨树皮做成笛子，用竹节做打击乐器，等等，这种原生态的教具发出的声音是那么扣人心弦，直击学生心灵，真有《列子·汤问》中的“余音绕梁欐，三日不绝”的效果。

3. 充分利用好信息化资源

把网络资源、多媒体设备、艺术开发软件等视听媒介加以整合，拓展音乐课的空间，实现教学方式方法的转变和创新，努力与世界同步，进而拓宽学生的视野，丰富学生的知识，缩短家庭差距给学生造成的素质悬殊，为日后学生走出乡村、走向世界而奠定坚实的基础。

4. 音乐与其他学科整合，共建互为支撑的育人模式

2022版《义务教育艺术课程标准》指出：重视艺术与其他学科的联系，充分发挥协同育人功能。“双减”也要求巩固义务教育基本均衡成果，积极开展义务教育优质均衡创建工作，这为音乐课与其他学科的有机整合创造了条件。

如利用音乐课教学古诗吟唱，给经典诵读文章配乐伴舞，既能提高学生的学习兴趣，又能方便学生记忆枯燥的课文，有效提升学生的成绩和文学素养；将音乐与体育相结合，配合体育老师教学曳步舞、海草舞等健身操，这与风靡网络的“刘畊宏运动”类似，运用富有韵律和节奏感的音乐和动作带动学生运动，这样一来，体育课既充满生气，又是一场视听盛宴，广受学生们的好评；而数理化等理工科的知识较为枯燥，尤其是化学，众多元素周期和复合变化难以记忆，部分学生一想到复杂的化学反应就头疼，极易产生反感和厌学心理，成绩难有起色，但如果把化合价变成顺口溜，再配上《小苹果》的旋律，那么既好记忆又富有趣味性，能收到事半功倍的学习效果。

这种以音乐学科为主体，融合其他学科的教学模式，汲取了丰富的审美教育元素，激发了学生的感知兴趣。以兴趣为导向，让学生在快乐中学习和成长，这正是教育工作者一直的追求。

结　语

总而言之，“双减”政策为乡村音乐教育发展、提升学生的素质开辟了道

路，创造了条件，搭建了平台。伴随“双减”政策的深入实施，乡村音乐教师肩上责任更为重大，除了教授音乐知识之外，更应该着眼于学生音乐素质和音乐技能的培养，充分、合理利用身边的优势资源，精研细磨，优化教学质量，探究适合乡村学校特点的教学模式，为创造多元化的音乐课堂走出一条独特的乡村音乐教育之路，让音乐不再成为乡村孩子的“高岭之花”。

参考文献

[1]《关于进一步减轻义务教育阶段学生作业负担和校外培训负担的意见》，2021年7月24日。

[2] 顾明远主编《中国教育大百科全书（第一卷）》，上海教育出版社，2012。

[3] 摘自《论语·泰伯》。

[4] 郁正民主编《中俄音乐教师教育比较研究》，人民教育出版社，2010。

[5] 曹里主编《普通高校音乐教育学》，上海教育出版社，1993。

[6] 周彬：《叩问课堂》，华东师范大学出版社，2012。

[7] 摘自《礼记·学记》。

[8]《义务教育艺术课程标准》（2022版）。

科学探究实践

——“双减”政策下的科学教育模式探究

许 文[*]

摘 要： “双减”政策实施以来，义务教育生态发生剧烈变化，学校普遍提供课后服务，原有的学校、学生、教师、家长、校外教育机构的关系格局被重新改写。科技馆作为校外第二课堂，从传统意义上讲，对“双减”政策的落地落实起到了补充及推手的作用，天津科技馆作为综合性科普场馆，从教育实践、课程补充、实践能力提高等方面对学校教育有着积极的促进作用，本文通过对“双减”政策的解读及对学校如何落实政策的调查，从活动分析、活动设计、活动实施及活动反思四个方面介绍政策实施以来，科技馆在其中发挥的重要作用及具体做法。通过分析，旨在提升青少年科学素养，为今后校内外科学教育资源有效衔接、共同赋能青少年科技和天文教育提供参考及借鉴。

关键词： “双减” 科技馆 科学教育

---

* 许文，天津科学技术馆文博系列中级馆员。

2021年6月，国务院印发的《全民科学素质行动规划纲要（2021—2035年）》提出“实施青少年科学素质提升行动”，并实施提升基础教育阶段科学教育水平、推进高等教育阶段科学教育和科普工作、建立校内外科学教育资源有效衔接机制、实施教师科学素质提升工程等一系列任务目标。同年7月，中共中央办公厅、国务院办公厅印发了《关于进一步减轻义务教育阶段学生作业负担和校外培训负担的意见》，提出“切实提升学校育人水平，持续规范校外培训”。在中小学“双减”和科教兴国的战略背景下，青少年科技教育不仅是中小学校的职责，更是校外场馆和机构的重要使命。

一　政策分析

（一）“双减”后的学校教育模式

“双减”从校内和校外两方面着手推进改革，从校外的角度看，资本大幅撤离培训市场，线下校外培训机构大幅缩减，线上校外培训机构也受到不同程度的影响。学生、家长面对政策的要求，从校外回归学校本体，原有的学校基础教育不变的情况下，学校普遍提供了课后服务。通过线下走访、线上询问等多种方式的调查，天津市16区中小学校普遍推出“课后服务班”形式内容，针对不同年级、不同认知水平的学生开展相应的课后活动。

在天津市市内6区及环城4区的走访调查中发现，每周5天的教学进度安排，“课后服务班”在原有教学计划基础上，每天平均增加的时间在1~1.5小时，和平区、河西区、河东区等市内6区普遍增加1.5小时，东丽区、津南区等环城4区普遍增加1小时，由此表明在“双减”政策推进前，从原有的教学体例上看，环城4区的总时长略长于市内6区。再对比远郊6区中发现，所谓“双减”政策下的“课后服务班”受到当地具体情况的影响，比如学生家路途遥远、留守儿童较多等问题。从时间上看，早在政策出台前，学校就在不同程度上有所实施，因此，此6区几乎不存在课后延迟的现象。但从服务内容上分析，水平及落实程度与政策要求又相差甚远。

（二）“双减”后的校内教育活动分析

“双减”政策从校内、校外两方面约束学校、机构等教育场所的行为规范，本文针对校内教育形势进行分析，进而达到有效合理地利用“课后服务班”时间的目的。

从“双减”的目标上看，一是提升学校课后服务水平，满足学生多样化需求。提高课后服务质量，增强课后服务的吸引力。二是压减作业总量和时长，减轻学生过重作业负担，使布置的作业更加合理，提高作业设计质量，加强作业完成指导。进而达到的目的是使学生从校外培训机构回归学校，回归教师教学本身。

针对以上目标，通过调查走访、统计数据发现学校有以下几种做法。一是没有课后活动资源的学校，如天津市远郊地区的中小学，由于相关科学、美育等资源不足，教师通常利用“课后服务班”的时间以开展自习等相对涉及资源较少的方式进行，以此来达到政策的要求。二是通过学校、教师或上级主管单位的协调，有能力开展多学科的配合学校课程而开设的兴趣班、兴趣小组等，根据学生不同的兴趣爱好，打乱原有班级，或以项目或小组的形式开展“课后服务班”，以此填充常规教学外的课后服务时间。三是资源相对丰富、学校软硬件设施相对完善的中小学，依托学校及社会资源开展大型课后活动，如科技大讲堂等，满足全校或某个年级全体学生普惠性的课后活动需求，从而达到普及性广、知识面全的目标。

充分利用有效资源，合理制定并开发多种形式的“课后服务班”是每个学校、每位教师应该思考及为之努力的方向。从学校本身看，充分挖掘学校自有资源，如学校的多功能教室、兴趣课堂等，合理开发并号召教师充分利用。从社会资源看，可依托科技馆、博物馆、美术馆等校外第二课堂，将场馆内资源有效合理开发使用，让学生更多地接触学校以外的教育实践活动，从而弥补学校枯燥的、传统的教育教学模式的不足。还可依托高校等科研领域专家举办大型科普报告，让学生利用“课后服务班”实践，了解科学热点及前沿问题，以激发学生对学习的兴趣，奠定他们的理想信念，从而树立更大的人生目标，从情感态度价值观的角度影响学生的发展。

二　结合“双减”政策科技馆活动的设计

科技馆作为校外教育第二课堂，有着对校内课程补充、完善的作用。学生摆脱固定班级、固定教室的束缚，活动场所从常规教室转变为科技馆展厅或活动教室。教学形式从以教材为载体，转变为通过展品联系学校内课程进行体验式互动及探究式学习，弥补了校内课程难以动手实践的部分。从教学内容上看：学校教材上的信息是关于科学的原理、定律，是科学家们经过科学观测、科学研究之后得出的结论，并且是经过了其他科学家验证，得到普遍认可的结论，是科研过程中的“完成时”信息；而科技馆展品呈现的是科学现象，是科学观测、科学研究的对象，是科研过程中的“进行时”信息，而不是结论，尚需进一步研究、分析。因此，在“双减”政策的要求下，充分利用科技馆等场馆的教育教学资源，不仅可以减轻学校教师的压力，还可完成对学校课程的补充。因此，天津科技馆结合已有成熟的科普教育资源，配合学校课程的要求，在“双减”中发挥了积极的促进作用。

（一）展品主题类

结合科技馆展教资源，在“课后服务班”的时间内对学生开展科学微讲堂、科学表演秀等生动活泼、吸引学生参与互动的科学教育项目。设计开发了神奇的泡泡、塑料的秘密、玩具与科学、莫比乌斯带、微风飞翔、蟹天蟹地、膳食宝塔、垃圾分类等科学表演秀。针对不同年龄、不同认知水平的中小学生，从物理、化学、机械、生活等多方面引导学生自主学习科学知识的兴趣，激发他们对生活的观察，从而有效地激发学生学习的乐趣。此外，还会结合时事热点话题，开发创新多种形式的科普活动，如科普舞台剧，并邀请学生亲身参与其中，让学生有更多的参与感，让活动有更好的连续性。

为积极响应“课后服务班”要求，每场活动设计的时间在30分钟以内，并在不同的活动场地开展不同主题的科普活动，方便多个班级同时进行。

（二）天文实践类

天文学科类科普活动作为天津科技馆的特色科普教育活动，开发系列课程及活动已长达20余年，所设计的活动不仅内容有历史的积淀，也同时在与时俱进地创新形式。在“双减”政策形势下，天文活动受到了学校师生的一致青睐，天津科技馆将天文活动整合设计再次开发，创新了天文活动类及天文实践类两种课程。在天津市多所中小学校，已经逐步在“课后服务班”的时间内公益地普及天文知识，开发了“星空小白基础课”，课程共25节，以视频的形式呈现，单次课程在45分钟左右，教师可结合课程相关内容开展现场实践活动。“星空小白基础课”的开发，既满足了学校教师对“课后服务班”时间的填充，也吸引了更多的学生参与到学校常规课程以外的天文课程中，从天文课程中，不仅学习了日常课程中没有涉及的天文知识，物理、数学等其他学科的内容也得到了有效的结合。在此基础上，鉴于“双减”政策的实施，周末放假的时间，学生们参与课外班的频率下降，在周末的时间里，学生可通过参与科技馆开展的“星空达人进阶课”完善并丰富学校“课后服务班”中所学的天文知识，该课程活动让更多对天文学科有兴趣的同学有所提高，完备天文学科知识。经过多年的实践，发现学生参与天文课程学习对其未来学习其他数理相关学科都有所帮助。此外，为进一步提升学生参与天文课程学习的兴趣，结合学校开展课程情况，面对不同年级、不同知识水平的学生开展中小学生天文节活动，参与此活动既是对学生学习程度的检验，同时也是对其进一步学习的一种激励，目标是使更多的学生参与天文课程，感受天文的魅力。天文作为一门实践类学科，户外的实地观测是必不可少的，科技馆多年来利用寒暑假，开展形式丰富的天文科技冬、夏令营活动，在完成传统教学的基础上，使学生在冬、夏令营中可以通过实践检验学习的知识。

针对学校“双减”政策下开展的“课后服务班”时间，天津科技馆整理多年来积累的天文资源，可以向学校提供简单、方便操作的天文实践类课程共计30余种，满足学校教师针对不同年级开展难易程度递进式的天文教学。如星空灯、三球仪、月相仪、光谱仪、太阳演示器、恒星演示器等动手类实践活动，每个活动时长可根据学校教学安排进行调整，正常教学时间设计在1小时左右，可以很好地填充“课后服务班”的时间。每个实践活动都配合有相应的教材及教学大纲，方便教师在课后服务的时间内轻而易举地完成教学任务。

（三）科学探究类

结合科技馆展品及展教资源，围绕STEAM教育，即将科学、技术、工程、艺术、数学多领域融合的综合教育，设计开发了科技探索营、星空探索营等“一日营”活动。在“双减”政策下，可以满足学生利用周末时间发展自身兴趣爱好的意愿，学生可通过亲身体验科技馆展品，以探究式的方式学习其中的科学原理，不仅提高动手及应用能力，还可更广泛地运用于其他学科的学习中及生活中的点点滴滴。

针对周末开发设计的“一日营”活动，根据展教及天文活动多年积累整合相关资源重新设计编排了系列主题营。结合科技馆内展品，设计了有关力学、空气动力学、机械、电学等学科的展品主题类探索营。通过身边简单易取的材料，完成一系列的科学小实验，将简单的科学原理展示出来。在“双减”形势下，利用课后时间，通过参加科技馆“一日营”的活动，逐步完成了一系列的科学实验，包含验证类、探究类及活动类，既锻炼了学生的观察力、创造力和动手能力，又丰富了学生的课外活动及见识，也同时满足了政策的要求，积极响应号召，开展形式丰富多样的课余实践活动。

结合天文实践活动，也在节假日期间推出“星空探索营”的“一日营”活动，联系科技馆内天文展品，包括展厅内的探梦宇宙及展厅外的“天津地区”的日晷，通过实验与实际展品相结合的方式，让学生亲身感受实验现象，领悟其中的科学原理。例如，设计开发了“望远镜制作”“神秘的太阳”“变脸的月亮”等20余种天文动手实践类课程，满足在节假日期间开展系列“一日营”的活动。

三 “双减”政策下的科学教育活动反思

（一）活动发现的问题

通过走访天津市内重点中学、市内远郊中学及聋人学校三种不同类型的学校，在“课后服务班”的时间里选取“三球仪”课程进行实践，总结发现以下情况（见表1）。

表1 活动情况对照

类别	内容	学校		
		市内八年级	远郊七年级	聋人学校
动手能力	制作速度	45分钟	35分钟	25分钟
	安装完整率	70%	80%	95%
	成功运行率	70%	80%	95%
艺术美感	绘画美感、技巧	一般	较好	很好
	安装紧实度	一般	一般	很好
发现问题	电机连接	一般	一般	好
	导线安装	很差	一般	好
	电池安装	一般	一般	好
	调试运转	一般	一般	较好

对表1分析后可以得出，从动手能力、艺术美感以及发现问题等方面，三种不同类型的学校学生，在“课后服务班”的时间内完成天文实践课程的进度上看，特殊群体的聋人学校反而比市内及远郊地区的高年级学生动手能力更强，经调查问询发现，特殊学校的部分学生因此受到相关方面的锻炼，在电路连接、机械组装方面比其他两种类型的学校学生能力更强，所以加强锻炼是必不可少的。而普通学校的学生，无论是市区内还是远郊地区，由于学习压力大、课程安排较满等，动手能力相对较弱。因此，在“双减”形势下，利用课后的时间开展丰富的课后活动，可以极大地提高学生的动手实践能力。

（二）活动解决的方法

在“双减”政策背景下，如何充分利用“课后”的时间，减轻学生的作业负担及培训负担，同时又尽量减少教师的教学负担？解决此问题的方式有两种。一是依托学习固有资源，根据学校需求，科技馆组织科学课教师开展“‘双减’形势下的教育资源开发”项目，按照年级、区域、类别等方面将已有课程进行划分，并配套课程资源包。开发定制服务，拓展思路。二是依托场馆，利用科技馆科普展教资源优势，将学生引进科技馆内进行实践类互动形式学习，突破传统校内教育模式，以探究式学习的方式关联校外科普资源与校内科学课。通过以上方式，可以有效地利用“课后服务班”的时间系统地开展学生课外教育活动，减轻学校、教师的负担，有效合理地推进“双减”政策落地落实。

参考文献

[1] 褚宏启：《“双减”要与高质量发展同向》《中国教育报》2022 年 3 月 9 日。
[2] 许文：《科学教育新征程下的馆校合作第十三届馆校结合科学教育论坛论文集》，2021 年第 9 期。

“双减”背景下科技馆科普展览与教育融合发展研究

伊　静*

摘　要： 科技馆是一个集科学教学、科普、展览、互动交流于一体的重要阵地，是宣传科学普及基本知识、培育造就科学人才的有效载体。由于现代科技的蓬勃发展，科学技术和教学水平在我国综合能力上也更加凸显，因此，应强化科学教学，积极推动将科技馆和中小学义务教育相结合，让广大少年儿童进一步增加科普知识、提升科学素养，树立人文的价值理念和科学的人生观，从而为我国培育后备创新型人才。本文就馆校结合进行探讨，对馆校结合的重要性与措施进行分析，以期为科技馆教育与青少年科技教育提供有价值的参考借鉴。

关键词： 科技馆　科普展览　“双减”　教育教学

科技馆是学校课外开展青少年科学素质教育的重要平台。科技馆的科普展览项目丰富多彩，可补充中小学教育设施器材的欠缺，其活动开展方式多样化和多元化，可以从多层面组织举办各种具有科学化、有趣化、参与度高

---

* 伊静，合肥市科技志愿服务协会理事肥东县科学技术协会宣教中心主任兼肥东科技馆馆长。

的活动，使广大青少年对科技创新产生浓厚的兴趣。

在当前教育“双减”的背景下，科技馆实行科普展教与教育融合显得尤为重要。科技馆在开展科技教育时，通过引导学生自己开动脑筋，互动参与，带动其进行深入观察，提高孩子们学会从多角度思考问题、解决问题的实际技能，激发他们的创新思想，培养他们的洞察力、创造力和思维能力，启发他们领会培训课程蕴含的科普知识内容，将教学上的感性认识上升到对展品应用的科学认识，从而推动将科技馆科普教育纳入学校课外教学系统，切实培养少年儿童的科学素养。因此，要积极探索科技馆与中小学校教育融合的对接机制，引导青少年参与科技学习和实践活动，形成科普倍增效应，努力把科技馆打造为培育青少年创新意识和创新能力的展教场所。

一　科技馆与学校教育结合的背景和意义

中国特色的现代科技馆系统是一个宏大的系统工程。它以实体科学技术馆建设为重点，并通过科学普及大篷车、乡镇中学科教馆、数字科学技术馆等的建立和开发，向社会各领域、各层次群众供给科普资源与科学技术服务，并辐射拉动各地公众科学普及、设施建设和科教事业的开展。近年来，科技馆与学校教育结合方面国家出台了相关的政策，并做了许多有益的探索和尝试。

（一）党和国家领导人高屋建瓴重视馆校结合

2009 年 9 月全国科普日活动期间，习近平总书记在参观中国科技馆新馆时，对青少年科技创新活动给予高度的褒奖，强调“提高中华民族创新能力，把我国建设成为创新型国家，关键在人才，希望在青少年。要坚持从青少年抓起，为国家培养更多创新型科技后备人才”。2010 年 5 月 31 日习近平在中国科技馆新馆，同出席中国少年先锋队第六次全国代表大会的全体小代表一道参加“体验科学，快乐成长”活动。充分体现了党和国家领导人对青少年科普教育和科技馆建设的高度重视。

2010年习近平总书记指出，科学研究和科学普及好比鸟之双翼、车之双轮，不可或缺、不可偏废。2012年再次强调，各级科协组织要进一步突出科普工作的大众性、基层性、基础性，让科普活动更多地走进社区、走进乡村，走进生产、走进生活。2016年6月，习近平总书记在“科技三会”上强调：“科技创新、科学普及是实现创新发展的两翼，要把科学普及放在与科技创新同等重要的位置。没有全民科学素质普遍提高，就难以建立起宏大的高素质创新大军，难以实现科技成果快速转化。”这一重要讲话对于在新的发展起点上，促进中国科普工作的全面提高意义重大。

（二）馆校结合工作试点并走向“一路一带”

2006年6月，中央文明办、中国科协与教育部联合发布《关于开展“科技馆活动进校园”工作的通知》，明确开展“科技馆活动进校园”活动，加快校外科技活动和校园科学教育的有效衔接。2007~2009年，全国先后有48家青少年科技中心和科学技术馆参加“科技馆进校园”的试点行动。2010~2012年，全国开展“科技馆进校园”二期试点工作，并取得了良好社会效应。

2018年6月，中国科学技术馆与缅甸教育部联合，在内比都第六中学举办了“‘体验科学，启迪创新’展览——中国流动科技馆缅甸国际巡展”活动。这是中国流动科普资源，首次为“一带一路”共建国家公众提供科普服务，是促进国际科技文化交流的有益尝试。

（三）国家宏观政策出台有利于馆校结合实施

2021年6月3日，国务院《关于印发〈全民科学素质行动规划纲要（2021—2035年）〉的通知》，将“青少年科学素质提升行动”作为“五大行动”之首，提出：“要激发青少年好奇心和想象力，增强科学兴趣、创新意识和创新能力，培育一大批具备科学家潜质的青少年群体，为加快建设科技强国夯实人才基础。”“实施馆校合作行动，引导中小学充分利用科技馆、博物馆、科普教育基地等科普场所广泛开展各类学习实践活动，推进信息技术与科学教育深度融合，推行场景式、体验式、沉浸式学习。”为科技馆承担青少年科学素质教育指出了明确发展方向。

2021 年 7 月 24 日，中共中央办公厅 国务院办公厅印发《关于进一步减轻义务教育阶段学生作业负担和校外培训负担的意见》，指出“提升学校课后服务水平，满足学生多样化需求。为学有余力的学生拓展学习空间，开展丰富多彩的科普、文体、艺术、劳动、阅读、兴趣小组及社团活动”。

这一系列活动内容与政策文件制定，都有着符合中国国情与社会发展的突出时代特征，为科技馆与中小学教育的融合开辟了更为宽广的发展空间。青少年是祖国的未来，少年强则国强。在当今技术竞赛愈演愈烈的年代，科技已经深深融合在人们的生活之中，并能通过比较直接的手段生动鲜活地表现出来，形成了少年儿童科学启蒙的主要科普内容，而科技馆的展品设置也为中小学的科技教学创造了良好的环境基础。要把搞好科学技术传播事业、提升群众科学技术素养，当作一个经常性任务，面对基层单位和青少年群体，建设好利用好科技馆、博物馆等科学技术传播设施，促进形成普惠共有的现代化科学技术传播体系。

二 科技馆与学校教育结合存在的问题

2019~2020 年，为筹建肥东科技馆，肥东县组织人员外出考察学习，东到上海、南京、嘉兴、海门等地科技馆，南到厦门、遵义等地科技馆，西到重庆科技馆，北到河南省固始、内蒙古阿拉善盟等地科技馆，四处取经，求计问策。每到一处，考察人员都认真听取汇报交流并实地参观考察，其中学到不少可资借鉴的建设和运营经验。走访发现重庆、固始、阿拉善等地科技馆面向中小学生，组织编写馆校结合综合实践活动教程和计划，开发与学校相关课程挂钩的实践教育活动，根据当地各校教学需求签约订单，安排展教计划，将馆内的科普展品融入学生的数理化实验和实践教学中，成效甚佳。但也发现当下科技馆在展教结合方面存在的一些值得重视和亟待解决的问题。结合肥东县实际情况综合概述主要有以下五个方面。

（一）对青少年素质教育不够重视

肥东县是拥有 106 万人口的教育大县，县城常住人口 40 多万人，民办教育如雨后春笋蓬勃发展，占据县城教育的半壁江山。调查发现有些教育部门、学校和家长，对于科普教育和青少年的科技创新能力的培养没有足够的重视，满足于望子成龙、榜上有名的应试教育。中小学科学辅导员师资力量薄弱，科学实验等教学设备欠缺，学生的科学素质教育和科学实践活动难以开展。加之受地理限制、安全因素和费用问题等影响，到安徽省、合肥市科技馆参加教学活动的学生积极性不高，边远农村中小学进入科技馆参观的概率更低，使得科技馆的科学教育地位过低，丢失了应有的教育教学功效。

（二）馆校结合的形式不够紧密

有的地方馆校之间的衔接不足，科技馆存在“重展轻教”“有展无教”的现象。即便开展馆校合作，有的结合形式也不够具体，基本上以学生来馆参观为主，形式单一，形同走马观花；学校对科技馆的学习资源没有充分挖掘，不知道展品所蕴含的教学原理，对科技馆的利用不够深入，将学生来馆参观仅仅看成一次普通的参观活动，当作学生课余的调味剂，难以发挥科技馆的教学作用。

（三）馆校结合的内容不够丰富

有的科技馆存在闭门造车现象，依赖从市场购买教材，对课标研究和教学没有深化。有的科技馆开发设计的科学课程和科学活动，完全是以自身为基础，缺乏对科技馆教育的探索和钻研，在展项研究与学科知识储备上欠缺，导致馆校之间的教学课程关联不紧密，科普教学内容不能与时俱进，缺少开发计算机编程、机器人大赛等时新科技教程，创新不足，守成有余，影响青少年科技创新的智力开发。

（四）网络资源的利用不够充分

肥东县 2018 年、2020 年申请举办中国科协科普大篷车进校园活动。县科协投资 10 万元购置科普展件组成一个小型流动科技馆，每年举办两轮进校园活动，由于流动科技馆展品的数量有限，大篷车下乡活动受制于时间、路程和疫情防控，一天仅能去一两所学校，影响科技馆展品的功能外延。2021 年，肥东县建成一座面积 16900 平方米，布展面积 9780 平方米，展件 339 件套的县级大型科技馆，但在数字科技馆建设上还是相对薄弱，教育网络资源发展滞后，使用率也相对不高。中国科协建立了“科普中国”平台，但没有建立面向全国中小学校科技辅导员的网上注册和科普教学的专用窗口，没有相对完整的网上科普教育活动上线，难以发挥信息时代网络的应用效果。

（五）馆校结合的机制不够健全

部分地区由于未能形成馆校结合活动的反馈制度，或者缺乏设置活动调查表和反馈建议表格，与家长和带队教师之间缺乏有效交流，很难把握学生学习和参与的实际状况及成效，也无法有的放矢地对学校教学活动安排进行查漏补缺、对标修订和合理谋划，从而影响更加缜密精细的科学实践教育活动的正常开展。有的科技馆受资金不足的制约，开展各种大赛对优胜选手习惯于精神鼓励发发证书，没有一定的物质奖励，影响青少年的参赛积极性。

三　科技馆与学校教育结合运用的探讨

“科技馆是最好的教科书。”“双减”政策落地后，整合场馆资源、拓宽科普学习形式将成为“科教研学”与“减负增效”的重要途径。义务教育有着相对固定的场所和明确的教学任务，它是按照制定出来的课程实施。科技馆承接学校创新型人才的培育，让实验课在科技馆内进行，启迪学生认识课程蕴含的科学知识，激发学生渴求科技的好奇心，激发学生探索科学、学习科学的浓厚兴趣。

通常科技馆新建之初门庭若市，参观者络绎不绝，随后新馆效应结束，参观者产生视觉疲劳和体验乏味感，后续参观少之又少。为了扭转这种局面，必须丰富展教活动，推行科技馆与学校教育结合，实现相互促进，共创双赢。笔者认为应从以下“四多、四点”抓起。

（一）多方面宣教，找准青少年崇尚科学的出发点

科技馆在举办馆内科普活动之际，利用 App 或微信公众号提供“资源导引”或“课程菜单”，公布年度“展教计划”，以菜单形式具体罗列可与中小学科学教育衔接的服务信息资源，将丰富的内容不断向社会传递和延伸。

引导中小学生前来参加科学探索与实验项目，定期进行节约资源、环境、“双碳”、防灾减灾、垃圾分类、防范邪教和身心健康等方面的科学教育，组织各类动手、动脑的科普实践活动，融入课后服务，实现“双减”目标。

校方及时给予活动反馈与建议，学校教师积极与科教人员交流学生信息、教材内容及教学经验。科技馆通过科学家人物雕塑展呈、本地近代科技名人事迹演绎，将科学精神融入课程与教学，串联起一个个“里程碑”式的科学发现，激发青少年对科学生活永葆好奇和求知欲。

开展科学家精神进校园的行动，通过举办讲座报告，介绍著名科学家事迹，开展科学家精神专题展示，举办科学家精神专题班会等形式，充分调动中小学生参加活动的积极性，驱动他们崇尚科学、启航梦想，从小树立投身建设中华科技强国的远大志向。

（二）多元素展教，锚定青少年理解教材的切入点

新版教材创新化的教学素材已编辑到教学课本中，在教学时容易造成课本的认知与实践脱节，学生对课本知识的获取来源于教师常规教学，缺乏感官认识和理性认知，普通的教学模式不易引起学生的科技学习兴趣。

要举办馆校结合课程设计竞赛，动员专业技术人员或中小学科技辅导员，根据《中小学科学课程教育标准》和《科学教育的原则和大概念》中的要求，编写《馆校结合综合实践活动教程》，针对中小学校各个年龄段科学课程的主要内容，对科技馆的展品与内容加以梳理总结，并开展与中小学校的科学课挂钩的综合实验活动，同时结合科技馆的“数学之趣”“运动之律”“电磁之妙”等科学展项，以有趣的表现形式对化学、力、机械、能量和数学等自然科学知识，对标设计出适合于中小学科学课程的教学内容，对以往的科学课程加以创新与提高，促进青少年对关于科学本身的概念性理解。

根据当地各校教学需求签约订单，安排展教课程，将馆内的科普展品融入学生的数理化实验教学中，让中小学生科技课在科技馆内进行。展教人员通过直观的方式对教材知识点加以诠释，能够很好地引导学生对教科书有直观的理性认知，使学生对课本上的科技知识了解得更加深入细致。

（三）多层次科教，激活青少年探究科学的兴奋点

科技馆的活动内容一般分为专题参观、主题活动、趣味科学实验、欢乐科普剧和梦工场科技小制作等五个类别。科技场馆的展项既有自然科学中的声、光、电和前沿科技领域的学科内容，又有科技展览、科普讲座、科学实验、科普剧、科技竞赛等活动形式。

对于中小学生来说，科学场馆的教育活动具备了趣味性、开放性和体验性等特点，中小学生参与展览的过程同时也是掌握科学生活技术的过程。对中小学生可以通过参与体验互动的模式开展科学教学，使之接触到大量的科学资讯，在参观教学中让中小学生能够经历一个独立思维理解的过程。这种情趣横生的科学展品和妙不可言的教学效果，容易使孩子们对科技创新产生强烈的兴趣，这种实践、创新、直观的教学方式远胜于课本教材，促进学生自主学习。

采用“请进来”办法，邀请科普专家、院士来科技馆举办青少年科普

大讲堂活动。通过“走出去”方式，深入开展“流动科普大篷车”进学校的巡展行动，引导中小学生动手、动脑进行实验活动，在游玩中增强对科学技术的好奇心，并掌握展品中所蕴含的科学原理，感受“体验科学”的快乐。适应数字化趋势，强化“校园数字科技馆”建设，让广大青少年亲身感受“校园数字科技馆”的亮丽风采，启迪科学思维，培养创新能力。

（四）多措施研教，点亮青少年科技创新的闪光点

科技馆隶属于当地科协，并将借助专业人才的优势与场馆资源承担相关科普工作，为中小学生科技素质的培育创造优越的教学条件，中小学生在积极自主的观察、互动中提高创造能力，在科技馆展示活动中进行思索、探究，促进自身求知能力和学习兴趣的培育。

通过乐高挑战赛邀请小朋友和父母一起参加体验，引导小朋友们积极创作、自由选择、动手动脑，在认知与游戏的氛围中受到科学知识的启发，零距离体验科技魅力，激发探索兴趣，提高创新能力。

通过创意手工坊亲子活动，在让爸爸妈妈找回童年记忆的同时，又增加亲子间的交流，让孩子的想法和创意得以释放出来，学会使用很多工具和认识更多的材料，有助于提高孩子的艺术审美情趣，定格留下亲子间的生活痕迹，营造一个精彩纷呈、其乐融融的科创空间。

开展科普知识竞赛、亲子赛、教师实验赛、专业级编程竞技、科普剧大赛等相关活动，提高科技馆展教活动的趣味性。对接科协、教体局举办科幻画比赛、青少年科技创新大赛、机器人大赛、航模大赛等评出一、二、三等奖，由本地科协和教育部门出资给予一定的奖励。通过这类活动，点亮青少年的智慧火花，铸就他们的成才梦想，在获得荣誉的同时寻觅自己的闪光点。

结　语

科技馆是青少年启迪智慧、成就梦想的摇篮，是体验科学、激发奇思妙

想的殿堂，是学习科普、提升科学素质的载体。展开科普翅膀，放飞科技梦想。让我们携手并进，励精图治，在科技馆这块沃土上深耕细作，转思维、常创新、促“双减”、提素质，努力谱写馆校结合创新发展新篇章，为推进青少年科学素质的持续提升做出新贡献!

参考文献

[1] 刘怡:《浅谈科技馆与中小学开展“馆校结合”的问题与对策》，第二十四届全国科普理论研讨会暨第九届馆校结合科学教育论坛，2017。

[2] 陈美晓:《馆校合作下科技馆教育活动案例设计研究》，山东师范大学硕士学位论文，2017。

浅谈“双减”背景下校外科技活动中信息技术的应用策略

尹　玉*

摘　要： 在“双减”和“信息化2.0”并驾齐驱的时代背景下，利用信息技术手段落实“双减”政策，减轻学生的学业负担与压力，提升学生的综合素养势在必行。本文依托“双减”政策、信息化2.0行动计划以及2022年义务教育课程方案，作者结合自身多年校外科技活动组织、开展的经验，总结出校外科技活动中应用信息技术手段的几点有效策略。

关键词： “双减”　信息技术　综合素养

一　基于教育政策背景的分析

（一）“双减”政策落实立德树人

2021年7月24日，中共中央办公厅、国务院办公厅正式印发《关

* 尹玉，北京市密云区青少年宫科技活动组织教师，中学二级教师。

于进一步减轻义务教育阶段学生作业负担和校外培训负担的意见》。其中提到：“充分利用社会资源，发挥好少年宫、青少年活动中心等校外活动场所在课后服务中的作用。”“双减”政策是落实立德树人任务的根本体现，能够加快构建教育良好生态，促进学生全面发展、健康成长。在落实“双减”政策的过程中，构建五育并举的课程体系，坚持以学生为中心，立足学生个性化、多样化的需求，引导学生在实践与体验中探索科学，需要进一步整合使用校外资源，发挥校外教育单位的重要阵地作用。

（二）信息技术2.0推进教育现代化进程

21世纪是信息化时代，随着科学技术的发展与进步，信息革命的浪潮推动着社会现代化进程，同时也推动着教育现代化的进程。2018年4月13日，中华人民共和国教育部印发的《教育信息化2.0行动计划》正式提出教育信息化2.0，这是教育信息化的升级，要实现从专用资源向大资源转变，从提升学生信息技术应用能力向提升信息技术素养转变，从应用融合发展向创新融合发展转变。

（三）新课程标准倡导变革育人方式

2022年4月21日，教育部出台《义务教育课程方案和课程标准（2022年版）》，并通知将在2022年秋季学期开始执行。新课标的修订是在当今世界正经历百年未有之大变局背景下，我国教育发展提出的新要求。在当今社会，互联网、大数据、新媒体等迅速普及，人工智能的应用如火如荼，人们的生活、学习、工作方式不断改变，青少年成长环境时刻发生着变化，这也对未来人才培养提出了新挑战。因此，深化课程改革，加强义务教育课程建设势在必行。同时，义务教育课程方案中也提出要变革育人方式，突出实践，倡导做中学、用中学、创中学，积极探索新技术背景下学习环境与方式的变革。

二 “双减”政策下校外科技活动中应用信息技术手段的价值分析

（一）践行新时代育人理念

现阶段，以习近平新时代中国特色社会主义思想为指导，坚持德育为先、提升智育水平、加强体育美育，落实劳动教育，培养德智体美劳全面发展的社会主义建设者和接班人是我们的整体育人目标。运用信息技术提升信息素养对于落实立德树人目标、培养创新人才有着重要作用。校外科技活动也不例外。校外科技教师需要坚持与时俱进的育人理念，并能够利用信息技术更新教育理念、变革教育方式，为学生构建一个提质增效的科技活动课堂，以学生为中心、以实践为核心、以技术为支撑，着重关注学生课堂上的自主性、能动性与创造性。同时，教师通过借助信息技术手段整合优质资源、实现多学科融合，并与爱国精神、民族自豪感、环保教育等德育因素有机融合，最大化发挥信息技术赋能提质增效的功用，促进学生综合发展。

（二）符合学生学习需求

在校外科技活动中，通过运用信息技术手段，来满足学生的个性化发展需要，为每名学生提供适合的学习途径和先进的学习方式。校外科技活动中一般以探究性学习为主，在信息技术支持下的探究性学习，是将信息技术作为认知、资源供给、环境创设的工具，学生能够利用信息技术快速获取知识、应用知识、解决问题。在探究过程中，能够加深学生对于抽象知识的理解与记忆，有效激发学生深入思考，促进学生思维由低阶转向高阶。同时，信息技术能够网罗丰富的资源，呈现方式也较为直观，能够较好地刺激学生的多项感官，唤醒学生的求知欲望，激发学生的探究动力，挖掘学生的思维潜能，从而让学生能够更好地参与探究性学习。这与“双减”政策要求教师以学生为中心，关注学生的真实需求，给予学生更多的自主性是相通的。

在融合信息技术的校外科技活动中，减轻学生课业压力和负担，同时增加课堂实效，让学生通过参与活动锤炼品质，丰富知识，扩展视野，发挥特长，获得综合发展。

（三）适合校外科技活动开展

校外科技活动具有实践性、探索性、灵活性、开放性等特点，而传统课堂的讲授式教学不能充分展现科技活动课程的特点。在倡导变革育人方式的背景下，融入信息技术有助于校外科技活动的高效开展。学生在参加科技活动时需要经历思考、调查、探究、分享等一系列的过程，在这一过程中信息技术的运用可以为学生创设一个充分的、开放的自主探究空间，辅助学生进行自主、合作、探究、记录、分享等，提升学生学习的积极性，同时也能在实践活动中帮助教师及时了解学生的任务完成情况、反馈的问题，做到即时评价、引导。另外一点，科技的快速发展大大拓展了学生对于世界认知的边界和深度，但也造成了前沿科学概念抽象、难以理解的现状。教师灵活运用现代信息技术能够实现将抽象的科技知识具象化呈现，或者通过虚拟现实技术让学生直观体验，从而降低学习难度，帮助学生更好地吸收与内化所学知识，提高科学学习效率。

三　校外科技活动中信息技术的应用策略

在“双减”和“信息化 2.0”并驾齐驱的时代背景下，校外科技教师需要不断提升自身信息技术水平，并结合当前校外信息技术设备水平，整合利用可用的信息技术资源，有针对性地创新校外科技活动教育教学模式，以学生为主体，减轻学生学习负担，发展学生兴趣特长，培养学生的信息素养，促进学生全面发展，为校外科技活动提质增效。结合全国中小学教师信息技术应用能力提升工程 2.0 中的“中小学教师信息化教育教学能力发展框架”提出的 4 个维度和 30 个微能力点，笔者基于自身长期在校外科技活动一线教育教学岗位，通过不断思考与实践，总结出以下几点策略。

（一）信息技术助力校外科技活动前充分准备

1. 教师充分了解学情基础

充分了解学情是教育教学工作的起点，学生是学习的主体，教师只有做到全面了解学生，充分关注学生的需求，根据学情选择适合的方法进行教学，才能达到良好的教学效果。尤其是在校外科技活动中，由于参与对象年龄不一、性格不同、学习背景不同，因此，准确地了解学生情况对于活动的开展极其重要。而信息技术能够帮助教师快速、准确地了解学情。笔者在活动前常用的了解学生的信息技术手段是微信群和问卷星。了解学情具体是了解学生目前的年龄、兴趣爱好、知识与技能水平、心理需求等方面。结合要开展的活动，在以上几方面精心设计问题，形成一个调查问卷，然后通过微信群，发放问卷，引导学生认真填写。问卷星后台的收集和分析问卷的功能可以帮助教师进行数据统计、分析，看出整体水平，同时也能够帮助教师看到每个学生的情况，可以方便快捷地了解学生情况，在此基础上再进行活动设计，能够更好地服务学生的学习。

2. 学生有针对性地提前自主学习

凡事预则立，不预则废。在课程学习之前，科学有效地引导学生提前自主学习能够提升学生课堂学习的注意力，学生较容易跟上教师的节奏。同时，也能够提高学生的自主学习能力。在校外科技活动前，笔者针对学生自主学习阶段常用的信息技术手段是微课和视频号。微课短小精悍，图文并茂，适合用在学生自主学习阶段。想要微课发挥作用，需要教师精心设计。例如在讲中国高度板块中的“中国探火工程”前，笔者为学生课前学习制作了“六分钟带你认识中国首款火星车——祝融号”的微课，通过问题引导、游戏激趣、扫码互动等方式带领学生提前认识祝融号的功能、探秘火星的原因及目标。同时，将微课上传至视频号，学生可以随时随地进行反复观看，不占用内存，也可以在评论区与教师互动。这种方式能够确保学生个性化自主学习并体现了互动性与引导性，提升学生活动前的自主学习效率。

（二）信息技术推动校外科技活动中教学更加高效

1. 激发学生学习兴趣

著名教育心理学家夸美纽斯（Jan Amos Komenský）说：“兴趣是创造一个欢乐和光明教学环境的重要途径之一，兴趣是推动学习的内在力量，学生的学习兴趣是学习的强大动力。”① 在校外科技活动中，教师可以利用信息技术手段激发学生的学习兴趣，从而唤起学生的好奇心与求知欲。以“探秘中国空间站”活动为例，笔者运用虚拟现实技术，也就是 VR 充分调动了学生的学习兴趣。在科学学习中，沉浸式学习、体验式学习能达到较好的效果，而 VR 技术具有虚实沉浸性、实时交互性、三维构想性的特点，能够让学生产生亲临等同真实环境的感受和体验。因此，在本次活动中，教师利用 VR 设备为学生创造置身空间站内部的虚拟环境，并结合任务单进行引导，引领学生观察了解空间站各个舱位的外形、结构、组成方式，借助小组竞赛的形式激励学生完成探究任务。相比于图片和视频，VR 体验更加生动、真实，有助于学生快速联结知识，把被动学习变为主动探索学习，提高学习效率。笔者在教学中还常用到的、能较好地激发学生学习兴趣的信息技术是希沃白板。以“探秘火星车与月球车的区别”一次活动为例，教师在希沃白板中创建互动课堂，引导学生探究火星车与月球车的区别。之后，通过对战游戏，引导学生快速将形容火星车与月球车的特点的词语正确分类，这一环节极大地提高了学生学习积极性，也能够检测学生的学习效果，实现课堂互动高效性。

2. 延伸学生探究深度

笔者在前文提到，校外科技活动中最常见的学习方式是探究性学习。有深度的探究能够让学生突破浅层学习的初级学习状态，在深度探究中培养学生的高阶思维。学起于思，而思源于疑，也就是说问题是科学探究的起点。好的问题能够引发深入的思考。而信息技术手段在学生深度探究过程中不可

① 〔捷克〕夸美纽斯：《大教学论》，傅任敢译，教育科学出版社，2014，第 98~108 页。

或缺。以“趣探北斗”活动为例，为了引导学生体验深度探究过程，教师采取了四个策略。第一，为学生提供有研究价值的问题。所谓有研究价值的问题，就是学生需要通过查阅、归纳、分析、总结等方法自主建构出探究结果。第二，提供信息技术资源为探究提供支持，结合探究主题，为学生提供了 iPad、笔记本电脑以及电子学习资源包，依托信息技术手段为学生创造一个充分的自主探究空间。第三，通过 UMU 互动学习平台发布任务单，引导学生以任务单为引领主动获取知识、应用知识、解决问题，同时在 UMU 互动学习平台上，学生可以适时与教师互动，教师也能够了解学生的探究过程与问题，及时指导与评价。第四，借助信息技术引领学生分享成果，检验学生探究深度的有效方式之一是展示分享探究成果，借助教师提供的信息技术工具，学生通过制作 PPT、利用 X-mind 绘制思维导图、利用剪映制作微视频等形式展开分享。活动中，学生在多重信息技术手段的帮助下，完成了探究任务，做到了真探究、深探究，提升了探究能力和信息技术运用能力。

（三）信息技术拓宽校外科技活动后拓展延伸渠道

活动后的拓展延伸也是整个活动设计中的重要一环，在校外科技活动结束后，学生们有了课堂上的学习基础，再通过完成活动后的拓展延伸任务，能够进一步巩固知识、提升能力。在校外科技活动中，教师可以通过以下信息技术手段辅助拓展延伸。第一，编写活动后调查问卷，并上传至问卷星，通过微信群发送给学生，了解学生的收获与感受，掌握学生的真实获得，为下一步活动开展提供依据。第二，利用 X-mind、幕布等思维导图绘制软件，引导学生将活动中所学用思维导图的形式展示出来，借助思维导图工作帮助学生厘清课堂学习思路，提升思维能力。第三，引导学生将学习过程、所思所想所获用讲解、绘画等形式表现出来，并通过美篇、视频号等信息技术平台分享。第四，利用希沃白板的知识胶囊，引导学生回顾活动中的主要学习内容，并通过游戏的方式进行知识检测。在“趣探北斗”活动中，学生讲解的北斗背后的中国故事上传至视频号，吸引了 5000 余人观看，扩大了活动的科普范围，同时也提升了学生的自信心。在“我

的梦 航空梦”——密云区中学生密云机场研学活动中，运用希沃白板的知识胶囊功能，活动中引导学生深入理解航空、航天的概念与区别，活动后通过扫码做游戏的方式，将大国重器进行正确分类，考察学生的知识掌握情况，同时希沃白板的这一功能还能进行后台统计，帮助教师了解每一位学生的掌握情况。

（四）信息技术提升校外科技活动评价实效性

2022年新课程方案关于“课程实施”中有专门的“改进教育评价”内容，强调更新教育评价观念、创新评价方式方法、提升考试评价质量。在校外科技活动中教师可以应用信息技术进行素养导向评价、过程导向评价、综合性评价。笔者还是以“探秘中国空间站”活动为例，活动中借助UMU互动平台的评价功能，自评、互评、终结性评价，多种评价手段让教学效果更加直观。学生可以通过完成问卷进行自评，对自己的学习状态、学习内容的掌握情况等进行评价。在各组进行分享时，学生可以通过在线输入或词云等方式，评价同学的发言亮点及不足，丰富评价主体。同时教师可以通过平台了解学生探究过程的参与度等情况，为终结性评价提供参考依据。随着信息时代的不断发展，像UMU这样的活动平台已经有很多，例如雨课堂、CC-talk等，运用好此类软件都可以帮助教师对活动进行全方位、全过程的评价，提升评价的实效性。

结 语

综上所述，在“双减”政策背景下，以学生为主体，融合信息技术的教育方式与学习方式的变革是时代发展的必然要求，尤其是疫情常态化背景下，线上线下相结合的教育方式更需要融入信息技术手段。而信息技术在校外科技活动中的应用有助于增强学生科学学习兴趣、激发学生学习动机、提高学习效率，从而减轻学生学习负担与压力。结合校外科技活动的特点，校外科技活动教师们需要与时俱进，提高自身的信息素养与信息技术水平，实现在活动前、活动中、活动后以及活动评价时应用信息技术，助力学生高效学习，提高学生的信息素养。

参考文献

[1] 中共中央办公厅、国务院办公厅：《关于进一步减轻义务教育阶段学生作业负担和校外培训负担的意见》，2021。

[2] 教育部：《教育信息化 2.0 行动计划》，2018。

[3]《义务教育课程方案（2022 版）》，中华人民共和国教育部制定，2022。

[4] 金彩云、刘鑫、李耀锋：《VR/AR 技术在中学生物课程中的应用探究》，《中国教育信息化》2020 年第 6 期。

[5] 张霞：《“信息化 2.0”时代课堂教学提质增效的探索》，《中小学信息技术教育》2022 年第 Z1 期。

[6] 黄冬芳、马胜利：《应用现代信息技术促进中学化学探究性学习的教学策略》，《北京教育学院学报》2001 年第 4 期。

[7] 李晓：《未成年人校外教育信息化及其实现途径》，《中国教育信息化》2012 年第 6 期。

[8] 田洋、刘俊强：《教育评价改革背景下的信息技术教学评价》，《中小学电教》2022 年第 1 期。

学生科技社团助力“双减”的实践与探索

赵　茜[*]

摘　要： 本文选取北京市学生金鹏科技团成员单位，通过访谈、个案研究、问卷调查等方法，探索学生科技社团依托自身建设发展，开展社团活动助力“双减”工作的实践经验，总结学生科技社团在“双减”政策下开展工作的有效途径。实践证明：学生科技社团以常态化社团活动、主题式社团活动、竞赛类社团活动等形式，通过合理开发利用校内外资源，拓展兴趣小组和社团活动，拓展课后服务渠道，从供给侧扩大优质校外教育资源服务供给；整合多方资源，完善家校社协同机制，提高课后服务质量。探索出一条有助于“双减”的，为学生提供多元化成长途径的促进学生全面发展之路。

关键词： 学生科技社团　科技教育　“双减”政策

2021 年 7 月，中共中央办公厅、国务院办公厅印发了《关于进一步减轻义务教育阶段学生作业负担和校外培训负担的意见》，对“双减”工作做出了重要决策部署，从体制机制上入手深化改革，解决中小学生课业负担

* 赵茜，北京市少年宫教师。

重、家长经济压力大的问题，促进学生全面发展和健康成长。教育是学生身心发展和社会发展的桥梁，教育发展要受社会发展的影响和条件制约。教育发展的出路在社会发展的出路，从根本上减轻学生和家长的焦虑，要由社会提供多元化的成才通道，让学生的人生之路越走越宽。提高教学质量需要学校教育、社会教育、家庭教育共同努力。“双减”工作实施后，中小学生在学校有更加充足的时间学习和活动，如何更加合理有效地利用这部分时间是校内外共同亟待解决的问题。

一　研究背景

“双减”政策的出台，要求校内外减量增效，要着力提高教学质量、作业管理水平和课后服务水平，让学生在校学好学会，让学生的学习更好地回归校园，减少参加校外培训的需求。北京市人民政府办公厅印发了《北京市关于进一步减轻义务教育阶段学生作业负担和校外培训负担的措施》，明确指出“双减”工作的原则必须坚持育人为本，遵循教育规律，尊重学生主体活力，让学生有意愿有空间自主发展和个性化发展，要有利于整体教育教学水平的提升，有利于学生身心健康的全面发展。

学生社团是学生以共同的理想和兴趣自主开展活动的学生组织。学生社团在培养学生创新精神和实践能力，提高综合素质、培养个人兴趣和特长等方面发挥着积极作用。王瑞等认为学生个性化发展是创新型人才培养的重要基础，科技社团为创新型人才培养提供了良好的发展环境。“双减”政策下基于学生科技社团开展课后服务是基于学生个性化发展的一次改革性尝试。北京市学生金鹏科技团（以下简称“金鹏团”）是代表北京市中小学生最高水平的学生科技社团，由中小学校或校外教育单位承办，以提升学生科学素质、培养专业后备人才为宗旨，现有 90 个分团，由机器人、模型、生命科学、天文、地球与环境、电子与信息等项目分团和校外分团组成，到 2021 年底团员已逾万人。金鹏团提升了学生科学素养的同时，每年有 3000 余名金鹏团员在国内外青少年科技竞赛中获得佳绩，先后有 11 颗小行星以北京中小学生的名字命名。金鹏团依托社团建设发展在提高中小学生科学精神、创新能力、批判性思维等方面进行了诸多尝试和探索，为“双减”政策落地提供了支持和保障。窥一斑而知全豹——下面就以金鹏团中的几个典型代表作为缩影，研究学生科技社团在“双减”背景下开展的实践工作和探索。

二 研究对象、目的、方法及思路

（一）研究对象及目的

采用方便取样随机选取了部分金鹏团成员单位，采集有效问卷 17 份，其中男性 4 人，占 23.5%，女性 13 人，占 76.5%；年龄在 24~60 周岁，其中，中青年教师占比为 89.2%。平均从教年限为 16.47 年。研究者作为金鹏团日常工作的管理者和观察者，开展依托学生科技社团建设发展中的典型社团活动及工作经验探索，总结学生科技社团特色项目活动资源和教育教学案例，摸索学生科技社团开展“双减”实践的模式和途径，探索依托学生科技社团未来开展“双减”工作的发展方向。

（二）研究方法及思路

本研究的主要研究方法：调查研究（问卷调查），实地研究（访谈、个案研究，行动研究），非介入性研究（文献研究、历史分析），等等。采用以开放式问卷调查的方式对学生科技社团管理者、辅导教师、团员开展研究，了解社团工作现状；通过访谈、个案研究、行动研究等方法对特色社团中典型活动案例进行剖析，观察并记录学生科技社团活动服务“双减”工作的模式和途径；通过文献综述的方法对学生科技社团的建设发展现状进行归纳总结，对过程性资料进行探究和分析。

通过查阅大量文献资料和金鹏团评审资料，咨询一线科技社团管理者、教师、专家等，确定研究课题。查询文献、制订研究计划、设计调查问卷及访谈提纲，设计社团活动案例、搭建社团活动助力“双减”的模式框架体系。进行实地调查、观摩社团活动、发放问卷并回收、收集案例等，对案例进行剖析，对数据资料进行整合，最终形成活动模式和途径的归纳总结。

三 结果与分析

（一）调查结果

参与调查人群中94.1%的受访者表示本单位开展了“双减”配套服务。5.9%的受访者表示本单位没有开展“双减”配套服务的原因是单位没有相关的文件规定，同时没有足够的师资。

对开展“双减”工作的服务类型进行调查，发现所有单位均开展了艺术类社团活动，其次是体育类和科技类，占比分别为93.80%和87.50%。还有一些单位开展了综合实践类、文学类和职业模拟类的活动（见图1）。可以说，“双减”社团的活动形式是丰富多彩的。

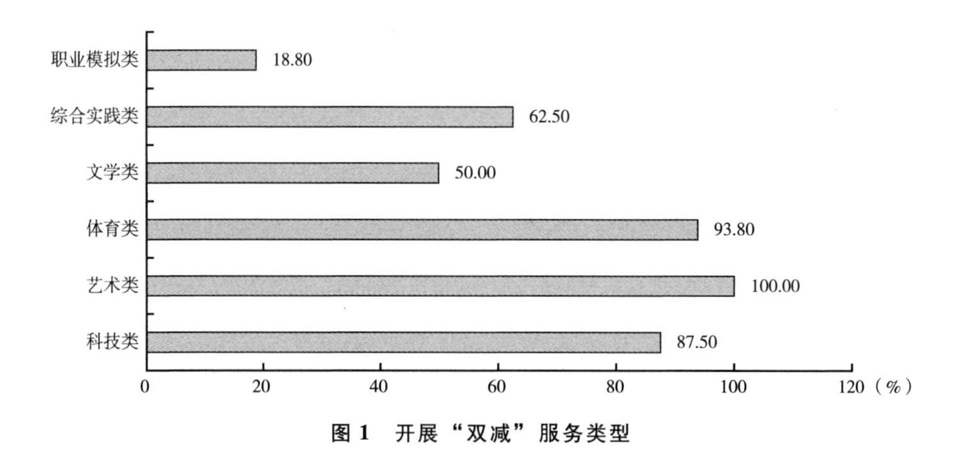

图1 开展“双减”服务类型

学生科技社团活动模式可分为常态化社团活动（讲授项目基本知识、技能，开展日常社团活动）、竞赛类社团活动（针对不同类型的科技竞赛进行社团备赛类辅导）以及其他类型的社团活动、主题式社团活动（结合纪念日、特殊事件等开展的主题式教育活动）等，分别占比为100%、87.5%和75%。

在利用校外资源方面，70.6%的受访者认为本单位在“双减”实践中有效利用了各类资源，29.4%认为校外资源没有得到有效利用，主要原因是认识不到位，或没有找到与校外单位可结合的点。开展“双减”实践利用的资源类型方面：64.30%的受访者表示与少年宫、青少年科技馆、少年之家等相结合；50.00%的使用过博物馆、科技馆、科学中心，以及高等院校实验室、体育馆、艺术馆等；42.90%的利用过社区、公园等资源开展活动；还有28.60%的表示使用过高新科技企业等附属设施（见图2）。70%以上的受访者表示，学生科技社团开展过家校社协同的“双减”实践工作。

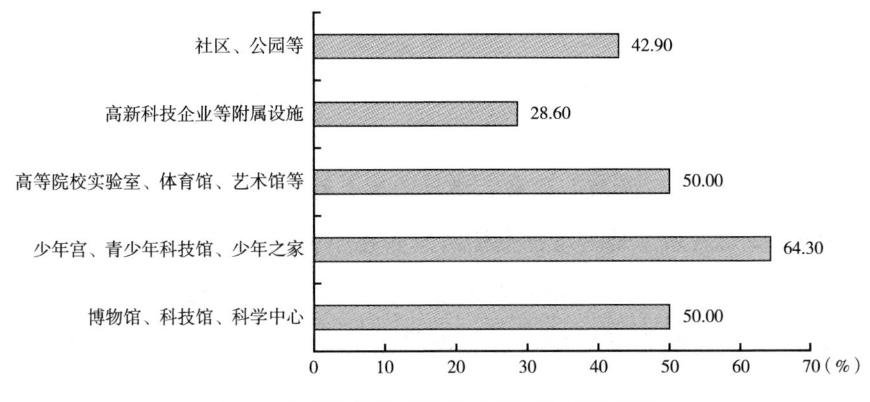

图2　利用校外资源开展“双减”实践类型

学生科技社团在延时课后服务方面，41.2%的受访者表示师资相对充足（非常充足占5.9%，比较充足占35.3%），而47%的受访者认为师资力量还是比较缺乏的（比较缺乏和非常缺乏均占23.50%）（见图3）。而延时课后服务的教师来源主要是以本单位教职员工为主，同时还有校外机构工作人员、高校教师、高等研究所研究人员、专业艺术团体工作人员、体校教练、师范院校学生、家长志愿者等作为补充。而活动场地方面：主要开放了操场、体育场馆等设施，占比为94.1%；教室、艺术、科技等专业教室，占76.5%；实验室占比为58.8%；图书馆、阅览室占比为52.9%。

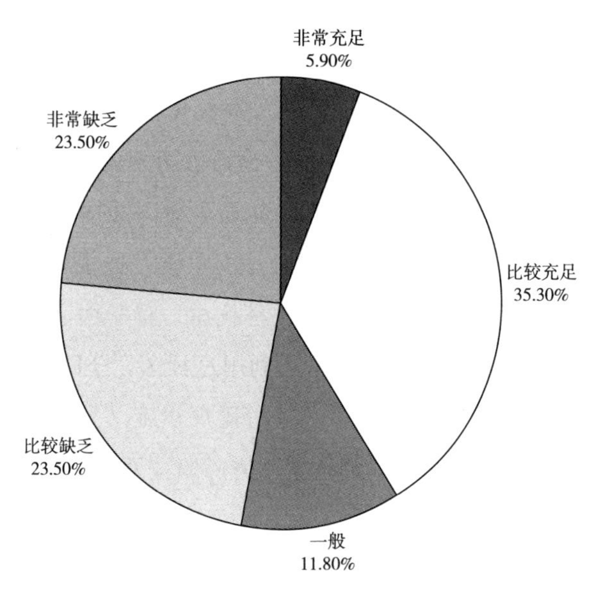

图 3　学生科技社团在延时课后服务方面的师资力量情况

本单位在开展“双减”服务、满足学生个性化需求的创新与特色方面：88.20%的受访者认为是组建各类社团和兴趣小组；开发出系列特色课程和配套资源的占 76.50%；创设普及型活动的占 52.90%；充分利用专家资源和实践平台、开放教学资源，进行项目指导的受访者均占比为 47.10%；41.20%的受访者认为是因地制宜，资源就近，开发校本课程活动；还有 17.60%的受访者表示是开展联盟校、兄弟团社团指导活动（见图 4）。

（二）学生科技社团助力“双减”的实践案例及分析

1. 拓展课后服务渠道，丰富教育教学资源

北京市少年宫是北京市学生金鹏科技团校外分团，是隶属北京市教委的公益一类校外教育事业单位，成立于 1956 年 1 月。2013 年 5 月 29 日，习近平总书记到北京市少年宫参加主题队日活动时提出了“让孩子们成长得更好”的期许。“双减”工作的开展，给北京市少年宫提出了新的发展机遇和挑战。北京市少年宫充分发挥其作为全国青少年校外活动示范基地、全国科

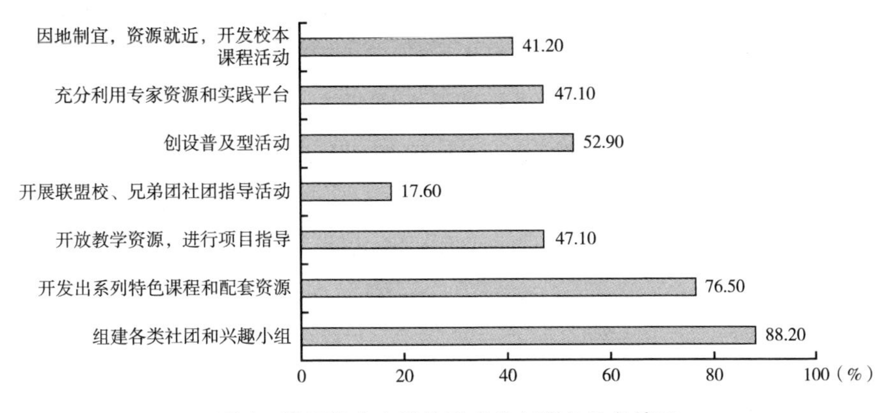

图 4　满足学生个性化需求的创新与特色情况

普教育基地、全国环境教育社会实践基地、全国研学实践教育基地的作用，每年组织 6500 人次少年儿童参与各类兴趣培训，在探索“双减”实践方面，北京市少年宫教学部门 2021 年下半年就增加了 1300 个学位，同时，举办了多个夏令营、半日营和体育集训营等活动，让更多的孩子能够利用“双减”后的时间，享受到市级优质校外教育资源。自然资源部与北京市教育学会、东城教科院共同主办了“保护生物多样性，共建地球生命共同体”校内外联合研究课展示活动。组织“中华小农人”劳动体验、绿色科技俱乐部、北京市中小学生植物栽培大赛等，拓展“双减”工作的活动范围。校外教研室从师资专业发展和品牌活动入手，推出校外“三个一”活动，打造校外教育“优质、创新”的高品质课程资源。活动部通过做好北京市学生金帆艺术团、金鹏科技团、金帆书画院、北京阳光少年艺术团等建设管理工作，组织开展近百余项全市性学生艺术、科技、体育竞赛活动和阵地活动，惠及学生 100 多万人次；通过实践活动线上线下融合，为“双减”工作配备相关课程资源，切实发挥市级教育资源平台的示范引领作用，服务于更多中小学生。

2. 完善家校社协同机制，为学生全面成长保驾护航

2021 年颁布的《中华人民共和国国民经济和社会发展第十四个五年规划和 2035 年远景目标纲要》将健全家校社协同育人机制作为教育发展的一

个政策性选择。只有身心健康的学生才能在未来有更长远的发展，家校社协同育人将教育回归以人的成长为根本目的，让学生回归健康生活，做有丰富情感有自主性的完整的人。在家校社共育模式下，学校作为促进学生成长、引导家长、参与社会事务管理的主导，利用家长群体的潜能提高育人质量，利用社会力量和社区模式关注弱势群体，发挥多方协同育人的作用，促进教育公平和学生课业负担的减轻。金鹏团校外分团发挥其区域统筹能力，与各区教委密切联动，东城、西城青少年科技馆等金鹏团校外分团利用现有课程、活动送课下校，开发系列微课资源，配合“双减”工作开展。如西城区青少年科技馆依托馆内科普课程资源和师范院校生源优势，围绕学校课后服务需求和学校师资管理要求，建立“馆校社科技教育联合体”，建立专门的科普教育课程资源库和授课教师培训模式，为学校“双减”时间提供优质的科普活动资源、课后服务科普教育课程资源，一定程度上缓解了本地区“双减”延时课后服务中小学校师资、课程资源不足的问题。

3. 提升学校课后服务水平，提高课后服务质量

北京市第八中学是金鹏团机器人分团，以学生兴趣和个性发展为导向，组建了机器人、生命科学、天文等十几个科技社团，成立由学生主导的“北京八中少年科学院”和“北京八中少年工程院”。以机器人和工程类项目为抓手，让爱好科技的学生参与社团组织和管理，充分调动学生的主动性，学生自主参与课后服务的科技活动。同时，科技教师立足“北京八中学生工程创新中心”建设，开发出系列适合学生的机器人特色课程，打造机器人及综合创客课程体系，激发学生创新思维，系统提升学生创造力，服务“双减”工作的开展。北京师范大学大兴附属小学是金鹏团天文分团，通过项目指导、教师结对等方式，加强交流，开放教学资源，发挥对周边学校的辐射带动作用。鼓励本校教师到联盟校和兄弟团指导社团活动，分享科技教育经验，通过教师专业发展，提升社团指导水平和业务能力。打造品牌社团活动和配套课程资源，为每一个热爱科技的学生打造成就梦想的舞台。利用课后服务时间，在大兴区全区创设开展首届“金鹰杯”大兴区中小学生天文竞赛，为“双减”提供支持，促进教育公平发展。

4. 合理利用校内外资源，探索科技社团“双减”新模式

北京一零一中学是金鹏团生命科学和天文分团，充分发挥专家资源库力量，利用科研院所、高新科技企业等实践平台，开发跨学科活动，精心设计、有效组织，转化为适用于“双减”的教育资源。依托北京一零一中学英才学院，与小米集团达成合作，成立一零一中学——小米创新智能实验基地，推动“生态智慧”教育理念，展开“五个一”推进模式。通过与高校、科研机构的合作，搭建起一个平台，在高校、科研机构的名师、工程师的参与下开发一门课程，形成可持续使用并引发思考的一本教材。促进教师不断成长，培养学生学习能力、创新能力并将过程中的项目转化为成果，打造未来学校。秉持着“教育是为了未来”，北京一零一中学与中国科学院计算技术研究所签约建设“芯片与计算思维创新人才培养基地”，尝试探索前沿领域遭遇的“卡脖子难题”，开设普及性和项目式两套并行课程。提高学生发现问题、解决问题的能力，培养学生的批判性思维、勇于探究的科学创新精神。推“双进”助“双减”，助推高端科技资源科普化项目进校园，将资源优势运用到有效开展课后服务上，提高学生科学素质，促进学生全面健康发展，打造资源融通的高端科技资源科普化助推基础教育人才培养新模式。密云区大城子学校是金鹏团生命科学分团，坚持资源就近、贴近生活，将中医药资源与可持续发展教育相结合，开发出一种适合山区地域发展的、有影响力的、有社会经济效益的特色社团活动模式。建设学校中药材博物馆，结合中医药基地资源开展药用植物研究系列活动；利用丰富的药材资源，开展生命科学实践活动。有效利用药用植物资源，开发校本课程，写入课程规划，进课堂，带动全校科普活动和“双减”工作开展。

四　启示

（一）从供给侧注入新活力，持续扩大公益优质校外教育供给

以往学生在校“吃不饱”，在校外又过度超前培训，家长学生疲于奔

波，教育内卷成了禁锢孩子全面健康发展的枷锁。促进教育均衡发展，根据学生实际情况和发展需求，个性化、精准化设计课后服务，提供多维度的支持和保障。利用信息技术手段，智慧赋能，通过教育元宇宙、智慧云课堂等，将公益校外教育单位现有课程和社团活动资源进行深度挖掘和联合开发利用，让学生多一些资源、多一些选择，将优质校外教育资源惠及更多的孩子，弱化功利色彩，减轻家庭负担，提升学生家长的幸福感、满意感。

（二）处理好家校社协同关系，整合资源化政策压力为改革动力

培养什么样的人，如何培养人，为谁培养人，历来是教育宗旨的重中之重。育人的根本在于立德，培养德智体美劳全面发展的社会主义建设者和接班人。以学生的需求为导向，以学生个性化发展为途径，以学生健全人格的成长为目标，只有统筹好家庭、学校、社会三者之间的关系，明确育人导向，合理设置学生科技社团育人目标，提高教师教育能力，发挥家长、社会资源优势和培育力量，家校社协同合作，形成共同育人合力，才能使学生得到更好的发展。

（三）提质增效，教育回归本真，促进学生全面发展

教育的最大价值是促进人的全面发展，过度强调教育的工具性将使教育的价值被贬低，教育价值观被扭曲。而教育中的功利化、短视化等倾向，一直是阻碍教育事业发展、造成学业负担过重的问题源头。让教育回归本位教育，提供多元化成长途径，重视学生的实际获得，不以单一模式论英雄，让孩子得到更好地成长。利用学生科技社团促进学生自主发展，让科学与人文相结合，尊重和支持学生的个性化选择，塑造灵魂、塑造生命、塑造人才，提质增效合理规划学生生涯发展，促进学生全面成长。

结　论

学生科技社团以常态化、主题式、竞赛类等社团活动模式，合理利用校

内外资源，充分发挥好校外教育单位在课后服务中的作用；完善家校社协同机制，探索多样化科技社团活动试点，拓展课后服务渠道，提高课后服务质量。同时提出，学生科技社团在提高“双减”工作质量方面，应进一步健全服务相关制度，增加工作经费，增强师资力量，适时引入有资质的第三方机构，增加活动场所及硬件设施，丰富课程设置，增加课外校外活动，开展校内外监督，完善内部管理等，以助力“双减”实践的开展。

参考文献

[1] 梁婷婷、谢萍、沙抒音：《“双减”背景下基于学生需求分析的课后服务优化策略——以北京市 M 学校为例》，《教师教育论坛》2022 年第 4 期。

[2] 郑永和、王晶莹、李西营、杨宣洋、谢涌：《我国科技创新后备人才培养的理性审视》，《中国科学院院刊》2021 年第 7 期。

[3] 李颖、韩景贵、刘学燕：《“双减”政策下班主任工作的变化与挑战——来自北京大兴区班主任工作调研的思考》，《中小学德育》2022 年第 7 期。

[4] 张培培：《依托科技社团培养学生创新能力初探》，《扬州教育学院学报》2019 年第 4 期。

[5] 王瑞、靳大林、蒋立春：《科技社团活动培养未来创新人才的新探索》，《试题与研究：高考版》2019 年第 20 期。

[6] 黎嘉欣：《探究“双减”背景下的家校社协同共育》，《教师博览》2022 年第 18 期。

[7] 曾汶婷：《美国基础教育阶段家校社协同育人模式及其启示》，《教学与管理》2022 年第 16 期。

[8] 曾燕：《小学科技类社团活动开展的现状、问题及对策研究》，重庆师范大学硕士学位论文，2020。

面向“双减”需求，博物馆项目式学习助推学生减负增效

赵　妍*

摘　要： 文章分析了“双减”政策出台后的学生发展需求、学校服务需求和社会发展需求，并分析了博物馆面向需求，其教育活动所关注的方向，包括通过兴趣启发学生思考、布置任务培养学生能力以及划分年龄段对接馆校合作等。项目式学习以任务为驱动，发挥学生主动性，重视学生在完成项目过程中获取知识和方法，培养能力和素质，是利用博物馆资源推动“双减”政策落实的有利方式。文章结合案例分析了博物馆项目式学习活动的设计与实施，并提出通过博物馆成体系的课程设计、学校社团及兴趣小组的组建、馆校双向长期合作、成果回归及展示利用的步骤来切实实现学生的减负增效。

关键词： “双减”　博物馆　项目式学习　减负增效

一　前言

随着我国社会经济的发展，人们对教育的重视程度不断提高，而由之带

* 赵妍，北京自然博物馆科普教育部馆员。

来的学业上的竞争使学生的压力与日俱增，导致其身心健康发展受到了影响。为保证我国教育事业稳步和高质量发展，政府及时规范治理教育乱象。2021 年 7 月，中共中央办公厅、国务院办公厅印发《关于进一步减轻义务教育阶段学生作业负担和校外培训负担的意见》，从关键处着手，减轻学生压力，保证学生的休息时间，鼓励学生进行体育锻炼，并在课余发展自身的兴趣，坚持学生为本，遵循教育规律，促进学生全面发展。

博物馆承担着重要的社会教育职能，其丰富多样的科普资源有助于学生在轻松愉快的基础上度过有意义的课外时光，帮助学生健康成长，因此，博物馆也成为学校拓展课后服务的良好渠道。教育部和中国科协印发《关于利用科普资源助推“双减”工作的通知》，提出推动优质科普资源的入校服务，组织学生开展科学实践活动等，旨在通过科普丰富学生课余生活。在该通知文件的指导下，各博物馆也应重视自身作用，发挥资源优势，助推中小学校园减负增效。

二　“双减”政策后的需求分析

（一）学生发展需求

“双减”政策提出减轻学生课业压力和培训负担，并不代表放缓学生成长的步伐，而是减少校本课程在学生的时间分配中所占据的比例，减小考试成绩在学生评价中所占据的比重，更加关心学生的身心健康和全面发展。在“双减”之后，学生从繁重的作业和校外培训的压力中脱离出来，有更多可供自己支配的时间，这时，学生的主体地位和个性差异将会得到更多的关注，由兴趣引发的学生的自主学习行为将占主导地位，学生兴趣所在的课程和活动也将受到广泛的欢迎。其实，学习者本身的兴趣和主动性对教育效果有着重要影响，学生的培养方向也应该尊重个性，重视主动性，以学生兴趣为导向，引导其对兴趣背后的科学、文化进行深入的挖掘。在兴趣的基础上，还应重视学生综合能力的培养，促进其掌握分析问题、解决问题的过程和方法，同时进一步提高课后服务活动的开放性和创造性，培养学生对事物产生自己的理解，逐步形成自身的价值观念和独立视角，为未来走向社会打下坚固的基础。

（二）校园服务需求

根据“双减”政策要求，学校要保证课后的延时服务时间，制定课后服务的实施方案，增强课后服务吸引力，提升课后服务水平，满足多样化的需求，为学有余力的学生拓展学习空间，开展丰富多彩的兴趣小组及社团服务等。因此，面向“双减”政策，学校的课后服务存在需求缺口，如何根据学生多样化的兴趣提供差异性的课程服务，是学校需要解决的问题。除学校自有的学习资源外，社会上的教育资源也能够弥补校本课程的局限性，为在校学生打开面向多元社会的窗口。

（三）社会发展需求

教育是为社会和社会发展服务的，“双减”政策的提出是为达到构建高质量教育体系和良好教育生态的目标，为我国未来发展培养人才。当前，我国正迈向创新型国家前列，面临人才结构调整，教育目标和方向也随之产生调整。2022 年 4 月，教育部发布了《义务教育课程方案和课程标准（2022 年版）》，提出进一步精选对学生终身有益、有价值的课程内容，减负提质，培养担当民族复兴大任的时代新人，培养面向未来社会的能力，培养学生适应未来发展的正确价值观、必备品格和关键能力，引导学生明确人生发展方向，成长为德智体美劳全面发展的社会主义建设者和接班人。那么“双减”后学生的增效也应根据该要求，培养学生在核心素养、综合能力上的提高，解决学科教学脱离社会需求的弊端。

三　“双减”下博物馆的教育活动方向

在“双减”政策出台后，教育部与中国科协联合发布《关于利用科普资源助推“双减”工作的通知》。博物馆作为科普基地，中小学生的第二课堂，也应该整合资源助推校园的减负增效。在分析完“双减”政策下学生、学校与社会需求之后，博物馆的教育活动也就有了方向，可依此转化博物馆资源，为学生提供更优质、更高效、更受欢迎的课程和活动，致力于学生的全面发展。

（一）兴趣引入，启发学生思考

在课业压力减轻后，在校学生可以根据兴趣自由分配放学后的时间。研究认为，学生基于好奇心对周围世界的探索与科学家的研究并没有本质区别，都是基于已有认知水平和认知能力逐渐丰富和完善的漫长而持续的过程。而博物馆展陈着人们在多个领域探索的成果，记载着人类认识世界、改变世界的历史，它往往融合着多学科的内容，是人类文化的瑰宝，其资源的珍贵性、稀有性、专业性、科学性恰恰可以满足学生在兴趣方面的探索和挖掘。博物馆可以收集学生的问题和关注点，结合自身资源，提取相关知识、内容、故事，并引导学生通过兴趣探索其背后的历史、环境、意义等，满足学生的好奇心。与此同时，博物馆还应在内容上进行延伸和拓展，引导学生了解人类理解科学、利用科学的过程，潜移默化地培养学生的科学精神，进一步启发学生的思考，使其在探索的过程中形成正确的观念意识，让由兴趣主导的学习能够帮助学生实现在人生观、价值观上的升华。

（二）任务导向，培养学生能力

在教育形式上，博物馆一直注重如何整合资源为学生提供更多有趣丰富的内容，但对学生本身经验能力的发挥注重得还不够。皮亚杰（Jean Piaget）的教育理论认为，学生在主动探求的过程中所获得的知识方法层面的内容才是他自己的。博物馆在打包教育资源的同时，也要注重学生的主体性和创造性，活动的形式上也要有从给予到征求的转变，充分重视学生的视角，发挥学生的智力水平和自身实力，培养其通过劳动创造来服务社会的担当和品质，使学生在成为博物馆使用者的同时也成为博物馆的建设者和服务者，以此调动学生参与的积极性，培养其综合素养，从而更好地实现学生发展。

我国的博物馆事业坚持政府主导、社会支持、公众参与的原则，每个人都有参与博物馆建设、管理、发展的权利和义务。目前，博物馆相关工作都是由专职人员在完成，成年人在工作中更重视科学性和准确性，难免缺乏创新性和想象力，也使得博物馆在面向低龄受众传播时往往遇到障碍。以成人视角面向青少年的传播与青少年之间的传播有着不同的方式和功效，因此，青少年怎样看待和诠释博物馆，怎样面向他人讲述博物馆的资源，是非常有研究意义也是值得挖掘的。学生有着自己的经验、想象力、艺术加工和创新能力，不妨从他们的视角进行展品展览的多元塑造，打造他们眼中的博物馆；另外，从传播学的角度讲，每个人都是传播媒介，博物馆应该看到学生对展教资源的传播作用，由学生发声，带动家庭、学校、社会的关注，能够进一步推动博物馆在社会上的影响力，同时也培养了学生的综合能力。

（三）年龄分层，对接馆校合作

面向“双减”后的校园需求，博物馆应整合馆藏资源，打破正规教育与非正规教育之间的壁垒，发挥价值引领作用，以更为灵活的形式对接学校教育，开发面向中小学生放学后的科学课程及实践活动，实现博物馆和学校的双向互通。同时，不同年龄阶段的学生有着不同的发展特征，所能掌握的难易程度有所不同，博物馆应参考不同学段学生的发展规律设计课程，注重学校的教育管理特征，面向学校的不同年级进行课后服务课程资源匹配，推动馆校双方的合作对接。

四　博物馆中的项目式学习

（一）项目式学习的概念、意义和特征

项目式学习是一种以学生为中心的教学模式，教师转变为引导者，学生在真实的情境中围绕某一主题、项目或问题，通过团队协作的方式进行探究式学习，实现知识积累与能力提高。

随着我国教育体制改革，教育中越来越强调学生的主体地位，强调课程的实践性和育人功能。项目式学习注重学生的主动性的发挥，培养学生解决问题的能力，在完成任务的过程中获得知识、方法、经验及社会合作的能力，与现阶段的教育理念相吻合，也受到越来越广泛的关注。项目式学习的意义不在于提高知识获取的短期效率，而是通过营造实践的场景，让学习者在真实的世界里自主地体验与思考，探究与行动。它能够克服传统教学停留于浅层学习的不足，是实现深入学习的有效路径，也是促进学生核心素养形成的重要途径。

项目式学习和我国传统教学方式相比，有更加鲜明的特质，如：学习内容具有真实性；以挑战性的问题开启学习；注重学生作品、展示与及时评价；致力于提高学生面对问题的探究能力。项目式学习的自由度、开放性、创造性、趣味性比较高，方法上较为灵活，没有死记硬背，而是通过任务驱动，鼓励学生发挥固有的经验能力完成某项内容，帮助学生在不增加压力的情况下，潜移默化地提升学习能力、思考能力、创新能力等，对学生的成长与发展起到重要作用。

（二）项目式学习在博物馆的实施

博物馆作为第二课堂，对学生兴趣的激发、实践能力的提高和创新思维的培养具有重要意义，而项目式学习作为开展博物馆教育的重要手段和方式，旨在促进学生学习状态、方式和内容，以及学习结果方面的变革，在真实复杂的情境中，以小组合作的方式开展研究，充分发挥了博物馆教育在学生培养中的作用。博物馆可以在自身的教育活动中引入项目式学习的形式，活用博物馆资源，从学生兴趣入手，鼓励以学生为主体的参与，并分年龄段设计，面向学校推广。

在博物馆教育中开展项目式学习应该确定合适的主题、明确的目标指向，创建真实的学习情境，聚焦项目作品的产出，重视项目学习的评估。

主题的选择是项目式学习的核心，博物馆应基于自身的展览展品资源，根据不同年龄阶段的特征选择相应的主题内容并设计明确的培养目标。例如：小学低年级对色彩、形状、故事等更感兴趣，学习主题可以从展品的属性展开延伸；小学高年级具有了一定的知识和生活经验储备，主题可以选择对展品背后的文化知识或原理进行分析；中学生正值价值观形成的发展阶段，主题可根据展览内容引入社会发展中面临的一些困境和现状，例如环球健康与教育基金会发起的环球自然日活动每年都会根据时下热点设定主题，征集学生的展览创作、科普剧的编排表演，学生在完成任务的过程中也对该主题形成了自身的感悟和见解。

博物馆还可以创建真实的情境，总结博物馆发展中所要完成的工作或遇到的问题，面向不同年龄段形成任务，让学生作为博物馆的成员，通过思考合作解决问题。例如上海自然博物馆的“海洋传奇：今天我是策展人”活动，引导学生在学习展览内容的基础上制作海洋传奇微展览。学生被赋予了真实情境下的身份和任务，就需要考虑展览内容、展览形式和展示风格等多方面内容，着手主动收集相关知识，找到探究方向，达成任务目标。在这样的过程中学生不仅在知识、方法上都得到了提升，也提高了解决问题的能力和团队合作能力，达到了利用项目制来培养学生对科学领域的深入探究的教学目标。

博物馆同时要重视项目作品的产出，为学生在项目当中的成果提供一定的展示平台，激发学生的成就感，从而鼓励其在相关领域进一步深入探知。北京自然博物馆曾于 2021 年举办“画出你的’心馆’”作品征集活动，面向观众征集他们心目中的博物馆新馆建筑形象，最终博物馆将征集的绘画作品在馆内的大屏幕上滚动播放，并在网络媒体平台上对作品进行展示和传播。官方的展示不仅是对作品的尊重和认可，也表明了博物馆面向公众的立场和态度，鼓励观众进一步参与到博物馆的建设中来。

最后博物馆还应注重项目式学习的评估。项目式学习因其独特的属性对课程设计和指导教师的要求较高，这直接与学习的效果紧密相关，因此，博物馆应在设计实施的多个环节中配合相应的评估。评估的角度应当与课程的目标指向相对应，不仅包括知识方面，还重在方法和思想的延伸上进行评价。短期评估可通过学生活动前后运用知识的能力、解决问题的思路上的转变来完成；长期评估可通过学生系统性的项目式学习后，对其发展进行测评。效果的评估有利于对学生成长发育过程进行跟踪和了解，也有利于及时进行目标和难易程度的调整，让博物馆的项目式学习取得更好的收效。

五　博物馆项目式学习助推“双减”的步骤

（一）博物馆成体系的课程设计

项目式学习课程的设计难度较高，需要设计人员对博物馆资源本身具有充分的掌握和理解，也要对学生的发展规律和教学的方法、理念、手段有一定的认知，在此基础上才能够形成真正帮助学生发展的学习活动。博物馆可以借鉴国内外的课程设计经验，参考优秀的项目式学习案例，推出具有博物馆特色，便于学校实施的项目式学习课程。并配合任务说明、学习手册、藏品及展览资料等，来引导学生分组合作，主动完成项目任务。整体的课程设计应该是成体系、分单元和进阶式的，让学生能够通过兴趣引入，进而循序渐进地在相应的领域展开探索，并通过自身的工作产出成果，收获知识、方法、思维上的经验。

（二）学校组织社团或兴趣小组

随着“双减”工作的推进，许多学校在课后提供延时服务，其中包括开展社团或者兴趣小组的形式，来满足学生多样化的学习需求。在此基础上，学校与博物馆可展开合作：博物馆将成体系的项目式学习课程资源打包提供给学校，作为延时服务课程供学生选择；学校则通过课后服务的组织实施，帮助学生建立博物馆相关的兴趣小组或社团。学校可有序安排组织学生将博物馆学习与校园学习相结合，通过项目式学习的优势带动学生主动求知，让学生能够通过任务了解一个多元的、公益的、跨学科的博物馆，并在其中建立文化的自信和自豪感，社会服务的使命感和责任感，实现自身的成长和发展。

（三）双向、长期的课程活动

项目式学习过程是一个持续发现问题、解决问题的过程，再以新的问题继续推进课程的发展，再现事物发展的真实历程。因此博物馆与学校合作开展项目式学习活动也应该是长期的、双向的。在系列课程当中应当既有学生在学校完成的课题，也有到博物馆调查考证的任务。学生在多次活动中，一步步地获取知识、思考假设、辩论证实、拓展创新，逐步地形成自身的知识建构，提升解决问题的能力和克服困难的精神。且小组活动的形式能够增强团队合作的能力，通过一次次任务的达成和成果的出炉，学生能够在分工合作中发现自身的优势，自信心也得到增强，为其面向未来社会的职业发展打下基础。

（四）项目成果的回归与应用

在馆校双方合作的同时，也应及时整理兴趣小组或社团学生在项目任务当中的成果，创作类的作品可以由博物馆和学校提供展示空间或线上传播，任务类的成果可回归博物馆应用于实际问题的解决，用回归真实情境的方式肯定学生的学习成效，形成馆藏资源帮助学生成长、学生作品助力博物馆发展的良好循环。博物馆研究者认为，协助公众发现和发展自身兴趣，在博物馆展示自己，培养优秀的人才成为博物馆的一员，能够使博物馆和公众间实现一种双赢，使公众从真正意义上融入博物馆。而将学生对博物馆的理解和塑造再次用于博物馆建设，也是博物馆更开放的公众参与形式和更高阶的社会教育职能发挥，有助于培养新时代有理想、有担当的社会主义建设者和接班人。

结　语

博物馆项目式学习与学校兴趣社团的结合将更大程度上调动学生的积极性和主动性，使学生在完成任务的过程中得到锻炼和成长。然而，现阶段博物馆的项目式学习仍然存在一些问题，例如：博物馆现有项目式活动的设计主题较为零散，体系性不足；博物馆对学生学习过程中产出成果的展示和利用不足；活动偏重短期的效果评估，对学生项目式学习的长期跟踪不足；具有学科、博物馆与教育方向多重知识背景的人才欠缺，使得项目式学习课程开发和实施的难度较大；等等。但博物馆本就承担着社会教育的职责，多样的教育方式对博物馆而言既是挑战也是机遇，博物馆应充分思考如何利用自身的科普资源，发挥职能作用，助力“双减”政策的落实，让学生能够在轻松愉快的基础上充实地成长起来，实现减负增效的目的。

博物馆的资源是一代代前辈开创并保留下来的文化瑰宝，也是新一代青少年未来发展的钥匙，博物馆正在通过多种形式的社会教育活动使自身所代表的文化脉络得以传承。相信随着“双减”政策的落实，各类博物馆都将尽己所能，回应学生、学校和社会的需求，推出更科学合理、更优质高效的课程活动，服务于学校的延时教学，培养学生的综合素质，致力于社会的未来发展。

参考文献

[1] 中共中央办公厅、国务院办公厅：《关于进一步减轻义务教育阶段学生作业负担和校外培训负担的意见》，中华人民共和国教育部政府门户网站，2021 年 7 月 24 日，http：//www. moe. gov. cn/jyb _ xxgk/moe _ 1777/moe _ 1778/202107/t20210724 _ 546576. html。

[2] 教育部办公厅、中国科协办公厅：《关于利用科普资源助推“双减”工作的通知》，中华人民共和国教育部政府门户网站，2021 年 11 月 25 日/2022 年 4 月 29 日，http：//www. moe. gov. cn/srcsite/A06/s7053/202112/t20211214_ 587188. html。

[3] 教育部：《义务教育课程方案和课程标准（2022 年版）》，中国政府网，2021 年 4 月 21 日/2022 年 4 月 29 日，http：//www. gov. cn/zhengce/zhengceku/2022-04/21/content_ 5686535. htm。

[4] 聂海林：《科技类博物馆公众参与型科学实践平台建设初探》，《科普研究》2016 年第 1 期。

[5] 刘哲、贾清：《博物馆教育活动中的“公众参与”》，《科学教育与博物馆》

2021年第3期。
[6] 许惠:《儿童博物馆:让儿童自由表达,为儿童成长赋能——基于校园微电影博物馆建设的实践与思考》,《基础教育课程》2021年第8期。
[7] 单霁翔:《博物馆的社会责任与社会发展》,《四川文物》2011年第1期。
[8] 王挺、王丽慧:《新时代科学博物馆发展路径思考》,《科学教育与博物馆》2021年第6期。
[9] 孙玉霞:《基于PBL项目式学习的馆校合作校本课程实践探究——以南汉二陵博物馆"广州革命史迹研学"为例》,《东方收藏》2021年第19期。
[10] 赵静:《基于实践案例的项目式学习研究》,《科学教育与博物馆》2021年第1期。
[11] 朱文辉、任铭:《项目式学习:通向深度学习的设计策略》,《天津市教科院学报》2022年第2期。
[12] 洪晓静:《PBL项目式学习在博物馆教育实践项目的应用——以福建中国闽台缘博物馆"'偶'系列教育课程"为例》,《科学教育与博物馆》2020年第6期。
[13] 刘芳芳、李光:《博物馆教育中嵌入项目式学习的意义及策略》,《博物院》2021年第1期。
[14] 郭相奇:《探索·热爱·分享——试论公众参与博物馆的新模式》,《科普研究》2019年第4期。

科技文化研究

科技革命的文化意义及其对我国科技文化建设的启示*

李春成**

摘　要： 本文概述了历史上的科学革命和技术革命及相关观念的发展。作为科技史上的转折性节点，革命性科学技术进步对人类社会多方面的深刻文化影响，不仅体现在生产生活方式中，更体现在观念和意识形态重大变迁上。科学技术革命在人类认识世界的观念变迁中的影响具有基础性、普遍性、先导性和循环性；在人类生活方式和生产方式转变中的影响体现在对国家现代化、全新生活方式、激发人的创造力等方面。新一轮科技革命加速演进，科技文化呈现出变迁加速、技术文化影响加深、科技伦理挑战与风险骤增等新特征，需要在现代化建设中，加速提升全社会科学文化素质，加速创新组织科技创新文化建设，加速科技文化传播等，实现科技文明对全面建设现代化的文化引领。

关键词： 科学革命　技术革命　文化

---

* 该论文被评为2022年科普中国智库论坛暨第二十九届全国科普理论研讨会优秀论文。

** 李春成，天津市自然辩证法研究会理事长，正高级工程师。

一 科学技术革命的观念及发展

对科学革命的理解大致有以下三种。一是着眼于近现代意义上的科学建立过程，可称为奠基论，主要观点是近现代科学与古代科学具有革命性的差异。康德（Immanuel kant）就认为人类第二场思想革命是实验方法和实验室的诞生，康德认为它是由伽利略发端的一系列事件。二是着眼科学发展的社会建制重大变化，或称外史论，认为科学作为一种社会活动，其组织方式和活动规模发生了革命性变化，持这种理解的包括孔德（Isidore Marie Auguste Francois xavier Comte）等。三是着眼科学发展整体或学科的内部变化，或称内史论。主要观点是，科学的发展有自身的轨迹，人们使用“科学革命”这一术语用于指科学概念发生彻底变革，如“哥白尼革命”“牛顿革命”“达尔文革命”，等等。持这种理解的包括库恩（Thomas Samuel Kuhn）等。

同样，对技术革命的理解也是多种多样的，可以从两个阶段来描述技术发展中的革命。在近现代科学奠基完成之前，科学与技术是分离发展的。在技术独立发展阶段，所谓技术革命是指技术改造客观自然、延伸人类能力的根本性变化，它对人类社会的生产、生活都会产生广泛而深刻的影响，普遍认为，第一次重大技术革命是制火技术的发明，第二次重大技术革命是农业技术体系的形成。随着以伽利略、牛顿理论为代表的近代科学革命的发生发展，科学革命、技术革命、工业革命形成大循环。换言之，近现代重大的技术革命多是源自科学革命，科学与技术的关系越来越紧密。

技术发展中的革命与科学发展中的革命有很多相似的地方。如重大的技术革命成为技术影响人类社会的代际标志，也是人类进入新的技术时代的社会发展的动力所在，对人类文化的影响也越来越深远。第一次技术革命代表人类进入支配自然界的新时代，就像恩格斯指出的，摩擦生火第一次使人支配了一种自然力，从而最终把人同动物界分开。第二次技术革命标志着人类进入农业社会，第三次技术革命标志着人类进入工业社会，后来的信息技术革命标志着人类进入信息社会，等等。从第一次技术革命开始，人类在改造自然中的能力由人体自身力量，到农业技术革命中的蓄力，到机械化技术革命中的蒸汽动力，到重化工技术革命的电力、信息技术革命中的可再生新能源，总是伴随着动力不断升级。同时我们应当注意到，与信息社会相对应的信息技术革命与农业社会中发生的农业技术革命、工业社会中发生的机械化技术革命和重化工技术革命有着重大区别，后者主要是减轻人的体力劳动，提高劳动生产率，前者主要是解放人的智力，本质是智力革命。

无疑，以牛顿力学革命为代表的近代科学的诞生，以及此后发生的科学技术革命，都是人类科技史上最伟大的转折性节点。革命性科学技术进步，对人类社会的文化影响可归结为两大方面：一方面改变了人类的生产生活方式，是物质文明层面的；另一方面改变了人类观念、制度、意识形态，是思想精神层面的。科学技术革命无论是对生产力发展的影响、对生活方式的影响，还是对制度、价值观的影响，都是极为深刻的。同时，科学技术革命本身所具有的观念上的革命意义构成对科技文化本身的重大影响。

二　科学技术革命的总体文化意义

无论是科学革命，还是技术革命，这里都是从革命一词的本意出发的，就是用革命一词来形容科学技术中发生的巨大变革，是与科学技术中发生的小的、渐进式的进步相比较而言的。恩格斯在《自然辩证法》中就特别强调了哥白尼学说的革命意义，并指出科学本身就是彻底革命的含义。张之沧总结阐述了科学革命若干实质性特征，强调了科学革命对整个人类的世界观乃至意识形态的影响，认为“科学革命不仅仅应当包含科学理论或科学范式本身的更新代换，而且应当包含新理论、新范式对整个人类的世界观、常识性认识、最流行的观念、哲学观点乃至意识形态等方面所发生的影响作用和变革……也就是说它们中很少有几个科学发现能像哥白尼理论、达尔文理论、牛顿理论、爱因斯坦的相对论那样，不仅推动了整个科学的发展，而且也推动了整个社会的进步，使整个人类的观念乃至意识形态都发生了重大的转变”。换言之，科学技术革命必然带来人类文化的重大转折性影响。

从广义上讲，文化指的是生产方式、生活方式、行为方式、思维方式的总和，一般包括三个层次，即器物层次、制度层次、行为观念层次。科学技术革命对文化的影响是全方位的。同时，科学技术自身在器物层面、制度层面、行为规范与价值观念层面的由浅及深的文化结构中也有其独特的文化意义。所以，科技文化本身已然成为社会文化重要的独立分支。同时，人类的观念层面的进步就是通过这些科学观念与自然发生互动和联系，进而扩展到人类社会的方方面面。科学技术观念的进步显然属于行为规范与价值观层面，相比科技文化的器物层面是更为深层次的、更为重要的，因而也是更为根本的。科技革命作为节点的文化力量至少表现在以下两大方面。

（一）科学技术革命在人类观念变迁中具有独特的文化价值

无论人们怎么理解或定义文化，都离不开人类通过认知所获得的对自然、社会的知识，知识的累积、观念的沉淀就是文化最主要的累积，观念的变迁是文化变迁的最重要方式。从这个意义上，科学技术革命性的进步所获得的重大突破性、转折性的知识，及其形成的新观念为社会所接受，其对文化发展的重要性不言而喻。

1. 对人类认识世界的转折性观念变迁，具有基础性影响

如果说科技文化是现代所有社会文化的“基频”，那么科学技术革命无论是对科学文化本身还是对社会文化大家族的影响就是“基频”中的明珠。相对于普通的改变、渐变式的进步，革命本身就是一种值得关注的观念。科学技术革命所代表的科学技术的根本性发展是对原有体系中的习以为常的观念、常识的颠覆，是世界观的极大变化，是基础性和深刻性的，而世界观或对事物普遍观念的变化正是文化的基本要义所在。正如拉特利尔（Jean Ladriere）所言，科学的发展不仅深刻改变了文化的内容（引入新的知识要素和新的实践），而且改变了文化的基础……

2. 对人类认识世界的转折性观念变迁，具有普遍性影响

判断科学技术革命对人类文化的普遍影响的程度，可以从其在人类思想文化史上所占的地位来识别。显然第一次科学革命中的机械力学论，第二次

科学革命时期的电磁理论、进化理论，第三次科学革命中的量子理论、DNA双螺旋理论、系统论信息论控制论等，都是具有重大文化意义的革命性科学理论发展。更重要的文化意义在于，科学技术理论上的革命性观念，由于其普遍性和功利性，更易于得到人类不分种族、不分性别、不分意识形态的更为广泛的接受，例如人类对生物进化论、系统论等科学重大观念的接受程度是极具普遍性的。同时也带来对自然、对宇宙、对世界的认知的重大改变，如开普勒、伽利略的天文学革命，使得人们不再把天和地看成是截然有别的。同时，这些重大转折性观念变化，必然进一步延伸到生产方式变革背后的观念重大变化。比如，近代工业革命的背后，是更加注重创新、信任和进取精神等价值观变迁，并逐步为社会普遍接受。

3. 对人类认识世界的基本观念的形成，具有先导性

科学技术革命是在长期累积基础上由量变到质变的过程。从科学技术价值的普遍性来看，近代以来已经发生的三次科学革命及其影响下的对应技术革命，都可以在一定程度上还原为在一系列发明的基础上，形成的自然世界的全新认识论和世界观，这些新观念无不成为向社会各方面渗透的源头，起到对文化发展的先导性作用。哥白尼天文学、开普勒天体力学、牛顿力学等，使人类形成了对宇宙的唯物论认知，推动了唯物辩证科学认识论的形成，使得欧洲社会告别神权迷信和封建统治，进入现代文明社会。20 世纪的科学革命，包括普朗克的量子论、爱因斯坦的相对论、玻尔的原子论、薛定谔和狄拉克的量子力学，使人类的认识深入微观物质世界和宇宙空间，进而形成了新的物质观、宇宙观和时空观，实现了人类观念上的新跃迁。当前，面对新一轮的科技革命，科学技术的认知价值正在对人类的基本思想观念进步产生先导性影响。例如，在新一代信息科技领域，人工智能、大数据、数字孪生等新科技中所蕴含的新观念、新思维，正在深刻影响人类社会及人类自身发展的走向。

4. 对人类社会发展的观念变革性影响，具有全面循环性

科技革命引发的观念改变，是从局部到整体，从学科到科学体系，从生产生活到军事、政治领域的不断深化进而循环发展的过程。无论是天文学革

命、牛顿力学革命、进化论革命，还是相对论与量子理论革命、智能科技革命，其在历史上的文化意义既是科技文化作为文化独立分支的自身性的观念改变，譬如相对论与量子理论革命大大改变了物理学认识的机械观、哲学决定论与因果性一统天下的局面；同时，它们体现在人类全部文化的整体性、社会性的方面，对人类社会的观念改变是全方位而深刻的。

5. 科学技术中的革命性观念丰富了革命本身的认识

一个词语具有文化意义，一定是经过很长时期的意识沉淀，在一种文化语境中达成一种普遍共识，成语的形成就是比较明显的例子。革命在一般意义上，似乎多指社会制度的根本性改变，如无产阶级革命代表资本主义制度被取代等，历史上社会革命往往伴随着战争、流血等毁灭性影响。但是科学技术中的革命则主要体现为科学技术作为知识体系或者是人类科学技术文化领域的观念的重大改变，显然与社会革命的剧烈性、暴力性有很大不同，科学技术中的革命的实质是"软性"革命，体现为科学技术观念发生根本变革，正如著名科学史和科学学家 J. D. 贝尔纳所说，"许多科学观念的改变就总合成为一场科学革命""科学观念里的改变实在比政治和宗教观念的改变大得多"。此外，科学技术革命在实践尺度上与社会革命明显不同，科学技术革命不是急迫发生的，而是经过很长时间的不断累积逐步实现的一个质变过程，而且一般并没有明确分界的时间点。

（二）科学技术革命在人类生活方式和生产方式转变中具有重大意义

1. 科学技术革命对人类生活方式的影响是全面和直接的

人类的生活方式是最明显、可感受的文化现象，所以任何重大的科学技术革命必然最后都会表现在生活方式的重大变化上。早在半个多世纪以前，刘易斯·芒福德（Lewis Mumford）就说："从一开始，机器体系所完成的最有深远意义的征服并不在某台设备本身，因为一种设备总是会很快过时；也不在于它生产的产品，因为产品总是很快被消费掉了。最具有深远意义的影响在于通过机器体系所创造的、机器体系本身所体现的全新的生活方式。"

2. 科学技术革命对落后国家的现代化具有先导性意义

许多研究表明，日本在近代化过程中，技术管理是近代化的关键，而技术教育、技术人才培养、技术思想的普及又是技术革命的关键。毛泽东早在新中国建设的初期，就强调发展先进生产力，高度重视技术革命的作用，提出要通过技术革命使落后的生产力有一个飞跃发展。1958 年毛泽东在《工作方法六十条》中明确强调，把党的工作的着重点放到技术革命上去；后来在 1963 年又提出了“不搞科学技术，生产力无法提高”的论断。

3. 科学技术革命中的观念最大限度地展现和激发了人的创造力

每一次科学技术革命无不带来生产力的革命和劳动生产率的显著提升。福柯（Michel Foucault）将创造活动视为生命之美和文化颠覆，在他看来，思想、理论、技术上的发明创新，不仅是生存美学的动力和属性，也是生存美学的基本实践。这不只是因为这类实践必须伴随和表现为复杂而机智的生活记忆，同颠覆旧有的文化相联系……作为人类特有的生命功能，如果把科学发现、技术发明和创新的活动视为人类的创造力的体现的话，那么科学技术革命、产业变革的实践活动就是人的创造活动，是科学技术与创新活动中的精华部分，是价值最大和成就最高的部分，是生命力的最大弘扬。

三　新一轮科技革命和产业变革下科技文化发展的特点及启示

（一）主要特点

以上简要介绍了历史上已经发生的科学技术革命及其文化意义。当前，人类进入新时代，新一轮科技革命和产业变革正在加速演进，与以往相比，新科技革命背景下科技文化发展主要有以下几个特点。

1. 科技文化变迁加速

随着不断加快的科学、技术与产业的融合与循环累积增强，科技革命与产业变革几乎同时发生，以往的先思想启蒙，再科学革命、技术革命、产业革命、社会观念及文化变迁顺次发生的现象不再分明，文化变迁亦随之加速发展。

2. 新技术转化周期明显缩短，技术的文化影响更大

从基础研究到新技术产生，再到产业化的速度越来越快，大的整体性的科学革命并不明确，但信息科学、物质科学、生命科学、能源科学等众多领域的群体性的局部性科学突破则不断，科技革命大循环中的科学革命和技术革命不再能够截然区分，群体性科技突破及其组合创新对文化变迁影响的能量是巨大的。

3. 科技伦理挑战与风险骤增

新科技革命与产业变革以数字化智能化等不断迭代的前沿信息科技为引领，包括人工智能、网络平台、区块链、大数据、云计算构成的五大最新一代信息科技，成为使能科技，其对经济社会、生产、生活、人的发展的全方位渗透、全面赋能的条件下，具有广泛深刻的正反两方面的社会影响。

4. 文化传播出现新模式

新一轮科技革命和产业变革中，科学文化、技术文化、产业文化、生活文化不再是线性传播，而是几乎同时发生发展，需要社会各界更加快速地适应科技革命带来的文化变迁。

5. 面对新的环境，传统科学共同体的控制不一定有效

创新的影响广度和深度前所未有，不仅事关科技创新本身，而且事关经济社会发展、生态环境保护，还事关伦理、道德等深层次社会问题。过去的科学道德与伦理规范多是面向科学共同体的，新科技创新共同体需要注入新的控制机制，需要新的价值标准和行为规范。

（二）几点启示与建议

新一轮科技革命与产业变革加速演进，科学技术与产业一体化深度融合不断加深，科技创新速度越来越快，尽管科技存在某种自主性，但科技创新的速度、效率、方向毕竟最终要依靠也必须依靠人类自身掌控，这就使得科技文化的同步发展变得不可或缺。我们必须重点关注以下几点。

1. 加速提升全社会科学文化素质，适应科技革命与产业变革的深度、广度和速度

新一轮科技革命和产业变革与过去历次科技革命与产业革命有很大不同，人类面临的观念变革、文化变迁要严峻得多。在科学技术发展与创新自身方面，科技创新对中华民族伟大复兴的意义重大，既是机遇更是挑战。在科技创新对经济社会的影响方面，科技革命引领科技创新对经济、社会发展和人自身发展的全面渗透和深刻影响，科学技术引发的一系列新力量、新观念的影响具有广泛性。在人的自身发展方面，科技革命全面影响人的观念改变，推进生活方式、行为方式、思维方式的加速现代化。上述影响是正负两个方面的，尤其是负的方面涉及迅速增加的科技不确定性风险、科技伦理风险。所有这些挑战，都有待科技文化建设，特别是全社会科学文化素质的提升作为保障。

2. 加速科技与教育融合，培养适应科技文化发展新要求的新型科技创新人才

由于社会经济的深度科技化，全社会研发投资不断扩大，科技研发行业的从业人员规模效应扩大，我国结合中小学、大专院校的科技教育必须升级到新的版本。虽然教育不是万能的，但是显然科技教育的升级版可能达到通过借力人才培养，既促进科技创新、助力实现国家现代化的目标，也肩负引导公民的科技价值观、伦理规范，正确认识科技创新的两面性并抑制负面效应的功能。新的科技教育需要解决知识爆炸时代如何获取全科型知识结构的方法与途径问题，解决科学知识的学习掌握与科技文化素质培养的平衡问题，等等。

3. 加速各类组织机构科技创新文化建设，实现负责任的研发向负责任的创新转变

传统上，我们强调科技型企业、大学、科研机构等创新主体的责任，但是随着创新主体日益多元化、大众化，创新边界扩大为以科技创新为核心的全面创新，科技创新文化也必然随之多元化、大众化，几乎所有社会组织机构都会涉及创新问题。科技创新整个过程虽然速度加快，但复杂程度却不断提高，需要建立符合科技创新规律的负责任创新组织文化。

4. 加速科学共同体文化向科技创新共同体文化转变，实现科技人的观念升级

不论是区域还是产业中的科技创新共同体，必然包括科学家、工程师、企业家、金融家、投资者、政府管理者、消费者、中介服务者等群体在内的多元主体合作、协同。因此，真正科技创新共同体必须基于成员对实体的或虚拟的创新组织认同，对共同目标的认同，对跨界合作文化的认同。科技创新共同体由于边界的扩展，需要构筑完善与其构成特征相配套的文化价值体系。伴随科技创新主体越来越多元，文化因素越来越复杂，价值观越来越丰富，集体文化人格越发多样化，科技创新共同体的文化价值体系可能更多表现为共生共享创新生态文化、互联互通的融通文化、彼此协作的联盟性文化、社会网络互动性文化等新的文化形态。

5. 加速科技文化传播，实现科技文明对全面建设现代化的文化理论与实践引领

现代文明的本质在很大程度上就是科学文明、技术文明、创新文明，科技创新对现代文明的形成与发展具有决定性作用。从“基因编辑婴儿”和全球新冠疫情两大事件看，科技创新涉及的利益主体显然越来越复杂。新科技革命大背景下的中国全面现代化既需要与时俱进，与现代科技文明同步，也需要弘扬中国和合共生、多元一体等传统人文文化价值。

总之，在人类科学技术发展的悠久的历史长河中，科学技术革命是具有转折性和里程碑意义事件，对历史发展具有时代标志性和奠基性，其文化影响体现在从科学文化器物层面、科学知识层面，到科学的精神层面，乃至渗透到人类经济、社会、历史发展的方方面面。

参考文献

[1]〔美〕托马斯·库恩：《科学革命的结构》，金吾伦、胡新和译，北京大学出版社，2012。

[2] 吴光宗、戴桂康主编《现代科学技术革命与当代社会（修订本）》，北京航空航天大学出版社，1995。
[3] 张之沧：《揭开科学的奥秘》，吉林人民出版社，1989。
[4] 李醒民：《科学的文化意蕴——科学文化讲座》，高等教育出版社，2007。
[5] 何亚平、张钢：《文化的基频：科技文化史论稿》，东方出版社，1996。
[6] 转引自李醒民《科学论：科学的三维世界（上卷）》，中国人民大学出版社，2010。
[7]〔美〕凯瑟琳·帕克、〔美〕洛兰达斯顿主编《剑桥科学史（第三卷）：现代早期科学》，吴国盛主译，大象出版社，2020。
[8]〔德〕克劳斯·施瓦布、〔澳〕尼古拉斯·戴维斯：《第四次工业革命——行种路线图：打造创新型社会》，世界经济论坛北京代表处译，中信出版社，2018。
[9]〔英〕约翰·德斯蒙德·贝尔纳：《历史上的科学（卷二）》，伍况甫、彭家礼译，科学出版社，2015。
[10]〔美〕刘易斯·芒福德：《技术与文明》，陈允明、王克仁、李华山译，中国建筑工业出版社，2009。
[11] 刘天纯：《日本的近代化与技术革命》，《学习与探索》1983 年第 4 期。
[12] 张之沧、林丹编著《当代西方哲学》，人民出版社，2007。
[13] 汪涛：《实验、测量与科学》，东方出版社，2017。
[14] 李春成：《科学共同体到创新共同体：建构新的创新文化价值观》，《安徽科技》2020 年第 11 期。

古生物文创产品设计及知识产权问题初探*

包晓宇　张雪松　翟幼艾　李　同　刘弘毅　包　童**

摘　要： 随着国内科学普及事业的发展以及古生物学科研工作的不断推进，古生物相关科普活动及产业迅速发展，其中博物馆文创产品作为古生物文创产品的主要载体，在文创产品市场中所占比例日趋增大。本文以博物馆衍生产品为主要分析对象，探究古生物自然文创产品的设计理念，针对不同设计思路的产品分析行业痛点及可能存在的知识产权问题，并根据探究结果提出可行性建议。

关键词： 古生物学　科普　古生物文创产品　博物馆文创产品　知识产权

一　前言

随着我国国民科学素质的提高以及国家对以古生物学在内的自然科学科

* 本文为"深圳市高等院校稳定支持计划面上项目"（项目编号：20220619300001，20220815111354002），中山大学"百人计划"引进人才启动经费项目（项目编号：77010-12220013）成果。

** 包晓宇，隆之古文化科技（苏州）有限公司市场总监（共同一作）；张雪松，北京自然博物馆研究员（共同一作）；翟幼艾，北京自然博物馆经营主管；李同，隆之古文化科技（苏州）有限公司技术总监；刘弘毅，国务院国有资产监督管理委员会有色金属机关服务中心党务主管；包童，中山大学生态学院助理教授（通讯作者）。

研投入的持续加大，古生物相关科普活动及产业迅速发展，博物馆作为古生物文创产品的主要研发对象，愈加重视对古生物相关产业的研发及知识产权的保护。知识产权，是“基于创造成果和工商标记依法产生的权利的统称”；最主要的三种知识产权是著作权、专利权和商标权，其中专利权与商标权也被统称为工业产权。习近平总书记主持中央政治局第二十五次集体学习时发表重要讲话，系统总结并充分肯定了我国知识产权保护取得的历史性成就，深刻阐明了事关知识产权事业改革发展的一系列方向性、原则性、根本性理论和实践问题，为新时代全面加强知识产权保护工作指明了前进方向、提供了根本遵循。近年来，古生物学科研工作不断推进，古生物周边产品随国家产学研政策的提出而被带动，古生物自然文创产品所占市场比例日趋增大。知识产权作为古生物文创产品最重要的保护手段，提高其重视程度，能够有效保护古生物自然博物馆的产品研发及推广。本文以博物馆衍生产品为主要分析对象，探究古生物自然文创产品的设计理念，针对不同设计思路的产品分析行业痛点及可能存在的知识产权问题，并根据探究结果提出可行性建议。

二　古生物文创产品的行业背景

古生物文创产品是自然科学文创产品的一个重要分支。自然科学文创产品作为自然科学、实用技术与文化艺术的结晶，它不仅是一种文化产品，还是科学普及的重要形式，联合国教科文组织对“文化产品”的定义是：“文化产品一般是指传播思想、符号和生活方式的消费品，它能够提供信息和娱乐，进而形成群体认同并影响文化行为。”而科普的定义是在一定的背景下，以促进公众智力开发和素质提高为使命，利用专门的普及载体和灵活多样的宣传、教育、服务形式，面向社会、面向公众，适时适需地传播科学精神、科学知识、科学思想和科学方法，实现科学的广泛扩散、转移和形态转化，从而取得预想的社会、经济、教育和科学文化效果的社会化的科学传播活动。因此，自然科学文创产品是一种具有科普意义的，能够面向社会、面向公众，适时适需传播科学精神、科学知识、科学思想和科学方法，实现科学的广泛扩散、转移和形态转化，从而取得预想的社会、经济、教育和科学文化效果的社会化的科学传播产品。

自然科学文创产品也是自然科学相关机构（例如博物馆、科研院所等）实现自身社会价值的重要载体。以化石为主题的科普文创是自然科普文化领域里极具特色的一个分支。每一块古生物化石都天然唯一，蕴含着极其深厚丰富的地质历史内涵，将化石通过现代审美理念设计改造后，既能体现当代人的审美要求，又能充分传递古生物背后的自然科学知识和精神，具有很大的发掘潜力。

在科普文化产业的发展过程中，自然类博物馆承担了极其重要的角色；作为自然科普文创最佳的展示应用场景，自然类博物馆吸引了大量的游客，其天然的科普属性，已在社会形成了广泛认可的印象——如果希望领略大自然科普文创产品的魅力，前往博物馆是最佳的选择。习近平总书记在考察长江经济带时曾说："要把科教优势、人才优势转化成推动长江经济带发展的动力。"因此，政府大力支持各地博物馆开发文创产品，其中自然博物馆的许多文创产品就以化石文创设计为特色，获得了广大民众的喜爱。

随着古生物文创产品被更多人了解、喜爱、传播，古生物相关文创开始走出博物馆，出现在各种类型产品当中。古生物相关文创产品以化石为基础，具有稀缺性、科普性、观赏性，所到之处往往会吸引大量惊奇的目光，目前社会上已经形成了众多由爱好者组成的化石爱好者文化圈。同时由于其稀缺性与深厚的地质历史内涵，古生物文创产品在社会上已经展现出了一片欣欣向荣的市场前景，进一步体现了社会对古生物文创产品的价值认同。

当下，文创产品逐渐走向社会大众，尤其是近几年来，我国文创产业发展如火如荼，统计数据显示，2016 年中国文创产品行业市场规模为 413.50 亿元，2021 年中国文创产品行业市场规模为 872.67 亿元。古生物文创逐渐形成一种产业，从小众文化逐渐进入大众视野，每年举办的化石文创产业论坛、化石沙龙被各大媒体竞相报道，有些省区市政府已经开始行动，联合地质博物馆、古生物博物馆、化石研究保护中心、文创设计单位等组建化石文创产业协会。以2000年建立的常州中华恐龙园为例，2019年其古生物相关文创产品的收益就达到8298.89万元，占了其年度总收益的22%。古生物相关文创产品正在成为文创产品的重要组成部分。

综上，古生物相关文创产业正处于一个行业上行的周期，该产业形成的时间短，市场对其研究并不多，很多人对其了解仍非常有限。但是随着文创产业的日益发展、古生物科普组织或协会的逐渐建立，古生物文创产品会不断被大众所关注，这一行业会被越来越多人所了解。

三　古生物文创产品的分类及设计思路

古生物文创产品按照设计思路主要分为三类：第一是古生物标本的复制、仿制；第二类是根据古生物化石标本设计制作的创意文化产品和数字文化产品；第三类是古生物主题衍生出版物。

（一）古生物复制纪念品

古生物复制纪念品是依据化石标本的原件进行制作，以代替原标本，达到普及传播效果的产品，常见的古生物复制纪念品包括古生物骨骼复原模型、古生物比例仿真复原模型、古兽牙齿模型等。古生物复制纪念品的设计思路比较单一，主要将博物馆中热门化石标本进行等比例复制，包装销售。

（二）古生物化石创意产品

古生物化石创意产品，是设计师将古生物化石特性结合艺术表现方式，进行重构设计的创新文创产品。设计师先以艺术性、商业性及科普性的叠加方式提取重塑古生物文化特性，再通过移植法和赋予法对古生物文化内涵进行架构，最后经物象符号重构与意象传达的方式形成古生物新视觉图形，最终产出的成果产品。古生物化石创意产品设计难度大，对设计师古生物学素养有较高要求。

（三）古生物主题衍生出版物

古生物主题衍生出版物，是采用艺术性、科普性的方式，对古生物学资料完善后的产品，例如古生物复原图、古生物科普书籍、古生物海报，科普性及趣味性较高的包括科普漫画等产品。

四　古生物主题文创产品的知识产权问题和可行性建议

（一）古生物主题文创产品的知识产权问题

古生物文创产品根据素材来源可以分为两类来讨论相关知识产权问题。一类是直接利用博物馆以及科研机构的馆藏化石标本的形象取材的古生物文创产品，这类产品主要包括了上述古生物复制文创纪念品。另一类是利用博物馆以及科研机构的馆藏化石标本或科学论文指导下的古生物形象进行科学复原并且再加工的古生物文创产品。

作为古生物文创产品的取材来源，其中有艺术价值与科普意义的化石标本也往往都保存于博物馆以及科研机构之中。因此，在文创产品的设计过程中古生物化石本身的知识产权归属问题是值得讨论的问题。作为存放在博物馆或者科研机构的古生物化石标本，其特征与管理属性与文物具有相似性。文物的保护方面，在2009年《古生物化石保护条例》颁布之前的很长一段时间，所有古生物化石的管理都被纳入国家文物保护的体系之中。1930年，国民政府颁布的《古物保存法》明确规定："本法所称古物是指与考古学历史学古生物学及其他与文化有关的一切古物而言。"这里的古物就明确包含了所有文物以及古生物的范畴。同时，根据张之恒所著《中国考古通论》，受保护的文物必须具有历史、艺术、科学价值。这些价值同样也能在古生物化石中有所体现。同时，文物以及文物相关的版权保护已经有了非常成熟的管理机制。因此古生物化石虽然属于自然资源，但是在现今的管理模式和法律框架内往往作为文物来处理。

国家文物局制定的《博物馆馆藏资源著作权、商标权和品牌授权操作指引（试行）》中就明确，博物馆馆藏资源著作权来源于两个方面：一是馆藏的仍处于著作权保护期，而博物馆因保存作品原件而获得的著作权；二是对馆藏资源以摄影、录像、数字化扫描等方式进行二次创作而获得的作品的著作权。也就是说，对于已过著作权保护期的馆藏资源，博物馆只对二次创作形成的作品拥有著作权，而不拥有原作的著作权。但是博物馆以及科研机构可以通过对馆藏资源以摄影、录像、数字化扫描等方式进行二次基础创作而获得作品的著作权。化石标本馆藏单位往往为非营利性企业，对于知识产权的保护力度相对于企业是不足的，甚至有些学者认为这些馆藏单位的藏品的所有权属于国家，即全民所有，公民对这些展品具有平等的欣赏权、学习权，故其衍生产品的所属者应该是国家，即全民可享有。其中古生物化石作为自然形成的形象，并不存在著作权归属的问题。但是由于博物馆和科研机构又是古生物文化创作的直接管理者，在对化石标本的直接再创作上具有与外界相比无可比拟的优势，即化石标本管理单位以外的企业、个人往往难以获取化石标本的形态信息。因此，实际上古生物化石标本的馆藏机构往往占有古生物化石形象知识产权的支配地位。

古生物标本的复制、仿制品，即直接利用博物馆以及科研机构的馆藏化石标本的形象而制作的古生物文创产品。这类产品因为不存在二次创作，所以主要面对的知识产权问题是商标侵权，更深一步即为衍生产品的归属问题。古生物复制纪念品多为博物馆衍生产品，其知识产权应属于展出原型产品化石标本馆藏单位，因为我国没有专门的化石标本馆藏单位的知识产权律法，相关单位无法确定其作为衍生品知识产权主体的正当性，这造成了一定的知识产权纠纷问题。

依照古生物化石标本设计制作的各种材质的创意文化产品、数字文化产品与古生物衍生出版物是利用博物馆以及科研机构的馆藏化石标本或科学论文指导下的古生物形象进行科学复原并且再加工的古生物文创产品，上述两类产品易被侵犯其作者的专利权及著作权。再者，相关机构的文创产品一经推出往往在市面上就有仿冒产品出现，由于其馆藏单位人员没有知识产权意识，未及时申请商标或者外观专利，因此维权困难。

同时，关于古生物化石形象的知识产权还有一个问题就是许多古生物化石标本的馆藏机构将其馆藏标本形象申请专利或注册商标。但在后续却因为人力资源不足以及资金不足等因素迟迟不对其形象进行进一步的开发创作，造成公共资源的浪费。

（二）针对古生物文创产品的知识产权的可行性建议

针对上述古生物文创产品的若干知识产权问题，我们可以得出如下可行性建议。

1. 进一步明确古生物文创产品保管单位的专利立法问题

针对我国没有专门的古生物化石标本的知识产权法律问题，应明确化石标本形象的归属权。提出完善古生物文创产品专利立法的建议，这是从根本上解决我国化石标本馆藏单位知识产权问题的手段，只有针对古生物化石标本知识产权问题进行立法，才能让相关单位在知识产权受到侵犯的时候做到有法可依、有法可循。

2. 化石标本馆藏单位加大文创产品专利权保护力度

相关单位人员应该设立专员进行馆内衍生产品的专利申报，并定期开展知识产权学习，整体提升其内部管理人员的知识产权保护意识。针对已经申请成功的专利，及时缴纳专利年费，保证知识产权受到国家保护。

3. 注重文创产品商标使用，加强文创产品商标管理

我国实行商标自愿注册制度，但根据上述所提问题，是否注册商标，对古生物文创产品发展影响重大，未注册商标就有可能面对各种经营上的问题。古生物化石馆藏单位商标注册之后，应积极维护商标自身形象，避免“占坑”现象，充分应用馆藏资源。

4. 加强对已明确知识产权的古生物化石形象的可持续开发利用

以大英博物馆为例，其专门设立了一个图像资源网站，以图像授权的形式有偿将知识产权对社会开放，这样既满足了其自身的盈利，又能使其馆藏的形象发挥应有的价值。所以化石标本馆藏单位可积极地对已明确其知识产

权的古生物化石形象进行长期的开发，并通过图像授权的方式，以开放的心态积极与社会企业建立以联名方式为代表的可持续合作机制。

结　语

本研究针对博物馆文创产品知识产权现状进行分析，发现博物馆知识产权存在无法可依、知识产权主体不清的问题，并建议通过如下方式进行改善：一是完善古生物文创产品博物馆专利立法；二是博物馆加大文创产品专利权保护力度；三是注重文创产品商标使用，加强文创产品商标管理；四是加强对已明确知识产权的古生物化石形象的可持续开发利用。古生物化石作为地球历史遗留下来的宝贵遗产，只有完善其设计以及知识产权的相关问题，才能使这些远古的生命重新以一种全新的姿态“活起来”，最终让这些宝贵的遗产创造出更多的社会价值以及商业价值，造福于民。

参考文献

[1] Tong Bao, Hongyi Liu, Takashi Ito, Katarzyna S., Walczy ňska. Application of digital media and interactive technologies in popular palaeontology education [C]. GeoUtrecht 2020: 1.

[2] Tong Bao, Hongyi Liu, Takashi Ito, Katarzyna S., Walczy ňska. The development of China fossil related industry and the cooperation with Germany [C]. GeoBonn 2018: 283.

[3] 刘少军、刘恒：《经济法与统计法》，中国财政经济出版社，2002。

[4] 习近平：《中央政治局第二十五次集体学习讲话》，新华社，2020。

[5] 陈文玲、左惠：《当前国际文化贸易的特征》，《中国服务贸易发展报告2009》，2009。

[6] 齐繁荣：《中国科普图书、科普玩具和科普旅游市场容量分析和预测》，合肥工业大学硕士学位论文，2010。

[7] 中国科普研究所《中国科普效果研究》课题组编著《科普效果评估理论和方法》，社会科学文献出版社，2003。

[8] 习近平：《在深入推动长江经济带发展座谈会上的讲话》，新华社，2020。
[9] 智瞻产业研究院：《2022~2028年中国文创产品行业市场分析与发展前景预测报告》，2022。
[10] 孙德伟：《科普与旅游相结合的一个典范——常州中华恐龙园》，载《中国古生物学会第十次全国会员代表大会暨第25届学术年会——纪念中国古生物学会成立80周年论文摘要集》，2009。
[11] 龙辉：《博物馆文创产品开发中的问题及发展方向》，《文化产业》2022年第13期。
[12] 王鹏、冯磊、惠楠迪：《文化重构下的古生物文创产品研究应用——以甘肃和政古生物为例》，《设计》2019年第17期。
[13] 国民政府：《古物保存法》，1930年6月7日。
[14] 张之恒：《中国考古通论》，南京大学出版社，2009。
[15] 国家文物局：《博物馆馆藏资源著作权、商标权和品牌授权操作指引（试行）》，2019年5月。
[16] 郝智媛：《博物馆衍生品的知识产权归属研究》，郑州大学硕士学位论文，2018。

借中华民族优秀文化为科普造“势”

——以广西科技馆为例

黎　明*

摘　要： 随着国家发展及国际形势的变化，通过文化交流进而获得更多理解、认可的诉求必然不断加强，可以借中华民族优秀文化为科普造“势”，提升科普影响力。广西科技馆在科普资源开发结合中华民族优秀文化方面进行了一些探索实践，还整合其他文化机构的优质资源服务科普工作，使用平台渠道更好地推广科普文化内容资源。本文通过案例分析、实地考察以及文献梳理等方式展开，并对科普与中华民族优秀文化结合提出进一步思考。

关键词： 科普　优秀文化　中华民族

一　引言

2022 年 6 月开馆的香港故宫文化博物馆，是一座展示中华文化艺术

* 黎明，广西壮族自治区科学技术馆（广西青少年科技中心）副馆长、副主任，副研究馆员，高级工程师。

的专题博物馆，对于香港对中华文化的认同、中华文化在世界的传播意义非凡。站在科技馆的角度，如能借中华民族优秀文化为科普造“势”，将会提升科普影响力，进而汇聚更多资源，增强提升公民科学素质的能力。

中国的科技馆在科普与中华民族优秀文化结合上，有一些成功的案例。上海科技馆原创科普展览《青出于蓝——青花瓷的起源、发展与交流》，节选了人们在制作青花瓷过程中历经尝试的各种片段，记录着人们对于青花烧制技术的一次次探索，观众从中可以体味孜孜以求的科学精神与艺术之美，此展曾到土耳其等“一带一路”共建国家展览，向世界讲述中国故事。中国科技馆短期展览《做一天马可·波罗：发现丝绸之路上的智慧》以第一人称视角代入的方式，使观众“化身”古代丝路旅行家和商人，直观感受到互学互鉴的丝绸之路精神；中国数字科技馆还设立了一个“永不落幕”的网上丝绸之路展览。

广西科技馆为履行好自身作为中国-东盟科普国际交流中心的职能，践行习近平总书记曾在联合国教科文组织提到的“为人类提供正确的精神指引和强大的精神动力”理念，一直参与和“一带一路”共建国家，尤其是东盟各国的科技文化交流活动，是在展品展览设计、科学教育活动、线上资源制作等方面结合中华民族优秀文化的探索实践，既立足于本馆的科普资源开发，也博采其他文化科普机构的优质资源。

二　科普资源开发结合中华民族优秀文化的探索实践

（一）展品设计

磁悬浮技术应用意义重大，其展品展示效果明显。在中国科技馆“掌上科技馆”微信小程序中，在已入驻场馆中搜索磁悬浮相关展品，并与相关场馆、展品公司进行确认，目前国内磁悬浮展品有新疆科技馆磁悬浮列车、河北科技馆磁悬浮地月演示仪、中国科技馆磁悬浮灯泡、克拉玛依科技馆磁悬浮灯、福建科技馆磁悬浮地球等。广西科技馆在进行以电磁为主题的展厅建设时，将磁悬浮展品融入民族文化元素，设置了“磁悬浮绣球”展品，整个球直径约 1.2 米，公众可以直接触摸悬浮的巨大球体，体验真切。醒目的绣球造型让人眼前一亮，颇具壮乡特色。该展品自 2015 年面世至今，备受公众欢迎，因此它也是馆方在讲解路线规划、教育活动设计、数字化资源创作上都涉及的明星展品。

此前展厅中还有“东盟漫游”“虚拟游漓江”等与地域环境相关的展品，以及“壮锦及绣球工艺”“广西古代制糖”“广西现代制糖”等与文化、产业相关的展品。

（二）展览设计

前文提到的展品，在全馆展品数量比例中非常少，且主要是展品外观上的体现，或者是用现代的展示手法展示文化元素，这都是单件展品在形式上与文化元素的关联。

广西科技馆还设置有以民俗为主题的科学工作室，包含广西民族特色文化手工艺品、东盟国家的传统乐器等，方便科技辅导员带领公众开展与文化相关的科普活动。

要更深层次地从内容上将科普与文化结合，并且有规模效应，前文提及的中国科技馆、上海科技馆的主题展览思路值得学习。2022 年 9 月，广西科技馆推出《爱上非遗科普展》。广西非遗项目中，有较好体验感的传统工艺如点米成画、桂林彩色拓印技艺、南宁剪纸等，以及美食如武鸣艾馍制作技艺、横州茉莉花茶制作技艺、沙蟹汁制作技艺等，还有相对抽象的如彩调、邕剧、桂剧等剧。在不同地区，会有类似的非遗项目，比如广西的钦州坭兴陶烧制技艺和青海的藏族黑陶烧制技艺。广西科技馆从这些非遗项目中挖掘趣味科普，其他地区的非遗项目等文化项目，同样也能让科普与文化相互加持。

表 1 《爱上非遗科普展》部分非遗项目和科普拓展

非遗项目	科普拓展
侗族木构建筑营造技艺	榫卯结构
壮族会鼓习俗	为什么鼓能被广泛应用？鼓的发声原理是什么？
宾阳油纸伞制作技艺	油纸伞是怎么防水的？
苗族银饰锻造技艺	金属在古代是怎么炼出来的？
五色糯米饭	食物是如何染色的？
官垌米糤制作技艺	米饭为什么会黏？
钦州坭兴陶烧制技艺	陶瓷如何烧制出来？
苗族蜡染手工技艺	染制的过程是怎样的？

（三）科学教育活动开发

这里的科学教育活动指在展厅、科学工作室等，以及到学校、社区、乡村等基层开展科普活动时，由科技辅导员基于展品、实验设备等教具，面向公众开展的深度讲解、科普剧、科学课等。

蜡染工艺，除了广西，在贵州等我国西南少数民族地区也世代相传。按传统的方式完成一幅蜡染作品需要十多天的时间，广西科技馆改良简化了蜡染工具，30 分钟就能制作一件蜡染作品。科学课“民族蜡染”让公众在感受民族文化的同时，了解到制作工艺涉及的科学原理。

表面晶莹剔透的水晶粽是端午节节日食俗。在科学课“制作水晶粽”中，广西科技馆科技辅导员带大家了解水晶粽的制作过程、水晶皮如何形成、什么是淀粉糊化反应、什么影响了糊化程度等。

与文化相关，广西科技馆已开发的科学教育活动还有“巴克传情”“制作中国节”等。

（四）视频制作

获取信息的载体主要有文字、声音、图文混排、视频、虚拟现实，信息量的排序为文字<声音<图文混排<视频<虚拟现实。在科普结合文化的创作

中，广西科技馆在图文混排、视频、虚拟现实这几种形式上都有实践。在代价相同的情况下，用户会选择信息量大的内容。从现有网络及硬件的基础来看，用户获取文字、声音、图文、视频的难度已经差距很小，而虚拟现实的开发成本较高，因此视频便成了目前较优的选择。

2021 年，广西科技馆团队拜访了广西非物质文化遗产保护项目绣球制作技艺传承人，创作拍摄了视频《绣球》，使得绣球制作技艺作为第五届“一带一路”青少年创客营与教师研讨活动文化交流特色活动之一，让 53 个“一带一路”共建国家地区师生体验了中国传统手工制作和感受到了中国传统文化的博大精深，展示了广西传统文化特色，增进了对中国文化的了解。2022 年，为第六届“一带一路”青少年创客营与教师研讨活动，基于非遗项目“壮族会鼓习俗”又创作了视频《壮族会鼓》。

2022 年农历三月三之际，广西科技馆推出视频《五色糯米饭》，教公众制作这一壮乡儿女在“壮族三月三”必吃的食物，科普糯米饭呈现不同颜色的原因，倡导民族团结，传播优质文化。

三 整合其他文化机构的优质资源服务科普工作

广西科技馆作为中国-东盟科普国际交流中心，除了挖掘本馆适合结合文化的科普资源，还积极整合其他文化机构的优质资源服务科普工作。

（一）线下研学

2019 年，广西科技馆组织来自亚洲、欧洲、非洲、美洲和大洋洲 33 个国家和地区的约 300 名青少年参观广西民族博物馆，让他们充分感受广西科技人文资源特色，促进文明交流互鉴。

2022 年，组织邀请第二届中国-东盟青少年绘画展部分获奖代表、在桂留学生代表、外教子女代表等在广西科技馆、广西美术馆、广西规划馆、邕江游船上开展专场活动，提升青少年对中外民间交流的参与度和获得感，以友好交流促民心相通。

（二）线上资源

2021~2022年，广西科技馆在自治区文旅厅的大力支持下，收集、整理合浦汉代文化博物馆、三江程阳侗族八寨景区等34个广西科技文化场馆和风景名胜VR资源，以“虚拟漫游”形式在线上展示魅力广西。

2021年，广西科技馆直播团队走进广西民族音乐博物馆，介绍乐器实物、传统歌本、乐谱、手稿、音像资料等展品，在线带领多国青少年聆听“古器之声”，体验“八桂音韵”，并通过“东南亚音乐文化”感受中国与东盟各国的友好情谊。

四　使用平台渠道更好地推广科普文化内容资源

有了科普与文化融合的内容资源，需用好平台渠道，将境外人士尤其是青少年“请进来”，感受中华民族优秀文化；修好内功“走出去”，展示我们的科普文化魅力。

“一带一路”青少年创客营与教师研讨活动（以下简称“创客营”）2017年启动以来每年一届，积极搭建中国与“一带一路”共建国家科学传播和播种友谊的合作平台。广西科技馆于2019年（线下）、2021年（线上）都具体实施了创客营，2022年（线上）继续参与，为多国青少年呈现了能代表中华民族优秀文化的广西元素。这三次参与的国家、地区不断增加，有效服务国家外交大局，提升广西科技馆的科普影响力。在与参与师生的沟通中，他们表达了对中国的科普及文化有更深的了解和兴趣，境外媒体也关注报道。2022年8月，广西科技馆在创客营中呈现过的科学教育资源受邀参加2022年泰国国家科学技术展。

此外，广西科技馆还在广西青少年科学荟（节）、广西青少年机器人竞赛等自有的科普活动平台进行科普与文化的交流，并借力中国东盟博览会、虚拟非洲科学节等外部活动平台扩大自身科普影响力。

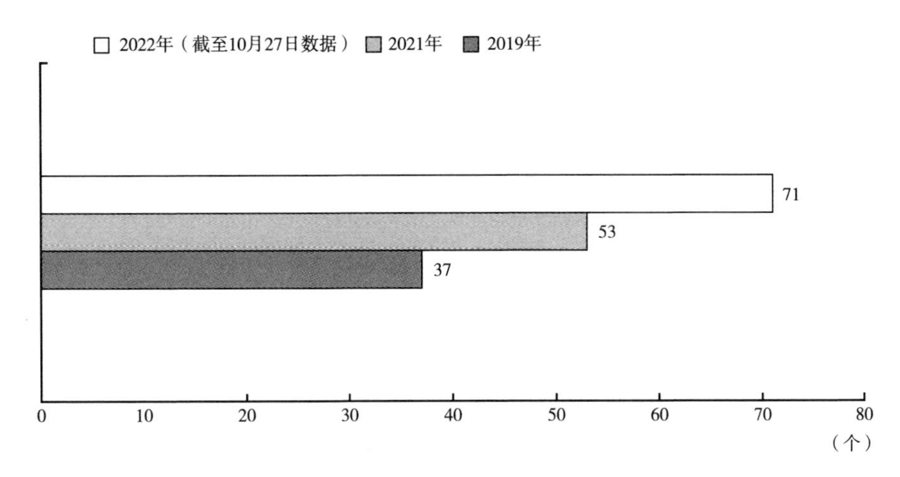

图 1　广西科技馆具体实施的“一带一路”青少年创客营与教师研讨活动参与国家、地区、国际组织数量

表 2　近年来由广西科技馆借助自有及外部平台实施的科普与文化推广

平台名称	广西科技馆呈现内容	主要对象	时间	性质
“一带一路”青少年创客营与教师研讨活动	能代表中华民族优秀文化的广西元素；青少年科普内容	“一带一路”共建国家及地区青少年及科技教师	2019 年（线下） 2021 年（线上） 2022 年（线上）	中国科协科技文化交流平台
广西青少年科学荟（节）	青少年科普内容；东盟国家民族文化艺术	广西青少年	2019 年（线下） 2020 年（线下） 2021 年（线下）	广西科技馆自有科普平台
广西青少年机器人竞赛	骑楼城等，展示中国岭南地区特色文化；东盟国家舞蹈、服饰艺术等	东盟国家青少年、广西青少年	2019 年（线下） 2021 年（线下、线上）	广西科技馆自有科普平台
中国东盟博览会	中国流动科技馆	东盟国家各国政要、商务人士、专家学者等	2019 年（线下）	中国和东盟 10 国经贸主管部门及东盟秘书处经贸交流平台
虚拟非洲科学节	青少年科普内容	非洲多国青少年	2020 年（线上）	津巴布韦科技大赛组委会平台

五　科普与中华民族优秀文化结合的进一步思考

（一）心怀中华民族文化多元一体的意识

几千年来，在中华大地上繁衍生息的各民族不断交融汇聚，分布上交错杂居、经济上相互依存、情感上相互亲近，最终形成了56个民族平等团结、互助和谐的中华民族多元一体大家庭。

进行科普与优秀民族文化结合的工作，首先内心要有中华民族大家庭的意识，选取民族优秀文化的元素作为中华民族优秀文化的代表。科普无国界，文化有差异。在当代世界中，民族文化是主权国家范围内的公民寻求认同感、获得自豪感、培养凝聚力的重要根基。既要尊重所有对人类做出贡献的科学实践，又要重视中国科学家精神的弘扬，尤其是对于意识形态防线薄弱的青少年。钱穆先生在《中国传统文化之演进》中提到：“凡是一个国家，一个民族，都有他的生命，这生命就是他的文化，这文化也就是他的生命。”[①] 中华民族正走在复兴的道路上，必然伴随着中华民族文化的复兴。

（二）深度挖掘藏品展品的文化内涵

之所以要将科普与文化结合，就是想借文化的“势”提升科普的影响力和效果。所以只要深挖藏品展品的文化内涵，与之联系的科普内容也会更具传播效果。

广西的“非遗”代表之一壮锦质朴精美，在传统织机的结构和运行原理，以及与现代织锦工艺的区别、织锦用线的经纬交错上都可以挖掘有趣的科普知识点。泰锦、文莱锦、缅锦等东南亚国家的丝织品，其风格技艺与壮锦，以及广西的侗锦、苗锦和湖北的土家锦有诸多相似之处。这条“锦路”，将中国与东盟的“非遗”文化紧密相连。

铜鼓、铜桶、羊角钮铜钟等文物，不只在广西有，在中国西南和岭南一

① 钱穆：《钱宾四先生全集（第29册）》，台北，联经出版社，1998，第241页。

带，以及东南亚诸多国家都可以发现它们的踪迹。从文化传播的角度，这反映了丝绸之路的辐射与影响。从科普的角度，敲击不同铜鼓等文物的仿制品或文创产品，产生声音的差异，以及铜的冶炼及其颜色鲜艳的氧化物等，都可以作为探究对象，去激发公众对于其中科学原理的兴趣。

（三）加强数字化传播

中共中央办公厅、国务院办公厅印发《关于新时代进一步加强科学技术普及工作的意见》。其“指导思想”中指出，构建社会化协同、数字化传播、规范化建设、国际化合作的新时代科普生态；在“完善科普基础设施布局”部分提到，深入推进科普信息化发展，大力发展线上科普。国家对科普愈加重视，同时也提出了更高的要求。利用互联网扩大受众的可能性毋庸置疑，而各种海量的信息在线上，科普如何获取公众更多关注，用好优秀文化的热度也是一种方式。2022 年下半年，广西科技馆推出《非遗中的科学》线上专栏，有图、文、视频等形式，尝试通过“优秀文化”的窗户，让公众触及“科普”的风景。

数字化传播的载体很多，前文已有提及，视频是目前较好的形式。同时应密切关注新技术的应用，对于元宇宙、数字孪生等要有所布局，根据实际情况应用。比如：相比博物馆展品，互动性较强的科技馆展品在数字孪生方面的建设作用较小；元宇宙技术更新迭代快，实现成本高，要有长期整体规划。但这些新技术应用已成趋势，不可忽视，需找到合适的切入点。

（四）充分用好传统节日公众的关注度

借助传统节日期间公众对传统文化的关注聚焦，及时推出相关联的科学教育活动，融入传统文化教育内容，满足受众的精神与社交分享需求。比如春节、元宵、“壮族三月三”、端午、七夕、中秋等，有些节日如冬至还兼具自然与人文内涵，既是传统节日也是自然节气点。可以从辅导员的服饰、情景演绎等外在形式的吸引，到与节日习俗相关的科普拓展；从线下现场活动与公众面对面互动，到线上数字资源的更广泛科普。

（五）尝试更多科普与文化跨界的内容

中国是世界早期人类文明的发源地之一，悠久的历史孕育了光辉灿烂的文化，其科技在相当长的历史时期都领先世界，对中华文明贡献巨大。科技与文化在数千年的文明发展中照亮彼此，这其中有太多的故事可以去挖掘作为科普的素材。

还有些大众喜爱的领域本身就跨学科，比如天文科普，不仅限于天体物理、化学等，还涉及大量神话、历史等人文知识。以生动、富有神秘文化背景的内容激发公众的兴趣，他们才会有更大概率去逐渐了解有难度的天文知识。比如中国的盘古开天辟地、嫦娥奔月，古希腊众神的名字与太阳、月亮和八大行星等的关系，中外航天英雄的事迹，都是非常吸引公众的，便于逐步导入更有难度的内容，诸如万有引力、天体运行、黑洞等。

结　语

笔者近年来走访了中国科技馆、中国国家博物馆、上海天文馆、日本国立自然科学博物馆、广西民族博物馆、厦门科技馆等超过 50 家科技馆、博物馆等，涵盖国家级、省级、市级 3 级以及企业性质。通过实地学习其他场馆在科普与文化结合方面的经验有不少的收获，在本职方面也有一定的实践和思考。广西科技馆将秉承着不断加深科普与中华民族优秀文化结合的思路，在提升科普影响力的同时，服务国家大局，为提升公民科学素质、弘扬中华民族优质文化贡献力量。

参考文献

[1] 廖肇羽：《“一带一路”背景下如何以“文化科普”铺垫新疆长治久安基石》，《喀什大学学报》2016 年第 4 期。

[2] 百度百科：文化认同，2022 年 8 月 25 日，https：//baike. baidu. com/item/%E6%96%87%E5%8C%96%E8%AE%A4%E5%90%8C/6062258? fr=aladdin。
[3] 曾国屏、古荒：《发展科普文化是社会主义大繁荣的题中要义》，《科普研究》2011 年第 6 期。
[4]《广西博物馆吴伟峰馆长谈“一带一路”的广西文物》，广西壮族自治区博物馆，2017 年 6 月 15 日，https：//mp. weixin. qq. com/s/znB1mE2KkcDTgXoCim2GTQ。
[5]《中共中央办公厅　国务院办公厅印发〈关于新时代进一步加强科学技术普及工作的意见〉》，中国政府网，2022 年 9 月 4 日，http：//www. gov. cn/zhengce/2022-09/04/content_ 5708260. htm。

融媒体语境下弘扬科学家精神视频的小叙事

宋 彬　邱 琳*

摘　要： 融媒体语境下，小叙事是弘扬科学家精神视频常用的创作方法之一。小叙事有助于解决宏大叙事遇到的叙事危机，提高传播效果。弘扬科学家精神视频中小叙事的实现路径包括关键细节的详细化阐述、叙事空间的场景化呈现、叙事视角的内聚焦表达、叙事基调的多样化表现等。需要注意的是，小叙事并不是对崇高性的消解，而是展现崇高精神的一种路径。创作中需融入大历史观、大时代观，以价值导向作为指引。

关键词： 弘扬科学家精神视频　融媒体　大历史观

科学家精神是科技工作者在长期科学实践中积累的宝贵精神财富。习近平总书记明确强调，要“坚持弘扬科学家精神”。在当下融媒体的语境中，视频成为弘扬科学家精神常用的传播方式。然而，在弘扬科学家精神视频的创作与传播中经常遇到一个问题，那就是“科学家精神纯粹的高大

* 宋彬，北京市农林科学院数据科学与经济研究所副研究馆员；邱琳，北京市农林科学院数据科学与经济研究所数字科普研究室主任，副研究馆员。

上，往往容易被束之高阁，难以产生共情”。近年来，小叙事的创作手段成为解决这一问题的有效路径。无论长视频、中视频、短视频，还是故事片、专题片、纪录片以及 MV，经常能看到小叙事的身影。本文以中国科协科学家精神主题“感人瞬间”微视频、“科学也偶像”科学家精神短视频、“风启学林”社区优秀传播作品等为例，对弘扬科学家精神视频的小叙事进行研究。

一 小叙事与宏大叙事

小叙事与宏大叙事是相对的概念。宏大叙事由法国后现代思想家利奥塔（Jean-Fancois Lyotard）在其名著《后现代状态：关于知识的报告》一书中提出，又称作“元叙事”，指每个时代存在的某种主导型的话语形式，这些话语往往讲述具有普遍意义的故事，具有体系性、权威性和真理性的特点。其运转部件“包括它伟岸的英雄主角，巨大的险情，壮阔的航程及其远大的目标”。利奥塔认为在后工业社会和后现代文化中，宏大叙事已经失去了可信性，面临着“叙事危机”，取而代之的将是小叙事，它是由地方性、偶然性和非极权话语力量所构成的。“小”与“大”相对，指的是局部、小部分、非整体、非统一的意思。

宏大叙事通过对重大历史事实的描绘和对历史节点的反映，有助于表现国家、民族宏大的历史场景，也有利于塑造英雄人物形象。以弘扬科学家精神视频来对照，宏大叙事主要体现为对科学家进行史诗性的人物纪录片或者人物故事片的创作，展现其为国家需求而奉献的波澜壮阔的一生。叙事的主角是“高大全”的英雄主角——全身心扑在科研上的科学家，为了国家需要，科学家历经了艰难的科研历程，最终取得了光辉的成就。这种宏大叙事为观众提供了一种对科学家精神的全知而权威的解释，使人不禁仰望、钦佩。但随着后现代主义思潮的发展、新媒体时代的来临，这种形式越发面临着冲击——“精神”属于人的意识范畴，本身就是高度复杂而抽象的，若再加上正气浩然的解说、正襟危坐的采访、对历史背景磅礴的叙述、抒情化的赞美、抽象的概念化表述等影像话语表达手法，容易造成科学家高高在上、与己无关的观众印象。而小叙事（little narrative）摆脱了传统的话语规则，增加了柔软度、温暖度、生动性，为解决叙事危机提供了一种路径，通过小叙事，个体的主体性得到了最大程度的彰显，引发观众的共情体验，从而促进心理隔阂与心理差距的消解，实现更好的传播效果。

二 弘扬科学家精神视频小叙事的实现路径

（一）关键细节的详细化阐述

当代著名新闻记者穆青曾说过："有时一个细节比千言万语活泼生动得多，深刻得多，有力得多。"① 视频如何将科学家精神有血有肉、有辨识度地展现在大家面前？细节是一个重要秘诀。以 BBC 制作的纪录短片《20 世纪最伟大的科学家之一：屠呦呦》为例，其中讲述了这样的细节：屠呦呦将青蒿素用于动物实验时，动物反应不一，有的痊愈、有的疑似中毒，没有人确定青蒿素用于人体是否安全，于是屠呦呦主动要求在自己身上做试验，她进了医院，冒着生命危险以身试药，仅仅为了有一线希望能够拯救他人。同样的还有中宣部、中国科协为庆祝中国共产党成立 100 周年而推出的 6 部科学家精神主题"感人瞬间"微视频——《邓稼先》《钱学森》《黄旭华》《孙家栋》《林俊德》《顾方舟》。比如：《顾方舟》重点讲述了 1955 年"脊髓灰质炎"在全国暴发之际，病毒学专家顾方舟为证明疫苗安全可靠，冒着麻痹、死亡的危险，给不满 1 岁的儿子服下第一颗疫苗的重要细节；《邓稼先》展现了 1979 年航投试验时，原子弹没有爆炸，坠地被摔裂，邓稼先命令所有人退后，独自冒着核辐射的风险冲入茫茫戈壁的细节；《林俊德》展现了林俊德院士弥留之际挣扎着整理毕生资料的细节；等等。他们都是大众耳熟能详的大科学家，关于他们有许多宏大叙事的呈现，小叙事、挖细节

① 林永年：《新闻报道为什么要重视细节?》，《新闻爱好者》1990 年第 7 期，第 32~33 页。

的方式，以“一滴水珠折射整个太阳”的方式塑造了真实可感的大科学家的形象，体现出科学家崇高的人格魅力，弘扬了感人至深的科学家精神。

（二）叙事空间的场景化呈现

场景呈现和场景叙事是弘扬科学家精神视频小叙事体现的一个重要维度。“场景”最初是舞台艺术的专有名词，舞台艺术的封闭性使其强调人与人、人与环境的假定关系，着重营造矛盾冲突发生的合理性与必然性，表现人在特定情景下的状态。视频中场景展现特定的时间、特定的某个人或一群人在特定的情境下的状态或叙事。科学家往往给人以“高冷”的感觉，是因为人们不了解他们的工作，感觉他们的工作和人们的日常生活有距离。如果视频中再把重点放在对科学家的科学历程的全貌概括与重点阐释，呈现科学精神的“结果”，便会使科学家精神显得更加概念化、更加遥不可及。而场景呈现将科学家置于一个个真实可见的情境之中，导引观众的虚拟身体在场，传递心理趋同的情感性信息，满足了用户的了解欲望，从而拉近观众和科学家之间的距离。场景化呈现可以分为以下几类。

1. 科学家工作场景的“反转化”展现

大众观念中科学家的工作环境都是比较高大上的，而在短视频中，通过呈现科学家真实、艰苦的科研环境来烘托科学家的科学精神。以中国科协主办的“科学也偶像”科学家精神短视频征集活动获奖作品为例：《追寻冰芯的人》展现了中国科学院院士姚檀栋钻取冰芯的过程中，开车过险滩、爬冰川的日常手机拍摄画面；《林业人的十二时辰》记录了林业人从凌晨 4 点到次日凌晨 3 点一整天的工作；《翻山越岭的植物研究团队》展现中科院植物研究团队采集植物标本的现场录像等。通过这种与人们心目中完全不同的科学家工作场景的呈现，观众对科学家的工作性质有了更加直观的了解，对科学家精神的传达起到了烘托作用。

2. 科学家工作中的特别场景展现

科研中的一些特别时刻是激荡人心而又不为常人所见的，比如“科学也偶像”科学家精神短视频《极地阳光》中，科研人员王文晶采用了Vlog的形式，展示了在南极极夜之后第一缕阳光出现之时，他登到南极中山站制高点现场拍摄到的情景。这是只有在南极科考的科研人员才能亲眼看到的特殊场景，对于这些场景的展现让人油然而生爱国之情。

3. 日常场景“以小见大”的呈现

对于日常场景需要选择具有代表意义的进行展现，方能起到“以小见大”的效果。比如“科学也偶像”科学家精神短视频《谁让他爱科普呢》记录了中国科协信息通信科学传播专家团队首席专家张新生在一次科学沙龙结束后依然不厌其烦地科普5G技术，走到半路被人提醒，自己把手机落在会场的小事。从日常场景中抓取“沧海一粟”，生动地呈现热爱科普、专注科普的真实科技工作者形象。再如故事化短视频《特别的爱》中设计了这样一个场景：小女孩在家里玩耍，忽然想念爸爸，于是给爸爸打电话，而身为地质队员的爸爸此时正在野外作业，爸爸安慰孩子说自己给地球做完“体检”就回家，孩子拿出玩具听诊器诊断地球仪要帮助爸爸。通过该场景的呈现，一方面表现了地质科研工作者常年离家的辛苦，另一方面又通过家与国的隐喻体现出科学精神的传承。

梅罗维茨（J. Meyrowitz）在“媒介情景论”中提出，电子媒介可以促成不同情景的合并，使原来的私人情景并入公共情景。融媒体时代，视频记录技术的空前便利，使得更多即时性的场景被科学家身边的助手、学生等用手机记录下来，这种毫无雕琢痕迹的“随手拍”白描式场景记录正是UGC（用户生产内容）胜过PGC（专业生产内容）之处，是后者创作时可遇不可求的。尽管很多场景看起来影像质量有时会比较粗糙，但是真实使其最能打动人心。

（三）叙事视角的内聚焦表达

叙事学上将叙事视角分为零聚焦、内聚焦、外聚焦。其中：零聚焦是全知全能的视角类型；内聚焦视角是从某一个或几个人物的角度展示其所见所闻，其最大特点是能充分敞开人物的内心世界，淋漓尽致地表现人物激烈的内心冲突和漫无边际的思绪，但缺点是受到叙述人的视野限制；外聚焦视角则是叙述者完全置身事外，只是从外部去呈现人物的行动、外表、环境，而不告诉人们的动机、目的、思维和情感。传统的弘扬科学家精神类视频一般多采用零聚焦的视角，利用画外解说的方法，采取“主题先行”的模式，其好处是内容全面，但其缺点是无形中会形成一种话语霸权。而在融媒体小叙事的时代，越来越多的视频创作愿意采用内聚焦视角，将话语主体从说服者变为讲述者。以自我感知代替客观描述，有助于观众进入科学家的内心世界，从而在很大程度上消解科学家与观众之间的疏离感。体现在弘扬科学家精神视频中，就是采取第一人称表述的形式。

1. 固定式内聚焦视角的运用

固定式内聚焦视角一般来自科学家本人的自述。比如 2020 年“科学也偶像”科学家精神短视频获奖作品《科学家精神——祝世宁》《勇敢追光者》《梁增基——中国旱区小麦育种及栽培专家》等都属于此类。通过科学家本人的讲述，在镜头前展露自己真实的一面，观众可以走进他们的内心世界，拉近双方的距离。内聚焦视角的作品形式是多样化的，像一度非常火的《我是医生不是神》自创 MV“神曲”，也是以第一人称的角度述说自己作为一名医生的所思所想。科学家口述历史类的视频也是典型的内聚焦视角，比如中国科协“风启学林”社区 2021 年度风云榜的优秀传播作品《乔老爷子和他的飞机情缘》，就是以南京航空航天大学的乔新教授对于南航一号的研究历程的口述方式来呈现的。

2. 不定式或多重式内聚焦视角的运用

不定式和多重式内聚焦视角稍有不同，前者是从不同人物的视角来呈现不同的事件，后者则由不同人物针对同样的事件进行叙述，在视频创作中一般两者综合使用。以中国科协“风启学林”社区 2021 年度风云榜优秀传播作品《百年怀顾　大气人生》为例，该视频围绕我国现代气象事业的开拓者之一顾震潮先生的科研和生活，采用零聚焦视角、不定式内聚焦视角、多重式内聚焦视角的多重叙述视角展开叙述，其中大量采用了中科院大气物理研究所研究员方宗义、赵思雄、荆其一、纪立人，以及中科院院士丁一江、丑纪范、吕达仁等专家的内聚焦视角。比如：丁一江院士回忆了顾先生重视灾害性天气预报，正确预报了大暴雨，保卫了武汉；吕达仁院士回忆顾先生在衡山时，和别人一样，自己背米、背油、背菜到山上；纪立人研究员回忆了 1961 年前后在排队买白菜时，远远望见顾先生边排队买菜，边左手拿个本子，右手拿支笔，嘴里咬了个笔套，在那写笔记的场景；等等。不同人从不同角度的讲述如同捡拾起科学家科研路上的一颗颗珍珠，成为小叙事的重要体现，多处体现真实心理的表述交相辉映，映射出生动而立体的顾震潮先生的形象，为科学家精神的表达与弘扬提供了细节翔实而情感真挚的论据支撑。

（四）叙事基调的多样化表现

叙事基调是创作中的一个软性元素，“你用什么样的方式来叙述你笔下的人物，叙述你笔下的故事，叙述你笔下的风土人情乃至社会历史的万象，而这些你描摹的对象和选择的方式在多大程度上与你——创作主体相贴合，这就形成了一定的叙述基调……或幽默诙谐，或深潜沉郁，或玩世不恭，或童贞天趣……”叙事基调与视频的风格息息相关。伴随小叙事而来的是叙事基调的多样化，大气磅礴不再是弘扬科学家精神时叙事基调的唯一选择。有的视频则是轻松诙谐的基调，比如犀利吐槽的《我是医生不是神》；有的是温馨感动的基调，比如短视频《特别的爱》；有的是诗意的基调，比如“风启学林”社区 2021 年度风云榜优秀传播作品《时代执炬人：北京大学的科研伉俪》……

以《时代执炬人：北京大学的科研伉俪》为例，该视频主要讲述了北京大学的分子医学专家程和平院士与肖瑞平教授，出于对科研共同的热爱与追求，从学术活动相识，一方追随另一方出国留学，继而共同回国、报效祖国的故事。视频不仅通过内聚焦的叙事视角，交织叙述了两人的科研经历与爱情经历，在镜头表现方面，也别具一格，运用了大量的移动摄影，使得视频有流淌的气息，适当运用了升格摄影，将现实生活中瞬息而过的动作放大、拉长。视频整体色调明亮，光与影比较讲究。在表现过去岁月时，运用了风琴、钢琴等配乐，增加了意蕴；在展现当下时，运用了激昂的配乐衬托了科学家的时代追梦。镜头调度、光影处理、音乐选取等综合造就了该视频独有的诗性气质美感，形成了独特的影像风格和视听效果，实现了视频内容和形式、写实与写意的相互贴合与有机统一，营造了一种颇具诗意的叙事基调。这样的科学家不是高高在上的，也不是科学家刻板印象中一生辛苦且清贫的，而是在科研梦想的道路上快乐奋斗着的人。总而言之，叙事基调的多样化是小叙事的外在表现，也是小叙事的必然结果。

三　弘扬科学家精神视频的小叙事与大历史观

研究并关注小叙事，目的在于摆脱传统的话语表述思维模式，大力探索适应融媒体的影像实践方法和叙事策略，以便为弘扬科学家精神取得更好的传播效果。需要警惕的是，互联网的解构性会造成崇高性与碎片性的博弈。小叙事不是万能的。由于它弱化历史背景而突出个人的悲欢离合，将历史的共性主题表达转为个体的私密情感呈现，有可能会让观众的注意力转移，过度关注那些琐碎的日常，从而在一定程度上对崇高性起到消解作用。因此，小叙事不能是对“断裂”“细碎”的一味迎合，而是必须要依托于宏大叙事的背景和创作视角。宏大叙事与小叙事并非二元对立，要看到二者之间的内在关联以及相互调和与转换的可能。没有宏观背景作为依托、价值导向作为指引，微观叙事在素材选择时会失去方向。理应在小叙事中体现大时代，在大时代中展开小叙事，并将其作为通往弘扬科学家精神目标的一种有效路径。

这要求创作者在创作思维中要融入大历史观、大时代观。历史是过去的现在，现在是未来的历史。影像具有纪念册的意义和价值。每一部弘扬科学家精神的视频在若干年后再次翻看，都能从中观照出当时的时代发展、科学发展，彰显的科学家精神与时代背景存在密切的“互文”关系。小叙事的种种实现路径——对于科学家“过去时”的科学经历进行展现，尽可能地采集照片、视频、音频、书信等资料素材，并挖掘出细节化、场景化、人性化的内容；对于科学家“现在时”的科研状态、科学家思想进行展现，把科学家作为有血有肉的人推向屏幕的前台，把科学家所处的场景展现在屏幕的前台；通过内聚焦的叙事视角，展现更加真实可触的科学家形象，提供具有学术评价意义的多重叙述；采用多样化的叙事基调，使视频更具有表现力——所有这些创作手段的最终目标都是让观众与科学家走得更近，更能了解科学家的所思所想，并从中真切而深刻地感受到科学家精神，感动于中，内化于心，进而外化于行。这是小叙事用于弘扬科学家精神视频的题中之义。

结 语

总而言之，小叙事更加强调对人作为个体的关注和挖掘，更加切近人的身体和心灵。通过展现真实场景、真实心理、真实的人，使观众意识到原来科学家们不是“神”，他们也有自己的喜怒哀乐，也有科研道路上的挣扎与纠结。他们和常人的“相同”使得视屏内外心理距离拉近，叙事中蕴含的意义、精神由此更显得可亲可信，而他们和常人的“不同”也通过小叙事得以彰显，他们的命运和国家、时代的需求紧紧地联系在一起，在面临抉择时、选择梦想时，甚至在每一天的平凡时刻中，都闪耀出科学家精神的光芒。小叙事是弘扬科学家精神视频可采用的重要路径，同时需要审慎对待的是，小叙事的价值导向并不“小”，需要在创作中融入大历史观、大时代观。

参考文献

［1］《宣传科学家精神要接地气》，《科技日报》2020 年 9 月 29 日，第 3 版。
［2］〔法〕让-弗·利奥塔等：《后现代主义》，赵一凡等译，社会科学文献出版社，1999。
［3］李俐兴：《告别“大理论”，转向小叙事》，《福建师范大学学报》（哲学社会科

学版）2017 年第 5 期。
[4]〔美〕约书亚·梅罗维茨：《消失的地域：电子媒介对社会行为的影响》，肖志军译，清华大学出版社，2002。
[5] 胡亚敏：《叙事学》，华中师范大学出版社，2004。
[6] 谭健：《观剑识器　谭健文艺评论作品选》，人民武警出版社，2010。
[7] 宋丽丽：《政治图景在影像传播中的话语冲突与融合》，《新闻爱好者》2022 年第 5 期。
[8] 王向辉：《新媒体时代主旋律电影的突破与挑战——以电影〈我和我的祖国〉为例》，《新闻爱好者》2021 年第 7 期。
[9] 王庆、王思文：《小叙事何以“载大道”——主流电视媒体对社会热点的价值引导》，《当代电视》2020 年第 6 期。
[10] 林琦桁：《主流媒体短视频共情传播的创新路径研究——以小央视频为例》，《出版广角》2022 年第 6 期。

浅谈科学家精神在科技场馆的弘扬与传播

孙小馨*

摘　要： 本文从对科学家精神的定义着手，讨论科技场馆与科学家精神之间的联系，阐述了科学家精神在科技场馆的多种实践体现，并结合浙江省科技馆近期在弘扬科学家精神的科普尝试，探究教育教学活动，总结工作心得，并对接下来进一步弘扬科学家精神提出建议，以期营造尊重科学、探索未来、创新奉献的良好职业氛围。

关键词： 科学家精神　科技馆　教育教学　传播

一　如何定义科学家精神

2019年中共中央办公厅、国务院办公厅共同印发了《关于进一步弘扬科学家精神加强作风和学风建设的意见》，明确阐明了新时代科学家精神的内涵，即胸怀祖国、服务人民的爱国精神，勇攀高峰、敢为人先的创新精神，追求真理、严谨治学的求实精神，淡泊名利、潜心研究的奉献精神，集智攻关、团结协作的协同精神，甘为人梯、奖掖后学的育人

* 孙小馨，浙江省科技馆展览教育部主管，馆员。

精神。“爱国、创新、求实、奉献、协同、育人”十二字是对科学家精神的概括总结。

二 科技场馆与科学家精神

科技场馆一般泛指科技馆，是以展览、教育、实验、讲座、竞赛、培训等多种形式开展科普教育的公益性科普教育场所。科技馆面向社会公众，不设门槛，是观众凭借互动展品接触科学、认识科学、探究科学的第一场所。科技馆通过科学类展品及教育活动，将科学家们以科研为目的的科学探究实践，转化为观众以学习为目的的科学探究实践，引导观众通过体验实现对展品信息的认知。从这个层面而言，一方面，科技场馆为广大观众提供了接触科技成果的最佳场地，科普辅导员通过科技类展品的演示、操作、互动等形式激发观众对科学的兴趣，向好奇心致敬；另一方面，在展品讲解和拓展互动的过程中，科学家精神是融会贯通的，是一脉相承的，科技场馆无论是展厅布展还是展品引进，都遵循科学性原则，同样在科技馆教育辅导期间，科学家精神也是时刻体现在科学教育过程中的，科学家的发明成果或者设计应用都能在科技馆里找到它的影子，所以科技馆在弘扬科学家精神的过程中扮演着极其重要的角色。

三 科学家精神在科技场馆的实践体现

《全民科学素质行动规划纲要（2021—2035 年）》提出“将弘扬科学精神贯穿于育人全链条。坚持立德树人，实施科学家精神进校园行动，将科学精神融入课堂教学和课外实践活动，激励青少年树立投身建设世界科技强国的远大志向，培养学生爱国情怀、社会责任感、创新精神和实践能力”。科普教育是在学校科学教育的基础上，以实物展品为载体，凭借科技馆辅导员授课，通过实地式、情景式、探究式手段向公众传递科学的思想观念和行为方式，从而达到弘扬科学家精神的作用。其表现形式主要有以下几种。

（一）常设展厅

综观我国各大科技馆，均以综合性陈列方式为公众提供多方面多角度的科学传播，基本涵盖了物理、化学、生物、地理、人文历史、前沿科技等多领域。各大场馆根据实际规模大小，在展品的选取、展厅的设计上均采用了大小兼容、内容丰富、相互关联的展品展项。以浙江省科技馆为例，建筑面积 30452 平方米，常设展厅 19584 平方米，展厅共分为三层，平摊下来每层仅 6000 多平方米，因场馆场地受限，故在展品的引进上，只能选取小而精的内容，如一楼宇宙展区，从火箭模型到火箭发射、黑洞、空间站、穿越器、月球车、月球表面，最后到重力跳跃，以故事情节为主轴，将各个展品串联起来，所以辅导员在讲解词的设计上，也需要以遵循这一时间主轴线为准则，根据不同受众选择相应的辅导形式。再如展品中的蛟龙号载人潜水器展项，是按 1∶1 尺寸打造的，内设视频以浙江省科技馆所在地为起点，通过京杭大运河、七堡船闸、钱塘江、东海、太平洋，一直到达马里亚纳海沟，按照下沉深度向观众展示海洋生物与植物。诸如此类展品展项，一方面向公众展示了我国科技事业的蓬勃发展和伟大成绩，另一方面也通过展品的展示，挖掘其背后的故事，向公众宣扬科学家奋发向上、砥砺前行的科学探究史，同时也将本地元素融汇其中，打造特色场馆品牌。综观我国各大科技场馆，虽然常设展厅展示给公众的是固定的展品展项，但是展品是“死”的，人是“活”的，科技馆不是一般意义上的“游乐园”，需要公众通过互动操作来探究其深藏的科学奥秘，所以科普辅导员在进行科学辅导的时候需要将拓展元素加入其中，如此，科学家精神的弘扬在展品辅导上将会大放异彩。

（二）临时主题式展览

常设展厅受整体规划设计、地方财政预算等多方面因素影响，一般更新速度较慢，故临时主题式展览必将在时效性和更新率上大放异彩。比如弘扬爱国主义红色基地教育类展览在临时展览中显得尤为突出。如浙江科技馆

2021年的“百年科技强国路”主题科普展、2022年的“新时代 浙里·科学家”主题展以及“众心向党 自立自强——党领导下的科学家”主题展等均属于弘扬科学家精神的特色展览。展览时长基本控制在两个月左右，因浙江省科技馆的临时展览面积仅500平方米左右，场地不大，且呈环形分布，故主题展览的设计也需经得起前期反复推敲，将浙江籍科学家、浙江籍两院院士、浙江籍青年科学工作者集中体现在主题展览中，此外负责展览的科普辅导员也在设计讲解词的时候纳入浙江籍科学家元素，事实证明实践效果明显，且社会评价极高。

（三）科普“三服务”

公共文化设施建设和管理需要根据国家建设标准，结合本地经济发展特点，合理确定文化传播的种类、数量及规模，形成“三服务”相结合的文化传播网络，“三服务”指的是场馆服务、流动服务及数字服务。流动科技馆及科普大篷车将科技馆展品以可移动、易打包、转场快等特点，将固定的科技类服务送至基层，特别是交通不便的边远山区、海岛或者经济欠发达地区。因近三年新冠疫情，流动科技馆及科普大篷车也受其影响，进校园活动相对减少，为配合国家“双减”政策，我国科技场馆发挥自身优势，积极开拓线上科普，大力发展数字科技馆建设，通过直播、线上体验等活动，切合时事热点，为公众带来全新的科普体验感受。如2020年由中国科技馆策划并联合全国各省流动科技馆团队共同发起的“疫情当前，我们换种方式流动——全国流动科技馆联合行动”，广泛征集流动科技馆展品讲解视频，有效缓解了基层中小学科技馆资源不足等问题。再如：“天宫课堂”的两次授课，采用天地互动授课的形式，并结合多地科普大篷车进校园，通过宇航员的亲身授课，讲解太空环境下实验背后的奥秘，激发青少年对科学的兴趣，弘扬科学精神。

（四）教育教学活动

科普不仅仅是为大众传播科学知识，最关键的是传播科学精神，科普与教育是息息相关的，科普在一定意义上也是一种教育，所以在科技场所从事教育教学也需要秉持尊重教育、融合教育的原则。2021 年教育部办公厅、中国科协办公厅发布的《关于利用科普资源助推“双减”工作的通知》中提到，各地各校要以“请进来”的方式，遴选一批思想品质优秀、热爱教育事业、科普经验丰富的科学家、两院院士及科技人才、科普工作者，有效参与学校课后服务。结合多年馆校合作工作经验，多地已广泛开展多种形式的教育教学工作，如 2022 年浙江省科协联合浙江省教育厅开启“百名科学家进中小学课堂”活动，著名院士专家走进校园，线上线下互动谈科学。中国科技馆也在 2022 年为科技工作者搭建科技志愿服务平台，开展“走进展厅讲科技”等志愿服务，8 月，中国空间技术研究院钱学森实验室航天专家走进中国科技馆，围绕“天和核心舱”模型，用自己的亲身经历为公众传播科学。诸如此类专家现身说法的科普教育方式值得推广关注。除此之外，作为科技场馆，平时的科学表演、实验秀、研发课程、夏（冬）令营等均能突破传统的展厅思维，结合课标，对科学课程进行进一步的解读。

四　浙江省科技馆弘扬科学家精神的多种尝试

（一）科普剧

浙江科协在科普剧的创作和表演上已探索多年，如 2017 年推出的国内首部大型音乐情景科普剧《加油！科学+》，该剧已在浙江省范围内巡演 30 多场，累计观众上万人次，网络直播受众上百万人次。2020 年浙江省科技馆原创科普剧《钱学森》以著名科学家钱学森从美国返回中国历经重重磨难为主轴展开，该剧故事性强，已在浙江省内各大场馆及学校进行多次演出，特别是在“科普下乡日”及大篷车送科技活动中，该剧契合科学家精神的弘扬传播，获得业内高度评价。2021 年浙江省科技馆继续开拓创新，紧密围绕“弘扬科学家精神，做新时代科技追梦人”核心主题，再次推出原创科普剧《一叶青蒿，两段传奇》，该剧从屠呦呦面对科研困惑联想到东晋葛洪以青蒿治病救人，最终启发灵感回归实验室青蒿素提取成功，通过剧情的穿插演绎表达了科学家孜孜不倦的科研精神和百折不挠的科学毅力，该剧参加了第七届全国科普辅导员大赛科学表演并取得全国二等奖，接下来，该剧将继续走入基层，走进校园，并发挥其传播的广度和深度，将科学的脚步走向更远。综观近两年的科普剧原创不难发现，在人物的选择上，主创团队尽可能结合本地特色，先从浙江籍科学家入手，通过平实的故事语言和切入人心的故事细节，从思想及精神层面上感染新一代年轻人，珍惜光阴，砥砺前行。

（二）院士展厅

浙江省科技馆新馆于2009年7月正式对外开放，除常设展厅三层外，四楼开辟了院士展厅，展示的是浙江籍两院院士和在浙江生活工作过的两院院士，统计数据实时更新，截至2022年7月，浙江籍院士共为236名，该展区用图文、视频等形式向公众介绍两院院士的生平及工作业绩，陈列柜也同步收藏多名院士的手稿作品及对浙江省科技馆的寄语。院士展区多年来即时更新，展示内容也日益丰富。院士展厅除承担普通的展厅参观外，也在党建工作、青少年科学课、科学夏令营等活动中进行了知识的融会贯通和有效衔接。

（三）科学家精神教育基地

2022年中国科协、教育部、科技部等七部委共同发布了首批科学家精神教育基地名单。浙江入围六家，分别为竺可桢故居、严济慈陈列馆、苏步青励志教育馆、屠呦呦旧居陈列馆、谈家桢生命科学教育馆以及钱学森故居。这六处教育基地分别位于科学家成长地，以“打造红色科学家群落，大力弘扬科学家精神”为主题，在广大青年科技工作者和青少年中广泛开展学风传承和精神弘扬等活动，特别是“双减”政策实施后，迅速成为中小学生网红打卡地。同时浙江省科学家精神教育基地名单也在全国科技工作者日浙江主会场公布，共计23家，涵盖了科学家故（旧）居、纪念馆、科技馆、博物馆、科研院所、国家重点实验室、重大工程遗迹等。接下来，各个教育基地将从自身特色出发，深挖老一辈科学家爱国奉献、求实创新的精神，积极搭建科研院所、重点实验室等平台，将科学精神具体化地表现出来，着重把爱国情怀和科学家精神相融合，同时基于“双减”背景，科普工作者及在校教师将学生带入科学家精神教育课堂，加强科技与人文相融合，拓展基地教育功能，做好科学教育的传播者。

（四）展厅教育教学活动

科技场馆作为非正规教育场所，传统教育模式不外乎展厅讲解、实验表演等形式，随着社会的快速发展及公众科学普及水平的不断提升，传统展厅经营模式受到强烈冲击，开发主题式特色教育已成为当前科技场馆的核心任务。浙江省科技馆因场地面积受限，只能“螺蛳壳里做道场”，充分利用展厅资源进行科学教育类活动开发。以2022年暑期活动“追科学星筑少年梦——纸火箭制作”为例，为配合“双减”政策落地，展览教育部以弘扬科学家精神为主线，结合之前策划并实施过的纸火箭为活动主轴，配合视频宣讲、展项参观、手工制作、火箭试飞等串联式辅导，以达到展品辅导、科学宣讲、亲子互动及科学精神提升的教育目的。具体做法如下。

第一，录制“浙里”科学家故事推文视频，呈现近代浙籍或在浙江工作过的著名科学家故事，辅导员亲身示范出镜并诠释科学家精神，该视频提前一周在官微发布推送，确定招募对象及年龄段，进行“纸火箭”招募预热。

第二，根据展厅“七款运载火箭模型简介”及“火箭发射”展项，结合学习“中国火箭之父”钱学森相关事迹，现场播放官微视频推送，辅导员老师带领学生从视觉、听觉、触觉学习火箭发射的基本概念并感受火箭发射的全过程。

第三，开始纸火箭制作，辅导员将预先准备好的材料分发给每位学生，学生按照老师指导进行纸火箭个性化制作。

第四，纸火箭试飞，辅导员将所有参与体验的学生带至科技馆大厅月球区域进行PK比赛，并允许将个人作品带回家，活动结束鼓励亲子家庭对该活动进行评价，以待后期进行调整、修改及改进。

“追科学星筑少年梦——纸火箭制作”2022年暑假已累计进行13场，场场爆满，家长好评不断，纷纷表示科技馆摒弃枯燥乏味的灌输式讲解，采用渐进式及PBL辅导，结合当前航空航天热点，通过展品辅导、科学家介绍、手工制作等手段，能使学生在短时间内内心萌发起对科学的好奇以及对航天事业的憧憬。展厅教育活动进行的同时，也应清楚地看到一些不足，比如整体时间的把控，因为招募的学生是7~12周岁年龄段，如果时间太长，学生会坐不住，也收不住心，影响学习效果。另外，辅导员也是惊讶地发现很多小朋友不能正确使用剪刀或者折纸工具，这个现象说明当前社会的劳美教育还未得到重视，家长代劳现象比较严重。

五 关于进一步弘扬科学家精神的几点建议

（一）重视培养展教辅导员队伍，建立一支高效质优的讲解队伍

展教是科技场馆的核心力量，展教队伍的优劣直接影响观众对场馆的印象及评价。现实情况就是绝大部分展教从业人员均为编外人员，总体收入不高，队伍不稳定，有些入职科技场馆的员工只想以科技馆为跳板，导致想留住优秀的人才会更加困难，最终也会造成工作推诿、互相比较、职业倦怠的负面情绪。要改变这个长久以来的“老大难”问题，不是单单靠提高工资就能解决的，毕竟科技类场馆均靠财政拨款支撑，无法做到大幅加薪，最好的激励机制是让员工能看到上升的空间，如提升管理岗、鼓励参加全国各类辅导员大赛，用比赛业绩来激励员工，让员工看到自己在单位、在省里甚至在全国的水平，从而更有动力去参与更有效的工作。沈阳故宫博物院、浙江自然博物院在员工培育方面具有较强的发言权，每天早上的仪态早读、下午

的工作小结及分组讨论讲解词撰写修改等工作，均取得不俗的成绩。讲解队伍的建设需要团队的合作，而不是一个人的闭门造车，所以一支高效优质的讲解员队伍离不开团队的通力合作，同时也应认识到站在台上的不是一位讲解员，而是一支默契高效的团队。

（二）积极拓展展厅教育教学活动，打造“馆本”教材

综观全国各大科技场馆，均在展厅教育教学过程中取得不俗的成绩，很多课程的开发也是紧密围绕《义务教育科学课程标准（2022 年版）》及《全民科学素质行动规划纲要（2021—2035 年）》而展开，以上文提到的浙江省科技馆“纸火箭”制作为例，虽有“炒冷饭”嫌疑，但是融入了新的开发思路，比如对科学家严谨、务实、求真精神的弘扬，尝试展品串联结合等，也不失为新的学习体会，2022 年暑假后期也开发了诸如“雪花的故事”“七夕牵手”“像素点的秘密”等活动，均结合展项展品和时事热点进行科普活动开发，取得不俗的口碑。暑假后期建议辅导员将此类教育活动进行打包整理、总结反馈，必要时可按需打造“馆本”教材，打造“馆本”特色亮点，在科技馆进校园或大篷车交流时可发挥其特色进行科普宣传及科学家精神的弘扬。

（三）注重媒体宣传合作，打造品牌活动及品牌效益

《全民科学素质行动规划纲要（2021—2035 年）》提出“提升优质科普内容资源创作和传播能力，推动传统媒体与新媒体深度融合，建设即时、泛在、精准的信息化全媒体传播网络，服务数字社会建设”。科普宣传的对象是广大人民群众，好的活动离不开好的宣传推广，浙江科协长期以来与较多媒体保持良好合作关系，如华数传媒、都市快报、腾讯·大浙网、网易浙江、今日头条、北京科技报、浙江经视、浙江经济广播电台等，在合作项目方面，省科协和浙江日报报业集团共同推出“科学+”系列品牌活动，与果壳网合作推出每年一届的“菠萝科学奖”活动，2022 年中国科协公布首批“科普中国融媒发展省级试点”，都市

快报榜上有名。都市快报在科学解读新闻和科学热点追踪方面一直勇于创新尝试，如：新冠疫情期间，推出“科学+战疫”应急科普品牌第一季和第二季，进行科普短视频推广；连续3年打造“浙江人眼中的十大科学事件”；为配合“双减”政策落地，全文通版报道浙江省科协“双千”助力“双减”系列活动；主题策划世界青年科学家峰会及中国绿色低碳创新大会。浙江省科技馆于2021年联合都市快报推出全新科普品牌“科学有观”，倡导科学有观点、科学有态度、科学有温度，活动主要围绕科学家讲述科研背后的故事，带领更多亲子家庭走进科学，走进科技馆，感受科学的奥秘，零距离与科学家交流，弘扬科学家精神。目前，已开展线下科普活动共计11期，涵盖10位各个领域的科学大咖，线上及线下受众累计达400多万人次。

结　语

弘扬科学家精神是和展厅教育教学、科学下乡、科普社区品牌等紧密结合的，是需要科普工作者实践工作而取得社会口碑，而不是光喊口号的，所以科普工作者也应摆正工作心态，以科学探究的精神去实践科普事业，以科学家严谨、踏实、求真、务实的精神来鞭策自己。科学在进步，品牌在更新，希望能继续挖掘并开辟全新科普品牌，将全民科普与弘扬科学家精神有效结合，以达到全民科学素质的全面提高。

参考文献

［1］《中共中央办公厅　国务院办公厅印发〈关于进一步弘扬科学家精神加强作风和学风建设的意见〉》，《中华人民共和国国务院公报》2019年第18期。

［2］叶肖娜、刘伟霞：《在科技馆弘扬科学家精神的实践》，《学会》2020年第1期。

［3］朱幼文：《“馆校结合”中的两个“三位一体”——科技博物馆“馆校结合”

基本策略与项目设计思路分析》,《中国博物馆》2018 年第 4 期。
[4]《全民科学素质行动规划纲要（2021—2035 年）》，人民出版社，2021。
[5]《关于利用科普资源助推“双减”工作的通知》，教育部办公厅、中国科协办公厅，2021。

化学思维的培养与评价

——以美国 ACCT“化学思维框架”为例

王舒萌　郭　力*

摘　要： 化学在能源和资源的合理开发与高效安全利用中始终起着至关重要的作用，同时化学学科是提高人类生存质量和生存安全的重要保障，未来化学仍然是提供解决人类赖以生存、发展和进步这一难题的核心科学。而化学思维的建立对化学学科的学习至关重要，是化学学科的核心，在新的教育背景和时代要求之下，化学思维能力及其相关问题的研究具有深远的意义和价值。美国研究机构 ACCT 团队经多年研究，提出“化学思维框架”与“化学教学形成性评价策略”，作为基础教育和高等教育本科阶段培养与检测学生化学思维的纲领性准则。本文对该“框架”与“评价策略”进行详述，重点对“化学思维分类”与“形成性评价模型”进行分析。

关键词： 化学思维　形成性评价　化学教学

---

* 王舒萌，北京航空航天大学高等教育研究院硕士研究生；郭力，北京航空航天大学高等教育研究院副教授。

一　绪论

（一）研究背景

1. 新时代背景及科技发展的需要

随着人类社会的发展以及科学技术的进步，化学正不断与其他学科交叉渗透，推动着自然科学的迅速发展，同时也推动着材料科学的发展，因此，社会对于人才的化学思维能力提出了更高要求。

然而21世纪的化学科学亟须解决的问题是如何在未来化学以及与相关学科的融合交叉中创新。这也意味着化学领域的发展相较于过去将面临更大的挑战，势必要求化学思维能够有更深层次的发展和创新，强化化学思维则成为人们重点关注的问题之一。

2. 化学教育领域发展需要

近年来，世界各国当前的科学及化学教育标准和指南强调了培养学生的知识和能力的重要性，以回答有关其周围环境中相关系统和现象的问题。同时，我国也加快了教育改革的进程，从基础教育阶段起便将重心放在培养学生的核心素养上，旨在改进传统教学中“重知识、轻素质；重教学结果、轻思维过程”的各种弊端。核心素养不仅要求学生掌握基础知识，而且重视分析、总结和解决问题等思维能力的培养。化学教育也应跟进改革步伐，向化学思维培养方向迈进。但我国基础教育中化学思维的阐释、要求和培养策略仍属空白。

例如，以“溶液的酸碱性教学设计”为例，教学活动主要环节如下所示。

环节1：“情景导入，教师列举生活中常见的物质，如葡萄、小苏打，食用碱、洗衣粉（提供出处）。基于身边物质酸碱性的情境而提出鉴别溶液酸碱性的问题。”这一环节是教师主导，属于权威性教学活动，所提出的问题“你知道如何鉴别这些物质的酸碱性吗?”未能明确指向具体的化学思维培养。

环节 2:“引入酸碱性的鉴别试剂酸碱指示剂，并讲述化学史，通过分析波义耳发现酸碱指示剂的过程，感悟科学家思维和探究的方法，培养学生严谨的科学态度和化学来自生活的意识。”这一环节主要以传统讲授方式为主，没有设置有效的形成性评价环节，因此教师不能够清楚地关注和解读学生的思考方式。

环节 3:“将酸碱指示剂应用于实验，通过实验探究，掌握溶液酸碱性的检测方法，对实验中的证据进行加工、处理后，得到实验结论。利用得到的结论解决新情境问题中产生的认知传统，促进学生进行思维。”这一教学环节教学效果评价结果显示仅少部分学生能辨识隐含的学科知识，具有进一步探究欲望，且能迁移出新的问题。这也是我国化学课程普遍存在的问题，也反映出在培养化学思维的教学环节，教师缺乏对学生思考的激励，学生也缺乏假设能力与推断能力，也就无法根据化学实践推断出正确结论。

由上例可知，目前我国基础教育中的化学教学还未达到培养学生化学思维的理想状态，是亟待研究和解决的问题。

（二）研究意义

由于化学思维具有多样性，化学科学家和工程师能够凭借其成熟的化学思维，在进行化学研究过程中不断地整合经验及理论知识，在推理中采用复杂多变的框架和模式，不仅能够深入认识物质世界，而且能够改造、控制和丰富物质世界。

基础教育阶段的学生正处于思维发展的关键期或成熟期，此阶段学生思维的可塑性强，通过科学合理的化学思维训练，可以帮助学生向高级思维阶段转变。尤其是在化学认知活动中，人的感官无法直接发挥作用，许多抽象的内容只有通过化学思维才能认知。而发现化学知识实际应用的可能性、构思化学知识实际应用的方案、解决实际应用的关键问题等一系列活动，是化学实践应用活动的主要环节，这些环节必不可少的就是化学思维，必要时还需要创造性的化学思维。

综上所述，培养化学思维可以提高学生观察与探究、创造思维和逻辑思维等能力，培养化学思维的过程能够使学生逐渐形成关于物质的性质、结构等观念。同时在教学过程中，形成性评价是至关重要的一步，将化学思维与形成性评价维度相结合能够为教师在化学教学设计中提供新的思路，进而更好地培养化学领域人才。

（三）研究方法

本文首先阐述学者对化学思维的定义与要求。随后选择美国研究团队 Assessing for Change in Chemical Thinking 与 Sevian 实验室的成员共同研究开发的研究项目，专注于使用形成性评价策略在中学、高中和本科化学课堂上培养化学思维。ACCT 是由大学研究人员、波士顿公立学校教师以及来自世界各地的其他相关团队组成的合作团队，旨在构建初、高中化学教师专业发展模式，研究教师在这些活动中对化学形成性评价和课堂话语的运用（以下简称 ACCT）。Hannah Sevian① 博士是 ACCT 成员之一，主要研究科学教师的形成性评价实践。最后，在分析的基础上，结合我国实际情况整理并总结出我国基础教育阶段化学教学过程中培养化学思维的策略。

二　化学思维的内涵

学习化学知识本质是要透过现象发现其中的内涵和规律，同时构建起一个化学学科的思维方式和思维体系，结合社会需求，实现对原子结构的重新组合和分解，通过概括、判断、推理逻辑思维，明确学生在学习中会接触到的内容。简单来讲，化学思维是人类在化学研究领域中进行的思维活动，它将形象思维和直观思维结合为一体。化学思维是以所学的化学知识为基础，从化学角度去理解客观事物，通过观察，总结出事物间的个性与共性、微观与宏观、变化与条件、实验现象与本质或变化与条件等方面的结论。化学思

① Hannah Sevian 现为马萨诸塞大学化学学院副教务长、教授。

维是复杂并极具挑战性的，因为它需要将真实物质的宏观经验与其组成和结构的亚微观模型联系起来。这种联系通常需要用各种类型的符号及图标来表示。

化学思维活动在学生学习活动中具有很高的价值，不仅能够帮助学生理解知识所包含的核心要素，而且能够帮助学生巩固所学的知识内容。

化学思维能力是个体在掌握一定的认知经验与理论规律的基础上研究物质、了解物质的微观组成与结构，探索宏观现象的本质并将其用化学语言表达出来的能力。化学思维整合了化学学科核心思想和基本观念，反映了学生对于化学学科的内部属性、规律等的概括推理能力，是思维的具体化和化学的学科化。化学思维既反映了思维的特质，又反映了化学学科特质。

三　ACCT 化学思维教学研究

（一）ACCT 化学思维教学指导框架

化学可以帮助人类解决从生物到工程、从艺术到体育等各个领域的问题，化学教学也应与具体的学科或情境相联系。ACCT 研究团队和 Sevian 实验室的成员研究并开发了化学思维框架。在此思维框架中，化学不是一门单纯的学科，而成为一种强大的思维方法，可广泛应用于健康、环境保护和可持续发展等关键领域。

1. ACCT 化学思维框架

在此观点下，ACCT 将化学思维分为 6 类：（1）化学识别思维；（2）结构属性关系思维；（3）化学控制思维；（4）化学因果思维；（5）化学机理思维；（6）收益-成本-风险思维。

这 6 种思维也分别对应 6 个化学学习的基本问题。

（1）化学识别思维——“这种物质是由什么材料制成的?”

（2）结构属性关系思维——“材料的特性与其成分和结构有什么关系?”

（3）化学控制思维——“如何控制这些变化?”

（4）化学因果思维——“材料为什么会发生这些变化?”

（5）化学机理思维——“这些变化是如何发生的?”

（6）收益-成本-风险思维——“这些变化的后果是什么?”

将以上思维的6个分类与其基本问题一一对应，形成化学思维与教学指导框架，如图1所示。

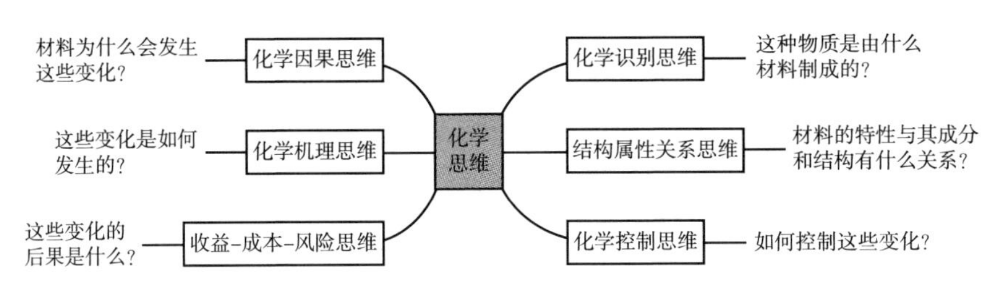

图1　ACCT化学思维与教学指导框架

2. 与情境结合的化学思维问题

上述这些基本问题可与不同学科领域的教学情境结合，共同形成适应课堂具体情况的问题框架。例如，在化学识别思维下，我们可以提出相应的医学问题，如：“摄入了什么有毒物质?”“生物体内胆固醇或氧气的浓度是多少?”而在环境科学中，问题可能会变为：“水中积聚的污染物是什么?”“我们呼吸的空气中臭氧含量是多少?”在工程学中，问题可能是：“这些建筑材料的成分有何不同?”“这种过滤装置需要去除哪些物质?”在艺术领域，可能会问：“这种颜料的颜色是什么物质?”“可以用什么材料来恢复这面墙?”

尽管这些不同问题的具体答案因情况而异，但通用的化学知识、学科实践和思维方法能够帮助我们回答上述问题。ACCT提倡将化学教学的重点放在发展化学思维上，帮助学生发展化学核心知识理解、实践和推理能力，使不同领域的专业人士能够找到各自领域内的关键思维方法来解决相应的问题。即便大多数学生未来不会成为化学家，他们也会在生活中利用化学思维来认识和思考，进而回答亟须解决的问题。

（二）ACCT 化学思维教学形成性评价模型

1. 化学思维形成性评价

形成性评价是一个“在学习过程中识别和回应学生学习效果，从而加强学习效果”的过程。形成性评价能够提高学生的学习兴趣，帮助学生有效调节自己的学习过程，增强学生的自信心，培养学生的合作精神，是教学过程中重要的环节之一。因此，本文引入形成性评价，讨论教师应如何制定形成性评价策略，以更好地提高学生的化学思维能力。

2. 化学思维问题与形成性评价的关系

形成性评价可以在全班讨论中进行，也可以在教师与小组或个人互动时进行。只要有一个由教师进行的关注和解释的循环反馈回路，教师就可以对接下来的教学步骤做出决策，然后引导学生说一些可以被教师再次关注和解释的话，以此提高学生的学习能力。化学思维形成性评价任务的设计对于揭示学生如何思考上述化学思维的核心问题至关重要。教师采用合适的形成性评价方式，就能够维持学生在不同阶段学习化学的智力需求，围绕六个化学思维核心问题进行化学知识的建构。同时，教师也能够分析出该堂课学生学习化学知识的思维方式。作为老师，他们会在课堂上的每个教学环节做出决策，若想更深入地了解学生是如何思考的，那么教师的形成性评价环节将会侧重于激发学生的思考。有时教师想敦促学生挑战自己并提升化学思维的能力，应弄清楚某一种或多种推理方式是否有意义，因此逐渐将促进学生的化学思维，朝着规范公认的方向进行化学实践。

形成性评价可用于多种课堂环境，用于各种目的。形成性评价的有效性取决于教师为实施形成性评价所设定的目的。教师可以以上述六个化学思维核心问题为最终目标，设计出有效的形成性评价环节，因此化学思维问题可以帮助分析形成性评价的可行性以及评价结果能否揭示学生化学思维的能力。

3. 化学思维形成性评价模型

ACCT 研究构建了形成性评价模型，模型框架见图 2。

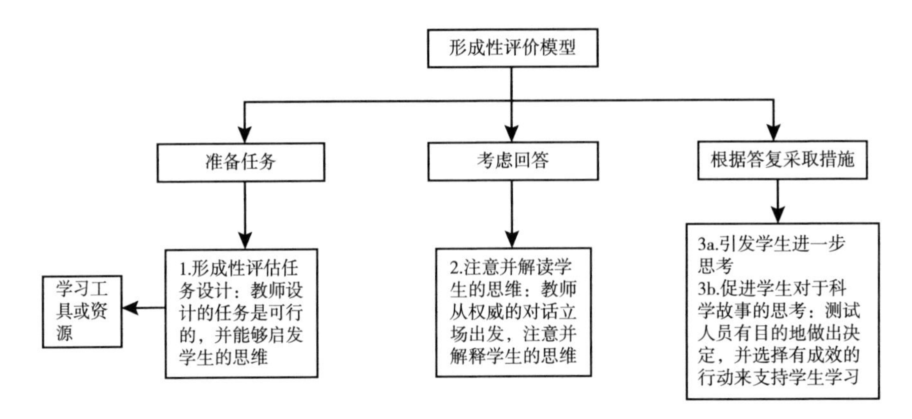

图 2　化学思维形成性评价模型

形成性评价可以改善学生的学习成果，包括表现不佳的学习者。当有意制定形成性评价实践时，化学教师可以保持对学生的高智力需求，关注有利于学生学习的方面，并支持学生培养读写能力和数学能力。有效的形成性评价实践有利于促进学生的概念理解、学习态度端正和动机激发。

4. 化学思维形成性评价问题

ACCT 基于上述化学思维框架和化学思维形成性评价模型，提出了以下 11 个化学思维形成性评价问题。

（1）有哪些类型的物质？

这一问题的提出是为了考察学生的分类能力，符合化学识别思维。分类是预测和解释我们周围物质特性的一个非常重要的工具。例如，将一种材料分为金属类与非金属类，我们能够预测它是否可以很好地导热和导电。同理，我们识别出一种物质为离子化合物，就可以解释为什么它的水溶液会导电。将化学物质分类可以用于发现合成新物质、确定材料的特性以及控制化学过程。

（2）用什么依据来区分物质类型？

该问题是为了考查学生区分物质特性的能力，符合化学结构属性关系思维。化学思维的差异化正是基于这样一种假设，即每种化学物质都至少具有一种使其独特的差异化特性。良好的区分特性不依赖于被分析物质的数量，并且不同的材料具有各自独特的价值。例如沸点、在水中的溶解度、分子结构等。这些差异化特性的表征对于设计分离物质、识别物质、对其进行检测或对其进行量化的方法至关重要。

（3）体现了物质类型的哪些性质？

该问题是为了考察认识物质属性的起源，符合化学结构属性关系思维。预测或解释物质的特性通常需要分析物质的结构而非组成。这个化学思维问题通常是预测物质特性的核心，例如，哪种油最适合润滑变速箱，哪种油适合制造肥皂。

（4）结构如何影响反应性？

该问题是为了考察化学结构和化学作用之间的联系，符合化学结构属性关系思维和化学因果思维。物质的微观粒子相互作用并转化为不同化学物质的具体方式取决于它们的原子组成和分子结构。分子中存在的原子类型及其在空间中的排列会影响与其他粒子键合过程的电子的分布。了解分子结构和电子分布，及其逆反应如何决定不同粒子相互作用和反应，对于设计所需材料的合成过程和控制化学过程至关重要。

（5）驱动化学变化的是什么？

这个问题简单来说就是为什么会发生化学反应，符合化学因果思维。化学反应以不同的程度和不同的速率发生。反应物转化为产物的程度取决于其亚微观组分的相对势能以及这些组分的相对构型。一个化学反应的速度取决于反应的机理和那些限制反应速率的物质的浓度。反应程度和速率都受系统温度的影响。了解化学变化的驱动因素对于预测、解释和控制化学反应过程至关重要。

（6）决定化学变化的结果是什么？

这个问题的本质是确定化学动态过程与化学作用发生的概率，符合化学因果思维和化学机理思维。当组成不同物质的粒子相互作用时，它们的相互作用可能会导致各种结构变化（例如，一些原子可能会改变位置或与分子分离）。这些随机变化中哪一种更可能发生取决于原始粒子和形成的新粒子之间的相对势能。更稳定的粒子（具有较低的势能）更有可能发生化学变化，并将决定化学反应的路径和结果。了解物质结构、稳定性和反应机理之间的关系使学生能够预测、解释和控制化学过程的产物。

（7）建立了哪些化学反应模式？

该问题涉及选择与化学过程最相关的分类系统和模型，符合化学机理思维。化学反应的模式使我们能够将它们分类为不同的组，以便于预测、解释和控制。根据不同的目的和背景，可以同时使用多个分类系统和化学模型分析一个过程。例如，一个过程在电化学电池中使用时可能被认为是氧化还原反应，但如果出于合成的目的则被认为是加成反应。

（8）影响化学变化的因素是什么？

这个问题的本质是确定影响化学过程的程度和速率的内部、外部变量，符合化学机理思维和化学控制思维。反应物转化为产物的程度和转化发生的速率取决于内部因素，例如所涉及的粒子的组成和结构及其在系统中的浓度。以及外部因素，例如温度、压力和发生反应的环境的性质（溶剂的类型、pH）。识别这些因素及其对反应程度和速率的影响使我们能够设计特定的化学反应以及控制化学过程。

（9）如何控制化学变化？

该问题涉及改变条件影响化学反应过程，符合化学控制思维。控制化学反应过程可以通过选择具有改变其能量稳定性的结构特征的反应物、改变反应物的浓度或增加和去除产物、添加与中间体反应的物质以促进或抑制不同的步骤、改变温度以激活化学物质，或选择促进或抑制某些相互作用的溶剂来实现。这一化学思维问题通常是化学过程设计和分析活动的核心，例如改进太阳能电池的操作、分析电池效率，或表征染料的降解。

（10）如何控制反应效果？

该问题涉及选择改变哪些内部和外部参数，以实现收益最大化，成本和风险最小化，符合化学控制思维和收益-成本-风险思维。虽然可以根据模型预测结果，但在实际过程中，往往有许多不易控制的变量和许多限制反应过程的条件。这一化学思维问题通常是设计活动的核心。

（11）使用和生产不同类型的物质有什么影响？

该问题的本质是价值评估，符合收益-成本-风险思维。因为化学取决于环境，影响着人类的经验。材料的生命周期，包括生产、消费和处置，在社会、经济、政治、伦理、环境和生态等方面都具有收益、成本和风险。虽然化学的最终目标是改善人类环境，但化学过程的设计往往要考虑如何限制能源消耗、使用可再生资源以及减少或消除有毒副产品的产生。这种化学思维问题通常是可持续工作的核心，例如评估哪种制冷剂比氟利昂更好，或者设计一种更环保的电池。

（三）化学思维过程性评价框架

综上所述，笔者将 ACCT 的化学思维框架和形成性评价问题中的一种相结合，形成了“形成性评价与化学思维框架关系图”（见图 3）。教师可应用此关系图指导化学课程的设计与评价，不仅能够满足评价的准确性，也能够达到将化学思维渗透到普通化学课堂的效果。

四　总结与展望

在基础教育新课标的指导下，教师应理解，教学方式不仅仅是传授知识与技能，更重要的是引导学生思考，使学生掌握思维方法。这就要求教师仔细构建学生在本学科内不同领域的学习，并提供形成性反馈，帮助学生进一步理解化学思维的中心思想、化学实践和概念图式。从这个角度来看，如果教育者明确认识并反思化学思维的内涵以及培养化学思维时学生可能面临的困难，将更有利于促进学生进步。

本研究以培养学生化学思维能力为目标，以美国 ACCT 提出的化学思维与评价内容为载体，为基础教育阶段的化学教师在教学设计过程中，尤其是形成性评价的设计提供了具有参考意义的措施。

培养学生的化学思维是一个长期持续的过程，学生在基础教育时期的不同阶段思维也在不断变化，并在每个时期凸显出了一定的特征。近年来，化

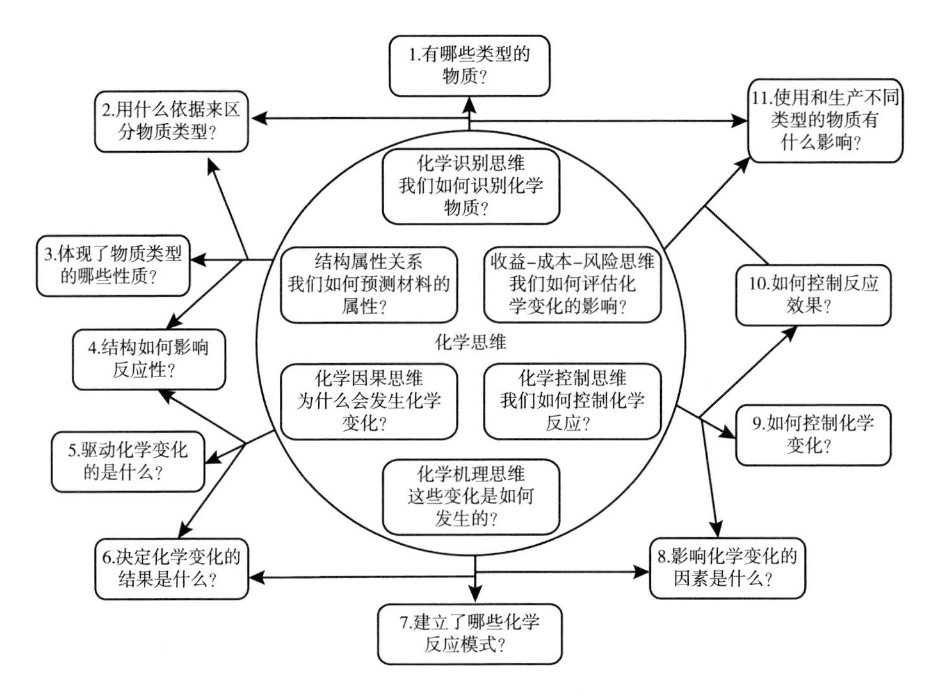

图 3　形成性评价与化学思维框架关系

学思维的培养这一问题受到了国内外学者的广泛关注，研究程度也逐年深入。但要将化学思维成功渗入日常的教学活动中，在教学实践中逐步探索出适合本国教育现状的化学思维培养的方法，完成教学实践与化学思维培养完美结合，还需要进行更深入的研究。

参考文献

[1] 刘建国：《中学数学与化学的思维建构——评〈数学走进现代化学与生物〉》，《中国无机分析化学》2022 年第 4 期。

[2] 程佳艺：《基于化学思维培养的教学研究》，辽宁师范大学硕士学位论文，2021。

[3] 宋昕宇：《培养初中生化学思维能力的教学研究》，扬州大学硕士学位论文，2021。

[4] 杨美玲：《基于“化学思维”培养理念下的化学课堂教学的设计》，安庆师范大学硕士学位论文，2020。
[5] Talanquer V. *Multifaceted Chemical Thinking: A Core Competence. Journal of Chemical Education*, 2021, 98 (11): 3450-6.
[6] 李宗江：《化学思维的培养措施》，《西部素质教育》2019年第24期。
[7] Ngal C., Sevian H. “Probing the Relevance of Chemical Identity Thinking in Biochemical Contexts” [J]. *CBE-Life Sciences Education*, 2018, 17 (4).
[8] 吴俊明：《关注化学思维 研究化学思维》，《化学教学》2020年第3期。
[9] 陆军：《高中学生化学学科能力的要素及培养策略》，《教学与管理》（中学版）2014年第10期。

触类旁通　标新立异

——展品“气泡沉船”研发之思考

张建伟[*]

摘　要： 展品“气泡沉船”是天津科技馆自主研发并制作的一件展品，获得了第二届全国科技馆展品展览大赛展品类二等奖。该展品依据浮力理论，展示了气泡能够使船只沉没的现象。研究气泡致使水面船只沉没的机理，建立描述气泡与海水之间能量与动量传递规律的物理数学模型，对保障海上船只航行安全和进一步开发打击水面舰艇的气泡武器具有重要的理论意义，同时文章阐述了对当今科技馆展品展示研发队伍的担忧与思考及今后的发展方向。

关键词： 展品　气泡沉船　浮力　流体密度

在 2021 年 10 月底举办的第二届全国科技馆展品展览大赛上，天津科学技术馆自主研发并制作的展品“气泡沉船”获得了展品类二等奖。该展品在科技馆展厅展示期间，因其参与性强、展示效果显著，得到了广大观众的喜爱。

* 张建伟，天津科学技术馆展品部副部长，工程师。

一　展品来源

中央电视台播放的《加油向未来》第三季节目中，介绍了“气泡沉船”这个现象，并请主持人和专家现场演示。分别介绍两种实验方式。其一，在一个大水池里加水，底部放入均匀排列的气管，由主持人划着小船，从翻滚气泡的水池的一侧划向另一侧，经过气泡翻滚区时，小船沉没（见图1）。其二，专家用嘴通过水管向一个小玻璃缸里吹气，木船很快下沉（见图2）。

图1　水池实验

看完这个节目，我们对“气泡沉船”的原理十分感兴趣，便查找相关资料，拟将该现象制作成展品。如何将一个电视节目中的演示变为观众喜闻乐见、乐于参与、便于参与的展品呢？作为负责该展品的设计与制作者笔者主要思考两个方面。

（一）原理明确，设计新颖

节目中“气泡沉船”就是阿基米德浮力原理的一个演示，全国各科技馆基本都有此原理的展品，但是节目中设计新颖，使观众能够有很强的参与

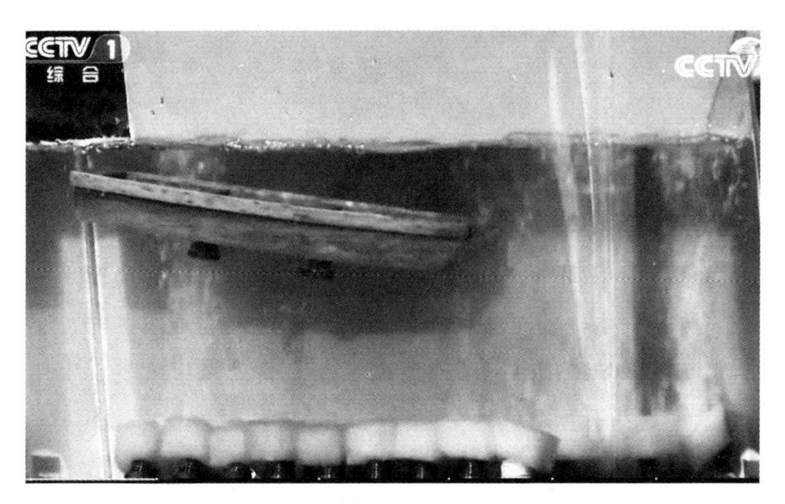

图 2　玻璃缸实验

感，而且对浮力原理的演示也符合科学原理，这一点是值得我们制作展品时进行借鉴的。

（二）演示方式，更新提高

节目中采用了图一、图二两种方式来演示阿基米德浮力原理，但是都不是特别适于科技馆的直接使用，图一的演示方式存在占地面积大、使用设备多、人员有安全风险的缺点，图二的演示方式存在演示原理不清晰、操作不便的不足，以上两种形式的缺点或不足，是今后我们进行展品研发时应尽力避免的。

二　百慕大之谜与气泡

想了解“气泡沉船”的内容，要先了解“百慕大”之谜。

对于神秘的“百慕大”地区，在 20 世纪七八十年代，有文章说百慕大是外星人的基地，UFO 常从这里起飞、降落，所以经过这里的飞机、轮船在这个海域常常出事。现在看这是当时的作家和出版商为了盈利而制造的噱头。

但是自20世纪以来，百慕大海域确实发生过飞机、船只失踪事件。全世界的科学家对这种奇异现象进行了各种推理与诠释，包括地磁异常、洋底空洞、海洋漩涡、存在可燃冰，等等，因此百慕大也被称为“魔鬼三角区”。

2003年，《美国物理学杂志》发表了澳大利亚莫纳什大学计算数学系学生戴维·梅（David Alexander May）及其导师约瑟夫·摩那根（Joseph Monaghan）教授的研究成果。文章显示，从海底发出的巨大沼气泡是导致百慕大三角、北部海洋及其他一些海区神秘沉船事件的罪魁祸首。他们的计算模型显示这些巨大的沼气气泡对船只的威胁远远超乎我们的想象。他们甚至说，如果气泡的直径达到船长的一半，只要一个气泡，就可以使船沉没。

现在科学界对于气体来源主要有两种猜想。第一，百慕大三角区拥有大量海底火山，在喷发时会产生水蒸气与二氧化碳。第二，其地底存在大量可燃冰，而随着地壳活动，其会外露，并随着外部压力的削弱，迅速气化产生大量甲烷气体。

百慕大区域出现超常现象的原因到底是什么？这还有待后人的研究验证。但气泡能够使船沉是不容置疑的事实。因此依据这些理论，我们设计制作了展品“气泡沉船”（见图3），将气泡沉船的原理简单明了地介绍给广大公众。

三　展品描述及原理

在展品的水箱表面，飘浮着一只特质的小木船。观众按下展品按钮，水箱底部的气孔冒出大量气泡，当船体底部堆积的气泡达到一定数量，木船瞬间下沉。等气泡消散后，木船重新升起并浮在水面上。

其实，气泡沉船只是现象，那它所依据的科学原理是什么呢？这个原理很简单，就是大家耳熟能详的阿基米德原理——浮力定律：浸入静止流体中的物体受到一个浮力，其大小等于该物体所排开的流体重量，方向竖直向上并通过所排开流体的形心。

阿基米德发现的浮力原理，奠定了流体静力学的基础。传说海伦王召见了阿基米德，让他鉴定纯金王冠是否为赝品。他想了很久，洗澡的时候，看

图 3　气泡沉船展品参赛现场

到水面上升得到了启示，做出了关于浮体问题的重大发现，通过皇冠排出的水量解决了国王的疑问。在著名的《论浮体》一书中，他根据各种固体形状和比重的变化确定了浮在水面上的位置，并详细阐述和总结了后来享誉世界的阿基米德原理。放置在液体中的物体受到向上的浮力，其大小等于物体排开的液体的重量。

当物体密度小于流体时，物体在流体中漂浮，有部分体积露出流体表面，当往流体中引入气体后，流体的平均密度减小，物体排开流体的质量也减小，原本浮在流体上的物体就可能会下沉（见图 4）。

四　展品设计与调试

（一）外观设计

以前我们制作涉及水的展品时，如“比重与浮力”等展品，出于对展品重量和后续维护等方面的考虑，水箱体量一般较小，水中的演示效果转

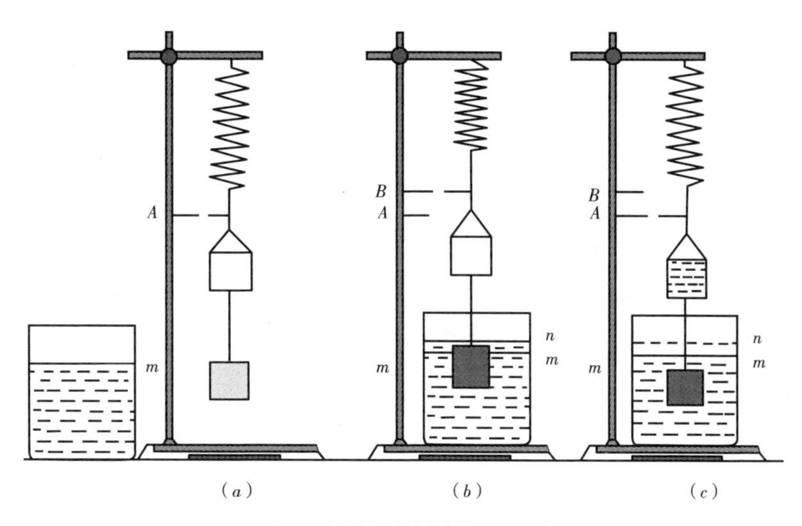

图 4　阿基米德浮力原理示意

瞬即逝，观众观察时间也相对较短，观众要目不转睛地盯着，才能看清楚演示过程。为了提高“气泡沉船”的参与性和展示效果，设计这件展品时，我们制作了一个圆形的亚克力大水箱，考虑到加工工艺和亚克力板材的尺寸，水箱直径为 1200mm，厚度为 300mm。加上水箱外围的金属箱体和下部底座，展品整体高度为 1700mm，长 1400mm，宽 420mm。演示过程长达 15 秒，效果十分显著（见图 5）。圆形的水箱设计，突破了原有涉及水展品大多使用长方形箱体，千篇一律，美誉度较低的问题，圆形箱体虽然给后期的演示效果实验提出了更多的要求，有了更多的难点需要突破，但是与下部锥形底座相配合，形成一个整体，相得益彰，如海中上升的一轮红日，极具视觉美感。

（二）船模的重量

在《加油向未来》节目中，船模底部加了配重，而且专家在演示前将木船中加满水，并保证木船还能浮在水面。

我们对船模的重量进行了多次试验，归纳出船模的三种情况及演示效果（见表 1）。得出结论：《加油向未来》演示的船模效果最佳。

图 5　气泡沉船展品验收

表 1　船模配重、水量调整情况

序号	船模情况	演示效果	图例
第一种	不加配重，船模加水，漂在水面上	不好，气泡涌出时间长，船模下沉情况不稳定	
第二种	加配重，船模里不加水，漂在水面上	不好，船模下沉很快，但易沉在水底	
第三种	加配重，船模加满水，漂在水面	好，船模下沉稳定，浮起也快	

（三）船模设计

开始，我们四处咨询能否自制合心意的船模，但报价过高，只能放弃。之后，我们购买了长度 300mm 的木船模型。由于船模较小，当气泡产生时带动水流，从展品底部上升后向两侧流动，船模被水流带动向两侧不定向移动，导致其在演示过程中船模总是“跑偏”，影响演示效果。

最后，我们购置了长度为 600mm 的装饰船，演示效果非常好。但在水中放置约 2 天后，船模吸水重量增加，沉到了水箱底部。我们将船捞出后阴干，反反复复刷了 7 遍防水涂料，同时对船体的配重、重心进行调整，才得到令我们满意的效果，彻底解决了这个问题。

（四）展品的调试

展品制作出来后，原以为展品调试工作很简单，将会是一蹴而就，没想到又遇到了困难。

首先，是气量大小的问题。气量大了，随之快速上升的水流会给船体一个向上的力，使得浮力减小效果不明显，演示效果无法出现；气量小了，气泡于船只底部堆积时间过长，观众不会等待这么长时间。因此，我们又加装了分流阀、排气阀等装置，经过反复做试验，得到了最佳排气量的数据。

其次，是排气口的分布。排气口如果集中分布，由于液体的横截面面积远大于气泡场的横截面面积，液体会发生大规模的循环，液体在气泡区上升，在气泡区以外下降。而船体会在水流的带动下向气泡区外移动，并随水流循环快速沉至水中。因此我们将排气口改为于箱体底部平均排放的方式，加装气泡分流装置，解决了此问题。

五　展品的思考

从制作角度来说，“气泡沉船”是一件结构简单、难度不高的展品，在展品底座中有一套气泡喷射装置，由气泵、单向阀、排气阀、出气口等组成，只要实验好船模的重量，让它能够浮在水面，气泡涌出又能立刻下沉，气泡消失船体上浮即可。

我们之所以研发这样一件展品，出于三个方面的考虑。

（一）出人意料的展示效果，吸引观众的注意

什么样的展品能够吸引观众的注意？除了奇特的造型、绚丽的色彩，再有就是展示效果与观众固有观念的反差，反差越大效果越好，最后在观众的恍然大悟中，阐述科学原理。谁能想到小小的气泡能够让几十吨、几百吨，甚至上千吨的轮船瞬间沉没？恰好正是这种反差能够吸引观众的注意。

（二）讲解中引入百慕大之谜，激发观众的参与

对于“70后”“80后”来说，提起百慕大，可以说是津津乐道，海底外星人基地作怪、时空隧道假说等，众说纷纭，莫衷一是，而这许多解释，也使得百慕大三角洲越发神秘。讲解展品的时候，引入百慕大的概念，极大地吸引了观众的兴趣，激发了他们的参与性、拓展性。

（三）气泡理论，拓展观众的知识

在观众的一般认知中，气泡就是用肥皂水吹出的泡泡，或是养鱼缸里加氧时形成的气泡，这些能有什么实际意义？而展品“气泡沉船”为他们展示了一个全新的知识：研究气泡致使水面船只沉没的机理，建立描述气泡与海水之间能量与动量传递规律的物理数学模型，对保障海上船只航行安全和开发打击水面舰艇的气泡武器具有重要的理论意义。

六　不足之处

展品“气泡沉船”是天津科技馆展品部工作人员集体研发的，他们的主要工作是维修维护展厅300多件展品的完好。因此只能挤时间来搞展品研发工作。在展品制作期间存在两个不足之处。

第一，本展品为创新展品，一些设计需进行试验，因此展品制作周期较长。等到收到第二届全国科技馆展品展览大赛入围通知后才开始制作，时间上有些紧张，因此要建立连续、长效展品研发机制和团队。

第二，本着锻炼科技馆自身研发人员的想法，我们没有找专门的展品制作公司，自主设计、自行制作完成本展品，造成了展品在外形、色彩、工艺方面有欠缺，因此我认为科技展品的落地，应该是科技馆提出专业的概念、想法，实验到位后，由专业展品制作公司将展品制作完成，形成专业的人干专业的事的局面，对科技馆展品推陈出新将形成很好的促进。

七　展品展览研发与创新的思考

展品“气泡沉船”获得了“第二届全国科技馆展品展览大赛”展品类二等奖，该展品的研制成功得益于展品赛提供的平台，也是天津科技馆展品研发团队完全依靠自身的技术力量进行的一次难得的展品创新实践活动，既锻炼了研发团队，也在展品研发和创新方面给我带来几点启示。

第一，展品研发团队要做到思想统一，正如习近平总书记所说的，实践证明，我国自主创新事业是大有可为的！我国广大科技工作者是大有作为的！我国广大科技工作者要以与时俱进的精神、革故鼎新的勇气、坚忍不拔的定力，面向世界科技前沿、面向经济主战场、面向国家重大需求、面向人民生命健康，把握大势、抢占先机，直面问题、迎难而上，肩负起时代赋予的重任，努力实现高水平科技自立自强！我们研发团队正是以这种精神为指导，在展品研发中始终秉承着“创新”思维，从展品外观到科学原理无处不体现创新，这也将会是今后展品展览、研发、研制、设计方面必须秉承和发扬的。

第二，科技馆自身从事展品展览相关工作的技术人员有得天独厚的优势，实践的机会很多，是展品研发和创新的重要力量。近年来随着老一辈科技馆专业人员因各种原因离开了科普一线，具有一定专业知识、真心愿意从事展品展览研发的年轻人在不断减少，继承展品展览研发研制经验、发现与培养研发人才对提升科技馆展品展览水平至关重要。

第三，科技馆展品展览内容涉及各专业领域，展品展览研制研发与创新实践需要掌握多方面的专业知识，但是任何一位研发人员都不可能样样精通，研发实践也告诉我们作为科普工作者也并不需要真的“精通”，研发、制作科普展品展览的过程也是自我提高、自我学习的过程。所以，展品展览研发人员具有深厚的专业知识、对新知识锲而不舍学习吸收、善于听取各方面意见就将会在展品展览研制研发和创新方面有所建树。

第四，以各种比赛为契机，建立持续、长效的激励机制和保障措施，加强科普工作者馆际间的技术交流，鼓励科普工作者，但不局限于科普工作者如高等院校、科研院所、生产企业、教育界、文化艺术界乃至广大的社会公众自觉投身到展品展览研发和创新活动之中，全国科技馆展品展览创新研发的能力和水平必将有飞速的提高、长足的进步。

第五，展品展览的创新研发不能“只低头拉车，不抬头看路”。创新研发应符合时代的要求，应符合科技馆发展的要求，在当前“双减”的大背景下，必须改变原有的展教理念，以有效的技术手段为支撑，以不断改进完善为过程，以展品展览创新的效果为目标，随着我国科技馆事业的不断蓬勃发展，展品展览创新活动必将有着更加广阔的发展空间。

参考文献

［1］中国科学院第二十次院士大会、中国工程院第十五次院士大会和中国科学技术协会第十次全国代表大会习近平重要讲话摘录，2021 年 5 月 28 日。

［2］《加油向未来》（第三季），中央电视台，2018 年 11 月 11 日播出。

［3］MAY D. A., MONAGHAN J. “Can a Single Bubble Sink a Ship?”［J］. *American Journal of Physics - AMER J PHYS*, 2003, 71: 842-9.

［4］徐伟、杨翊仁：《气泡沉船实验装置设计》，载《四川省力学学会 2010 年学术大会论文集》，2010。

［5］严振仁：《阿基米德讲浮力》，华夏出版社，2013。

科技馆开展科普讲座的创新与思考

——以“科协燕赵学堂”天文系列科普讲座为例

左 巍　谭 超*

摘　要： 在科普场馆开展面向青少年的讲座是一种非常受欢迎的科普教育形式。近年来，随着通信和传播技术的迅猛发展，青少年获取信息的机会和方式大大增多，严重冲击了科普讲座的发展空间，对科技馆举办科普讲座提出了更高的要求。在目前青少年科普需求日益多样化的趋势下，科协燕赵学堂2018年举办以来，在举办科普讲座活动方面做了一些有益的创新尝试。本文以科协燕赵学堂天文系列科普讲座举办为例，提出了科普讲座的创新举措和思考。为了达到较好的科普效果，在向青少年传授科学知识的基础上，向青少年传播科学方法、展示科学的规律和过程，进而普及科学思想和科学精神，这一层面是科普的最重要方面和最终目的。

关键词： 科技馆　科普讲座　科学思想　科学方法

在科技馆开展科普讲座是一种非常受青少年欢迎的科普教育形式。从常

* 左巍，北京科普发展与研究中心项目主管；谭超，北京科普发展与研究中心副研究馆员。

规活动的开展情况来看，它是利用科技馆的场地和宣传平台等条件，针对青少年感兴趣的科学问题和迫切需要了解的科学知识，聘请专家学者就某一学科知识领域进行普及性讲解，是青少年学习科学和了解科学的课堂，是科技馆开展科普的有效方式之一，也已经成为科技馆最常见的科普教育形式之一。近年来，不少科技馆（特别是大型科技馆）正将讲座类活动推向常态化、系列化和品牌化发展，仅在北京就有中国科技馆的“科学讲坛”、“中科馆大讲堂”和北京科学中心的“首都科学讲堂”、“我听院士讲科学”等系列科普讲座活动。

科协燕赵学堂是由河北省科协主办、河北省科技馆和北京科普发展与研究中心共同承办的大型公开科普系列讲座。2018 年讲座活动筹办伊始，承办方北京科普发展与研究中心根据河北省科技馆的科普资源升级需求，整合首都科普相关资源，为河北省科技馆订制和筛选、推荐科普讲座方案。科协燕赵学堂活动的定位旨在充分利用首都知名专家和学者云集的优势，以演讲、互动交流等形式，以河北省科技馆为依托，推动河北科普讲座活动的升级并提供示范。此举也是落实京津冀协同创新和发展，实现优势互补、互利共赢，发挥北京地区科技资源、专家资源优势和组织优势，推动北京和河北区域科普资源汇聚共享，融合发展，深化两地科普领域合作交流，助力全民科学素质提升的有效措施。

近年来，随着通信和传播技术的迅猛发展，青少年获取信息的机会和方式大大增多，严重冲击了科普讲座的发展空间，对科技馆举办科普讲座提出了更高的要求。科协燕赵学堂 2018 年举办以来，针对上述情况，在举办科普讲座活动方面做了一些有益的创新尝试，取得了相对较好的科普效果。

一　厘清举办科普讲座活动的工作思路

科普讲座主要是通过科学界的院士、专家等与普通社会公众进行面对面的沟通、交流，让以青少年群体为主的公众近距离地接触科学，进而亲身感受到科学的魅力，激发公众科学兴趣的一种科普传播形式。目前，国内科技馆科普讲座形式大部分都局限于专家通过课件讲授、听众被动听讲的方式。这样的科普讲座不够形象，也普遍缺少互动性，难以很好地普及科学内容。最终导致科普的效果不太理想。有鉴于此，科协燕赵学堂活动的举办以推动科普理念与实践升级为目标，理顺科协燕赵学堂建设的思路，有目标、有依据，切实有效地开展工作。

（一）充分利用科技馆内的软硬件优势

河北省科技馆向来把天文科普作为特色，积累了一定的专家资源和天文爱好者受众。馆内的宇宙剧场安装了从日本引进的光学天象仪和穹幕电影放映设备，可以放映科学探险影片，星空演示效果国内领先。为充分利用已有的资源和设施，科协燕赵学堂的科普讲座活动地点定在宇宙剧场，讲座主题也多与天文、航天相关；在部分讲座过程中，结合讲座内容可以向公众同步放映天象节目，加深对科学知识和原理的理解。另外在讲座活动宣传阶段，把宇宙剧场和穹幕影厅作为讲座地点能吸引更多青少年报名参加活动，对科技馆本身也是一个很好的宣传点。

（二）重点传播科学精神、思想和方法

公民科学素质的提升，不仅仅是多知道一些科学知识，也包括了对科学思想、方法的了解和应用以及科学精神的培育。尤其针对中小学生，让他们在科学探究方面有所接触和实践，将有助于他们的成长和后续发展。天文领域科普天然具有激发青少年科学兴趣，引导其理性思维、批判质疑、勇于探究等方面的特点。但是由于国内天文科普体系发展不完善，目前真正意义上的天文馆只有两处，即北京天文馆和上海天文馆。而且天文科普教学内容有着不易观察性、不可接近性和不可实验性，使得人们认为天文学是一门抽象的课程。有鉴于此，天文科普讲座活动必须避免枯燥乏味，应该以最大限度地激发青少年科学探究的兴味为目的。传播具体的天文知识也是需要的，但并不一定是主要目的。科

学精神、思想和方法的传播则可以根据讲座主题和内容，因势利导策划好活动，有效开展互动交流。

（三）以科普效果为导向选定讲座专家和内容

在开展科普讲座时，内容的确是关键因素，但如果主讲专家把握不好角度，或表达能力有问题，再好的题材也不会引起听众的兴趣。因此，选好主讲专家也是一个重要环节。科协燕赵学堂在开办中，主办承办单位非常重视主讲专家的遴选。最后确定的主讲专家除了在自身科研领域有所建树外，在科学普及方面也是经验丰富，并且具备面向一般青少年开展科普讲座的经验且口碑颇佳。

尤其在讲座筹备阶段，讲座活动负责人用大量精力和主讲专家多次协商、沟通讲座提纲，调整讲课内容，尤其是让确定讲座互动环节的内容。最终，在讲座内容里不但体现基本科学原理和前沿科学的内容，更主要的是专家多向听众谈及自己取得成功、成就的心路历程和丰富的心得体会。在互动问答环节，主讲专家可以与青少年分享自己在科研过程中如何以科学思想为指导，运用恰当的科学方法来推进工作并取得完满的结果，潜移默化地影响听众，尤其是让青少年群体建立起对科学的基本认知。通过专家现身说法，青少年可以体会到科学研究中勇攀高峰、敢为人先的创新精神，追求真理、严谨治学的求实精神等科学精神。这样使讲座科学性和趣味性并重，符合青少年受众群体的接受程度，培育青少年科学思维和科学探究的兴趣。

二　科普讲座精准满足青少年的科普需求

（一）根据青少年群体特点设定讲座主题和内容

青少年是科学普及工作的重点人群。在青少年中弘扬科学精神、倡导科学思想和方法，辅以普及必要的科学知识，可以激发青少年的好奇心和想象力，增强科学兴趣、创新意识和创新能力，形成“学科学、爱科学、尊重科学”的良好社会氛围，培育一大批具备科学家潜质的青少年群体，能够为加快建设科技强国夯实人才基础。青少年科普是素质教育的重要组成部分，科普讲座不能仅仅局限在知识传授和技能培养上，培养青少年科学思维方式和创新能力的形成，追求真理、实事求是的科学精神，是青少年科普追求的目标。

科协燕赵学堂的系列讲座每期策划时都考虑到青少年学生的接受能力，兼及普通公众，注重科普效果。主打的是天文（也包括航天主题）科普讲座，而目前天文学课程并没有出现在我国中小学的正式课程体系中，只有在物理、科学和地理课程中有少量涉及天文相关知识；同时天文科普讲座中涉及的数学、物理学和化学等相关知识，很多在小学课程和中学低年级课程中还没有涉及，这给青少年群体理解天文科普讲座内容增加了相当的难度，对讲座组织策划人员和专家来说也是一个不小的挑战。

首先，在讲座主题的设定上力求通俗易懂并引人入胜，诸如“寻梦广寒宫”“从星际穿越到慧眼天文卫星”“寻觅外星人”“巡天遥看一千河”等，这些科普讲座将科学兴趣的激发作为切入点，呵护学生与生俱来的好奇心与求知欲，将这种好奇心转化为科学兴趣，使之成为学习科学的动力。其次，在讲座筹备阶段确定受众主体是小学生还是中学生，是小学低年级还是高年级，是初中生还是高中生。确认之后，讲座活动负责人再和专家沟通，调整讲座提纲和内容，尽量规避目前学校课程中还没有学到的知识。

（二）有效互动贯穿科普讲座过程

科普讲座中主讲嘉宾与听众之间应该是互动的、交流顺畅的，讲座环境创设应该为听众积极的、自主的学习提供帮助。如果科普讲座没有互动性，那么所起的作用便是单向的传输，效果有限。为了使科普讲座实现更大的科普效果，一种激励的、互动的、双向的运作模式是必需的。科协燕赵学堂的绝大部分天文和航天系列科普讲座，专家与听众的交流互动可以说贯穿讲座全程。大多数情况是，讲座中专家提出一些开放式的问题，听众（尤其是中小学生）踊跃回答；讲座结束，听众的提问也很积极，学习气氛非常活跃。有时，对积极参与互动的听众还会发放小奖品。根据讲座主题和内容需要，事先与专家沟通，讲座过程中还可以进行实物、标本等展示，此时讲座的气氛往往也会达到高潮。例如：讲座“探索神秘的宇宙——触摸来自宇宙的星星”讲述的是陨石的故事，专家不辞辛苦将若干块陨石标本带来现场，结合讲解供听众观察学习；讲座“航天梦与强国梦”讲述的是空间站上航天员的故事，主讲嘉宾带来了小包装太空培育的种子，讲解后送给了积极回答问题的同学。

（三）围绕天文相关热点和焦点选定讲座主题和内容

科普讲座要寻找与听众之间的共鸣与共振，科学热点话题是最容易引起听众关注的。利用科学热点话题和科学焦点事件来提高科普讲座的关注度和参与度，实践证明可以带来很好的科普效果。但是因为天文、航天科普属于专业科普，覆盖面有限，所以需要讲座组织和策划时深入挖掘。比如：为迎接每年 4 月 23 日的中国航天日，科协燕赵学堂邀请过中国空间技术研究院载人飞船系统设计专家作题为“载人航天的发展”的讲座，邀请过中国航天员大队专家作题为“中国航天员是怎样炼成的”的讲座，邀请过中国宇航学会专家作题为“太空家园——空间站”的讲座；为迎接每年 3 月份的国际天文馆日，邀请过北京天文馆的专家作题为“天文馆的故事”和“走进天文”的讲座；结合 2020 年 6 月 21 日出现在我国的日环食重大天象，邀请了北京天文馆专家讲解日食科普知识，内容包括日食原理、本次日食特点、各地见食情况，以及目视、摄影等科学观测和记录的方法。以上讲座都取得了很好的科普效果。

（四）创新科普讲座形式

科协燕赵学堂讲座活动地点主要是在科技馆内的宇宙剧场，直接现场参与的听众数量有限，普及面远远不够。特别是当遇到知名专家的场次，现场座位会出现供不应求的情况，满足不了广大青少年的需求。2020 年，受新冠疫情的影响，科协燕赵学堂开始通过线上的方式开展科普讲座。线上科普讲座分两种形式：网络直播互动型讲座和网络录播型讲座。网络直播互动型讲座是通过网络即时传播视频信息的技术，让全国乃至世界各地的公众使用网络视频终端观看专家的科普讲座。同时，观众也可以利用文字和语音的方式反馈信息、提出问题。讲座结束后，还有问答互动环节。网络录播型讲座就是将科普讲座的专家视频、讲座提纲或课件同步录制到单个文件中，在合适的时间通过网络平台播放。其优点是讲座内容可以精确编辑，与网络直播相比，一般不会出现线路故障和视频卡顿等问题。其缺点是讲座专家与听众的互动性比较差。

线上科普讲座的受众面广，不受场地的影响，有时主讲专家可以在实验室或工作室边讲边演示边和观众互动，这样更能加深观众对科学方法的领会，科普效果颇佳。但是为防止受众视觉疲劳，一次视频讲座的时间不宜过长，一般控制在 1 小时左右。通过线下和线上相结合的方式开展科普讲座，科协燕赵学堂的受众面逐步扩大，品牌效应逐渐形成。

三　余论

在目前青少年科普需求日益多样化的趋势下，科技馆举办科普讲座应该坚持活动的高端定位，在充分利用馆内资源的基础上创新讲座形式和内容。科协燕赵学堂开办以来，讲座主题主要为天文和航天科普。这些领域科普的特点决定了在向青少年传授基本知识、概念的基础上，更重要的是向青少年传播和展示科学的规律、科学方法和过程，进而普及科学思想和科学精神。因为掌握一定的科学思想和科学方法能把知识和能力联结起来，能运用科学知识来处理实际问题，具有可操作性。虽然，科学思想和科学方法的传播对青少年的影响很难量化评价，但这种影响将会是深远的，在人们分析问题和解决问题的过程中会有所体现。这一个层面是科普的最重要方面和最终目的，正所谓“授人以鱼，不如授人以渔”。

参考文献

[1] 桂诗章:《从传播学视野看科技馆科普讲座的策划》,《科技传播》2015 年第 3 期(下)。
[2] 陈明晖:《从传播学视角看学校科普讲座的策划要领》,《中国校外教育》2017 年第 24 期。
[3] 颜金晶:《科普讲座的创新与发展》,《科技与创新》2015 年第 8 期。
[4] 王洪鹏:《对提高科技馆科普讲座质量的实践与思考——以“中科馆大讲堂”为例》,《中国博物馆》2020 年第 4 期。
[5] 武兵:《初中天文科普活动中信息技术的应用研究》,山东师范大学硕士学位论文,2011。

图书在版编目（CIP）数据

构建大科普新格局：2022年科普中国智库论坛暨第二十九届全国科普理论研讨会论文集 / 郑念主编；付文婷副主编．--北京：社会科学文献出版社，2023.6
ISBN 978-7-5228-1804-7

Ⅰ.①构… Ⅱ.①郑… ②付… Ⅲ.①科学普及-中国-学术会议-文集 Ⅳ.①N4-53

中国国家版本馆CIP数据核字（2023）第088296号

构建大科普新格局
——2022年科普中国智库论坛暨第二十九届全国科普理论研讨会论文集

主　　编／郑　念
副 主 编／付文婷

出 版 人／王利民
责任编辑／薛铭洁
责任印制／王京美

出　　版／社会科学文献出版社·皮书出版分社（010）59367127
地址：北京市北三环中路甲29号院华龙大厦　邮编：100029
网址：www.ssap.com.cn
发　　行／社会科学文献出版社（010）59367028
印　　装／三河市龙林印务有限公司

规　　格／开　本：787mm×1092mm　1/16
印　张：35.25　字　数：532千字
版　　次／2023年6月第1版　2023年6月第1次印刷
书　　号／ISBN 978-7-5228-1804-7
定　　价／198.00元

读者服务电话：4008918866